現実を生きるサル

トーマス・ズデンドルフ 著
寺町朋子 訳

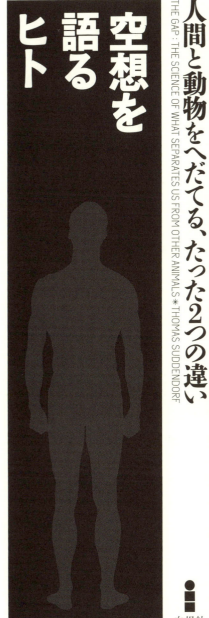

人間と動物をへだてる、たった2つの違い

THE GAP : THE SCIENCE OF WHAT SEPARATES US FROM OTHER ANIMALS ＊ THOMAS SUDDENDORF

空想を語るヒト

白揚社

ニーナ、ティモ、そしてクリスへ。

現実を生きるサル 空想を語るヒト 目次

・〔　〕で示した部分は訳者による補足です。

1　最後の人類

本書は、あなたにかんすること、つまりあなたが何者であり、どのようにしてここにたどり着いたのかを語るものだ。

生物学では、あなたは紛れもなく生物に分類される。すべての生物と同じく、人間は代謝をおこない、次の世代を作る。あなたのゲノムはチューリップと同じ遺伝暗号を用いているし、酵母やバナナ、マウスの遺伝子構造とかなり重なっている。あなたは動物だ。すべての動物と同じく、あなたは生命を維持するために、植物か真菌か動物かはともかく、ほかの生物を食べなくてはならない。あなたはクモと同様に、食べたいものに近づきたがる一方で、あなたを食べようとするものを避けたがる。あなたは脊椎動物だ。すべての脊椎動物と同じく、あなたの体には脳へとつながる脊髄がある。あなたの骨格は、クロコダイルと同じように、手足が四本、指が五本という青写真が下敷きになっている。あなたは哺乳類だ。すべての有胎盤哺乳類と同じく、あなたは母親の体内で育ち、生まれてから母（またはほかの誰か）の乳を飲んだ。あなたの体は、プードルのものと同じ硬毛〔太く硬い毛で「終毛」とも呼ばれる〕を備えている。あなたは霊長類（霊長目）だ。すべての霊長類と同じく、あなたの手には、ほかの指と向かい合わせにできる非常に便利な親指がある。あなたの目は、ヒヒと同じ色覚に基づいて世界を見ている。あなたはヒト科に属する。すべてのヒト科動物と同じく、あなたには腕を三六〇度回転させられる肩関節がある。あなたにとって、現存する動物で最も近縁な種はチンパンジーだ。だが、近いからといって、あなたを「サル」などと呼ぶのは、ぶん殴られないように離れた場所からだけにしたほうが賢明だろう。

人間は、自分たちがこの惑星《ほし》に棲むほかのすべての種より優れている、あるいは少なくともほかの種とは一線を画していると思いたがる。しかし、どの種もほかに類を見ない存在であり、その点で人間も例外ではない。どの種も系統樹でそれぞれ別個の枝であり、ほかの種とは違う数々の特徴を持っている。人間はチンパンジーなどの霊長類とは、次に挙げるようないくつかの点で著しく異なる。私たちは膝をまっすぐに伸ばすことができ、腕より脚が長く、習慣的に直立して歩く。そのため、手で体重を支える必要はなく、両手が自由になる。私たちには、おとがい〔下顎の出っ張り〕がある。人間の体表には全身にわたって汗腺があるおかげで、ほかの霊長類に比べて効果的に体温を下げることができる。人間は、犬歯や、体を保護する体毛のほとんどを失った。そして、どうやら無意味だが、しつこく生え続けているのは、男性の髭くらいだ。私たちの目の虹彩は比較的小さく、白い強膜〔いわゆる白目。チンパンジーでは黒っぽい〕に囲まれているため、他者の視線の方向をたやすく特定できる。人間の女性は見た目では発情期がわからず、男性のペニスには骨がない。

ここに挙げたことは、たとえば鳥類で生じた翼と比較すると、革新的な特性というわけではない。翼は、言うまでもなく、その持ち主を新たな可能性の領域に進出させた。だが、ほかの動物とはっきり異なる肉体的特徴がわずかしかないにもかかわらず、人間はこの惑星の大部分で采配を振るってきた。それは、私たちの並外れた力が、筋肉や骨ではなく心に由来するからだ。

人間が火を手なずけたり車輪を発明したりすることができたのは、心の力、つまり知的能力のおかげだ。人間は、その力によって道具を作ることができ、道具によってほかの動物よりも強く、猛々しく、速く、適応力に豊み、多才になれる。私たちは、一つの場所から別の場所に、そして宇宙にさえもすばやく行ける機械を作る。自然を詳細に調べ、知識をすみやかに蓄積して共有する。人工的で複雑な世界を創造し、それらのなかでかつてない力——未来を形作る力と、未来を破壊し滅ぼす力——を行使する。また私たちは、自分たちの現状や歴史、運命について、じっくり考えたり話し合ったりする。調和の取れたすばらしい世界を構想するが、それと同じくらい容易に恐ろしい独裁国家をも心に思い描く。私たちの力はよいことにも悪いことにも用いられ、どちらが善か悪かという議論は絶えることがない。私たちの心は文明やテクノロジーを生み出し、それらはこの地上を変えてきた一方、現存する動物でヒトに最も近縁の種は、残された森で遠慮がちに暮らしている。人間と動物の心には、計り知れない「ギャップ」があるように見える。このギャップの正体とは何か、そしてそれはどこから生じたのかというのが本書の主題だ。

人間観の変化——最初の兆し

人間は大成功を収めてきたので、世界を治めるために神が私たちの種を特に選んだと考える人も多い。たとえば、ユダヤ教やキリスト教、イスラム教の伝統的な考えはすべて、全能の神がみずからの姿にかたどって人間を創造し、人間だけが魂を吹き込まれ、神が定めた一連の掟に従う者にはすばらしいあの世が待っているといった基本的な教義を共有する。これらの物語では、人間以外の動物はおまけのような存在でしかなく、人間は動物を利用する特別の権利を与えられている。

ところが今から数百年前、自然界での人間の位置づけにかんしてまったく異なる様相を描き出す、都合の悪い事実がぞろぞろと現れた。それらのなかで、おそらくウィリアム・ハーシェル[1]による宇宙の観測結果ほど衝撃の大きかったものはないだろう。ハーシェルはドイツからイギリスに渡ったのち、望遠鏡を製作して夜空の観測を始めた。彼が成し遂げた最初のブレークスルーは、一七八一年の天王星の発見だ。ハーシェルは、妹カロラインの助けや正気を失う前のイギリス王ジョージ三世から支援を得て、地球が宇宙の中心であるという見方を、コペルニクスがやってのけた以上に変えた。新しく発見された何千もの星団や星雲の目録を作成し、宇宙の動的な性質を発見した。ハーシェルには、太陽系が宇宙空間を移動していること、天体が生まれ、変化し、最終的に死ぬことがわかった。そのような運命は、私たちの太陽をも待ち受けている。彼はまた、星の光は非常に長い距離を移動するので、今日見える星のなかにはとうの昔に寿命が尽きているものもあることを理解した。この世界は、誰も予想しなかったほど大きく、古く、ダイナミックだと判明したのだ。

天文学によって、私たちは、天の川銀河にある数百億の惑星系の一つに存在するちっぽけな点にすぎないことが示された。そして、その天の川銀河にしても、数千億個ある銀河の一つなのだ。この事実によって、人間や、私たちが抱えるすべての問題は、根本的に新しい世界観のなかに放り込まれていく。それは、モンティ・パイソンの「ギャラクシー・ソング（銀河の歌）」が、宇宙で人間が占める位置についての重要な発見の一部を印象的に要約しながら、私たちに認めろと迫っているとおりだ。

ちょっと思い出してみて。時速一五〇〇キロで自転している惑星の上に自分が立っていることを
その惑星は、秒速三〇キロで、ぼくらのパワーの源、太陽のまわりを回っている
太陽もあなたもぼくも目に見えるすべての星も、一日に一六〇万キロも動いている

天の川銀河と呼ぶ銀河系の渦巻の外れで、一時間に六万五〇〇〇キロも動いているんだ。*

ハーシェルの業績によって、人間は壮大な宇宙の全体像を初めて垣間見た。私たちの惑星、さらには私たちの太陽系までもが何かの中心とはほど遠いものだということが認識され、私たちの種を神の計画の中心に据えていた、それまでの学説に深刻な疑惑が投げかけられた。実際、これらの発見によって、もっと宗教色の少ない見方も現れてきた。たとえば、ピエール・ラプラスは一七九九年、太陽はほかの惑星系と同じように、もともと星雲状のガスが凝集して誕生し、その後惑星を生み出したと唱えた。ナポレオンがラプラスに、おまえの本ではなぜ神のことが触れられていないのかと尋ねた際、ラプラスが「そのような仮定は必要ありませんでした」と答えたのは有名な話だ。

科学的なアプローチは、人間が地球上で特別な地位にあるという長年抱かれていた信念も揺るがし始めた。この点でも、ハーシェル家が中心的な役割を演じた。ウィリアム・ハーシェルにはジョン[2]という息子がおり、ジョンは父と同じく、のちにイギリス王立天文学会の会長を務めている。ジョンは

＊（引用続き）天の川銀河には一〇〇〇億個の星があって、端から端まで一〇万光年の距離がある／真ん中あたりが膨らんでいて一万六〇〇〇光年の厚みがあるけど、地球の外側では三〇〇〇光年の厚さしかない／地球は中心から三万光年離れていて、二億年で一周する／天の川銀河は、このすてきな膨張している宇宙にある何百万、何十億という銀河の一つなんだ。

この宇宙は、ビューンと進めるすべての方向にどんどん膨張し続けている／宇宙は全速力、つまり分速一八〇〇万キロの光速で進んでいる。それが世の中で最速のスピードだ／だから覚えておいて。もし自分がちっぽけで心もとなく感じたときは、自分の生まれたことの不思議を思い／宇宙のどこかに知的生命体がいると祈って。だって、バカはみんなこの地球にいるんだから。

新しい科学的アプローチを奨励する本を書き、それは大きな影響力を及ぼした。この新しいアプローチによって、学者たちは知識を従来よりも効果的に確立したり蓄積したりすることができるようになった。ジョンが提唱した科学的帰納法は、三つの部分で成り立っていた。一つめは、観測や実験を通じてデータを集めること。二つめは、これらのデータから仮説を立てること。そして三つめは、これらの仮説を検証して、反証可能かどうかを見ることだ。この系統だったアプローチは、天文学から植物学、化学から地質学を含めて、さまざまな分野の急速な進展につながった。

ハーシェルの著書は、やはり近代科学の祖とされるロマン主義者のアレクサンダー・フォン・フンボルトの著書とともに、チャールズ・ダーウィンに重大な影響を与えた。それらに刺激を受けたダーウィンは、自然界での人間の位置づけにかんする理解に対して比類のない貢献をする。人間と動物の関係は、同じままではいられなくなるのである。

ヒトの進化

サルの子孫ですって？　あなた、それが本当じゃないことを願うわ。でも、もし本当ならば、その話が世間に知られないことを祈りましょう。[3]

――ウースター大聖堂参事会員の妻が述べたとされる意見

ダーウィンは、ハーシェルの帰納的アプローチを模範的なやり方で適用した。世界一周の航海をしたとき、ダーウィンは植物や動物について膨大な量のデータを集めた。これらがもとになり、彼はさまざまな種がどのようにして生じたのかを説明する新しい仮説を立てた。そして、その後長いあいだ観察や実験を重ねても自然選択による進化という自説が否定されなかったことから、ついに一八五九年、『種の起源』[4]を出版した。

ダーウィンの進化論は、単純でエレガントで大いに説得力がある。* 何より重要なのは、この説が提唱されてから一五〇年にわたり、数々の挑戦を受けても反証されていないことだ。それどころか科学によって、進化を支持する証拠が数多く発見されてきただけでなく、ダーウィンも知らなかった、詳細な化石記録や生命の遺伝的基盤といった、進化のさらなる側面も見出されてきた。ダーウィンは、当時の人びとの人間観にとって、自分の研究がどんな意味を持つのかを見逃さなかった。だが、例の独創性に富んだ著書のなかで、人間という種についてはあえて少ししか触れていない。人間がほかのすべての動物と同じように進化してきたこと、人間が動物と共通の祖先を持つこと、人間にも動物にも同じ法則が当てはまること、人間も動物であることなどの考えは、当時の多くの人びとにとっては思いもよらないものだったし、異端ですらあった。

それでも一二年後にダーウィンは、進化論を私たちの種に適用するという、この難しくも避けられ

＊ダーウィンは旅を通じて、動植物の特徴がそれらの機能に適しているように見えることや、集団同士の地理的な隔離状態に関連してそれらの個体数が異なることに気づいた。また、まったく同じ生物が二つとしていないことにも気づいた。二匹のイヌだろうと、二匹のクモだろうと同じではない。資源には限りがあり、競争が起こることを前提とすると、突然変異を持つ個体のなかに、次世代でほかの個体よりうまく生き延びる子孫を残す者が必然的に出てくる。言い換えれば、受け継がれる変異の一部は、ほかの変異よりも適応に有利だということだ。このような変異が代々受け継がれると、この優位性を備えた個体の数が増え、ゆくゆくはそれを持たない系統に取って代わる。長い期間を経て、生物は自分たちの置かれた環境でうまく機能するようになり、最終的には、特に地理的に分離されると、「変化を伴う継承」によってさまざまな種が生まれる。ダーウィンの進化論を一言で表せば、以上のようになる。

ない問題に正面から取り組んだ。著書『人間の進化と性淘汰』[5]のなかで彼は、ヒトはほかのすべての動物と同じように進化の産物だと主張したうえ、現存する動物でヒトに最も近縁な種はアフリカの類人猿だとまで述べた。今日、さまざまな証拠によって、これが本当だということが裏づけられている。最新の遺伝的比較によって、私たち動物の系統樹が明らかになってきた。ヒトのDNAと比較されたすべての生物のうち、チンパンジー属の二種（チンパンジーとボノボ）がヒトに最も類似しているのは間違いない。*

じつは、チンパンジーはヒトよりもアフリカに棲む類人猿のゴリラに見かけが似ているにもかかわらず、DNAはゴリラよりもヒトのDNAとよく一致する。すなわちチンパンジーの立場からすれば、彼らにとって現存する動物で最も近縁な種はヒトなのだ。ならば、チンパンジーを研究することによって、「動物の性質」よりも「人間の性質」についてもっと理解を深められるかもしれない。

私たちが類人猿を祖先とすることは広く知られるようになったが、それは人類がチンパンジーから進化したという意味だと、いまだに誤解されている場合も少なくない。人類はチンパンジーから進化したのではない。何しろ同じ理屈でいけば、チンパンジーが人類から進化したとも言えるのだ。「共通祖先」とは、人類とチンパンジーの祖先が同じという意味だ。つまり、時間スケールがはるかに短い話に置き換えると、あなたといとこの先祖が同じだというようなものだ。チンパンジーと人類のどちらの系統も、共通祖先から分岐したのちに同じ時間をかけて進化した。最近の遺伝子解析や化石証拠によれば、人類とチンパンジーの分岐は今から約六〇〇万年前に起こったようだ。[7]

進化の連続性と心のギャップ

微生物学的証拠や化石証拠がなかったため、人類の進化についてのダーウィンの主張は、当初、動物から人間への連続性を示すものによって支えられていた。「変化を伴う継承」（「進化」を意味する言葉としてダーウィンが用いた表現）は、徐々に変化が起こること、すなわち種と種のあいだにつながりがあることを暗示している。二つの異なる種群の中間的な特性を持つ種は、しばしば見つかる。たとえば、ダーウィンはオーストラリアのカモノハシに最も強い印象を受けた。カモノハシは「単孔目」と呼ばれる生物で、哺乳類と爬虫類の特徴を併せ持つように見える（たとえば、毛が生えており、卵を産む）。**ダーウィンの説にとって連続性のしるしは重要だったので、原始的な脚をもつ魚などのいわゆる「失われた環《ミッシング・リンク》」の探索が活発になった。現在でも、重要な化石が発見されると、だいたいが「失われた環」、場合によっては「まさしく失われた環」としてメディアで歓迎される（人類の進化につい

*チンパンジーとヒトのDNAが九九・四パーセント一致する[6]といった数値は、よく引用されるものの、誤解を招きかねないので注意が必要だ。常識からすれば、たとえば、DNAの一致がゼロパーセントというのは、二つの種が無関係であることを意味している。だが、地球上のあらゆる生物の遺伝暗号がわずか四種類の塩基（アデニン、チミン、グアニン、シトシン）からなることを踏まえると、基準となる値は二五パーセントであって〇パーセントではない。すなわち、たった一種類、たとえばアデニンだけの配列を、たとえば植物のルバーブ、ヤマアラシ、ヒトなど、どの種のDNAと比較しようとも、全体のDNAの二五パーセントの位置で一致することがわかるだろう。DNAの約二五パーセントはアデニンだからだ。さらに、ゲノムを比較するときには、一個の塩基の置換に加えて、塩基の挿入、欠失、重複といった構造の違いも考慮に入れる必要がある。このようなこと、またその他の理由から、「九九・四」などという数値は多少割り引いて受け取るべきだ。とはいえ、異なる種間での相対的な一致は素直に解釈できる。

**孤立したオーストラリア大陸には本当の意味での在来の有胎盤哺乳類がいないことを考えれば、これはきわめて興味深い。今日では、カモノハシは哺乳綱で初期に分岐した系統の生き残りで、それよりも後の時期に分岐したほかの系統が現代の有胎盤哺乳類や有袋類へと進化したと考えられている。

て発見されている「環《リンク》」については、第11章で述べる）。だが、たとえ化石がなくても、人間と動物のあいだに連続性があることを支持する揺るぎない主張を展開できる。

ヒトとほかの霊長類で、解剖学的構造や身体機能に類似点があるのは明白だ。どちらも同じように肉と血でできており、一生を通じて基本的に同じ段階を経る。私たちがほかの動物と共通して受け継いだ特性を思い起こさせる事柄の多くが、文化的にタブー視されている。たとえば、セックス、月経、妊娠、出産、授乳、排便、排尿、出血、病気、それに死。厄介なものばかりだ。しかし、たとえ覆い隠そうとしても、人間と動物の体に連続性があることを示す証拠は動かしがたい。第一に、ブタの心臓弁を人間の異常な弁と取り替えられるように、私たちは哺乳類の器官や組織を用いることができる。ある巨大産業は、人に用いる薬や処置を試験するために動物で研究をおこなう。なぜなら、人間と動物の体がよく似ているからだ。人間と動物に肉体的な連続性があることに、議論の余地はない。だが、心となると話は別だ。

動物の心から人間の心への段階的な移行（あるいは、お望みなら「進歩」と言ってもいい）は、どうすれば証明できるだろうか？　これはダーウィンにとって、最大の難問と言ってもよかった。見たところ、動物と人間の心には途方もないギャップがあり、そこに連続性はなさそうだった。自然選択の原理を独自に発見したアルフレッド・ラッセル・ウォレスや、チャールズ・ライエルをはじめとするダーウィンの科学面での盟友さえ、自然選択によって人間と動物の心のギャップを説明できると納得していたわけではなかった。

一七世紀にルネ・デカルトは、動物は単なる自動機械（定義できる規則によって支配される機械）だと主張し、デカルトの支持者たちは、動物は精神的経験をまったくしないと考えた。私たちの体も、単なる機械だと考えられるかもしれない。つまり、体は高尚な心を収めた容器や乗り物にすぎないということだ。多くの文化で、体を支配し抑制するのは心だと考えられている。道徳的拘束力やタブーという助けが十分にあるおかげで、心は体の内に潜む獣を制するわけだ。この話題にこれ以上、無駄に深入りはしないが、ともかく、こうした心身二元論は、今でも西洋の科学や社会の大部分に染み込んでいる。

だが現代科学によって、心と体が密接につながっていることが明らかになってきた。たとえば、腫瘍や脳卒中によって脳が損傷すると、心にも影響が及ぶことは予想がつく。例を挙げれば、耳のすぐ後ろの側頭葉が損傷すると、言葉を理解する能力が損なわれる恐れがある。また、「身体化された認知」[8]と呼ばれる現代心理科学の一分野では、心と体のより微妙なつながりが調べられており、体が少し操作されただけで精神的経験や判断が変わることが示されている。たとえば、口にペンをくわえているかいないかによって、同じ状況でも、おもしろく思えるかどうかが変わる。好きなコメディーを観ているときに、試してほしい。ペンをくわえていると、まともに笑みを浮かべたり笑い声をあげたりすることができなくなり、それによって主観的体験が弱められる。重いバックパックを背負っているときは、そうでないときより坂道がきつく感じられるようだ。[9]体の状態が心に影響を及ぼすことを示す方法は数多くある。究極的には、脳が死ぬと心も死ぬという結論が、あらゆる証拠から示されている。

では、ヒトに近い霊長類の脳はどうだろうか？『種の起源』が世に出たころ、大英博物館自然史分館〔現在のロンドン自然史博物館〕を設立したリチャード・オーウェンは、ヒトの脳には小海馬（鳥《ちょう》距《き》）のような独特の構造があると主張した。だが、その後の科学論争を制したのは、ダーウィンの番犬《ブルドッグ》の異名で知られるようになったトマス・ヘンリー・ハクスリーだ。彼は脳を詳細に調べ、ヒトとほかの哺乳類の脳では、大きさが異なるものの主要な構造はすべて共通していることを示した。この結論は今日に至るまで影響力を持っている。最近はこれに対する異論も出てきているが、ひとまず、人間と動物の脳のあいだには連続性があるとするダーウィンの説への賛成論が優勢だった。

人間と動物の脳に連続性が明らかに認められ、心と脳が結びついていることを示す証拠もあることから、動物にはまったく心がないとする極端な立場はほとんど持ちこたえられなくなった。たとえば、肉体的な損傷に対する動物の神経化学的・行動学的反応は、私たちの反応とよく似ている。動物も、どうやら傷つけられるのを嫌がるらしい。それに私たちと同じく、麻酔下では傷つけられるのを気にしないようだ。ならば、多くの動物が意識的経験の基盤を備えているという考え方は、筋が通っている。それでも、「意識」という言葉は、思考という高次の機能と結びつける形でのみ使われることが少なくない。結局のところデカルトは、「われ思う、ゆえにわれあり」という思索を拠り所とすることでしか、自分の存在を確信できなかった。だが、次に挙げる、チェコの小説家ミラン・クンデラの鋭い切り返し[10]を考えてみよう。「『われ思う、ゆえにわれあり』は、歯痛を過小評価する知識人のご高説だ」。歯が痛いときには、それ以上考えなくても、自分の存在や、自分が物事を精神的に味わっているという事実に確信が持てる。今度、自分の存在を疑問に思ったら、歯医者に行ってみるといい（そして、麻酔薬を使わないでくださいとお願いしてみよう）。心理学者のウィリアム・ジェームズは一九世紀末に、意識は動物に「関心」を与えると述べた[11]。動物は感じることができるので、生き延びることは偶然の支配することではなく至上命令となる。動物は、快い経験や苦痛の緩和[12]を積極的に求める。たとえば、関節に炎症を起こしたラットは、選択の余地があるときは、好物を味わうことよりも鎮痛薬を選ぶ。

だが、動物はいくらか精神的経験をするということを認めたとしても、人間の心と動物の心は大きく異なっているように見える。ダーウィンは『人間の進化と性淘汰』で、動物と人間の感情や関心、記憶、抽象概念といった心理的特徴を比較することによって、この心のギャップという問題に取り組んだ。そしていくつもの事例報告を引用し、動物は往々にして、思われている以上に高度な心を持っていると述べ、人間と動物の心の差は程度だけで、質に差はないと結論づけた。ダーウィンの意見によれば、類人猿と魚類の心の違いは、類人猿とヒトの心の違いより大きかった。これらの結論にはまだ議論の余地があったが、ダーウィンは『種の起源』のなかで、心の研究は人間と動物の連続性を裏づける証拠によって根本的に変わるだろうと予想し、こう述べている。「遠い将来を見通すと、さらにはるかに重要な研究分野が開けているのが見える。心理学は新たな基盤の上に築かれることになるだろう。それは、個々の心理的能力や可能性は少しずつ必然的に獲得されたとされる基盤である。やがて人間の起源とその歴史についても光が当てられることだろう」[13]〔『種の起源』（渡辺政隆訳、光文社）より引用〕

ダーウィンは、かなり遠い未来を覗いたに違いない。なぜなら、それから一五〇年以上が過ぎても、心理学はこの基盤の上に位置していないからだ。行動主義から認知心理学、フロイト流精神分析から動物行動学まで、各種の理論や科学的伝統によって、複雑に絡み合った行動や進化や心のさまざまな謎の解明が試みられてきたが、人間がどんな心の能力をほかの動物と共有しているかについては、一致した意見がまだないし、そのような問いは心理学の研究の中心にあるわけでもない。進化心理学では、人間の心の本質を長い進化の歴史の産物として研究する。それは、草分けであるレダ・コスミデスと彼女の夫ジョン・トゥービーが、「われわれの現代の頭蓋骨に石器時代の心が収まっている」[14]と述べたとおりだが、その研究分野ですら、人間と動物の心のギャップとおぼしきものを究明する問題は、真剣に受け止められていない。進化心理学のどの教科書でも[15]、動物でヒトに最も近縁な大型類人猿、それに私たちの祖先の種についてさえ、かろうじて触れられている程度だ。

それでも、二〇世紀を通じて、チンパンジーの心を調べたヴォルフガング・ケーラーなどのパイオニア[16]の流れを汲む研究者による仕事は、人間と動物のギャップを理解することに直結してきた。近年、比較動物心理学の研究が劇的に増えており、人間以外のさまざまな動物の心の力量と限界について、より明確な全体像がついに見えてきつつある。また、人間の心とその発達についての理解も進んできたので、人間とほかの動物を分かつものは何かという問題にずっと取り組みやすい状況にようやくなったと思う。

人間と動物の心に連続性があるしるしは、人類の進化を唱えるダーウィンの当初の主張にとって不可欠だったが、今日では、ギャップの大きさや本質がどんなものだと判明しようとも、進化論的な説明は、遺伝的証拠や化石証拠によって説得力をもって裏づけられることがわかっている。たとえ大きなギャップがあるとしても、「変化を伴う継承」による進化と必ずしも矛盾するわけではない。急激な変化が起きた期間のあとに比較的変化しない期間があるとする、ナイルズ・エルドリッジやスティーヴン・ジェイ・グールドの主張[17]によって示されているように、進化生物学では、急激な変化が起こる可能性も説明できる。何より重要なのは、連続性や不連続性の問題は、むろん進化の過去にかんすることであって、現状にかんすることではないということだ。たまたま今日まで残った特徴が、現在のギャップを作り出している。中間にあるつながりが残っているはず（あるいは、そのようなつながりが認められる化石が発見されるはず）だと決めてかかることはない。何しろ、地球上にこれまでに存在したほとんどの種は絶滅しているのだ。

消えたホミニン

大型類人猿は、必ずしも私たちにとって最も近縁な生存種だったのではない。今からわずか二〇〇〇世代前、地球には現生人類とともに、直立歩行をおこない、火を操り、道具を作るいくつかの近縁種が存在していた。たとえば、大柄なネアンデルタール人（ホモ・ネアンデルターレンシス）や小柄な「ホビット」（ホモ・フローレシエンシス）[18]だ。それらのさまざまな二足動物がいた世界は、まさにトールキンが描いた中《なか》つ国を連想させるものだった。私たちの四万年前の祖先には、自分たちが地球上のほかの生物とは大違いだと思う理由は、今よりはるかに少なかっただろう。現生人類は、似たような種からなる一群に属する一つの種にすぎなかった。

おそらく、連続性やつながりが探索されてきたため、私たちの祖先はまっすぐな一本道をたどり、ホモ・サピエンスに至る階段を登って進化してきたというイメージが根強くある。だが、そうではなかった。数百万年ものあいだ、専門用語で「ホミニン（ヒト亜族）」と呼ばれる人類の多くの種がこの惑星を歩き回り、ときには同じ谷で暮らしていた。たとえば、一八〇万年前から一六〇万年前にかけて、人類には、石器を作るすらりとしたホモ・ハビリスから、大きくて頑丈な顎を持つがっしりしたパラントロプス・ロブストスまで、おそらく六つか七つの種がいた。* さらに、目を見張るようなギガントピテクスなどの違ったタイプの類人猿もいた。ギガントピテクス[21]は身長が三メートルもあり、『スター・ウォーズ』に登場するチューバッカに似ていたかもしれない。私たちに直接つながる系統は、たくさんの近縁種で構成された、盛んに生い茂る系統樹の一本の枝でしかないのだ。

これらの種の一部は、非常に大きな成功を収めた。たとえば、パラントロプス・ボイセイという、

＊以前から、これらはホモ・ハビリス、ホモ・エレクトゥス、ホモ・エルガステル、ホモ・ルドルフエンシス、パラントロプス・ロブストス、パラントロプス・ボイセイだとされている。[19] 二〇一〇年に七つめの種として、アウストラロピテクス・セディバ[20]の報告がなされた。

広い顔を持つがっしりした体格のホミニンの種や、上背があり大きな脳を持っていたホモ・エレクトゥスは、それぞれ優に一〇〇万年を超える年月のあいだ、この惑星に彩りを添えた。現生人類の歴史は、そのわずか五分の一の期間でしかないのである。頭蓋容量の増加や道具の高度化など、徐々に変化が起こったことを示す明白な痕跡がある一方で、種による多様性もはっきりと見て取れる。この一〇年で、いくつもの新しい種が報告されてきた。もしも最近の相次ぐ発見が当てになるならば、新しいタイプのホミニンの化石が、今後さらに多く発見されるだろう。系統樹はますます複雑になると考えていい。

しかし今日、この惑星に残っている人類の成員は、ホモ・サピエンスしかいない。そのため、大型類人猿の数種が、現存する動物でたまたま私たちに最も近いのだ。ギャップは、比較する二種のあいだの差のことだ。つまり、重要な意味において、なぜ人間がほかの動物とそれほど違って見えるのかという問いの答えは、私たちにごく近い種がすべて絶滅したからにほかならない。私たちは最後の人類なのだ。

ネアンデルタール人の血

なぜ私たちの種だけが、人類の多くの種のなかで、唯一の生き残りなのだろう？　なぜほかの種は死に絶えたのだろう？　氷河期や火山の噴火といった環境の急激な変化が、絶滅の原因になることはよくある。そのような不測の事態が、私たちの近縁種の歴史でも重要な役割を演じたのは疑いない。絶滅はみなそれぞれに、おそらく多くの要因が絡んだ複雑なプロセスを経ただろうし、絶滅をもたらしたこれら一連の要因は、ホミニンの種によって違ったと思われる。だが、私たちに近い種が絶滅した要因としては、別の可能性を考えてしかるべきだ。それは私たちの祖先である。

人間は近年、多くの種の絶滅を引き起こしている。そして、直接的な証拠はないが、ネアンデルタール人などの近縁種の絶滅に関与した可能性もある。私たちの祖先が、大型のネコ科動物やクマに捕食されることをはじめ、自然環境下で生活していくうえでの典型的な困難のほとんどを克服してしまうと、自然界で彼らに敵対するおもな脅威[22]になったのは、おそらくほかの人類だろう。人間は、どんな動物よりも、ほかの人間によって脅されたり支配されたり殺されたりすることが多い。集団間での侵略や衝突が、ホミニンの進化に大きな影響を及ぼした可能性がある。

技術的に進んだ集団は、ほかの集団に破壊的な影響を及ぼしうる。人間の集団が、殺害ばかりでなく、競争や居住環境の破壊、あるいは新奇な病原菌の持ち込みといった間接的な方法によって全滅することもある。進化生物学者にして地理学者のジャレド・ダイアモンドは著書『銃・病原菌・鉄[23]』のなかで、一五三二年にわずか一六八人のスペイン人征服者《コンキスタドール》がインカ帝国を荒らし回った驚くべき事例を鮮やかに語っている。このとき、インカ人のほとんどは天然痘にかかって死亡した。この致死的な病気は征服者たちによって持ち込まれ、彼らが侵略を進めるよりも早くインカ人を襲ったのだ。大勢の死は、スペイン人にとって都合のよい副次的な影響だった。ヨーロッパが何百年ものあいだ天然痘に苦しめられたことから生じた結果だったのだ。しかし、征服者のなかには、そのような因果連鎖に気づいてこのプロセスを積極的に促進し、大量死を確実に引き起こそうとした者もいたかもしれない。たとえば、イギリス人の入植者は、天然痘ウイルスで汚染された毛布[24]をアメリカの先住民にわざと与えたとして非難されてきた。そうした無情な仕業がどれほど広くおこなわれたのかは、はっきりしない。しかし、人間がそのようなことをしかねないのは明らかだ。

その一方で、人間はすばらしい協力関係を築いたり、共感や思いやりを示したりすることもできる。

取り急ぎ言わせてもらえば、私たちは、ほかの人間集団や種が絶滅しないように道徳的な選択をおこなうこともできる。[25] スティーヴン・ピンカーが最近、『人間の本性に宿る善良な天使（*The Better Angels of Our Nature*）』で示したように、歴史を通じて暴力は徐々に減少してきた。言い換えれば、戦争、血の復讐、殺人、レイプ、奴隷制度、拷問は、現代よりも過去のほうがありふれていた。暴力を伴う衝突があったことを示す証拠は、有史以前の狩猟採集民にまでさかのぼるが、[26] このような暗い側面がいつ初めて現れたのかはわからない。霊長類種では、ヒト以外にチンパンジーだけが、仲間と協力して同じ種のほかのメンバーを殺すことが知られている。[27] したがって、そうした共同でおこなう攻撃の起源は、太古の昔にあるのかもしれない。

もちろん、私たちの祖先は近縁種との交配も試みただろうし、うまく子孫を残せた相手を吸収したかもしれない。現生人類とネアンデルタール人が交雑したことを示す解剖学的な証拠がいくつかある。また、二〇一〇年には遺伝的証拠によって、ヨーロッパ人やアジア人はアフリカ人とは違い、今でもネアンデルタール人の遺産であるDNAを推定で一〜四パーセント引き継いでいることが初めて示された。[28]* つまり、私は部分的にネアンデルタール人なのだ。二〇一〇年一二月には、三万年前の指の骨や歯が、それまで知られていなかった人類の種のものであることが報告された。遺伝子解析により、このいわゆるデニソワ人が、[29] 現生人類ともネアンデルタール人とも異なることが示された。デニソワ人は、現在のメラネシア人のゲノムに約五パーセント寄与している。

愛を交わすことと戦いを交えることとは、二者択一のものとして表されることもあるが、互いに相容れないとは限らない。戦時にはレイプもあれば恋愛もあるし、対立の結果としてロマンスが生まれることもある。いずれにせよ、私たちの祖先が、いくつかの近縁種を絶滅させる大きな要因となった可能性は高いようだ。したがって、今日、動物と人間の心のギャップがずいぶん大きくて不可解に見えるのは、現生人類が失われた環を破壊したからということもありうる。私たちは、ホミニンのいとこたちに取って代わったり彼らを吸収したりして、人間と動物のギャップに架かる橋を燃やしてしまったあげく、境界の片側に自分たちがいることに気づき、どうやってここにたどり着いたのかと不思議に思っているのかもしれない。この意味で、地球上における人間のとかく謎めいた特異な地位は、神ではなくもっぱら自分たちが作り出した可能性がある。

本書ではこれから、目下、人間と動物の心を隔てるこの深い裂け目をめぐる物語を紡いでいく。第2章と第3章ではまず、私たちに最も近縁の現存する動物について何が知られているのか、そしてどうやって動物の知的能力を明らかにできるかについてくわしく見る。第4章から第9章では、人間の心を無類のものとする特性についてのおもな主張を検討する。具体的には、言語、先見性、心の読み取り、知能、文化、道徳性の領域を見よう。そこで、人間の能力の本質やその発達についてわかっていることを説明し、それらについて動物では何がわかっているかについても検討する。動物種のなかには、コミュニケーションシステムを持っていたり、今後何が起こるかを予測することができたり、ある種の社会的問題や物理的問題を解決することができたり、伝統を持っていたり、さらには共感を

＊この論理は単純だ。ネアンデルタール人のDNAをアフリカ人のさまざまな集団と比較すると、互いに同じくらい異なっている。だが、ネアンデルタール人のDNAをヨーロッパ人やアフリカ人と比較すると、アフリカ人よりもヨーロッパ人のDNAとよく一致する。同じことが、中国人のDNAとの比較にも当てはまる。このことから、現生人類はアフリカを出たあとに、ネアンデルタール人とおそらく中東で交雑したことが示唆される。化石証拠から、現生人類とネアンデルタール人が中東で長期間にわたり共存しており（図11・10を参照）、その後、ネアンデルタール人のゲノムの構成要素がアフリカ以外の世界に運ばれたことが示されている。

示したりするものもいるが、人間の心はいくつかの理由によって動物とまったく異なること、そしてそれらの理由が繰り返し登場することが見えてくるだろう。第10章では、これらの領域でのギャップで共通することは何か、またなぜそうなっているのかについて要点を抽出する。有史以前の私たちの祖先や、私たちの心の進化にかんする手がかりについては、第11章で焦点を当てる。そして最終の第12章では、人間とほかの動物を分かつものを研究する科学の将来と、ギャップ自体の今後について考察したい。

2　生き残っている親類たち

私たちは霊長類だ。霊長類は一般に樹上での暮らしに適応しており、木から落ちると死ぬ恐れがあることから、正確に見たり物を握ったりするための目新しい高度な能力を進化させた。霊長類は多くの場合、顔の正面に目がついており、物を立体的に見ることができて色覚がある。そのため、鼻より目を頼りにしている。ほかの哺乳類に特徴的なひげはなくなっており、匂いを処理する嗅脳はかなり縮小している。霊長類では、五本に分かれた指のある手が進化した。指には、ほかの指と向かい合わせにできる器用な親指や、鉤《かぎ》爪ではない爪といった特徴がある。霊長類から受け継いだ遺産がなかったら、私たちは今現在やっているような形で世界を認識することも、世界と相互作用することもできなかっただろう[1]。

ほかのほとんどの動物と比べて、霊長類の脳は大きく知能は高い。だが、たとえばゴリラの暮らしを観察すると、なぜ彼らが知能を必要とするのか不思議に思えるかもしれない。ゴリラはたいていの場合、森林という巨大なサラダボウルに腰を下ろし、むしゃむしゃ食べる程度のことしかしていないように見える。このような観察結果をもとにして、哲学者のニック・ハンフリーは、霊長類に知能の進化を促した要因は、肉体的問題というより社会的問題だと提唱した。[2]この考えを支持する者は増えている。なぜなら、ほとんどの霊長類は確かにとても社会的で、私たちにとりわけ近い親類たちは特にそうだからだ。

ひとくちに霊長類と言っても……

独りぼっちにされているチンパンジーは、まったく本物のチンパンジーではないと言っても過言ではない。[3]

——ヴォルフガング・ケーラー

霊長類が複雑な社会生活を営んでいることは、野外観察によって詳細に報告されてきた。そのような報告から、彼らの集団をまとめているのは、同じ集団内の別の個体に対する関心によって生まれ支えられる関係であることがわかる。霊長類は、毛づくろい（グルーミング）を好む。[4]毛づくろいは気分をゆったりとさせ、エンドルフィンやオキシトシンの分泌を促すので、毛づくろいされた個体は眠りに落ちることがある。毛づくろいによって緊張がほぐされ、寄生生物が取り除かれるあいだに、社会的な絆が形成される。そして、協力関係が築かれたり、修復されたりする。集団が大きいほど、集団内のメンバーが互いに毛づくろいをする時間が長い傾向がある。動物によっては霊長類よりはるかに多い数で集団を作り、ヌーやイワシなどは数千個体からなる集団で暮らすが、まったく知らない者同士が集まっている可能性もある。一方、霊長類は集団内の個々のメンバーを知っている。

それだけではなく霊長類は、集団のほかのメンバーが優位性、血縁、交友の面でどんな関係を持っているかについて、ある程度理解しているようだ。たとえば、サバンナモンキーの母親は、自分の赤ん坊の鳴き声を聞くと声がしたほうを見るが、集団のほかのメンバーは母ザルを見る。[5] どうやら、彼女の赤ん坊が呼んでいるとわかっているらしい。霊長類集団の綿密な観察から、そのような知識が彼らの社会生活に欠かせないことが明らかにされている。したがって、二匹の個体間の争いが、集団内のほかのメンバーたちの関係に影響を及ぼすこともある。かつて私は、若い雄のチンパンジーが、枝を背後に隠して年上の雌に忍び寄るのを見た。その雌が若者の毛づくろいをしようとしたところ、若者は突然、枝で雌を叩いてから逃げだし、腹を立てた雌に追いかけられた。この事態の影響は、その社会集団全体に波及した。それぞれのチンパンジーが、どちらか一方の側についたのだ。報復の矛先は、加害者のみならず、その親類や仲間にまで向けられることもある。

霊長類の社会生活は、複雑に絡み合った事態に至ることもある。高い地位に就くことは、必ずしも単なる腕力の結果ではなく、抜け目のなさによって決まる面もある。[6] たとえば、しかるべき個体の毛づくろいをすれば、権力争いで支持を得ることができる。そのようなことから、特に集団が大きいほど、社会的問題への対処には、集団内の各個体が問題に相当な関心や考慮を払うことが必要とされる。実際、進化心理学者のロビン・ダンバーは、霊長類種の標準的な集団の規模が大きいほど、彼らの脳──より正確に言えば、脳の中で新皮質の占める割合──が大きいことを明らかにした。[7] 集団が大きいほど、社会を構成する利口なメンバーは、ますます複雑さの度合いが増す情報を把握するために、より高度な認知能力が必要になるのかもしれない。

霊長類の採食も意外に複雑だ。彼らはバナナだけで生きているのではなく、草木の葉、根、樹液、それに昆虫や小型哺乳類の肉など、じつにさまざまなものを食べる。そのような食物を得るために、道具を使う霊長類種もいる。たとえば、オマキザルは石で木の実を割る。なかには高度な処理技術を編み出した種もいる。たとえば、ゴリラはイラクサを注意深く折って、棘《とげ》が刺さらないようにする。一方、チンパンジーが仲間と協力してサルを狩るように、協力し合う種もいる。このようにして、霊長類種は多様な生態的地位《ニッチ》を開拓する。

分類学では、霊長類はさまざまな特徴に基づいて、いくつかのグループに分けられる[8]——すべての霊長類が「サル（monkey）」というわけではないのだ。分類に使われる特徴の多くは、鼻に関係している。霊長類には二つの亜目がある。一つはキツネザルやロリスのような原猿からなり、鼻が湿っている「曲鼻猿亜目《きょくびえん》」で、もう一方は、鼻が乾いている「直鼻猿亜目《ちょくびえん》」だ。直鼻猿亜目には、いわゆる「サル」と呼ばれる二つのグループがある。一つのグループは「新世界ザル（広鼻猿類）」で、左右の鼻孔が別々の方向を向いている。もう一つは「旧世界ザル（狭鼻猿類）」で、左右の鼻孔が同じ方向を向いている。新世界ザルは、名前が示すようにアメリカ大陸のみで見つかっており、タマリン、マーモセット、ホエザル、クモザル、リスザル、オマキザルなどが含まれる。新世界ザルのいくつかの種は、物をつかむのに適した尾が進化しており、尾で木の枝をつかんだり枝からぶら下がったりしながら、両手を使って物を食べることができる。彼らは尾を腕のように使うこともある。たとえば、私がクモザルに実験で何かを選ばせたとき、その雌ザルは、手を使うのと同じくらいの頻度で尾を使って対象物を選んだ。一方、旧世界ザルはアフリカやアジアに生息しており、尾で物をつかむことがない。彼らは枝からぶら下がるのではなく、どちらかと言えば四肢を使って木のてっぺんの枝を渡り歩く。尾の用途は、もっぱらバランスを取ることだ。旧世界ザルは背筋を伸ばして座ったまま眠ることができ、そのため臀部に厚みのある赤いたこ（いわゆる尻だこ）がある種もいる。よく知られている旧世界ザルとしては、マカク［オナガザル科マカク属の総称。ニホンザルなど］、ヒヒ、マンガベイ、コロブス、ラングールなどがいる。類人猿とヒトは、鼻の乾いた旧世界霊長類の一グループに属し、尾を完全に失っている。それでは、現存する動物で私たちにとりわけ近縁な種を見ていこう。

類人猿の分類

類人猿は一般に、ほかの霊長類より体が大きい。比較的長い腕と広い胸を持ち、鼻は突き出ていない。たいてい樹木に依存して生きているが、体が重いため、木のてっぺんでバランスを取るよりも枝からぶら下がるほうが多い。この移動方法を可能にするのが、肩を回せる能力だ。そしてこの能力は、私たちが枝や高所の棒から宙づりになることだけでなく、槍やボールを正確に投げるためにも不可欠である。古代に存在した類人猿たちも比較的大型で、樹上で暮らしていた。したがって、捕食される恐れはまずなかったと思われる。そのように安全な暮らしができるおかげで、類人猿種は長生きし、のんびりした暮らしを営める。実際、現存する類人猿はゆっくり成長するし、[9] 妊娠や子育ての期間も長い。彼らは性成熟に達するのも遅く、全体的に寿命が長くて五〇歳くらいまで生きる。こうした長い生活史を持っていることが類人猿の生存や繁殖を助ける基本的な適応であり、それが大きな脳の発達する機会を生み出した。

かつて類人猿には多様な種がおり、生息範囲も広かったが、個体数も分布域も急激に減少している。その原因として最も可能性が高いのは、類人猿が適応し生息していた熱帯雨林を破壊した気候変動だ。言うまでもなく、人間は地上で生活するようになり、近年では森林破壊のおもな原因となっている。私たちは霊長類のなかで最も広く分布し、最も数が多い。私たちの種一つで、個体数は七〇億を超える。一方、類人猿はすべての種を合わせても数十万匹しかいない。

一七世紀から一八世紀に類人猿が初めてヨーロッパに連れてこられたとき、人びとはすぐさま、類人猿が人間に似ているという印象を受けた。たとえ、類人猿の姿かたちがグロテスクに歪んでいると思われたにせよだ。類人猿は、半人半獣だと見なされることもよくあった。ドイツ語でサルは「アッフェン（Affen）」だが、類人猿は「人間サル」を意味する「メンシェンアッフェン（Menschenaffen）」だ。インドネシア語やマレー語では、「オランウータン」は「森の人」を意味しており、とあるヨーロッパの初期の解剖学者は、アフリカの類人猿から得られた初の標本を説明するために、「森の人」のラテン語版である「ホモ・シルヴェストリス」[10]を採用した。カール・リンネ[11]が生物を体系的に分類し、ヒトを霊長類のなかに位置づけて以来、系統樹における類人猿とヒトの適切なグループ分けをめぐって議論がなされている。

霊長類同士の関係は十分に定まっているが、そのグループ分けや分類名は、新しいデータ、なかでも最近では遺伝学のデータを踏まえて何度も改訂されている。本書では、最新で最も広く用いられている分類法[12]に従うが（もっとも、少ししか使わないが）、それによれば、ヒトとすべての類人猿は「ヒト上科」というグループに入る。ヒトと、小型類人猿（たとえばテナガザル）以外の大型類人猿は、「ヒト科」という科に分類される。そして、「ホミニン」という用語は、ヒトおよび、人類とチンパンジーとの最後の共通祖先から分岐したあとに絶滅した私たちの親類のみを指す場合に用いられる。

小型類人猿（つまりテナガザル）は、実際に最も小さな類人猿だ。私が初めて出会ったテナガザルは、私を通り越して前方の小道に着地するのに、私の腕を木の枝代わりに使った。スマトラ島の熱帯雨林で、私は面食らって立ちすくんだ。小型類人猿は非常に長い腕を持っており、軽業のような振舞いを見せることで有名だ。テナガザルは本当に腕渡りがうまく、枝から枝へ（場合によっては、腕から枝へ）と振り子のように渡っていく。森林の上層部をすばやく移動することにかけて、ほかの哺乳類はテナガザルに到底及ばない。だが、地上でテナガザルに出会ったら、はるかに垢抜けない移動

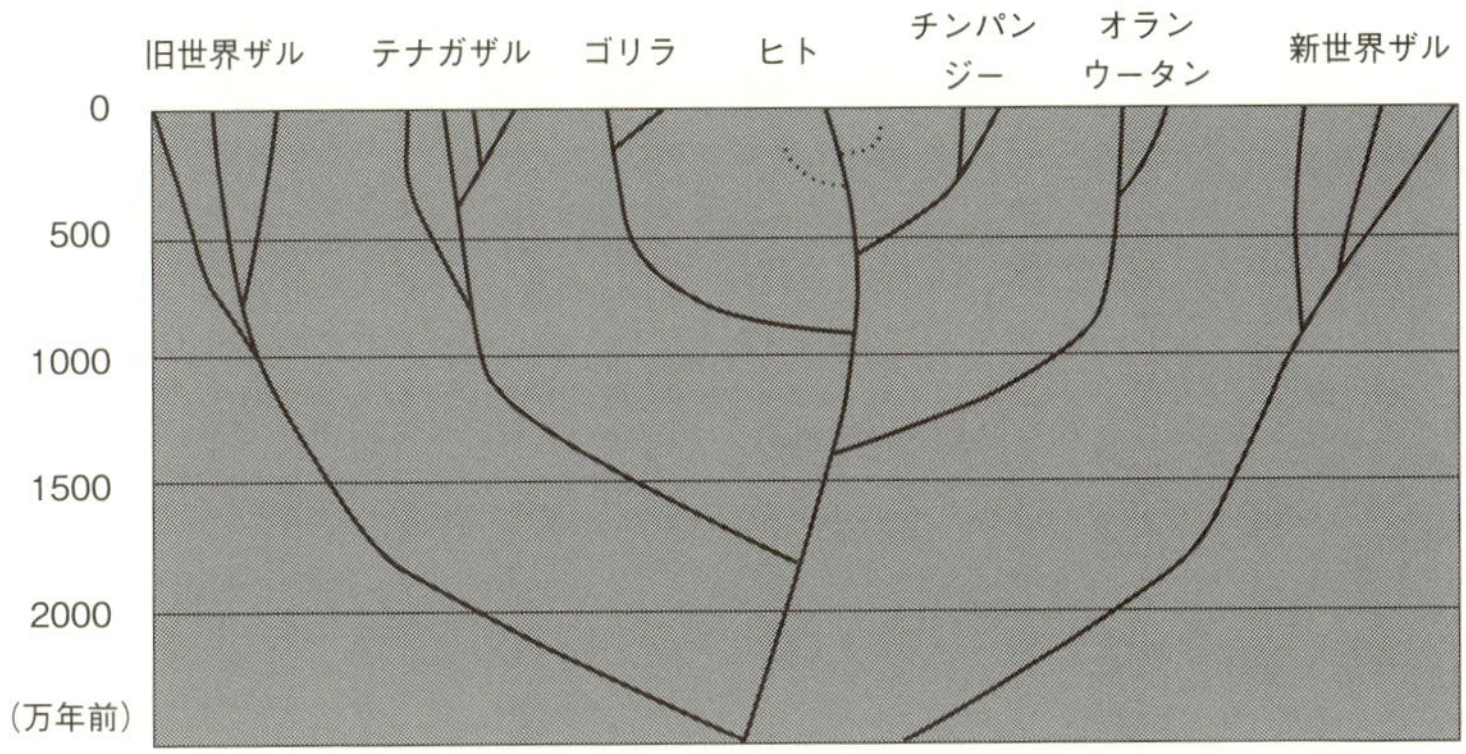

図 2.1　ヒトとその近縁種の系統樹。

図 2.2　アデレード動物園のフクロテナガザル（アンドルー・ヒル撮影）。

方式を目にすることになる。私が出会ったテナガザルは、二本脚で立って両腕を宙でぎこちなく振りながらこちらに歩いてきた。それは、喜劇集団モンティ・パイソンのジョン・クリーズが見せたヘンテコな歩き方を思い出させた〔クリーズは、コメディー番組『空飛ぶモンティ・パイソン』で、バカな歩き方を推奨する「バカ歩き省」の大臣を演じた〕。そのかわいらしい小さな類人猿がよちよちと歩いてきたのを見て、私は大変な愛おしさを感じた。人にやや馴れたシロテテナガザルもいると聞いていたので、近づきになれたのがとても嬉しかった。その後、そのサルは私の膝に飛び乗ってきさえした。叩いたら、すかさず噛みつかれた。

小型類人猿につながった系統は、今から約一八〇〇万年前に類人猿と人類の祖先から分岐した。今日、小型類人猿は東南アジアのみに生息しており、四つの属からなる。[13] フクロテナガザル属、フーロックテナガザル属、クロテナガザル属、テナガザル属だ。四つの属は、頭蓋骨の形、さらには染色体の数（フーロックテナガザル属の三八本から、クロテナガザル属の五二本まで）にもさまざまな違いがある。クロテナガザル属とテナガザル属にはいくつかの種がいるが、生息地はほとんど重複していない。唯一、フクロテナガザル（小型類人猿のなかでは最も大型）とシロテテナガザル（テナガザル属の一種）の縄張りだけが、スマトラ島とマレー半島の森で重なっている。

テナガザルは、つがいの雄と雌、親がかりの子ども数匹からなる一夫一婦制の小家族で暮らす。その点はほかの類人猿とは違い、むしろ多くの人間に似ている。つがいは長年一緒に暮らし、雄は子育てに時間と労力をかける。フクロテナガザルの雄は、子どもが一歳になったら、わが子をおもに背負うようにもなる。テナガザルは性的に成熟すると、生まれ育った「核」家族を離れ、自分の家族を築き始める。

それぞれの家族は普通、数ヘクタールの縄張りを持ち、それを必死に守る。テナガザルたちは、特徴的なやかましい歌で縄張りを宣言する。歌は一五分ほど続く傾向があり、多くの場合、一日の決まった時間帯に歌われる。小型類人猿のそれぞれの種は、歌によって判別できる。歌は、轟くような低い声や耳をつんざくような高い声の騒音のようなものから、頭にこびりつくような叫び声まで多岐に渡る。つがいの雄と雌は、しばしばデュエットで異なるパートを歌う。小型類人猿の音声は、大型類人猿の音声よりもはるかに多様性に富む。そのため、多彩な音を自発的に生み出す彼らの能力は、ホミニンの祖先が言語を発するようになったことを説明するモデルとして大型類人猿の発声よりも優れているのではないかという主張もある。[14] しかし、これらの小型類人猿が出す声の役割は、縄張りの主張、つがいの相手を惹きつけること、それに加えてデュエットの場合はカップルの絆を強めることに限られているようだ。

驚いたことに、テナガザルの認知能力についてはほとんどわかっていない。これまでにおこなわれてきたのは、おおむねテナガザル属の研究に限られている。このような研究ですら、大型類人猿でおびただしい数の心理テストが実施されていることに比べれば少ない。テナガザルがヒトに近いことを考えると、なぜ研究が少ないのかと私は不思議に思ったが、まもなくその理由がわかった。テナガザルで心理テストをするのは相当に難しいのだ。大型類人猿とは違い、捕獲されているテナガザルは、人間の実験者と向き合ってじっと座り、実験の手順に進んで従うといった行動をしないことが多い。おそらく、大型類人猿よりも捕食されやすいため、全般的に怖がりでびくつきやすいからだろう。同僚と私がおこなった研究では、テナガザルたちが活発ですばやいアクロバティックな動きをするものだから、しょっちゅう実験を中断せざるをえなくなった。

小型類人猿は、かつてアジアに広く生息していた。古代中国の文書には、生息地域が北は黄河流域にまで及ぶと書かれている。しかし今日、小型類人猿は東南アジアの原生林にしかおらず、生息地域は狭くなる一方だ。生息地の破壊、狩猟、違法取引によって、彼らは近い将来に絶滅する危機に瀕している。[15] 現に、テナガザルのいくつかの種は野生で絶滅する危険性がきわめて高く、憂慮すべき状況だ。ワウワウテナガザルは約四〇〇〇頭にまで減り、ニシクロテテナガザルは二〇〇〇頭を割り込んでいる。だが最悪なのはカイナンテナガザルで、最新の集計ではわずか二二頭だった。[16]

大型類人猿は、オランウータン、ゴリラ、チンパンジーという三つの属からなる。名称からわかるように、大型類人猿は小型類人猿より体が大きく、ゴリラの雄は体重が二〇〇キロを超える。大型類人猿は、生活の仕方、日々を過ごす場所、社会構造が種によって大幅に異なる。だが小型類人猿とは違い、木の上か地面に巣を作って寝る。また、追いかけっこやレスリングをしたり、くすぐったりするときに、笑い声に似た声を出す。人間と同じで、腋《わき》の下や腹部は特にくすぐったがる箇所だ。このような活動を楽しむ様子は、年を取ってもなくならないようである。彼らの旺盛な好奇心についても、同じことが言える。

一九六〇年代、考古学者で人類学者でもあるルイス・リーキーの好奇心がきっかけとなり、ヒトに最も近縁の現存する動物についての長期的なフィールドワークが立ち上げられた。リーキーは古人類学における数々の発見によって、すでに知名度が高かった人物だ。さて、リーキーは三人の女性研究者を送り出し、野生における大型類人猿のそれぞれの属を研究させた。彼女たちは、親しみを込めて「リーキーの天使たち」[17] と呼ばれることがある。ジェーン・グドールはタンザニアでチンパンジーを、ダイアン・フォッシーはコンゴとルワンダでゴリラを、ビルーテ・ガルディカスはボルネオ島でオランウータンの調査をおこなった。当初、彼女たちのアプローチは正統ではないと見なされたが、三人が類人猿の行動を長期にわたって根気強く記録し続けたことは、のちのちまで影響を及ぼした。フォッシーの取り組みは一九八五年に悲劇の終焉を迎えたが(映画『愛は霧のかなたに』でドラマ化されたように)、グドールとガルディカスのプロジェクトは現在も続いている。これらの長期研究は、タンザニアでの西田利貞の研究や、コートジボワールでのクリストフ・ベッシュとヘトヴィヒ・ベッシュの研究のようないくつかのひたむきな研究とともに、私たちにとりわけ近縁の種について膨大な量の新しい知識をもたらしている。

オランウータンは、スマトラ島やボルネオ島に残されたジャングルに生息する赤い色の類人猿だ(図2・3)。二つの種(スマトラオランウータンとボルネオオランウータン)に分類されるが、飼育下では交雑できる。オランウータンはほとんど木から降りない。彼らは高い木の上を好み、それにふさわしく、私たち地上生活者を見下ろすときには、どこか超然としたところがある。長いあいだ見上げていて首が痛くなり始めたとき、私には少なくともそう感じられた。雄のオランウータンは、体重が八〇キロを超えることもある。そのため、木に登るのはややゆっくりだし、木登りを慎重におこなう。私は彼らの苦労に同情した。私が木に登ろうとしたらほぼそうなるだろうという具合に、枝が揺れたり折れたりするからだ。しかし、オランウータンには私たちより明らかに優れた点がある。彼らは四本の手を持っており、それぞれの手に、ほかの指と対置できる親指があって自在に使えるのだ。

オランウータンは、一日の多くの時間をかけて果実を探し求める。汁の多い植物の茎や昆虫を食の足しにすることもある。ときには肉を食べる姿も観察されている。たとえば、スマトラ島のオランウータンは、スローロリス(動きの遅い、湿った鼻の霊長類)を殺すことがある。実のなる木が一度に養えるオランウータンの数が限られているためか、オランウータンはほかの大型類人猿のように社会集団を作って暮らさない。大人の雄は、ほとんど単独生活を送る。* 雌は自分の子どもを連れて行動するが、雄は子育てに協力しない。大人の雄は雌の二倍の大きさにまで成長する。なかには、頬の両側に「フランジ」と呼ばれる大きな張り出しと喉袋ができる個体もおり、それを用いて「ロングコー

図 2.3　オランウータンの雄、スマトラ島ケタンベにて（エマ・コリアー＝ベーカー撮影）。

図 2.4　パース動物園にいるスマトラオランウータンの雌、ウタマ（アンドルー・ヒル撮影）。

ル」という鳴き声を発する。雄は個々の縄張りを動き回り、雄を受け入れた雌は、最長で三週間にわたり雄と行動を共にする。この時期、雄と雌は繰り返し交尾する傾向がある。向かい合って交わることともあり、とても親密に見える。

以前は、オランウータンには別の小柄な種がいると考えられていた。だが今日、そのような個体は成熟した雄の第二の形態だということが明らかになっており、「ピーターパン形態」と呼ばれることもある。これらの成熟した雄は大人への過渡期にあり、大人の手前（フランジのない「アンフランジ」）の段階に何年もとどまる。[18] オランウータンは普通、穏やかな性質だが、これらの雄は力ずくで雌に交尾を強いることがある。見た目が若いおかげで、定住している大人の雄の怒りを免れるのかもしれない。ピーターパン形態の雄は、おそらくは年老いたフランジ雄がいなくなるなどのきっかけによって、フランジを持つ一人前の雄になれる。

場合によって強制的な交尾を試みる傾向は、ピーターパン形態の雄だけに認められることではなく、雄に限られることでもないらしい。ある研究者から聞いた話によれば、彼は、定期的に接触していた雌のオランウータンから直接的なラブコールを受け、拒否するしかなかったという。その後、はねつけられたオランウータンは、もはや彼の研究活動に協力しようとしなかった。

オランウータンは、雨が降ったときに大きな木の葉を傘代わりにすることはあっても、それ以外に道具を使うことはまずないと長らく考えられていた。だが近年、霊長類学者のカレル・ファン・シャ

＊オランウータンは、大きな脳と大きな集団サイズを関連づける社会脳仮説にとって例外だ。これは一つには、現在のオランウータンの生態的地位が、彼らが進化した状況とかけ離れているからかもしれない。飼育下では、オランウータンは野生にいるときよりも社会的つながりを見せるので、高い樹上における彼らの社会生活の複雑さが過小評価されてきた可能性もある。

図 2.5　体を橋代わりにするオランウータン。スマトラ島ケタンベにて。

イクら[19]は、さまざまな事例を報告している。たとえば、スマトラ島にいるオランウータンのいくつかの集団は、小枝を道具として使って、ネーシアという果実の種子を取り出したり、穴から昆虫を獲ったりする。これは社会的に維持されている行動のようだ。ボルネオ島では、アン・ルッソンとビルーテ・ガルディカスが[20]、オランウータンの模倣する能力について報告している。インドネシアのタンジュン・プティン国立公園にある野生復帰センターでは、オランウータンが人間の風変わりな行動までもまねることがある。スピナーという名のオランウータンは、火をつけたり消したりする人間の能力にひときわ強い好奇心を持っている。ディズニー映画『ジャングル・ブック』に登場するキング・ルーイ〔火の使い方を男の子から教わろうとするオランウータン〕に似ていなくもない。その後、灯油などの可燃物を用いた実験がおこなわれ、当然心配する声も上がったが、結局は失敗に終わっている。

オランウータンは、そのほかのさまざまな問題を解くことができる。私は一度、一頭の若い雄が、ほかから少し離れて生えている木から、隣の木の張り出した枝に体を伸ばしているのを見たことがある。その雄はそれから、かなり危なっかしい水平の姿勢で木と木のあいだに体を伸ばし、苦痛を感じるのではないかというほど長いあいだじっとしていた。すると、三歳くらいと思われるオランウータンの子どもが、幹のてっぺんから降りてきて、木と木の隔たりに架かる若い雄の体を生きた橋のようにして渡っていった（図2・5）。そのあいだ、彼はずっと踏ん張っていた。このようにしてその若い雄は、子どものオランウータンに自分を道具として提供したのだ。

この謎めいた赤い類人猿は、世間や各国政府から大いに注目されているにもかかわらず、残っている個体数は急激に減少している。スマトラオランウータンの最新の推定個体数は、わずか七三〇〇頭だ。ボルネオオランウータンの個体数はスマトラオランウータンよりややましで、推定では四万五〇〇〇～六万九〇〇〇頭だが、やはりボルネオ島でも個体数は減少している。生息地の破壊（おもな原因はヤシ油プランテーション）、森林火災、狩猟、ペット取引が続いているため、オランウータンの数は減り続けている。国際自然保護連合（ＩＵＣＮ）は、ボルネオオランウータンを絶滅の危険性が高い「絶滅危惧ＩＢ類」に、スマトラオランウータンを絶滅する危険性がきわめて高い「絶滅危惧ＩＡ類」に指定している。つまり、オランウータンは近い将来に絶滅する恐れがあるということだ。

ゴリラは大型類人猿のなかで最も体が大きい。だから、キングコングの役にゴリラが選ばれたのも意外ではない。しかし、雄のシルバーバック〔背中の毛が灰色になった雄〕が巨体なことや、胸を叩く派手なディスプレイ（誇示行動）にもかかわらず、ゴリラは概しておとなしい菜食主義者だ。私はかつて、ウガンダで人に馴れたマウンテンゴリラの集団を見にいく機会に恵まれた（ゴリラの観察は、経験のうえでも動物保護のためにも、強くお勧めしたい）。そのとき彼らは森でくつろいでいた。シルバーバックが横になって指の爪を調べていた。それから、その雄は片方の尻を無造作につかんで少し上げると、おならをした。話題にされることはまずないが、人間の行動と似ている。私が見た唯一の胸叩きは、一歳の子どもがしていたものだ。

ゴリラは一般に、ニシゴリラとヒガシゴリラの二種いるとされている。二〇一二年、ゴリラゲノムの最初の概要版[21]が発表され、これら二つの種が約一七五万年前に分岐したことが示唆された。ただし、その後二種のあいだで遺伝子の移動が多少あったようだ。どちらの種も大多数は低地に生息しているが、ヒガシゴリラには、高地で暮らすマウンテンゴリラ（図2・6）が含まれる。マウンテンゴリラはわずか数百頭しか残っていない。彼らの生息地は、ほとんどのヒガシローランドゴリラとニシローランドゴリラ（図2・7）の住処である典型的な熱帯雨林とはまったく異なる。野生におけるゴリラの行動で現在わかっていることは、ダイアン・フォッシーが始めた[22]マウンテンゴリラの詳細な調査から得られたものだ。

マウンテンゴリラは、大人の雄、数頭の雌と彼らの子どもたちからなる小規模な家族集団で暮らす。雌は成熟すると、家族のもとを去って別の集団に加わる。大人の雄は、自分のハーレムにいる雌より体が大きく、背中に銀灰色の毛が生える。「独身」の大人の雄は、そのような集団を奪えるようになるまで独りで生活する傾向がある。

ゴリラはかなりの巨漢であるにもかかわらず、そこそこ木登りがうまい。地上では通常、四本すべての手足を使い、手の拳をついて移動する。マウンテンゴリラは、地面近くの根や芽、葉をおもに食べる。一方、ローランドゴリラはどちらかといえば、森で集めた果実を多く食べる。最近おこなわれた糞の分析結果によれば、哺乳類の肉を食べることもあるようだ。[23]ゴリラはおもに菜食によって巨体を維持するため、当然ながら多くの時間を食物の摂取に費やす。植物のなかには棘のような手強い防具を備えているものもあれば、食べられる芯がほんの少ししかないものもある。心理学者のディック・バーン[24]は、ゴリラが痛い目に遭わないよう大変な労力を注いでみずみずしい部位にありつく様子

図 2.6 茂みの向こうから私たちの様子をうかがうマウンテンゴリラ。ウガンダのブウィンディ原生国立公園にて。

図 2.7 ニシローランドゴリラの雌、キガリ。ワシントンDCにあるスミソニアン国立動物園にて（エマ・コリアー＝ベーカー撮影）。

を報告している。なかには何段階も要するかなり複雑なテクニックもあり、若いゴリラは年長者を観察してそのような技を習得する。

飼育下では、ゴリラもオランウータンやチンパンジーのように道具を上手に使うことが、以前から知られている。一方、野生でそうした行動が報告されたのは、ごく最近になってからだ。二〇〇五年、ゴリラが棒を使って塊茎を掘り出したり、湿地を歩いて渡るときに水の深さを調べたりする様子が観察された[25]。ゴリラが野生で道具を利用することは少ないが、その理由の一つは、とてつもなく力が強いので、道具を使わなくてもすむからということかもしれない。私がときどき共同研究をするアンドルー・ホワイトゥンは、仕掛けを施した「問題箱」をゴリラに与えたときのことを話してくれた。その箱は以前、チンパンジーが歯車やレバーを操作する模倣能力を調べるために使われたものだった。さてそうしたところ、ゴリラは仕掛けを操作するより簡単な方法で箱に入っている褒美を取ることが、すぐにわかったという。要するに、ゴリラはただ力任せに箱を叩き割って開けたのだ。

マウンテンゴリラは絶滅の危機に瀕しており、野生で生きている個体数は推定で六八〇頭しかいない。ヒガシローランドゴリラはわずか数千頭だ。国際自然保護連合は、ヒガシゴリラを絶滅の危険性が高い絶滅危惧ＩＢ類に、ニシゴリラを絶滅の危険性がきわめて高い絶滅危惧ＩＡ類に指定している。クロスリバーゴリラとして知られるニシローランドゴリラの亜種は、約二五〇頭にまで減っている。ニシローランドゴリラの総数は、以前は九万頭を超えると推定されていたが、急速に減少しているようだ。二〇〇六年にはエボラ出血熱の流行によって、約五〇〇〇頭のゴリラが死亡した。だがときには、野生での個体数について歓迎すべきニュースもある。二〇〇八年には、それまで知られていなかった数多くの個体がコンゴで発見された[26]。その数は、おそらく最大で一〇万頭。すばらしい発見ではないか。だが悲しいことに、未知の生息地が今後発見される可能性はほとんどない。

チンパンジー属は二種に分類される。チンパンジーと、以前はピグミーチンパンジーと呼ばれたボノボだ。チンパンジー属は現存する動物で私たちに最も近縁だが、ボノボはいくつかの点でチンパンジーとは明白に異なるので、別々に紹介しよう。

チンパンジーは中央アフリカのサハラ以南の森林に広く分布し、四つの亜種（ニシチンパンジー、ヒガシチンパンジー、チュウオウチンパンジー、ナイジェリアチンパンジー）に分類されることもある。『ターザン』のチータから、ロナルド・レーガンが出演した『ボンゾの就寝時刻』のボンゾまで、若いチンパンジーは映画によく登場するので、世間ではチンパンジーは小柄でかわいいというイメージができあがっている。だが、大人の雄は体が大きい場合もあるし、獰猛になることもある。彼らはたいていの人間より力がはるかに強いので、興奮しているチンパンジーにちょっかいを出すのは危険だ。また、チンパンジーは気難しくなることもある。私たちはオーストラリアのロックハンプトン動物園で、二頭の雄のチンパンジーを用いて実験することがある（図２・８）。彼らはとても友好的な態度を示し、金網の向こう側に座って心理テストに参加してくれる。だが、芝刈り機やバスなどのうるさい音がすると、逆上することがある。二頭は金切り声を出し、金網を叩き、跳び上がり、柵のなかをヒステリックに走り回って唾を吐きかける。英語の慣用句を借りれば、彼らは「サルのように異常に興奮する」のだ。そんなチンパンジーを、ターザンがするように肩に乗せていきたいなどとは誰も絶対に思うまい。

野生では、チンパンジーはすべての類人猿のなかで群を抜いてくわしく研究されている。複数の研究拠点が、数十年ものあいだ特定の集団を観察してデータを蓄積しているのだ。チンパンジーは、通常四〇〜六〇頭（ときには一〇〇頭以上）からなる大きな集団で暮らすが、普段はもっと小さなサブグループで移動したり物を食べたりする。こうしたサブグループのメンバーは入れ替わり、集団全体

図 2.8　ロックハンプトン動物園にいるチンパンジーのオッキー。

が一つに集まることはたまにしかない。この柔軟なシステムは「離散‐集合」様式として知られている。つまり、出たり入ったりが多いのだ。このようなシステムのおかげで、特定のメンバーたちと過ごす時間ができる一方で、親戚関係や社会的序列の変化を把握しなくてはならないという特別な社会認知的問題も生じる。

雌は性的に成熟すると、生まれ育った集団を出て別の集団に加わるが、雄は居残る傾向がある。雄にとっては、高い地位を獲得することが重要である。なぜなら、それによって雌と交尾できる機会が多くなるからだ。雌のチンパンジーは、生殖器がよく目立つピンク色に膨れあがることで発情時期をはっきりと示し、その期間中は、一日に五回から、仰天するほどの五〇回も交尾することがある。ただし念のために言い添えれば、交尾は通常、わずか七秒で終わる。雌がすでに妊娠していても多くの雄と交尾するのは、自分の集団にいる雄に赤ん坊が殺される危険性を下げる戦略かもしれない。いずれにせよそういうわけで、チンパンジーの雄は、雌に独占的に近づけるゴリラのシルバーバックとは違い、自分がどの赤ん坊の父親なのかを確信することができないのだ。

ジェーン・グドールの報告でよく知られているように、チンパンジーの社会生活[27]は複雑で興味深い。たとえば、雄は序列第一位（アルファ）の雌の支援を得ると、地位が上がる場合がある。また、低い地位の雄たちが結託して、集団に君臨するアルファ雄を打倒することもある。逆に、別の同盟によって、地位を得ようとしている個体やその仲間が報復を受けることもある。霊長類学者のフランス・ドゥ・ヴァールがこのテーマにかんする重要な著書で、「チンパンジーの政治学」[28]と言い表したのには、もっともな理由があるのだ。アリストテレスは人間だけが政治的な種だと唱えたが、その考えは、「政治」という言葉の定義がしかるべく限定された場合にしか支持されない。

戦争は政治の延長だと言われることがある。それぞれのチンパンジー集団には明確な縄張りの境界があり、雄の群れがパトロールする。[29]グドールは、このパトロール中にチンパンジーたちが近隣集団のチンパンジーを殺害する様子を観察した。当時は、協力して同じ種の者を殺すという嘆かわしい特性は、人間にしかないと広く信じられていた。そのため、チンパンジーがおこなう殺害の残忍さに多くの人が衝撃を受けた。攻撃側は、数で圧倒的に不利な側を押さえつけ、殴ったり引っかいたり、地面をあちこち引きずり回したりして、敗者側が自分の身をかばうことをやめても攻撃の手をずっと緩めなかったのだ。それ以来、チンパンジーが近隣の集団に襲撃や暴行を加える事例がたくさん報告されている。こうした潜在的な残酷性をヒトとチンパンジーが共有すると考えると、この特性はまさに古くからあるのかもしれない。すでに述べたように、その特性が動物と人間のギャップそのものを生み出すのに重要な役割を果たした可能性もある。

チンパンジーとヒトでは、狩りの嗜好も共通している。チンパンジーの一部の集団は、小動物や、さらにはヒヒで食を補うことがある。すばしこいコロブスなどの霊長類を狩るには、高度な協力が必要だ。[30]たとえば、一頭のチンパンジーが獲物の動物をけしかけ、待ち伏せしているらしき仲間たちのほうへ向かわせることがある。ただし、協力にどのような認知能力が関与するのかという点は、少なからぬ議論の対象になっている（ライオンやオオカミのように、群れをなすさまざまな動物も、仲間同士で協力して狩りをおこなう）。二〇〇七年には、セネガル南東部のサバンナで、チンパンジーが棒を尖らせ、木の穴に隠れているガラゴ（ブッシュベイビー）という小型の夜行性霊長類を突き刺す[31]ことが報告された。

ただし重要なことだが、ほとんどのチンパンジーにとって、肉は決して主要な食物源ではない。チンパンジーが通常食べるものの約半分は果実で、彼らは葉や樹皮などの植物質もよく食べる。塊茎を掘り起こす集団がいることも観察されている。さらには、チンパンジーが具合の悪いときに薬草を探し求める[32]という報告もある。多くのチンパンジーが、アリやシロアリを食べてタンパク質を得る。そして、それらを巣穴から釣るための巧妙な方法[33]を編み出している。たとえば、葉をむしった細い枝を巣穴に突っ込んで、獲物が枝に集まったところで引き抜いたりする。*必要なタンパク質は、ほかにも木の実を食べることで補う。たとえばコートジボワールのタイ森林公園では、チンパンジーはかなりの時間を使い、石のハンマーと石の台を使って[36]木の実を割る。その地域では、その方法がずっと前からおこなわれてきたようだ。ある場所での考古学的研究からは、チンパンジーがそのような石器を四三〇〇年前に用いた[37]ことが示されている。つまり、チンパンジーの石器時代は、その地域で人類が農耕を始めた時期より前にさかのぼるわけだ。チンパンジーの採食は、かつて考えられていたよりもはるかに複雑で多様性に富んでいる。彼らは各種の食物を手に入れるために独創的な方法を開発しており、このような方法のなかには、どうやら何千年以上にもわたり、社会的学習を通じて伝承されているものもあるようだ。

チンパンジーの集団によって、どんな道具をどうやって使うのかは異なる。木の葉は体を拭くために用いられ、強気の態度を示すディスプレイでは木の枝が揺すられ、石が投げつけられる。岩や丸太はハンマーや台として用いられ、木の枝は手の届かないところにある物を取るために利用される。道具のなかには、目的にふさわしいように作られるものもある（たとえば、木の枝は、葉をむしって尖らせたり、長さを調節したりする）。また、同じ物がいろいろな用途に使われることもある（たとえば、葉はトイレットペーパー、スポンジ〔葉をくしゃくしゃにして水を含ませる〕、傘として使われる）。本書の随所で紹介するが、要するに、私たちに最も近縁の動物たちは、かなり賢い頭を持っているのだ。

チンパンジーはかつてアフリカ赤道地域に広く分布しており、二〇カ国以上に生息していた。現在の推定によると、チンパンジーの総数は一七万頭を超えているが、三〇万頭には満たないとされる。内訳は、ニシチンパンジーが二万頭以上、ヒガシチンパンジーが九万頭、チュウオウチンパンジーが七万頭だ。ナイジェリアチンパンジーは六五〇〇頭を割っている。チンパンジーはほかの類人猿より多いかもしれない。だが、同じくらいの人口の街を思い浮かべて、地球上でそれだけしか人類が残っていないと想像してみてほしい。果たしてチンパンジーの数は多いと言えるだろうか。チンパンジーの数が減っているのは、主として生息地の破壊や生息環境の悪化によるものだが、野生動物の肉の取

＊ジェーン・グドールが一九六四年にこの道具の製作について初めて報告[34]したとき、世間は大騒ぎした。だが不思議なことに、この観察結果は目新しいものと長らく信じられていたにもかかわらず、そうではなかった。[35]一九〇六年に発行されたリベリアの切手に、チンパンジーが棒を使ってシロアリをあさっている姿がすでに描かれていることがわかったのだ。科学者がそのような行動を報告するより、ずっと前の話だ。

図 2.9 ボノボの若い大人の雄、ケヴィン（フランス・ドゥ・ヴァール撮影。彼の厚意により掲載）。

引やペットの取引のための狩りも、原因として挙げられる。そのため、チンパンジーは国際自然保護連合によって、絶滅危惧IB類に分類されている。

ボノボは、以前はピグミーチンパンジーという名で知られており、その存在は一九二九年になって初めて報告された。[38] ボノボは、より知られている親類筋のチンパンジーに比べて小柄で、顔は黒くて比較的平たく、唇はピンク色で、高い額を持っている。そして、頭部の毛が真ん中でこぎれいに分かれているので、身だしなみがよく見える（図2・9）。ボノボは、特に物を運ぶときなど、地上にいるときの約四分の一の時間は二本脚で立って過ごし、立つと比較的まっすぐな姿勢なので、人類の初期の祖先として想像されがちな姿に気味が悪いほど似ている。

ボノボは、コンゴ川南部の限られた地域に生息している。二〇〇万〜一〇〇〇万年前にチンパンジーから分岐したのは、コンゴ川が境界として働いたせいかもしれない。ボノボはおもに果実を食べる。補足的に木の葉も食べ、ときには少量の動物タンパク質も摂る。二〇〇八年になって初めて、ボノボが仲間同士で協力してサルを狩り、獲物を分け合うことが報告された。[39] ボノボが野生で道具を用いることを示す証拠はまだないが、単に時間の問題かもしれないし、じっくりと観察されたことがなかっただけなのかもしれない。というのも、飼育下のボノボは確かに道具を効果的に使うからだ。野生のボノボについてはほとんど知られていない。それもそのはずで、現在、常時運営されている研究施設は二つしかないのだ。

チンパンジーと同じく、ボノボは「離散 - 集合」社会で暮らしており、たいていは二五頭までの個体からなる小集団を作っている。集団全体は、二五〇頭の個体を擁するほど大きいこともある。これまでに野生のボノボについて実施された数少ない研究によれば、ボノボには、チンパンジーにない際立った特性がいくつもあるようだ。ボノボはチンパンジーのように攻撃的ではなく、雄が支配的でもない。そして、セックスの回数が多い。[40] セックスは、年齢や性別や地位にかかわらずおこなわれる。ボノボはセックスを楽しむようで、正常位での性行動、舌を絡めたキスやオーラルセックスまで、さまざまな体位でのセックスに興じるようだ。人間のセックスと同じく、ボノボのセックスは子どもをもうける目的に限っておこなわれるのではない。状況によっては、セックスは緊張を緩和する役目を果たすようだ。たとえば、衝突が起こったあとに、仲直りの手段としてセックスがしばしば利用される。もしかすると、ここから学べることがあるかもしれない。

フランス・ドゥ・ヴァールが熱を込めて報告したように、ボノボには「ユートピア的」とでも呼べそうな平和な社会がある。ドゥ・ヴァールは、ボノボが同情や共感、親切心を持っていると述べている。雄と雌の関係はきわめて平等だ。チンパンジーでは暴力沙汰がしょっちゅう起こるが、そうした乱暴な行為はほとんどない。もっとも、ボノボについてはチンパンジーより知られていることがはるかに少ないことを思い起こす必要がある。より徹底的な調査がおこなわれることが大いに望まれるし、それによって、ボノボとチンパンジーのあいだにあるとおぼしき差が少なくなる可能性もある。チンパンジーが集団殺戮をすることをジェーン・グドールが発見するまでには、長年の観察が必要だったのだ。

ボノボの個体数は三万〜五万頭と推定されている。ボノボは国際自然保護連合によって絶滅危惧IB類に分類されており、ほかの大型類人猿がさらされているのと同じような圧力を、人間の活動から受けている。ボノボはコンゴ民主共和国にしか生息していないので、この魅力的なヒト科動物の存続は、現地の政治情勢に大きく左右されるのである。

脳の大きさでギャップを説明できるか

本書では、動物と人間の心を隔てるとおぼしきギャップの本質や起源について論じるが、これまでに挙げた類人猿種は、ヒトに最も近縁の現存する親類として、その背景を提供してくれる。では、心が脳によって生み出されることを踏まえ、ヒトの脳と近縁の動物の脳を比較して本章を終えたい。

トマス・ハクスリーは、哺乳類の脳が構造の面ではおおむね変わらず、おもな違いは大きさにあることを見出した。大きさがものを言うというわけだ。私たち自身の種でも、少なくともIQテストで測定した場合、脳の大きな人のほうが脳の小さな人より知能が高いことを示す証拠がいくらかある。[41] では、ヒトは動物のなかで単に最大の脳を持っているというだけのことなのだろうか？[42]

小型類人猿の脳は約八〇グラムあり、大型類人猿の脳は約三〇〇〜四五〇グラムある。ヒトの脳は霊長類のなかで抜群に大きく、一般に一・二五〜一・四五キロある。脳には約一七〇〇億個の細胞があり、その約半数が神経細胞《ニューロン》だ。[43] 代謝の面から見て、私たちは脳の活動に大変な投資をしている。脳は体重の約二パーセントの重さしかないのに、エネルギーの約二五パーセントを消費するのだ（考えること＝運動であり、思考を走らせるのに二〇〜二五ワットを費やす。つまり、あなたは今まさに運動をしている）。だが、脳の大きさだけでは、動物と人間の心のギャップを説明できない。あいにく、ヒトが最大の脳を持っているわけではないのだ。ゾウの脳は四キロを超えることもあるし、クジラの脳はさらに大きく、九キロにも達する。

とはいえ、体全体の大きさを考慮すれば、ヒトの相対的な脳の大きさは、これらの巨大な動物よりはるかに大きい。大型動物の脳が体に占める割合は、一パーセント足らずなのだ。しかし、脳の相対的な大きさという見方は直感的にぴんとくるにもかかわらず、なぜそれが重要なのか完全にはわかっていない。神経支配や神経系の管理という観点で、体が大きいと大きな脳が必要なのかもしれないが、認知処理は体の大きさと無関係なはずではなかろうか？　それにそもそも、体重の増減によって脳の相対的な大きさが変わったとしても、私たちの賢さが変わることはないではないか？　さらに言えば、クロコダイルなどの大型動物は、クルミ大しかない脳で問題なく生きている。小さな脳で大きな体を統率できるのに、なぜ体の大きさによって脳の大きさを補正しなくてはならないのだろう？

いずれにせよ、脳の相対的な大きさの比較でも、人間の優越感を裏づける結果は出ていない。トガリネズミやハツカネズミの脳は、体の大きさに比較すればヒトの五倍もあることがあるとわかっている。ヒトの脳は体の二パーセントなのに、それらのネズミの脳は、なんと体の一〇パーセントにもなることがあるのだ。このようなことを書くと、ＳＦ作家のダグラス・アダムス[44]のファンは喜ぶかもしれない。彼の小説に登場する実験用のマウスは、人間より賢く、マウスを使って実験をしていると思っている人間の科学者を実験していた。だが、私が知っている範囲では、マウスに並外れた知能がある気配はない。

私たちは、一つめの尺度（脳の絶対的な大きさ）では大型哺乳類に負けるし、二つめの尺度（脳の相対的な大きさ）では小型哺乳類にかなわない。そのため、哺乳類では体が大きいほど脳が絶対的な大きさでは大きくなる一方で相対的な大きさでは小さくなることを考慮した、三つめの尺度が考え出されている。心理学者のハリー・ジェリソンは、「脳化指数（ＥＱ）」という指標を計算した。ＥＱは、ある動物種の脳の実際の大きさと、その種と体の大きさが同じで同じ分類群の平均的な動物から想定される脳の大きさを比較するものだ。哺乳類では、ネコが平均的な大きさの動物だと計算されている。表２・１には、哺乳類のＥＱの例を挙げた。この有力な方法によれば、ヒトが第一位に浮上する。ヒトの脳は、私たちの体の大きさの標準的な哺乳類で予想される値の七倍あるのだ。多くの動物が、一般に想定されるとおりの順で並ぶようだ。しかし、なかには意外な知見も得られている。たとえば、オマキザルはＥＱが驚くほど高く、チンパンジーをはるかに上回る。それに、比較の基準となるグループの影響も気になるかもしれない。ヒトと平均的な哺乳類とを比較する代わりに、対象の範囲を狭めて平均的な霊長類と比較したり、範囲を広げて平均的な脊椎動物と比較したりすれば、結果が変わるからだ。そのようなわけで、驚くことではないが、どの尺度が最も参考になるのかをめぐって議論が続いている。*

脳の大きさを比較する絶対的尺度にも相対的尺度にも限界があることを考え、アンドルー・ホワイトゥンと私はそれら二つを組み合わせた。[47] 私たちは霊長類を対象にジェリソンのＥＱを採用し、体の大きさが同じ平均的な哺乳類に対して予想される脳重量と実際の脳重量の差を計算した（図２・10）。すると驚くなかれ、ヒトが第一位となり、ヒトに最も近縁の種が、直感的になるほどと思える順序で並んだのだ。大型類人猿が持っている絶対的な神経細胞数は、同じ体の大きさの哺乳類における典型的な神経細胞数よりはるかに多く、サルの神経細胞数をもかなり上回っている。そしてヒトでは、そのように多くの神経細胞ネットワークに基づく情報処理能力がずば抜けているわけだ。

これでだいぶすっきりするかもしれないが、やや落ち着かない感じが残るかもしれない。私たちは、望ましい結果を得るためにデータを操作しているだけだろうか？　脳の大きさを比較するさまざまな尺度については、これまでに多くの賛否両論が出されているが、いずれかの尺度によって、なにがしかの隠された真実が明かされるのか、私たちが単に自分たちの先入観を補強するため統計を利用しているのかは、依然としてはっきりしていない。

大きさにとらわれすぎると、誤解を招く恐れがある。神経学者のコルビニアン・ブロードマンが、動物種間の比較を可能にする優れた脳地図を二〇世紀初頭に作成すると、哺乳類の種のあいだで脳の構造が似ているとするハクスリーの主張が確かめられた。だがブロードマンは、いずれはより高度な方法によって脳の内部組織の違い[48]が見出されることを十分に認識していた。

事実、数々の新しい手法によって、いくつかの微妙な違いが明らかになりつつある。たとえば、哺乳類の脳の細胞数を推定する新しい技術から、それぞれ異なる比例規則によって、齧歯《げっし》類、食虫類

＊脳のさまざまな部分の比など、ほかの方法も提唱されている。たとえば、脳の新皮質とそれ以外の部分の比は、すでに本書でも出てきた。ロビン・ダンバーは新皮質の比率を用いて、霊長類で集団の規模と認知力を関連づけた。だが、種によっては脳のさまざまな部分をはっきりと区別するのがやや困難なため、このやり方も広く通用しているわけではない。比や指数を重視して脳の絶対質量をまったく無視することに対しても、疑問が持たれている。認知能力を与えたり制限したりする絶対的な神経細胞数にも、重要性があるに違いない。もし神経細胞数が一〇〇〇個しかなければ、EQや相対的な脳のサイズがいくらあっても、情報処理できることは非常に限られている。現に、霊長類では相対的な指標より絶対的な大きさのほうが知能をうまく予測できる[46]という主張もなされている。しかし、体の大きさが脳の大きさに何らかの影響をもたらすらしいことを考えると、体の大きさをまったく無視することもできない。

表2.1　脳化指数の例 [45]

種	EQ	種	EQ
ヒト	7.4 〜 7.8	イヌ	1.2
イルカ	5.3	ネコ	1
ホオジロテナガザル	4.8	ウマ	0.9
チンパンジー	2.2 〜 2.5	ヒツジ	0.8
テナガザル	1.9 〜 2.7	ライオン	0.6
旧世界ザル	1.7 〜 2.7	ウシ	0.5
クジラ	1.8	マウス	0.5
ゴリラ	1.5 〜 1.8	ウサギ	0.4
キツネ	1.6	ラット	0.4
ゾウ	1.3	ハリネズミ	0.3

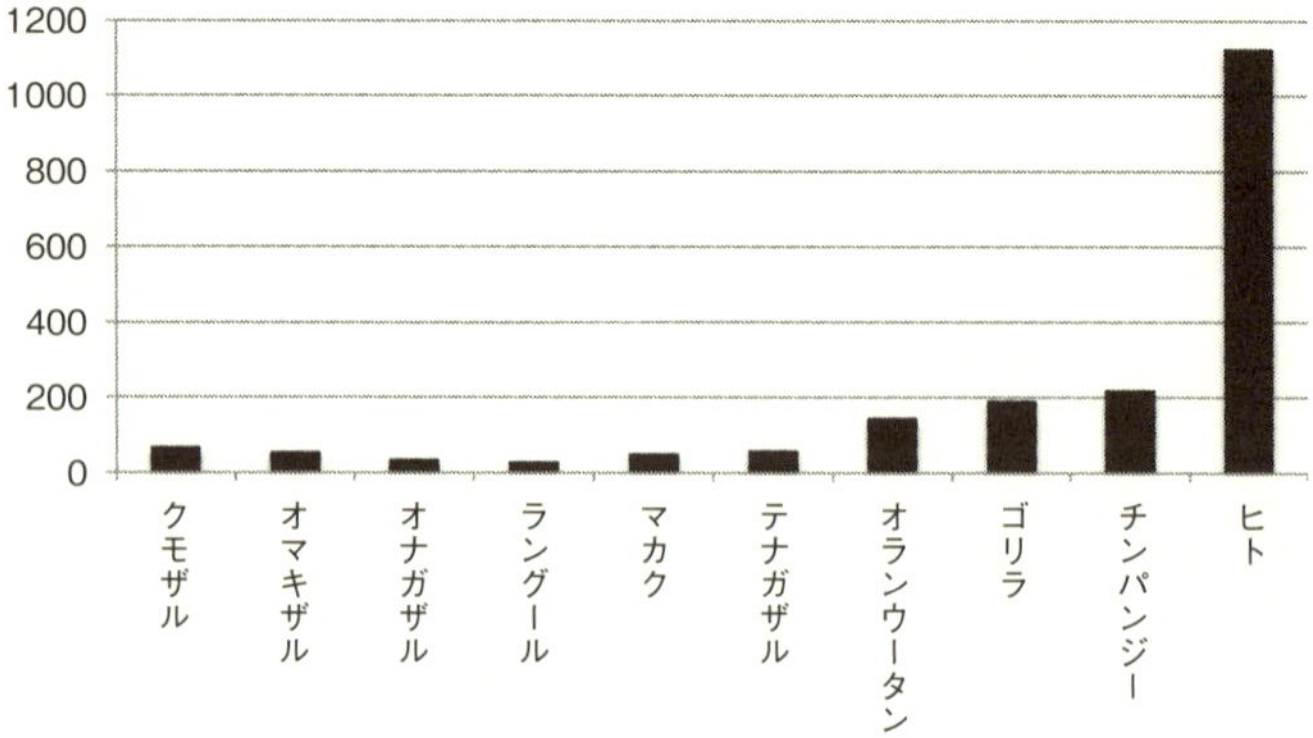

図2.10　体の大きさから予測される脳の重量と実際の脳の質量の差の平均値（グラム）。

〔モグラやハリネズミなどの哺乳小動物〕、霊長類における脳の大きさとニューロンの数が関連づけられることが示されている。たとえば、サルの一〇グラムの脳には、ラットの一〇グラムの脳よりはるかに多くのニューロンがあることがわかった。しかし、これらのデータからは、細胞の数という意味で、ヒトの脳が単に霊長類の脳を直線的に大型化したものだ[49]ということもほのめかされている。

人間が特異な心を持っている原因は、脳の細胞数や全体の大きさ以外の特徴にあるのかもしれない。ヒトの嗅球（匂いの情報処理をおこなう脳の部位）や脳の後部にある一次視覚野は、ヒトに近縁の動物よりかなり小さい[50]。そのような変化は、人類が進化する途上で起こった脳の再構成を反映するのかもしれない。*

最新の神経科学によって、さらに細かい違いが特定されつつある。類人猿とヒトの脳の微細な違いで最初に報告されたのは、一般に高次の認知機能とはかかわりがないとされる一次視覚野の細胞構成が、ヒトでは独特なことだ[52]。また、ヒトでは、高次の認知機能と大きく関連する前頭前皮質の神経結合が異なることも示唆されている。脳の後部ではニューロンの結合数が比較的少なく、この点ではヒトもほかの霊長類とほとんど違わないが、前頭前皮質には神経結合がたくさんある。ヒトの前頭前皮質における神経結合の密集度は、これまでに調べられたほかの霊長類に比べて、はるかに高い[53]。もっとも、正確な量的差異を見極めるためには、さらに詳細な計測が必要だろう。

今後の研究によって、さまざまな哺乳類の脳を区別する特徴が確認されるだろう。いくつかの証拠からは、特定の種では脳を構成する細胞のタイプにも違いがあることが示されている。たとえば、大

＊一つの考えは、ヒトでは情報のおもな流れが逆転している[51]というものだ。標準的には、情報は脳の後ろから前に向かって流れるが、ヒトでは前から後ろへの流れに偏っている。

型類人猿やヒトの脳には、ほかの種とは異なる独特なタイプの大型細胞が含まれている。* 脳の謎の解明はまだ始まったばかりなので、人間の脳をほかの動物と決定的に差別化する未知の特性がまだあるかもしれない。

だが今のところ、脳の何によって人間の心が特別なものになっているのかは、はっきりしていない。さまざまな霊長類の脳が研究されてきたが、彼らの心に何ができてどんな限界があるのかは、まだ明らかになっていない。動物と人間の心のギャップの本質について知るためには、心を映す鏡である行動に戻ってみる必要がある。長期にわたるフィールドワークによって、ヒトに最も近縁の動物たちの生態や自然な行動にかんする詳細な情報が次第に増えてきている。また、彼らの知的能力を推測するために、比較基準の対象を置いたさまざまな実験研究がおこなわれている。そこで次章では、比較心理学や、心を研究する手段に目を向けてみよう。

＊しばらくのあいだ、これらのいわゆるフォン・エコノモ細胞は大型類人猿とヒトだけにあるもの[54]と考えられていた。だが近年の研究により、ゾウやクジラ、マカクの脳にもあることが報告されている。

3 心と心の比較

心は一筋縄ではいかない概念だ。私は、心の何たるかを知っていると思っている。なぜなら、自分が心を持っているからだ。あるいは、自分イコール心だからだ。あなたも同じように感じているかもしれない。だが、他者の心を直接観察することはできない。私たちは、ほかの人びとも、自分の心に似た心、信念や欲求に満ちた心を持っていると思い込んでいるが、他者の心の状態は推測するしかない。心の状態を見たり、感じたり、触ったりすることはできない。自分の心にあることを互いに知らせるために、私たちは主として言葉を頼りにする。だが、たとえ誰かが、悲しい、うれしいなどと、思っていることを口にしたとしても、その人が本当のことを言っているのか疑問に思う人もいるかもしれない。それでも、言葉と行動の手がかりが両方とも同じ方向を指していたら、他者の心についてだいたい確信が持てる。

同じように、動物の心を推測するために行動を利用することができる。ただし、言葉による自己報告がないため、動物の心をどんなことがよぎっているのかについて、確信が持てるとまではいかないかもしれない。なぜなら動物には、私たちが出した結論を肯定したり間違いを正したりする能力がないからだ。このような次第で、動物の心にかんする意見は、人によってずいぶん異なることがある。一方の極端な側にいる人は、自分のペットがありとあらゆる心の特性を持っていると思い、毛皮に身を包んだ小さな人間であるかのようにペットを扱う。そして対極の側では、動物を、心を持たない生物機械と見なす。それについては、動物が食品業界でどんなふうに扱われることがあるかを考えてみるといいだろう。多くの人が、状況によって、これら二つの解釈のあいだを揺れ動く。

科学者は本来、自分の研究結果にバイアスをかけるような先入観を持たないように注意するはずだ。にもかかわらず、哲学者のダニエル・デネットは、比較心理学者も対立する二つの立場のどちらかに引き寄せられると指摘する。[1] 一方は、動物に複雑で人間のような能力があると見なす「夢想派」で、もう一方はそれを認めたがらない「懐疑派」だ。私の表現で言い換えれば、「大層な」解釈を支持する科学者もいれば、「簡素な」説明を好む科学者もいるということだ。デネットのように、真実はたいてい両者の中間のどこかに見出されると思う人もいるだろう。しかし、科学者自身がそのような先入観を持っていたら問題だ。そして、人間がほかの動物とどんな共通点があり、どこが違うのかを解明する取り組みの歩みがやや遅い理由を解く鍵は、そのようなところにもある。

真実をつかむためには、先入観を超え、動物の知的能力について説得力をもって証明できる方法や基準を適用する必要がある。本章では、類人猿がヒトと共通する知的能力をいくらか持っているようだとする証拠を再検討して、現代の比較心理学における取り組みを説明したい。冷静で慎重な分析をしてはじめて、動物と人間のギャップを特定する取り組みで系統的に前進できる。そろそろ前進すべきときだ。人間がどの動物とどんなところに共通点があるかについての科学的な合意を確立できれば、たとえば知的能力の遺伝的・神経学的基盤の解明にとって重要な意義があるだろうし、動物福祉にとっても大きな意味があるかもしれない。[2] そして私たち人間にとっては、何より自然界における自分たちの位置づけがかかっている。

「大層な」解釈と「簡素な」解釈で揺れ動く科学

ダーウィンは、動物には人間の心のさまざまな側面の萌芽があることを動物の行動が示しているとする事例を集めて、動物と人間には連続性があるとする自説を裏づけようとした。彼はこう書いている。「感覚や直感、愛や記憶、関心、好奇心、模倣、理性といった、人間が誇りとするさまざまな感情や能力は、下等動物でも、その初歩的な状態が見つかることがあり、ときには十分に発達した状態も見つかることがある[3]」

しかし、経験事例は検証するのが難しいし、その事例を報告する人の先入観によって歪められているかもしれない。たとえば、一九世紀に、とある学者がアヒルの死骸を埋めるイヌの事例を引用し、イヌはアヒルを殺すことが罪だとわかっているので、その証拠を隠そうとしているのだと述べた[4]。もしかしたら、そうかもしれない。だが、イヌが法の執行を妨害しようとたくらんでいるなどと仮定しなくても、なぜイヌが骨を埋めるのかは説明できる。T・H・ハクスリーの弟子だったコンウェイ・ロイド・モーガンは、動物の行動が、低次の「心的」能力による結果として正当に説明できる場合には、高次の「心的」能力による結果として解釈すべきではないと主張した。この原則は「ロイド・モーガンの公準」として知られるようになり、「懐疑派」が好んで取り上げる。

印象深く珍しい動物の行動でも、単純に説明できる場合が多々ある。二〇世紀の初めに、教訓めいた古典とも言うべき出来事があった。ドイツのヴィルヘルム・フォン・オーステンという教師が飼いウマを訓練し、多種多様な問題に知的な答えを出せるようにさせた。そのウマは大評判になり、「賢馬ハンス」[5]として広く知られるようになった。ハンスは、簡単な足し算（たとえば、五足す七）の問題に対して、蹄《ひづめ》を正しい回数だけ打ちつけて答えることができた。また、日付にかんする問題（月曜日が八日ならば、金曜日は何日？）にも正しい答えを出せた。それだけではない。フォン・オーステン氏は、ハンスの足の踏みならしを文字に翻訳する表をこしらえ、ハンスが質問に言葉で答えられるようにした。このウマが、ドイツ語や暦の仕組みを理解していたと考えるのは、深読みがすぎるようにも思える。だが、別の解釈をしようとしても、そのウマがどうやってそんな芸当をなしえたのか誰も説明できなかった。心理学者のカール・シュトゥンプ率いる科学委員会がこの事例を調べたが、簡素な説明を見出すことができず、このウマは天才だという考えが支持されることになった。

その後、シュトゥンプの指導を受けていたオスカー・プフングストが、この問題をさらに追究した。そしてついに、ハンスが正しい答えを出せるのは、出題者が答えを知っている場合に限られることを発見した。またプフングストは、ハンスには見えない場所からフォン・オーステンに問題を出させると、ハンスが正解を出せなくなることにも気づいた。そこでプフングストは、ハンスは頭の動きなどの微妙な手がかりに応じて蹄を打ち鳴らすのをやめると結論づけた。ハンスはこのような手がかりを捉え、褒美とのつながりを学ぶのがうまかったが、ドイツ語や数学を理解していたわけではなかったのだ。サーカスで働いている人をはじめ、微妙な動きに特定の方法で応えるように動物を訓練している人びとの歴史は長い。だが、ハンスの事例で注目に値するのは、望みどおりにハンスが振る舞うように合図を出していたことに、フォン・オーステン氏本人が気づいていなかったことだ。

そのように思いがけず合図してしまうことは、動物の知的能力を研究する者にとって深刻な問題だ。そして、ハンスの事例は比較心理学に大きな影響を及ぼした。研究者が単に合図を出さないようにしようとするだけでは不十分で、合図を積極的に予防する必要のあることが浮き彫りになったのだ。バイアスのかかっていない結果を得る一つの方法は、動物の望ましい反応がどんなものかが実験者にはわからないように（「見えないように（盲検に）」）することだ。「賢馬ハンス効果」と呼ばれるようになったこの効果は、研究方法の厳密さを高めることに寄与したばかりでなく、知的に見える行動が、より単純な学習プロセスの結果でありうることを広く知らしめた。それはロイド・モーガンの公準を強力に例証したのだ。動物に複雑な知的能力があると推定する「大層な」解釈を突きつけられたときは、より「簡素な」説明でも事足りるかどうかを考えてみる必要がある。

それ以降、個々の事例に基づくアプローチや大層な解釈は時代遅れになった。二〇世紀の大半にわたり、心理学では行動主義が影響力を強め、それぞれの動物種に特有な知的能力ではなく、一般的な連合学習〔直接関係のない二つの出来事を結びつけるようになること〕の観点から行動を説明することに重点が置かれた。たとえば、仕掛けをした箱（問題箱）に動物を入れ、脱出にかかった時間を調べたエドワード・ソーンダイクの研究から、「効果の法則」が導かれた。その法則は、ある行動が満足な結果をもたらすかどうかによって、同様の状況で、今後その行動が生じやすくなるかどうかが決まるというものだ。そして簡素な解釈が支持され、動物に心の働きがあるとする考えは、嘲笑とまではいかなくとも疑いの目で迎えられた。解釈の振り子は、夢想的な擬人化という極端な見方から、「心を持たない」見方へと振れたのだ。モーガン自身は動物が知能を持つとする証拠に耳を傾けたにもかかわらず、多くの行動主義者は「風呂の水と一緒に赤ん坊を流してしまう」ように無用なものと一緒に大事なものまで捨ててしまい、動物には知的能力がないと先験的に否定しているようだった。

だが今日では、より夢想的な立場が勢いを盛り返している。比較心理学者は動物の知的能力を明らかにしようとしており、動物が、かつては人間にしかできないと考えられていた驚くべき芸当をしたという報告が頻繁に見られる。それでも、夢想派と懐疑派のあいだで学術的な論争が起こるのはしょっちゅうだ。そしてどちらの立場も、動物の心にかんする理解を深めることに大きく貢献するはずだ。夢想派は、動物の豊かな能力を示す証拠を求めて簡素な見方に疑問を投げかけ、懐疑派は、動物に豊かな能力があるという主張に代わる簡素な説明を提供する。両者のせめぎ合いの一つ一つによって、真実に少しずつ近づけることを願っている。

じつは、極端に走らない説明が、はるかにはっきりした形を取り始めている。それは本書を通じてわかるだろう。かつての二分された意見や極端な立場が、初めの印象ほど離れていないこともある。たとえば、動物と人間を隔てる大きなギャップがあるにもかかわらず、動物が案外豊かで多様な精神生活を送っている可能性も大いにある。[*]また、たとえ質的な違いと量的な違いにはっきりした区別があるように見えたとしても、実際にはそうでもないこともあるし、人間は動物とは質の面で根本的な違いがあるとする考えと、人間と動物の心は程度が違うだけだとするダーウィンの考えには明確な違いがあるように見えたとしても、じつは両者には、はっきりした違いがない可能性もある。程度の変化から、明らかに質の違いと見なせるような特性がしばしば生み出されることも知られている。たとえば、温度が徐々に上昇するとき、H_2Oの性質は、氷が水になるところと水が水蒸気になるところで劇的に変わる。同様に、たとえば情報処理能力において徐々に生じた変化によって、根本的に異なる思考の可能性が生まれるかもしれない。

動物と人間のギャップについて、一見すると意見がまったく一致しないようでも、それは事実の相違ではなく、ギャップの基準をめぐる意見の相違を反映しているだけ、ということもある。たとえば、言語能力があることを示すためには、ほかの動物がコミュニケーションを図ることを示せば十分だろうか？　それとも、動物が私たちに話を聞かせてくれないといけないだろうか？　動物は具体的に何ができて何ができないのかを明らかにすることができるのなら、どのように表現しようと、それは大した問題ではない。私は本書を通じて、人間の優位性を守るのでも人間の傲慢さを砕くのでもなく、科学的な答えを見出すことに集中しようと思う。**

答えるべき問いは次のとおりだ。明確な特性にせよ緩やかな違いにせよ、そのどんな特徴のおかげで、人間はほかの動物がしない多彩なことをすることができ、そのようなことをする気になるのだろう？　何が私たちを人間たらしめるのだろう？　一見すると、人間の行動は数えきれないほど多くの点で動物とは違う。たとえば、私たちはサッカーをしたり、保険を販売したり、学校に通ったり、自転車を組み立てたり、バーベキューをしたりする。人間に特徴的な多くの行動を支える根本的な基盤は何だろう？　その答えは、関連する次のような疑問の解明にも役立つはずだ。人間がこの惑星を支配できるようになった原因は何だろう？　それに、なぜ人間はそのような疑問をじっくり考えるのだ

＊その逆もまたありうる。すなわち、多くの人が思うよりギャップは小さいかもしれないが、それでいて動物の心が簡素なやり方で説明できる可能性もある。これを支持する主張は、[6]私たちが人間の知的能力を過大評価している可能性があること、人間の行動のほとんどが、ほかの動物と共通する非常に簡素な連合学習メカニズムに基づいているかもしれないことに基づいている。

＊＊本書のタイトル（原題は『ザ・ギャップ（The Gap）』）は、私が動物と人間の違いを誇張するために基準を高く設定する側に偏っているのではないか、という疑いを招くかもしれない。私は、人間が動物に勝る点は主として、心のなかで時間旅行ができる能力にある（第5章を参照）と提唱したことで、[7]この分野では（少なくともある程度）知られている。だが、私はあまりにも大きな、あるいはあまりにも小さなギャップがあることを立証したいのでも擁護したいのでもない。私は論文で、夢想的な主張に代わる懐疑的な説明をいくつか提示したが、[8]霊長類にこれまでに知られている以上の豊かな能力があることを支持する主張もおこなっている。たとえば、私は共同研究者とともに、チンパンジーが、人間が彼らをまねていることに気づけることを示唆する初めての証拠を報告した。[9]いつか動物園で類人猿のまねをすることがあったら、思い出してほしい。

ろう？
以降の章では、通常、人間独特の主要な特性だと言われる領域、あるいはそれを含むとされる領域について述べる。それらは、人間の行動に大きな変化をもたらした可能性のあるもので、具体的には、言語、心のなかでの時間旅行、心の読み取り、知能、文化、道徳性の領域だ。どの主題にも多くの側面があるので、注意深く精査する必要がある。そこで各章の前半では、人間の能力について、心の科学つまり心理学から明らかになってきたことを取り上げる。なかでも、どんな心的特性がこれら六つの領域の基盤にあるのか、そして人間の成功において重要なのかを論じる。私たちの心の基本的な構成要素を特定するためには、赤ん坊や子どもが、どうやってそうした要素を習得するのかを慎重に検討することが役に立つ。[*] そこで、動物と人間のギャップを特定していきながら、人間の心の発達についてくわしく考察したい。

各章の後半では、動物の能力についてわかっていることのうち、これら六つの領域で人間が特別だとする主張と相反する例を検討していく。本書のなかで、動物が人間の行動に対応する高度な行動をたくさん示すことや、特定の種だけが持つ奇妙な能力についてもわかるだろう。私たちは、さまざまな動物が用いる多種多様なメカニズムの上っ面をなで始めたばかりだ。しかし、人間とほかの動物の能力を繰り返し比較することによって、人間の心とほかの動物の心を隔てるものが、よりはっきりと見えてくるだろう。だが、このような分析に乗り出す前に、まず、動物に知的能力があるかないかをどうやって推測できるのかという問題を扱いたい。

想像する力が重要なわけ

人間の心で特に基本的な特性の一つを検討してみよう。それは、感覚では捉えられないものを想像できることだ。私たちは、過去や未来、それにまったく架空の世界を思い描くことができ、それらについて考えることもできる。ウィリアム・ジェームズの指摘によれば、それは現実に代わるものを思いつく能力であり、そのおかげで私たちは、なぜ物事が現実のようになっているのかと問いかけることができる。[12] 人間は、私たちは何者なのか、どこからやって来たのか、どこに向かっているのかといった大問題を投げかける。ほとんどの文化に、こうした問いを発し始めた子どもに言って聞かせる手の込んだ創成神話がある。特に古い例として、オーストラリア先住民の神話が挙げられる。彼らは、たとえば巨大な虹蛇によって世界が形作られた夢の時代《ドリームタイム》〔オーストラリア先住民の世界観における天地創造の時代〕を引き合いに出す。このような物語ないし「夢」は特定の個人や部族のものであり、彼らはそこから意味を受け取る。意味を尋ねたり意味を見出したりすることは、人間の心にとって不可欠なものだ（そうでなければ、なぜあなたは本書を読んでいるのだろう？）。だが、動物はどうだろう？彼らは過去や未来、あるいは架空の出来事についてじっくり考えるだろうか？　彼らは命の意味を模索するだろうか？　今ここで感知できる以上の世界を思い浮かべることができるだろうか？　ごく基本的なものにせよ、想像力と呼べるものまで持っているだろうか？　どうすれば、そのようなことがわかるだろうか？

ダーウィンは、さまざまな動物が夢（オーストラリア先住民の考える夢ではなく、通常の意味の

＊まだしゃべれない子どもの心を明らかにすることも難しく、この点でも研究者は相反する陣営に分かれることがある。一方は夢想派で、赤ん坊に高度な知能の兆しがあることを認める気がある。もう一方は、そのような主張を退ける方向に傾く懐疑派だ。[10] たとえば、赤ん坊が一人ひとりを、その人がほかの人を助けるか妨害するかを見て評価することを示す証拠は、連合学習に基づいた単純な説明によって正当性が疑われている。[11]

夢）を見るので、動物もいくばくかの想像力を持っているに違いないと主張した。[13] もしかしたら、ダーウィンは正しかったかもしれない。人間は急速眼球運動を伴うレム睡眠の最中に起こされると、だいたいは夢を見ていたと答えるし、多くの動物でレム睡眠が認められる。だが懐疑派は、レム睡眠があるからといって、必ずしもほかの動物が夢を見るとは言えないし、たとえ夢を見るとしても、だからといって、必ずしも起きているときに想像力があるとは言えないと反論するだろう。これまでのところ、動物は人間に夢を語ってくれていない（それに、夢を見るとも語ってくれていない）。

人間の発達過程では、ごっこ遊びが「今ここで」を超える想像力を示す最初の明確な行動だ。幼い子どもたちは一歳から二歳のあいだにごっこ遊びを始め、[14] 多くの子どもがその後、起きている時間の多くを費やして空想劇を演じる。ある物を別の物に見せかけるとき、子どもは二つの世界を経験する。すなわち、まわりにある世界を知覚することに加えて、想像で組み立てた場面を体験するのだ。ブロックが馬になったり、バナナが電話に、ペンが櫛になったりする。手が銃になることもあれば、クッションが難攻不落の壁になることもある。だが、子どもが、見せかけたつもりの物と、その実際の本質や性質を混同することはほとんどない。言い換えれば、泥で作ったパイを口に入れることはまずないということだ。したがって、子どもは心のなかで、現実の表象〔心のなかに作り上げるイメージ〕と、見立てられた場面の表象を並行して抱けるに違いない。よって、ほかの動物もごっこ遊びに興じることを示せたら、動物も基本的な想像力を持っていると主張するためのよい足がかりが得られるだろう。

だが残念ながら、動物のフィールドワークからはこれまでのところ、野生でごっこ遊びが見られることを示す証拠はほとんど見つかっていない。たとえば、遠くに駆けていくオオカミが、ウサギを追いかけているふりをしているのか、それとも走っているだけなのかは、どうすればわかるというのだろう。実際の話、想像上の遊びと、それ以外の遊びを区別するのは、人間の子どもが使う人形やおもちゃのような小道具がなければきわめて難しい（小道具の使用自体が、どちらの遊びかをほのめかす）。研究者からカカマと呼ばれているチンパンジーが、おもちゃに似たものを用いて、ごっこ遊びと思われる行動をすると報告した論文が一つある。カカマは妊娠中の母と移動しているときに丸太を何時間も抱えており、観察していた研究者によれば、丸太をどうやら赤ん坊のように扱っていたという。[15]寝床を作って、そのなかに丸太を置く行動も見られた。この出来事を知らなかった二人の野外調査アシスタントが、数カ月後にカカマが同じような行動をしているのを目撃し、彼らはその（新しい）丸太を回収すると、それをカカマの「おもちゃの赤ん坊」と呼んだ。これは意味ありげだが、ごっこ遊び以外の理由によって、この事例で観察された行動を説明できるかもしれない。

同じ方向を示す事例が多く集まれば、研究者は「大層な」解釈についての確信を強められるかもしれない。アンドルー・ホワイトゥンとディック・バーンは、彼らが「戦術的欺き」と名づけた霊長類で見られる行動にかんする報告を、数多く体系的に集めて分類した。[16]それらは明らかに社会的操作が見られた事例で、霊長類が、有利な立場になるためや罰を受けないために、何かのふりをする場合があることが示されている。たとえば、地位の低いチンパンジーの雄は、雌と交尾の最中に第一位雄《アルファ》から捕らえられそうになると、まるで証拠を隠そうとするかのように、勃起したペニスを両手ですばやく覆う。また、単に証拠を隠すのではなく、積極的に誤解させようとしたことを示唆する報告もある。たとえば、別のヒヒに追われていた一匹のヒヒが突然立ち止まり、まるで捕食者を見つけたかのように、後脚で跳び上がってしきりに遠くを眺めた。すると追跡していたヒヒも立ち止まって同じ方向を見つめ、追跡を断念した。追いかけられていたヒヒは、追跡を中止させるために危険があるふりをしたのだろうか？　確かにそのような例では、その動物が、何らかのことが本当ではないと知っているのに、あたかもそれが本当であるかのごとく振る舞ったように思われる。ホワイトゥンとバーンの調査では、複雑な戦術的欺きが大型類人猿で特によく認められた。たとえば、物陰に好物があるのを見つけても無視し、ライバルたちが現場からいなくなってから邪魔されることなくごちそうを確保する例は、ゴリラとチンパンジーのみに見られた。さらに上をいくのは、現場から立ち去るふりをした別の個体が急いで戻ってきて、ライバルを欺いたつもりの個体から食物を奪ったというように、策略の裏をかいたとする報告だ。類人猿が彼らの社会的世界で駆け引きをするためには、ある程度の知恵が必要なことは明らかだ。そのようなことから、大型類人猿の心は何かのふりをすることができると結論づけたくなる。

しかし懐疑派は、これらはすべて個別の事例にすぎないと注意を促すだろう。こうした一目瞭然の行動を引き起こす要因が何なのかを確実に知ることは、私たちには決してできない。ひょっとすると、策略の裏をかいたように見える行動も、単なる偶然だったのかもしれないのだ。その類人猿が現場に戻ってみたら、うまいものを獲得しようとしているほかの個体に運よく出くわしたということだってある。同じく、追いかけられていたヒヒは、遠くに捕食者がいると本当に誤解しただけかもしれない。あるいは、過去に同じような状況を経験し、突然立ち止まって遠くを見ると厄介な追跡に終止符を打てると学んだのかもしれない。どちらの場合でも、それらの霊長類の行動は、「自分は事実を知っているのにそうではないふりをした」としか説明できないわけではない。賢馬ハンスの例と同じく、高度に見える行動でも、もっと単純な仕組みによって引き起こされた可能性もある。

人間に飼育されている大型類人猿の「ふり」については、有名な報告がいくつかある。若い大型類人猿を育てている研究者たちは、それらの類人猿が、まるで生き物を相手にしているかのように人形やおもちゃと遊ぶという大層な解釈を出している。たとえば、スー・サベージ＝ランボーは、チンパンジーが人形を水浴させることや、おもちゃの動物でほかのチンパンジーを「噛む」こともあると報告している。[17] ゴリラのココは、部屋のなかでゴム製のヘビを持って人間を追い回した。[18] 個人的な事例を挙げれば、私は、ロックハンプトン動物園でときどき試験をおこなうチンパンジーのオッキーとキャシーに小さなゴム製のワニを与えたことがある。二頭は興味を示した。そのワニが私の共同研究者であるエマ・コリアー＝ベーカーを噛もうとしているように見せかけたところ、二頭はすぐさま彼女のそばに跳んできて調子を合わせて遊んだように見えた。ワニの「危険」が去ったときには、彼女を安心させようとまでしたようだった。少なくとも、私はこの出来事をそのように覚えているが、率直に言えば、チンパンジーから見てこれが何らかのふりだったのかどうかについて確信は持てない。

「ふり」にかんして最もよく引用されるのは、チンパンジーのヴィキのケースだ。[19] ヴィキは、想像上のおもちゃを何度も引き回したと言われる。ときにヴィキは、まるでそのおもちゃに付いたありもしないコードが障害物に引っかかったかのような仕草をしたあと、片手の拳をもう一方に重ねて、見たところでは繰り返し反対方向にコードを引っ張り、その後つっかえていたコードが外れたかのように、ビクンとした反動をして見せてから歩きだした。それからヴィキは、架空のおもちゃを背後に引きずりながら進んでいった。少なくとも、これが人間の観察者に見えた出来事だ。この事例は、そのチンパンジーの行動が、想像上の出来事から論理的に導かれる意味と一貫して合っているように見えるので、動物の想像力を示す行動面での証拠として、ほかの事例より説得力があるだろう。[20] 人間の子どもは、このような行動をたくさんする。たとえば、想像上のジュースで満たされたグラスからジュースがこぼれると、床にこぼれた想像上のジュースを拭き取るふりをする。チンパンジーがそのような「ふり」とおぼしきことをやり通した可能性のある例を、私はほかに一つしか知らない。それは学会で報告されたもので、想像上の積み木らしきもので遊ぶケースだった。

言うまでもなく、人間の子どもは言葉を使って、自分たちのごっこ遊びに工夫を凝らしたり、それをほかの子どもと共有したりする。人間の手話を教えられたゴリラのココは(この話題については次章で詳述する)、ごっこ遊びらしきもので適切なサインを用いたと報告されている。たとえば、サルの人形を与えられると、ココはそれを抱きしめ、それから「飲む」というサインをした。続いてココは、人形の親指をその口にもっていって、人形に「飲む」のサインを作らせた。ただし、この事例でも、依然として解釈が難しいのは明らかだ。そのゴリラは、人形に「飲む」サインを作らせるつもりだったのか? あるいは、単に人形の親指を口にもっていっただけなのだろうか?

私たちはどんな結論をくだすべきだろう? 飼育下にある大型類人猿は、ごっこ遊びに興じると本当に言えるだろうか? それとも、彼らは周囲の人間の行動をまねているだけなのか? 夢想派の人びとは、報告されてきた経験事例の多くを、人間の子どもで見られるようなごっこ遊びの証拠として受け入れることに異存はないと主張するかもしれない。一方、懐疑派の立場は、「ふり」とされる行動のどこまでが類人猿の意図したもので、どこまでが人間の観察者が思い描いたものなのか、と疑問を投げかけるだろう。だとすれば、「ふり」をしたという証拠は、遊びで見られるものにせよ、他者を欺く行動で見られるものにせよ、明らかに薄弱なままだ。

中立的な傍観者は、どちらの極端な見方も都合の悪い事実を見過ごしてはならない[21]と強調するだろう。一方においては、大型類人猿でごっこ遊びの報告があるとはいえ、報告は比較的少ないし、たとえそれが額面どおりに受け取れるものだとしても、高度さの面でも量の面でも、人間の子どもがするごっこ遊びの足元にも及ばない。子どもたちはごっこ遊びで、しばしば一緒に知恵を絞って次々にシナリオを作り出す。他方においては、大型類人猿ではすべての種で「ふり」に見える行動が何度も記録されているが、サルなどのほかの動物では、同じように人間と密接にかかわる状況で育てられたとしても、そのような行動が記録されていないのである。つまり、現在あるデータからわかるのは、ヒトに最も近縁の動物には心のなかで別の世界を抱く能力がいくらかあるかもしれないということだけだ。大型類人猿が、直接知覚する以外のことを考える能力を持つことをはっきりさせるためには、もっと説得力のある証拠が必要だ。すなわち、比較基準を注意深く設定した実験が必要とされる。

見えなくても、心のなかにある

近年、動物を研究するための実験的アプローチには、人間の発達心理学で用いられる方法を改変したものが増えている。ほとんどの子どもが予測可能なやり方で高度な知的能力を獲得することから、発達心理学者は、そうした能力を獲得する過程を特定するための非言語的課題を考案してきた。これらの課題での成績から、将来の能力や、(動物には使えない言語的課題も含む)ほかの評価法での成績を予測できることが多い。ごっこ遊びは、隠された物について推論したり、鏡に映った自分の像を認識したりといった、ほかのさまざまな能力の発達と同時に出現する傾向がある。これらの領域での研究とともに、体系的な実験によって、大型類人猿に想像力があることを支持する主張が強まっている。

スイスの児童心理学者ジャン・ピアジェは、人間の心がどのように発達するかについての説を唱え、[22]それは今なお最も包括的で影響力を持っている。彼は、直接知覚できなくなった物について推論する能力を子どもが発達させる過程を測定するため、一連の段階を踏む単純な探索課題を構築した。

幼い子どもにとって、「目に見えない」ことは、すぐさま「心に見えない、つまり忘れる」ことにつながる。少しばかり注意をそらせるだけで、子どもはそれまで追いかけていた物の追跡をやめる。子どもは、知覚できるかできないかとは無関係に物体が存在することを、徐々にしか理解しないよう

図 3.1　標準的な置き換え課題で用いられる試験用の装置。チンパンジーのオッキーが箱を選んでいるところ。

だ。大人でも、森で木が倒れるとき、それを知覚する者が現場にいなければ本当に音がするのかと疑問に思う哲学者がいる。だが哲学者の話はさておき、大人は普通、人や物体の存在を感じようが感じまいが、それらが存在し続けると確信している。

ピアジェはこれを「対象の永続性」と呼び、子どもは生まれてから二年間で、いくつかの発達段階を経ながら、それを徐々に身につけると提唱した。[*] 子どもは生後一二カ月ごろになると、対象物がいくつかの箱の下に隠されるのを目にしたら、それを確実に見つけられるようになる。対象物がどこにあるのかを覚えるわけだ。これで、ピアジェが「対象の永続性の第五段階」と呼ぶレベルに達したことになる。だが、対象物をまず小さな容器に入れ、次にこの容器を用いて対象物をどこかに移すと（「見えない置き換え」や「ひそかな置き換え」と呼ばれる）、子どもたちは訳がわからなくなる。たとえば、次のことを想像してほしい。小さなおもちゃを手のひらに載せ、手を握ってから、上着のポケットに入れる。その後、ポケットから手を出して、今や手が空っぽだということを子どもに見せる。この場合、手品でもない限り、おもちゃは今ではポケットにあるはずだ。ところが、幼い子どもや多くの動物種には、対象物を見つけるためにどこを探せばよいのかがわからない。ごちそうの匂いや、誰かがポケットを指差すといった別のヒントがなければ、対象物がどこに消えてしまったのかがわからず、途方に暮れる。それまでの状況を覚えていないか、その記憶を現在の記憶に結びつけて物の在処を推論することができないのだ。幼い子どもは生後一八〜二四カ月になって、ようやくそのような課題を達成する。これは「対象の永続性の第六段階」で、直接知覚することができない対象物の移動について推論できることを示す。

ピアジェの探索課題は、言語を用いず、さまざまな動物種の特性に割と合わせやすいので、比較試験としてこれまで特に広く用いられてきた。必要なのは、いくつかの箱と、魅力的な褒美を隠す場所だけだ。長年にわたり、たくさんの種類の動物で研究がおこなわれてきた。そしていくつかの種は、「対象の永続性の第五段階」に達することを示している。このテストに正式に合格した種として、ネコ、チンパンジー、イヌ、イルカ、ゴリラ、カササギ、オランウータン、オウム、各種のサルなどがいる。しかし、厳密な対照条件を設定した見えない置き換えの課題で評価される第六段階を達成したのは、選り抜きの種だけだ。サルは多くの場合、第六段階には届かないが、大型類人猿のすべての種がこれらの課題を何度も達成している[24](図3・1)。

見えない置き換えの課題を自分のペットで試したいと思う人もいるかもしれない。じつは、ペット

＊発達心理学者はピアジェの間違ったところを指摘しようとして、何年も研究に取り組んできた。ピアジェが提示した「対象の永続性」にかんする段階のほとんどは正しいことが確認されたが、幼い子どもは、当初提唱された時期より早くいくつかの段階に到達することが[23]、研究から示されている。とはいえ、本書で取り上げた議論にとって重要なのは最後のほうの段階だけであり、それらが達成されるのは、やはり一歳の終わりくらいになってからだ。

として飼われているイヌは、この課題を達成したと報告されている数少ない種の一つだった。[25]だが、注意したほうがいい。私たちの研究グループがもっとくわしく調べると、イヌは「ごまかしていた」ことがわかった。[26]イヌが対象物を見つけられるのは、特定の条件に限られるのだ。たとえば、対象物を入れていた容器（置き換えに使った道具）を隠し場所の隣に置いたときは、決まってよい成績をあげるが、この手がかりが利用できないときは対象物を見つけられない。つまり、たとえば、褒美を隠すための四つのポケットの一つに手を入れてから、何も載せていない手を、その食べ物が入っているポケットの隣に置いたときのみ、イヌは課題を達成できるということだ。したがって、イヌは単にこのつながりを覚えて、それを手がかりに探していることがわかる。私たちが、「置き換えに使った道具の隣を探せ」といった規則に従っても褒美が見つからないように実験を仕組むと、イヌの成績はばらついた。一方、条件を厳密に設定したこの手の探索課題をチンパンジーや生後二四カ月の子どもに与えると、両者とも一貫してこの課題を達成した。*

じつは、チンパンジーは、彼らには見えない状態で二回以上の置き換えがおこなわれても、対象物を見つけることができる。では、褒美を手に載せて手を握り、いくつかあるポケットのうちの二個に出し入れしてから、空っぽの手を差し出すと想像してほしい。この場合、褒美は手を入れたポケットのどちらかにあるが、手を入れなかったポケットにはないと、論理的に予想される。この類《たぐい》の正式なテストでは、手を入れた隠し場所のうちの一つを選択して、そこが空っぽだった場合、被験者には二回めのチャンスが与えられる。エマ・コリアー＝ベーカーと私がそのような課題をチンパンジーに与えたとき、彼らは二回めのチャンスに、手を入れていないポケットではなく理屈に合うもう一方のポケットを選び、ピアジェによる「対象の永続性」の課題（この最後の課題は「６ｂ」と呼ばれる）をすべて達成した。[28]

意図することがこの課題で本当に測定できるのかを確かめるため、私たちは対象の永続性にかんする同じ課題を人間の子どもでも試した。すると期待にたがわず、子どもたちは二歳になるまでにこの課題を解いた。エマは、オランウータンやゴリラでも同じ課題を試した。データからは、彼らもこれらの課題をすべて達成できることがわかる。大型類人猿はほかの類人猿とは違い、人間の二歳の子どものように、自分の知覚しないものについて考えることができることを示している。これらは、比較心理学者のジョゼップ・コールらが近年実施しているほかのいくつかの問題解決実験[29]の結果と一致する。たとえば、大型類人猿は、食べ物の隠された場所を、それが隠されていなかった場所をヒントにして突き止めることができる。

鏡は頭のなかに、もう一つの世界をつくる

動物がある種の問題を確実に解決できることが確かめられたとしても、その行動に知的能力という意味でどんなものが含まれるのかについては、意見が分かれがちだ。鏡に映った自己像を自分と認識できるか（鏡像自己認識）にかんする研究[30]を取り上げてみよう。人間の大人はよく、鏡を覗いて自分の外見に文句を言うことに相当な時間を費やす。巨大な化粧品業界について考えてみればわかるだろう。多くの動物種が、たとえば体を膨らませることで捕食者に対して体を大きく見せるというように、さまざまな状況に合わせて姿勢や外見を変えるが、自分がどう見えるのかについて実際に知っているかどうかははっきりしない。ネコでも、イヌ、魚、トカゲ、鳥でも、ペットに鏡で自分の姿を見せた

＊このことから、マーモセットやテナガザルなど[27]の動物の能力にかんするほかの主張が疑問視される。注意深い対照条件を設定した実験が必要である。

図 3.2　鏡に映る自分の姿を見ているチンパンジーのキャシー。

ところで、立ち止まったり、鏡の姿を利用して身づくろいをしたりすることはない。動物は、鏡を使って物を見つけたり避けたりすることを学習できても、鏡に映った自分の姿には当惑するらしく、それを別の個体であるかのように扱うか、まったく無視することが少なくない。ネコは、念のために鏡の裏を調べることもある。サルでも、自分が映っていることがわからないようだ。それに対して、大型類人猿は自分の姿に関心を示し、鏡に映った姿を利用して、顔の皮膚の異常や下半身といった普通には見えない体の部分を調べることもある。

ダーウィンは、サルや人間の子どもが鏡に映った像にどう反応するかについて手短に描写したが[31]、一九七〇年になってようやく、ゴードン・ギャラップが鏡像自己認識を評価する客観的なテストを開発し[32]、この問題にかんする研究は、事例の収集から体系的な実験へと移行した。ギャラップはチンパンジーに麻酔をかけ、顔に匂いのしない赤い印をつけた。そして、チンパンジーが麻酔から覚めたのちに鏡を見せたところ、チンパンジーが鏡を用いて自分の顔についた妙な印を手で調べることを発見した。このことからギャラップは、チンパンジーが自己像を認識しているに違いないと結論づけた。それ以来、この実験は幾度となく繰り返されてきたが[33]、麻酔は使わずに、こっそりと印をつけるやり方が一般的だ。オランウータンやゴリラも、このテストに何度も合格している。* この単純な「マークテスト」の各種のバージョンが、人間の子どもやほかのさまざまな動物種で広く用いられている。

これは、幼い子どもと遊ぶのにもってこいの手軽なゲームだ。たとえば、子どもの顔をきれいに拭いてあげるふりをして口紅を塗りつけたり、頭をポンポンと叩いているあいだに大きなシールをこっそりと髪に貼りつけたりする。それからしばらく待って、その子が印に気づいていないことが確認できたら、鏡を差し出そう。子どもは多くの場合、自分の姿に興味を示すが、生後一五カ月くらいまでの幼い子どもは、顔や頭についた印を触らないことがわかるだろう。鏡に映ったシールをよくよく調べたとしても、あなたがその子の髪からシールをはがしたらびっくりするはずだ。子どもは一歳半ばを過ぎるころからようやく、鏡に映った姿を見て自分の頭を調べるようになる。そして生後二四カ月になるころには、ほとんどの子どもがシールをすぐにはがすようになる[35]。** 子どもたちは自分を見ていることがわかり、さらにはその事実について話し始めるかもしれない。最近おこなわれた人間とチンパンジーの子どもの直接比較によって、ヒトとチンパンジーでは、同じくらいの年齢でギャラップのテストに合格する能力が発達することがわかった[38]。

＊ゴリラでの初期の研究では成功事例がなかったので、ゴリラは大型類人猿で唯一[34]、先祖伝来の能力を失ったのではないかと疑われた。だがその後の研究によって、ゴリラもこのテストに合格することが見出された[36]。
＊＊この行動が現れる時期[37]は、文化によっていくらかばらつきがあるが、鏡に映った自分を見たことがないとされているベドウィンの子どもも、一歳の終わりにはこの課題を達成する。

ただし、あなたが同じ課題を自分のペットで試しても、彼らにはできないことがわかるだろう。ペットたちは、鏡に映った姿を見て自分の外見に加えられた変化を調べたりしない。言い換えれば、これまでにテストがおこなわれたほかの多くの動物種と同じく、ペットは鏡によるマークテストに落第するのだ。バブーンやオマキザル、マカクなどのサルも、鏡を何時間も見せたあとでも、このテストに受からない。[39]だが、ときには大型類人猿以外の動物が鏡に映る自分を認識するという主張が現れ、メディアを賑わせることがある。まず挙げられる例は、行動主義者の大物であるB・F・スキナーの研究だ（彼は自分の名前のついた箱［スキナー箱］を用いておこなった、褒美と罰の影響にかんする研究で名高い）。スキナーらは、ハトを仕込み、鏡に反応して自分の体をつつくようにさせた。[40]もっとも、ハトは何百回もの試行による徹底的な強化の末に、*ようやく自分をつつく行動を示したのであって、自発的に鏡を使って自分の体を調べたりはしない。

二頭のイルカが鏡像自己認識を示したという発表がなされると、多くのメディアがこの件を報道した。[42]だが、イルカは印に触れる手を持っていないので、標準的なマークテストができないことに注意が必要だ。イルカがこの研究で、鏡で見えないところに印をつけたときよりも、見えるところに印をつけたときに、鏡の前で長い時間を過ごしたのは本当だ。しかし、この行動は、鏡を手引きにした自己分析を示すものだろうか？　イルカが自分を認識できるとしても、それほどの驚きではないだろう。何しろ、イルカは大きな頭脳を持っているし、水中から頻繁に跳び上がるので、おそらくほかの哺乳類より自分の姿（水面に映った姿）を見る機会も多いと考えられるからだ。とはいえ、イルカに鏡像自己認識能力があることを示すにはこの証拠では不十分なので、少なくとも追試によって結果が再現されることが必要だ。結果の再現性は、ここで最後に挙げる二つの報告でも問題になる。最近、二羽のカササギと一頭のゾウが、この課題を達成した[43]と報告された。しかし別の研究では、すべてのゾウがこの課題で失敗した。これまでのところ、異なる研究室で結果が再現され、説得力のある証拠が得られたのは、大型類人猿の種での実験しかない[44]。大型類人猿は、人間がするように、鏡に映った自分の姿を調べることができる。**

この課題は直感に訴えるし、広く用いられているが、結果をどう解釈するかについては論争がある。結局のところ、多くの動物が何らかの意味で自分を認識する。一部のイヌを除いて、ほとんどの動物は自分の尾を追いかけない。さまざまな動物が、環境のなかで自分の見かけを変えてカムフラージュする。ダンゴイカは体の下側から光を発し、自分の影を効果的に消しさえする[46]。イヌをはじめとする多くの動物が、尿で自分の縄張りに印をつけるので、自分と他者の匂いを区別できるに違いない。それなのに、ほとんどの動物が鏡像自己認識テストで失敗するのはなぜだろう? そして、大型類人猿とヒトが合格することは何を意味するのだろうか?

例によって、大層な解釈と簡素な解釈のどちらにも支持者がいる。大層な解釈の側に立つギャラッ

*徹底的な条件づけが試みられたが、オマキザルにこの課題を「達成」させることはできていない[41]。

**これまでに試験された大型類人猿でも、すべてがこの課題を達成したわけではない[45]。じつは、論文で報告されたなかで、これまでのところこの課題をこなせたのは、チンパンジーでは四三パーセント(九七頭のうち四二頭)、ゴリラでは三三パーセント(一五頭のうち五頭)、オランウータンでは五〇パーセント(六頭のうち三頭)だけだった。この課題をこなせなかった大型類人猿について、どう考えるべきだろうか? 課題を理解できない個体もいるということなのかもしれない。だが、たとえば、テストされた動物の一部が幼すぎた可能性もある。人間でも、一八カ月に満たない子どもだと幼すぎて失敗するように。だが、研究によって基準が異なること(たとえば、印に手を伸ばす頻度や正確さがどこまで要求されるか)を考えれば、ある個体がその課題をこなせないと見なされた理由は、ほかにもたくさんある。個体によっては、単に印を取る気にならなかった、注意を払わなかったということもあるかもしれない。しかし、鏡像自己認識が大型類人猿種の能力の範疇に入っているのは明らかだ。

プは、この課題を達成するためには自分が自分自身の関心の対象にならなくてはならないと主張する。[47]すなわち、自分を認識しなくてはならないということだ。「自己認識」という言葉には、自分がどう見えるかについて知っているということよりもはるかに多くの意味がある（自分の外見を特に気にする人にとってさえも）。そこには、自分がどこからやって来てどこに向かっているのか、何が得意で何が不得意か、自分がどんな性格か、何が好きで何が嫌いか、自分の価値が何なのかといったことを知っているという含みがある。鏡によるマークテストから、このような知識のあるなしを推論できるだろうか？　できるとギャラップは述べ、このテストに合格することは、内省能力や自己考察能力があり、さらには自分がいずれ死ぬという運命を自覚していることを意味すると主張する。そして確かに、子どもがこの課題を達成することは、「照れ」のような自分を意識する感情の出現[48]や、人称代名詞の使用[49]と関連づけられることがわかっている。だが懐疑派は、「鏡に映った像《リフレクション》」が内省《メンタル・リフレクション》と駄洒落以外のかかわりを持っているのだろうかと疑問に思うかもしれない。あなたは、髭を剃ったり身なりを整えたりするとき、深い内省をおこなわずに鏡を見つめることができるだろうか？

それができるのならば、簡素な説明ですむわけだ。比較心理学者のセリア・ヘイズは大層な解釈を疑っており、この課題を達成するのに必要なのは、体の向きや運動といった内部からの情報と視覚などの外部情報を識別する能力だけだと主張している。[50]そして彼女は、鏡像自己認識課題で何か特別なものを測定できるのかと問う。彼女の見方に従えば、物にぶつからないようによけたり、戦いの最中に自分を噛まないようにしたりする動物はすべて、そのような能力を示す。だが、ヘイズの捉え方では、それらの動物が、鏡を見るのではない状況では明らかに内部情報と外部情報を識別するのに、なぜわずかな種しか鏡像自己認識課題を達成できないのか（あるいは、なぜ幼い子どもが達成できないのか）を説明できない。

きわめて大層な説ときわめて簡素な説のあいだには、中道を唱えようとする解釈がある。たとえば、認知心理学者のウルリック・ナイサーは、幼い子どもは自分の顔貌がほかの人にとって重要だと気づくと、鏡で自分の顔を見ることに初めて興味を持つようになると主張した。[51] したがって、マークテストは、子ども（および類人猿）の顔に対する関心の変化を示すのかもしれない。

発達心理学者のジョゼフ・パーナーの推測によれば、マークテストは、一つの物にかんする二つの異なる考えを心のなかで同時に処理するという、もっと一般的な能力を測定する。[52] ごっこ遊びでは、子どもが同じ対象について二つの異なる考え（たとえば、果物としてのバナナと、電話としてのバナナ）を心のなかで同時に思い描いて、それらを比較できる。それと同じように、マークテストでは、鏡に映った自分の姿と、自分がどう見えるかという予想を比較して、これまでになかった印のような新しいことを発見する必要がある。

どうすれば、経験的なテストでこれらの解釈を区別できるだろうか？　私は共同研究者とともに、子どもを対象にしたマークテストの別バージョンを考案し、いくつかの手がかりを得ている。まず、子どもの頭ではなく脚にこっそりとシールを貼りつけた。[53] 子どもはトレイのついた脚の長い食事用の椅子に座っていたので、自分の脚を直接見ることはできない。それから、自分の脚は見えるが上半身は見えないような角度で、子どもの前に鏡を置いた。すると、子どもたちは標準的なマークテストでの行動とまったく同じように振る舞い、顔につけたシールに手を伸ばすのと同じ年齢で、脚につけたシールに手を伸ばした。このことから、ナイサーが唱えたのとは違い、顔の認識に特殊な側面はないことがうかがえる。

これで、この実験の中心となる操作を加えるお膳立てができた。私たちはゆったりしたバギーパンツを食事用の椅子にくっつけ、先に試験したグループとは別の子どもたちをパンツに滑り込ませた。

トレイがあるので、パンツは子どもの視界に直接入らないようになっていた。それから子どもたちに鏡を差し出し、今ではバギーパンツをはいている脚にシールを貼ると、ほとんどの子どもがシールに手を伸ばさなかった。鏡で見たのが自分の脚だとは気づかなかったようだ。しかし、また別の子どもたちに、バギーパンツを三〇秒間だけ直接見させてからトレイを取りつけて視界を遮ると、とてもうまく対応した。つまり、最初の試験、あるいは標準的なマークテストと同じくらいの成績をあげたのだ。この結果から、幼い子どもは自分がどう見えるかを心のなかで予測しており、この予測がすみやかにアップデートされることが示唆された。あらかじめ三〇秒も見せれば十分だったのだ。

　以上のことから、鏡による標準的なマークテストでは、簡素な説明で予想される以上の能力があるかどうかを測定できるようだが、[*]このテストでは、大層な説明で推測される高度な認知能力は必ずしも要求されないと思われる。[**]この結果からうかがえるように、このテストに合格することとは、自分がどう見えるかを被験者が心のなかで予測しているということなのだ。すなわち、被験者は自分を認識し、奇妙な印のように、自分の予測からはずれることがあれば、それを調べるのだ。

　現在ある証拠からは、パーナーの見方のように、極端に走らない説明が最も支持されると考えられる。パーナーの説明から提唱されるのは、自分にかんする特別な認識能力ではなく、心のなかで世界にかんする複数のモデル——鏡の実験で言えば、鏡に映った自分の姿と、自分はこう見えるはずだという予想の姿——を抱いてそれらを関連づけるという、より一般的な能力だ。前述のように、幼い子どもは対象の永続性の第六段階を過ぎて、ごっこ遊びを始めるのとほぼ同じ時期に鏡で自分を認識し始める。[57]表面的には、これらの能力は異なるように見えるが、三つすべてにおいて、感覚で直接把握できる以上のことを考察する能力がかかわっている。具体的には、自分がどう見えるはずなのかという予測、隠された対象物の移動にかんする推論、想像で見立てられた物や行動を認識することだ。[***]比較研究による証拠から、大型類人猿が、心のなかで「今ここで」を超えるこの基本的な能力を共有していることがうかがえる。ただし、能力がどの程度あるかと言えば、おそらくさまざまな面でヒトよ
り限られているだろう。

できないことを証明する

これまでの例からわかるように、体系的な研究によって、動物に何ができるのかを確かめることができる。不透明なところはいくらか残るだろうし、既存のものに代わる説明も提示されるだろうが、適切な比較基準の設定、追試、注意深い比較によって、動物の知的能力について次第に確信が持てる

＊最後に挙げた二つの条件では外部情報が同じだったにもかかわらず、子どもたちは、一方の条件ではシールをはがし、もう一方の条件ではシールをはがさなかった。したがって、この課題の達成には、外部情報と内部情報を識別すること以上のものがある。

＊＊このテストに合格することは、自分の外見について鏡で自己認識することを意味するかもしれないが、それに自己の内面についての認識が伴うことを示唆するものはほとんどない。身体的な外見についての認識すら状況[54]によって左右されることが、研究によって示されている。子どもには、ライブ中継のビデオを見て自分を認識することは、鏡に映った自分を認識することより難しい。録画をあとで見て自分を認識できるのは[55]、ようやく三歳か四歳ごろ[56]になってからだ。私たちは最近の研究で、大人では、鏡での自己認識と写真での自己認識に脳の異なる活動がかかわることを見出した。

＊＊＊一歳半ばという時期は、子どもの認知発達における重大な分岐点だ。じつは、同じ時期にこの能力がほかのさまざまな形で異なる認知機能の領域に現れる。アンドルー・ホワイトゥンと私は研究文献を綿密に調べ[58]、大型類人猿はほかの動物とは違い、これらすべての領域における能力を持っていることを示す証拠が少なくともいくらかあることを見出した。

ようになる。動物に何ができるのかを探り出すことは見るからに難しいが、動物にはできず人間だけができることを特定するのはさらに難しいように思われる。どうすれば、ある知的特性が動物にはないと確実に言えるのだろう？　動物の行動から、問題とされている特性がその動物にあるように見える場合、前述した大層な解釈と簡素な解釈にかかわる困難が立ちはだかる。だが、動物の知的能力を示す明らかな行動が見られない場合でも、くだんの特性を持つのは人間だけだとあっさり結論づけることはできない。「証拠がない」からといって、「ないことの証拠がある」ことにはならないのだ。たとえば、十分に注意深く探せていない可能性もある。

「人間以外の動物が何か（たとえばチェスの遊び方）を学べない」などと述べるとき、私たちはいわゆる「全称否定」をしている。原則として、それに反する決定的な事例が一つでもあれば、その主張は当然却下される。たとえば、そこそこチェスができるタコが一匹でもいたらいいわけだ。一方、その主張が真実であることを完全に証明しようとすると、理論的には生きているすべての動物を試して、一匹たりともチェスができないことを示さなくてはならない。その場合でさえ、特定の動物にはチェスができないことを見極める確実な方法があると仮定してかかる必要があるだろう。何しろ、私たちが試してみたときに、天才タコが、たとえば疲れていたか、やる気がなかっただけかもしれないのだ。課題ができなかったことをどう解釈するかは、概して難しい。一般に、被験者がうまくできなかった理由は、問題の能力がないこと以外にいくつもある。そのため、否定的な結果が発表されることはめったにない。ならば、あきらめて、ある動物がその能力を持っていない可能性など決してわからないと受け入れるしかないのだろうか？

状況はそこまで悲惨ではない。ある特性がないことを証明するのは厄介だが、理にかなった取り組みを重ねれば、結論を引き出すことはもちろんできる。たとえば、三〇匹のタコを試してみて、どのタコもこの課題を達成できなければ、ほかのタコにもできないだろうと（さしあたり）考えるのは筋が通っている。現に、全称否定について意見の一致が見られることはよくある。反証がない限り、ドードーは絶滅したと述べても差し支えないだろう。反証がない限り、人間だけがチェスの遊び方を学べるということを受け入れても、やはり差し支えない。心的特性がないことを直接には証明できなくても、「心的特性がない」という主張を反証しようとしてもできなければ、その主張にいっそう確信が持てるようになる。世界を探検してきても生きたドードーに出会っていないという人が多くなればなるほど、ドードーが絶滅した可能性は一段と高まる。

何かの能力がないという主張を確固としたものにするためには、その主張が誤りで能力があることを示す機会を動物に与える必要がある。鏡像自己認識の問題を再び検討してみよう。ヒトと大型類人猿にこの能力があることを考えれば、大型類人猿に次いでヒトに近い小型類人猿が、この特性の起源を理解するうえで特に興味深い対象となる。テナガザルの自己認識については、これまでに三つの小規模な研究[59]がおこなわれたが、どうとも受け取れる結果が出ていた。テナガザルが自分を認識できることを示す明らかな証拠はなかったが、研究者たちはその能力がある可能性を保留していた。そこでエマ・コリアー＝ベーカーと私は、ほかの研究で用いられたものとは違う種類を含めて、もっと多くのテナガザルを対象とした試験することにした（図3・3）。

オーストラリアやアメリカの動物園での二年に及ぶプロジェクト[60]で、私たちは一七頭のテナガザル（フクロテナガザル七頭、ワウワウテナガザル三頭、ホオジロテナガザル七頭）を試した。まず、各個体に鏡を与えて五時間自由にさせた。次に、色をつけたお菓子用の糖衣《アイシング》をそれぞれのテナガザルに与えて、彼らの反応をチェックした。すると、すべての個体がアイシングを勢いこんで食べた。そこで私たちは、テナガザルの四肢のどこかにアイシングをこっそりと塗りつけた。その後、テナガザル

図 3.3　鏡を調べているホオジロテナガザル（エマ・コリアー＝ベーカー撮影）。

たちが腕か脚にくっついているアイシングを見つけると、どの個体もすぐにそれを調べ、きれいに平らげた。テナガザルは一般に、大型類人猿ほど自分の毛づくろいをしないが、この結果から、彼らには明らかに、自分の体からアイシングを取る気があるとわかる。したがって、アイシングと同じ色の印が自分の頭にあることを鏡で見つけられたら、その印も調べたがるはずだ〔この実験では、アイシングそのものは使わない〕。ところが、私たちが実験したテナガザルのなかで、このテストに合格した個体はいなかった。ほとんどの個体が鏡の後ろを見るか、鏡の後ろに回った。それは、ほとんどの人間の観察者には、頭に印があるらしきほかのテナガザルを捜しているように見える行動だ。

テナガザルが自己を認識できなかった理由はさまざまかもしれないので、私たちはその後、一連の試験をおこなって、テナガザルが最終的にこのテストに合格するかどうかを調べた。このテストを何度も繰り返し、このときは本物のアイシングを頭にくっつけて、誤判定する危険もあえて冒した。つまり、テナガザルが頭にくっついたアイシングの匂いを嗅ぎあててしまい、鏡を使ってアイシングがどこにあるかを推論しない可能性もあった。私たちはテナガザルの背後で跳びはねて鏡の性質を強調したり、大きなシールをくっつけたりと、いろいろなことをしてみたが、どれもうまくいかなかった。おそらく最も多くを物語る出来事は、鏡の表面にアイシングを塗りつけると、テナガザルはアイシングをこするなり舐めるなりして残らず取るのに、自分の頭にアイシングの大きな塊が載っていて鏡ではっきりと見えても、それを無視したことだ。そこで私たちは、これで証拠がないこと以上の結果を得たという結論に達した。すなわち、これらの結果は、鏡像自己認識の能力がないという証拠になるということだ。それが間違いであることを示す新しいデータが現れない限り、サルと同じく、小型類人猿が鏡で自分の姿を認識しないという結論は妥当だ。体系的な研究によって、動物の心の能力ばかりでなく、その限界についても情報が得られる。

人はたいてい、動物が何らかの課題を達成できなかったという報告よりも、動物にはできないと思われていたことができたという発見に、より興奮する。また一般的に、肯定的な結果よりも否定的な知見を発表することのほうが難しい（もっとも、否定的な知見も発表することはできる）。それにはもっともな理由がある。課題を達成できない原因はいくつもありうるので、解釈が難しい場合が多いのだ。しかし、肯定的な知見ばかりが相次ぎ、誰もが認める否定的な結果がないことによって、動物の能力についての見解がひどく歪む可能性も考慮しなくてはならない。

心の進化

知的な特性がさまざまな動物にあるかないかを明らかにすることによって、心の進化についての理解を深めることができる。ある特性が近縁の複数の種にわたって分布していれば、その特性がいつ、系統樹のどの枝、あるいはどの複数の枝で出現した可能性が高いのかを解明するのに役立つ。

一般に、異なる種が似たような特性を備えている理由には、「収斂進化」と「共通祖先」の二つがある。収斂進化とは、祖先が異なる生物に、類似した構造が進化することをいう。たとえば、鳥の翼と昆虫の羽はどちらも飛翔の問題を解決する。しかし、両者をもっとよく見ると、かなり異なることがわかる。つまりそれらは、同じような適応の問題に対する別々の解答なのだ。これら二つのタイプの羽が、起源となる一つの体の設計図から進化し、系統樹で昆虫と鳥のあいだに位置する羽を持たないすべての動物が、祖先の持っていた特性をなぜか失ったと考える理由はない。このような収斂進化は、幾度となく起こっている。たとえば、コウモリの翼は、昆虫の羽にも鳥の翼にも似ている。収斂進化の事例から、特定の特性の進化を促す選択圧について知ることができる。一方、類似する特性の起源が共通祖先にある場合、相同な構造が種を越えて見られる。相同的な特徴からは、その起源が系統樹のどこにあるのかがわかる。さまざまな種の鳥は、祖先が共通なので似たような翼を持っている。ペンギンのように、その特性を部分的に失ったために飛べない鳥もいるし、キーウィのようにほとんど翼のない鳥もいるが、鳥はみな、翼の生えた祖先の血を引いている。この結論に到達するためには、翼という特性がなぜ現在のような分布になっているのかを説明できそうな複数の説を、その妥当性によって比較しなくてはならない。やはり、この場合にも「節約」が重要だ。すなわち、最も単純な説明、言い換えれば、必要な仮定の数が最も少ない説明の妥当性が最も高いということだ。鳥のそれぞ

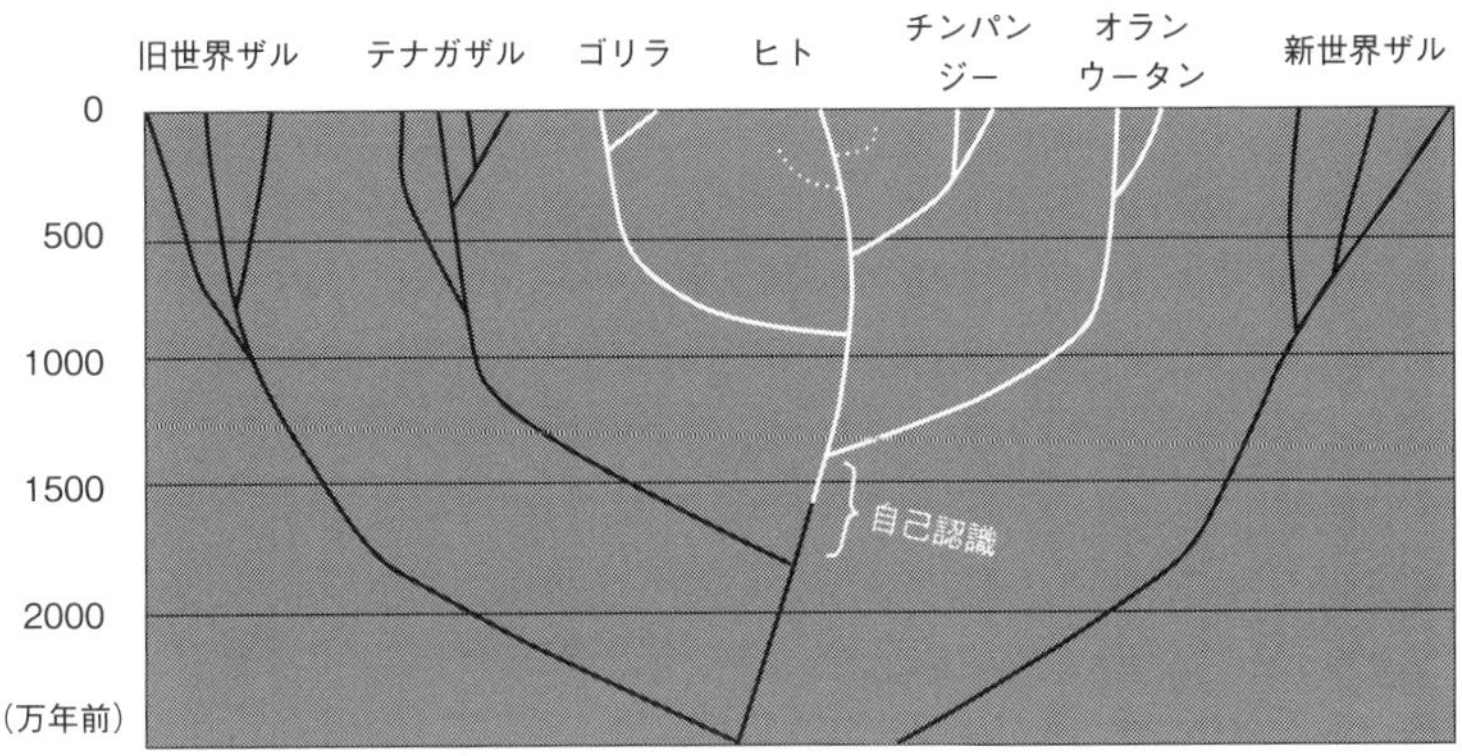

図3.4　ヒト科での視覚による自己認識能力の起源と思われるところ。

れの種が、飛翔の問題に対して別々に翼という解決策を編み出したと唱えることは、この解決策を生み出した共通の祖先からその特性を受け継いだと仮定するよりも、節約の度合いが低い。

チンパンジーやゴリラ、オランウータンが鏡像自己認識をたびたび示すことを踏まえれば、そのような能力が、系統樹の該当する部分でどのように芽生えたのかを問うことができる。もしもこの特性が別々に進化したならば、それは大型類人猿とヒトのそれぞれの属における祖先で一度ずつ、つまり少なくとも四回現れたことになる。だが、今日の大型類人猿とヒトが、祖先が共通するがゆえにこの特性を共有しているならば、変化をもたらす出来事が過去に一度だけあったと仮定するだけですむ。具体的には、オランウータンにつながる系統が分岐する前、今から一四〇〇万年以上前に、大型類人猿の共通祖先がこの特性を獲得し、それがすべての子孫に受け継がれたということだ。この場合、共通祖先に由来する相同性のほうが、収斂進化より仮定の数が少ない。したがって、収斂進化より節約型の説明だと言える。

小型類人猿やサルには鏡像自己認識の能力がなさそうな

ので、この特性が出現した時期はさらに絞り込める。一八〇〇万年前くらいに現在のテナガザルにつながる系統が分岐したあとに、おそらく大型類人猿の祖先でこの特性が出現したのだろう（図3・4）。現在ある証拠に基づけば、鏡像自己認識の潜在能力は、ヒト科の共通祖先で一八〇〇万〜一四〇〇万年前に出現した。[61] このような主張は、この特性が初めて出現した祖先の化石にお目にかからずとも述べることができる。この祖先がどのような見かけだったのかはわからないが、彼らは自分たちがどんなふうに見えるのかわかっていただろう。

相同性による推論は、有力な手法だ。そのおかげで、はるか昔に絶滅した祖先の種の心について推測できる。これまでに検討したことに基づけば、大型類人猿の共通祖先とその子孫たちは、おそらく直接知覚できないものについて推論できたのだろう。より多くの種の能力や限界が明らかになれば、心が系統樹のさまざまな枝でどのように進化したのかについて、もっとはっきりした全体像を描けるようになる。もっとも、言うまでもないことだが、この手法が使えるのは、種と種のあいだに共通の特性がある場合だけだ。人類だけが持つ特性の進化を明らかにするためには、人類の化石記録を調べる必要がある。この話題については、第11章まで待ってもらいたい。

さて、これで、どんな心的特性が動物と人間のギャップを作り出すのかを検討する土台が整った。人間を動物から隔て、人間というものを特徴づける新しい行動を爆発的に生み出した最も重要な心的能力は何だろうか？　私が学生たちにこの質問をすると、「言語」という答えが最も多く返ってくる。それは文献で最もよく目にする答えでもある。というわけで、そこから話を始めることにしよう。

4　話す類人猿たち

言葉のおかげで、われわれは野獣を超えた存在になれた。[1]*
——オルダス・ハクスリー

一八世紀初め、生きたチンパンジーを見たパリのポリニャック家の司教が次のように述べたと伝えられている。[2]「言葉を話しなさい。そうしたら汝《なんじ》に洗礼を授けよう」。言語は紛れもなく人間特有のものだ[3]という考えは広く行き渡っており、それに似た見解が、ノーム・チョムスキー、マイケル・コーバリス、テレンス・ディーコン、スティーヴン・ピンカーといった多くの有力な科学者の文献に認められる。だが、言語は本当に私たちを「人」の水準に押し上げるのに（そして、少なくとも例の司教の見方では、神による救済の資格を私たちに与えるのに）必須の特性だろうか？

言語は人間ならではの性質に付き物の要素だ。どの人間集団も、コミュニケーションを図るための言語を一つ以上持っているし、言語は私たちが考えたりしたりすることのほとんどに浸透している。もしあなたが言語能力を失ったら、ひどく困るだろう。第一に、あなたは本書を読んでいるまい。一

＊ハクスリーはこう続けている。「そして言葉のおかげで、われわれはしばしば、悪魔に身を堕とすこともある」

九世紀には、言語能力を失った人びとが死亡したのちに、その脳が研究され、大脳皮質の左側が言語能力にとってきわめて重要なことが明らかにされた。* 脳には、言葉を生み出したり理解したりするための専用領域があるので、人間には言語能力が物理的に組み込まれているように思える。つまり、大量の情報を互いにやり取りできるように、人と人の頭を結びつける能力が生来備わっているようなのだ。このような情報の流れは人間の協力関係や文化にとって欠かせないため、言語が人間の心の決定的な特徴だと主張する学者が多いのも驚きではない。

だが、動物もコミュニケーションの手段を持っており、なかには非常に高度なものもある。[4] ミツバチは、食物のある場所や量を群れに合図で伝える。ミーアキャットは歩哨に立ち、捕食者を見つけると自分の集団に警告する。さまざまな鳥が、つがいの相手を選ぶ前に雄と雌でダンスをする。また、ほとんどの哺乳類で、母親と子どもは自分の所在を知らせ合う。動物が種内のメンバー同士で情報を受け渡しできる確かな手段を持つことには重要な理由があり、それゆえ動物は、コミュニケーションを取るための聴覚的、触覚的、視覚的、化学的な方法を進化させてきた。では、これらは言語ではないのだろうか？　鳥やサルやクジラが何を言っているのかが完全に解読されていないせいで、動物は言語を持っていないという先入観が持たれているだけだろうか？

人間のコミュニケーションシステムで何が独特なのかを見出すためには、人間の言語の特徴をくわしく調べる必要がある。まず注目すべきなのは、人間のあいだでは、一種類ではなく六〇〇〇種類を超える言語が話されていることだ。さらに、一部の人は言葉を発する代わりに手話を用い、身ぶりで言葉と同じくらい豊富な情報を表現する。また、触覚を利用し、指先で点字を読める人もいる。私たちの言語能力は、単にさまざまな形式があるという状況を超越している。したがって、人間の言語の要となる特徴を見極めるためには、言葉を発する能力よりも、もっと深いところを検討する必要がある——何しろ、その能力自体はオウムだって持っているのだ。

絵と言葉に共通する能力

言語の最も基本的な特徴は、それによって考えを互いにやり取りできるということだ。私たちは会話をして、態度や信念、願望、知識、感情、記憶、期待などを他者と分かち合い、個人的な世界である自分の心と他者の心を結びつける。本書は、このテーマにかんする私の考えを、書き言葉という記号を通じて読者の頭に注ぎ込むことを意図している。あなたの語彙には、何万語もの言葉がある。それらの言葉は、恣意的な約束ごとだ。「歩く」という言葉自体は、あるタイプの運動を指すこととは本質的に関係ない。その運動のことを、ドイツ人のように「gehen」と呼ぶこともできただろう。つまり言語によって、同じ意味に対して用いられる記号が異なるのだ。外国語を習得したければ、その言語を話す人びとが、どの概念を表すためにどの記号を用いるのかを学ぶ必要がある。

記号は、それが音だろうと図だろうと身ぶりだろうと、何か別のものを表すように意図されたものである。言語が機能するのは、一群の記号の意味や、それらの記号がどのように使われるべきかについて、人びとが合意しているからだ。記号は何かについて表すものである。[5] これは、どんな表象にと

＊これは、実質的に右利きの人のすべてに当てはまり、左利きの人の三分の二に当てはまる。一つ例を挙げれば、ポール・ブローカは、言葉を発する能力を失った人には、左前頭葉の領域に損傷があることを発見した。その領域は、現在では「ブローカ野」として知られる。またカール・ウェルニッケは、言葉を理解するのが困難な人には、左半球でブローカ野のやや後ろに損傷があることを発見した。その領域は「ウェルニッケ野」として知られるようになった。

っても鍵となる。要するに、記号の目的は、それ自身ではないものについて語ることにある。では、これから挙げる三つの絵を検討してみよう。

最初の絵（図4・1）は、チンパンジーのオッキーが描いたものだ。私はオッキーの隣に座って、お絵かきの道具を渡した。オッキーは絵の具を食べるのと同じくらいに、絵の具を塗りつけるのが好きだ。私は次の点を述べるため、オッキーの絵と同様に、娘のニーナが一歳のときに描いた絵のどれかを選ぶこともできた。つまり、これらの絵は、「紙があって、絵の具が塗られている」という、見えるとおりのものだということだ。なかなか見事な絵かもしれないが、ほかの何かについて描かれているわけではない。オッキーの絵は、抽象美術を思い起こさせるかもしれない。こうした絵のなかには、実際に抽象美術と区別がつかないものがあるかもしれないし、抽象画として販売されることさえある。だが人間の画家は、たとえ聞き手には、ばかげているように聞こえたり、こじつけに思えたりしても、その絵が何を表しているのかを語れる。一方、私の知る限りでは、チンパンジーの絵は私の娘が描いた絵と同じく、絵以外の何物でもない。

二枚めの絵（図4・2）は、私の息子ティモが二歳半のときに描いた、初めての表象的な線描の一枚だ。その絵はクジラのグループを描いたものだと、ティモは説明してくれた。絵を見たら、お父さんクジラとお母さんクジラがどこにいるかがわかるかもしれない。息子からは、クジラのティモがお父さんの前にいて、一番上に赤ちゃんもいると言われた。それならば、これは表象的な絵である。すなわち、何かを象徴しているわけだ。使われた色のリアリティや写実性がどうかといった問題は置いておくとして、この絵は別の何か、つまり具体的にはクジラの家族を表している。

言語はそのような「表象的洞察」に基づいて作り上げられる。ごく幼い子どもは、たとえ絵本を逆さまにして読んでやっても気にしない（生後約一八カ月に満たない子どもがいる方は、試してみよ

図 4.1 チンパンジーのオッキーが描いた絵。

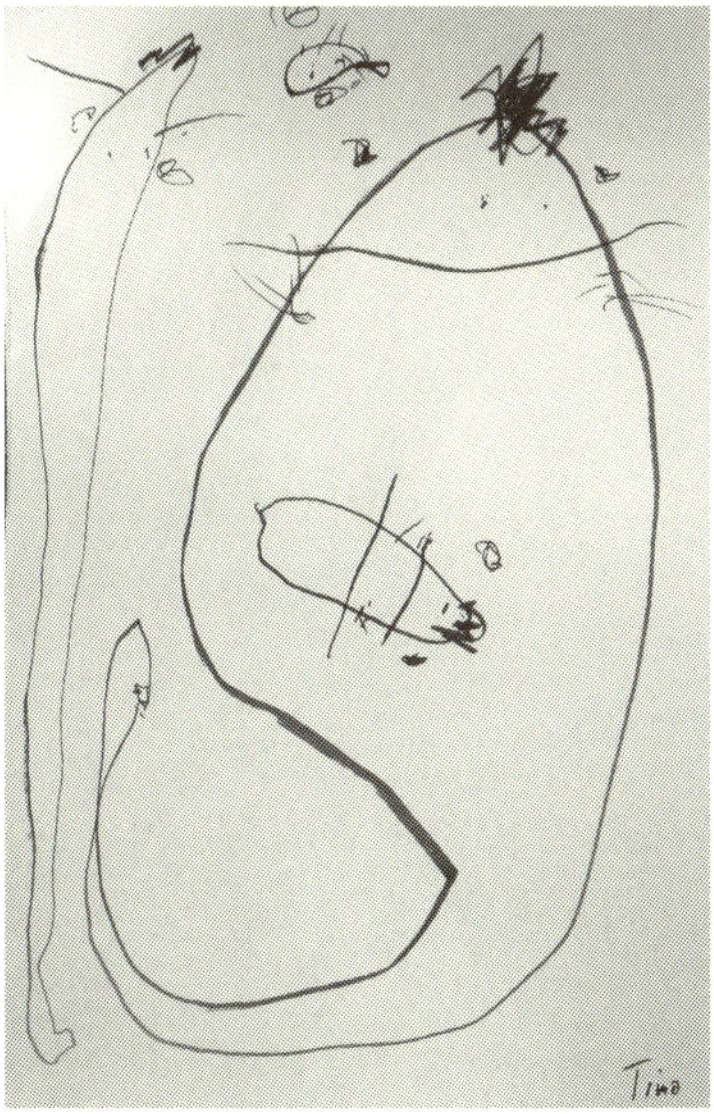

図 4.2 息子のティモ（生後 30 カ月）が描いた 4 頭のクジラの絵。

図4.3　ローリー（4歳）が、自分が絵を描いている様子を描いた絵。

う）。幼い子どもが絵の向きに構わないのは、おそらく絵を見ても、私たちのようには解釈しないからだ。子どもが絵の象徴的な性質を理解しているかどうかは、絵から別の何かについて学ぶ機会を与えるという簡単な方法で試せる。たとえば、部屋を描いた絵のなかで隠された物の場所を示し、子どもがこの手がかりを利用して、実際の部屋でその物を探し当てられるかを観察するといい。このような研究の結果から、子どもで表象的洞察の能力が発達するのは驚くほど遅く、二歳半から三歳のころ、つまり絵を象徴的に描き始めるのと同じ時期に発達すると[6]、長年にわたり思われていた。だが、私はいくつかの研究をおこなって、生後二四カ月の子どもでも、少なくとも一回めの実験では、絵を手がかりにして物をうまく探せることを見出した。[7]* 子どもたちは、表象されたものを見て学べるのだ。だから、わが子に何を見させるかに気をつけたほうがいい。

三枚め（図4・3）は、私の同僚である発達心理学者ヴァージニア・スローターの娘で、当時四歳だったローリーが描いた絵だ。ローリーが、自分自身らしきものの絵を描いている自分の絵を描いている。このように、絵のなかに絵が描かれていることは、重要な能力を表している。それはモデルのモデルを構築する能力だ。この例で言えば、この絵は、記号とそれが表すものとの関係について考える能力がローリーにあることを示している。心理学用語では、これは「メタ表象」の形成として知られている。[8] メタ表象能力にいろいろな使い道があることは、本書でおいおい見ていこう。この能力は、恣意的な記号からなるどんな言語の進化においても不可欠だったに違いない。詰まるところ、恣意的な記号が特定の意味を持つことを提案し、理解し、それに同意するためには、そもそも記号とその指示対象の関係について考える能力が人間にあったはずなのだ。

では、概念を象徴する言葉は、人間の言語で最初にどうやって考え出されたのだろう？　時計のチクタクいう音のように、場合によっては、言葉の意味はその音と関係がある。ご存知のとおり、これは「擬音語」だ。そのような言葉は絵のようなもので、指示する対象の顕著な特徴を何らかの形で持っている。したがって、擬音語については比較的合意が得られやすいかもしれない。** そのようなことから、話し言葉は音と意味の類似点に由来すると論じられてきた。だがそれならば、同じものを指す言葉が、なぜ言語によって大きく異なるのだろう？　ほとんどの言葉の音は、その言葉が表す対象とは少しも似ていない。それに「正義」や「進化」などの抽象概念ともなると、それらの言葉の音が、

*結局、以前の研究で認められたこの子どもたちの問題は、絵と部屋の関係を理解することにあるのではなく、何度もおこなわれる試行に辛抱することにあるとわかった。子どもたちは多くの場合、一回めの試行ではうまくやり遂げるが、その後の試行では、以前にうまく探せた場所に戻ってくる傾向があったのだ。私が子どもたちに、一つの部屋で四回の試行をしてもらう典型的なやり方ではなく、四つ別々の部屋でそれぞれ一回の試行をしてもらうと、生後二四カ月の子どもでもその課題を達成できた。

その言葉が表す対象らしく聞こえるなどということはあろうはずもない。

誰の目にも見えるものについて合意するのは、比較的容易かもしれない。というのは、物なり行動なりを指差して、提案された音を出したり、ほかの記号を作ったりすることができるからだ。たとえ、その音が問題のものと全然似ていなくても、対象を繰り返し指差したり、対象と同時に音を発したりすることによって、記号とその指示対象のつながりが集団内で確立されることは想像できる。だが、私たちの祖先は、直接にはまったく観察できない概念を意味する言葉をどうやって定めたのだろう？多くの概念は、観察できる概念に便乗する形で確立されたことがわかっている。これはしっかり理解すべき重要な考えだ。私たちは、多くの比喩の源として、キッチンでの出来事などの具体的な状況から材料を**搾り出し**、それによって抽象的な概念について話すことができる。おそらく、あなたはこの考えが**熟す**に任せる必要があるだろう。その考えを**発酵**させよう。**未熟な**考えを**吐き出さない**ように。それをきちんと**消化した**ほうがよい。それは思考の**糧**だ。あなたは自分独自の例を**こしらえる**ことができる。けれども、このことをあまり長いあいだ**こねくり回さないで**ほしい。たとえ、それに対して**食指が動いた**としても。これだけ例を挙げれば、比喩の本質を**味わって**もらうのに十分だろう。比喩は**うまく**いくこともあるが、**まずく**なることもある。特に、混じり合っている場合には。

比喩のおかげで、具体的な概念を用いて抽象的な概念を表現できる。多くの場合、私たちは比喩にあまりにも慣れているので、それらが喩えだと思わないことすらある。たとえば、英語では、時間の抽象的な関係を述べるために、空間の関係を意味する言葉がよく用いられる。ここにアルファベットのaで始まる言葉の例をいくつか挙げておこう。about（付近に）、across（越えて）、against（反対方向に）、along（沿って）、among（あいだで）、around（囲んで）、そしてat（において）。アルファベットのbで始まる言葉もいくつかある。空間にかんする理解が、時間にかんするコミュニケーションの足場となっているのだ。

直接には観察できないものについて理解してもらうために、私たちは寓話や喩え話のような、もっと大きなレベルの比喩を語ることもある。そのような話は個人がこしらえた物語かもしれないが、ためになる話は繰り返され、文化的・言語的遺産の一部になる。私たちが受け継いできた比喩には、文字どおりではない特別の意味を持つ慣用句が多く含まれている。英語には何千もの慣用句がある。たとえば、英語では誰かのことを「陶磁器店に乱入した雄牛のようだ」と評することがある。それはがさつな振る舞いが繊細な世界にどんな破壊をもたらしうるか、ということを具体的に伝える表現だ。たとえ、この慣用句が当てはめられる状況が、完全に社会的な破壊や感情的な破壊であってもいいわけだ。この類似性がわかるためには、具体的な状況（雄牛が動き回って高価な磁器をひっくり返すこと）に相当する局面を目下の状況（たとえ巨大な動物や磁器がかかわっていなくてもいい）に移せなくてはならない。新しい比喩を考案したり理解したりするこの能力は、やはり表象的な関係について考察することの重要性を示している。

話し手たちが言葉の意味について合意に達する必要があるため、言語は地域によって異なる。言語は専門家の委員会や法令によって構築されたのではなく、人びとの交流や、コミュニケーションを図りたいという願望から徐々に芽生えた。物理的な分離や社会的な分離によって、新しい方言が生まれる。だが、交流が途絶えない限り、言語の境界は、言語の名前や国境が暗示するものより流動的だ。たとえば、私はオランダとの国境からすぐ近くのドイツで育った。両親が話していたドイツ語、つま

＊＊ピクショナリーというゲーム〔カードに示された題の絵を描いてチームの仲間に当ててもらうゲーム〕に似た課題を用いて、どのようにして写実的な絵が抽象的な記号に置き換えられるのかを探る研究が始まっている。[9]

り二人が学校で習ったドイツ語ではなくその地方の方言は、オランダ側のその地域の方言とよく似ている。ドイツ人はオランダの標準語を理解できないかもしれないし、オランダ人はドイツの標準語を理解できないかもしれないが、*国境付近では、どちら側の農民も似たような言語を用いる。何しろ、彼らはお隣さん同士だ。彼らの言語は、西ゲルマン語に属す方言が成す連続体の一部である。

ゲルマン民族が現在のイギリスやアイルランドに移り住んだのは、今から一五〇〇年以上前だ。彼らの言語は、ドイツ本土のドイツ語から長いあいだ隔てられ、ケルト語やノルマン語などの影響を大いに受けたため、イギリス側とドイツ側で互いに理解できないものになった。だが、英単語のかなりの割合が、今でもドイツ語とそっくりだ。私はそのような例を探して視線を落とし、ドイツ語と綴りが同じ英単語「arm（腕）」「hand（手）」「finger（指）」「ring（輪）」とつぶやいてみる。英語とドイツ語で用いられる慣用句の多くも似ているが、妙に異なることもある。たとえば、ドイツ語では、陶磁器店で取り散らかすのは雄牛ではなく象だ。不思議なことに、私の両親が話した方言は、多くの点で現在の英語と現在のドイツ語のあいだに位置する（たとえば、「姉妹」は英語ではsisterで、ドイツ語はSchwesterだが、両親はsüsterと言っていた）。そのようなことで、ニュージーランドにいる私を両親が訪ねてきたとき、二人は英語を一言も話せないにもかかわらず、自分たちの低地ドイツ語方言で通じることがときどきあった。これは、イギリスに侵入して英語の基礎を築いた部族の一部が、旧ザクセン〔サクソン人の居住地だった地域で現在のドイツ北西部〕の出身だったからだ。言語は歴史の産物であり、コミュニケーションを取る必要のあった人びとの過去の社会的交流から生まれたものだ。私たちは、先祖たちから言語を社会的に受け継いでいる。

辞書を見たり、言語学者ぶった人の話を聞いたりすると、言語が固定されているかのような印象を受けるかもしれないが、言語は生きており、つねに変化している。古い言葉や句や発音は消え、新しいものが加わる。英語とドイツ語が分かれてからさまざまなことが起こり、これらの言語を話す人びとは新しい約束ごとを決めてきた。新しい言葉が登場し、役立つようになったり、流行したり、短縮されたり、ほかの言葉と融合したりしたのち、さらに新しい表現に取って代わられる。私たちは、たとえば類似関係を生かして新語を提案し、それらを似たような記号と比べ、正確な定義を取り決めることができる。たとえば、私がこしらえた新語「gappist」が今後、動物と人間の精神的なギャップを大げさに言う人を意味し、一方で「gapanier」が動物と人間の心のギャップを実際より小さく見積もる人を意味するという点でみなが合意することもありうる。もちろん、新しい言葉は、流行して世間で使われることによって初めて根づく。

人類に共通する普遍文法は存在するか？

私たちは、新しい表現を口に出したり理解したりすることができる。英語では新語を受け入れる余地が比較的限られているが、話し手が新語をその場でこしらえることができる言語もある。ドイツ語の場合、別々の要素が継ぎ目なくつながって長い言葉になるため、ドイツ語の言葉をすべて収録した

*もっとも、彼らは一般にドイツの標準語も確かに理解する。複数の言語を話せることも、文化的な境界線を越えた交流ができるようにする解決策だ。多様な人びととたくさん交流する商人たちは、オランダ人が昔からそうだったように、各種の言語を操れることで利益を得る。また、オーストラリアやニューギニアの部族民のように、同じ言語を話す人が比較的少ない場合、周囲の部族が使うほかの言語をいくつも話すことも珍しくない。ちなみに、複数の言語を話す人は、年を取ってからアルツハイマー病になる可能性が低いことが最近報告された。[10] アルツハイマー病が心配なら、外国語を習い始めてはいかがだろうか。

辞書などはありえない。私はかつて、Astabbruchgefahrという言葉が書かれた道路標識を見たことがある。これは、「Ast（枝）」「Abbruch（折れること）」「Gefahr（危険）」という単語がくっついて一つの単語になったもので、「枝が折れて落ちてくる危険あり」という意味だ。この言葉を目にしたのはそれが初めてだったが、その標識のそばで考え込まなくても理解できた。* 英語の場合、創造的な表現のほとんどは、複数の音節を結合して言葉にするのではなく、いくつかの言葉を結合したり結合し直したりして新奇な文章を作ることで生まれる。あなたは、たとえばこの文のように筋の通った文ならば、たとえこれまでの人生で聞いたことも読んだこともないとしても、ほぼどれでも理解できるだろう。それに、好きなように新しい文を作り出すこともできるはずだ。このような点で、人間の言語は生成的である。[11] 言葉や文が、たとえば一〇個の固定されたセットしかない世界を想像してみるといい。そのような状況は奇抜な映画の筋にはなるかもしれないが、すぐさま窮屈になるだろう。

幸いにも、言語の基本構成要素は限られているにもかかわらず、言語は制限なく拡張できる。なぜそんなことができるのだろう？　言語は一群の恣意的な単位、つまり音や言葉などの記号に基づいている。そして、これらの単位が文法規則に従って結合されたり結合し直されたりして無数の表現が生まれる。「音素」は意味の違いをもたらす音声の最小単位で、英語では四四個ある。「car（車）」と「bar（棒）」の違いは、一つの音素だ。人間の言語全体で、わずか一五〇ほどの音しか用いられていない。言語のなかには、カラハリ砂漠に住むサン族が用いる舌打ち言語のように、一〇〇を超える音素を持つものもある。逆に、ニュージーランドのマオリ語のように、音素が十数個しかない言語もある。どの言語でも、文法規則の一つである「音韻論（音韻を構成する規則）」によって音素が結合され、それによって何らかの意味が表現される。音素の少ない言語では、新しい言葉を生み出すために反復を多く使う必要があるが（マオリ語では、「whakawhanaungatanga」のような言葉がある）、どの言語でも、表現される意味に際限はない。

意味を持つ最小の言語単位は「形態素」と呼ばれる。形態素は言葉の基本的な構成要素だ。形態素には、語幹(たとえば、joy[喜び]、man[男])、接頭辞(たとえば、after-[あとの]、anti-[反～])、接尾辞(たとえば、動詞や名詞にくっついて形容詞を作る-able[～できる]、「～に満ちた」という意味の形容詞を作る-ful)などがあり、それらが結びついて言葉になる(たとえば、joyful[喜びに満ちた])。また、「屈折語」として知られる機能的な形態素もある。屈折語は文法機能を持っているが、それ自体にはほとんど意味がない。屈折語の例を挙げれば、英語では、名詞の末尾についたsが複数形を意味し、動詞の末尾についたedが過去形を意味する。屈折語は英語では少ないが、ほかの言語では多用される。このようなことを支配する文法規則は「形態論(語を構成する規則)」と呼ばれる。

そして、これらの言葉をどのように組み合わせて句や文にするかを決定するのが「統語論(文を構成する規則)」だ。あなたは学校で教わった統語論、いわゆる文法をいくつか覚えているかもしれない(あるいは、それらを忘れたということを覚えているかもしれない)。たとえ統語論について説明できなくても、**統語論上のあれば違反が**――この文の「あれば」と「違反が」の順序が正しいと思えなければ――、やはり気がつくだろう。私たちはこれらの規則を用いて、同じ限られた言語単位のセットから新しい文を作り出したり、そのようなセットから生み出された文を解読したりする。たとえば、ありとあらゆる概念のそれぞれに対応する何百万もの言葉があるのではなく、組み合わせられる

*言語によっては、実質的に限りなく複合語を作れる。次に挙げる、きわめて長いマオリ語の地名を考えてみてほしい。「Taumatawhakatangihangakoauauotamateaturipukakapikimaungahoronukupokaiwhenuakitanatahu」。これを訳せば、次のようになる。「大きな膝を持ち、山脈を征服し、陸地を食べ、陸や海を旅するタマテアという男が、最愛の人に自分のフルートを吹いた丘の頂上」

数千の言葉がある。「大きなテーブル」や「小さなテーブル」を表す一つの単語があるのではなく、「テーブル」のような概念を表す言葉と、ほかの言葉と組み合わせても使える「大きい」や「小さい」といった属詞（補語）があるのだ。もしかすると、人間の言語の生成力を最も物語るのは、いまだかつてない長い文の追求かもしれない。英語では、どれだけ途方もなく長い文を作ろうとも、節を追加してその文をさらに長くすることがつねにできる。たとえば、次のような文で始めるとしよう。「最も長い文は……だと、あなたは考える（You think the longest sentence is…）」。あるいは、もう一歩進めて、次のように足してみてもいい。「私は納得していないが、最も長い文は……だと、あなたは考える（I am not convinced by it, but you think the longest sentence is…）」。すると、次のような反論が出てくるかもしれない。「あなたは納得していないとしても、最も長い文は、本当は……だというのが正しいと、私は主張する（But I insist it is true that, although you are not convinced by it, the longest sentence really is…）」。文を長くできる可能性に限りはない。言い換えれば、言語の生成的な性質のおかげで、文は延々と膨らませることができるのだ。

大きな数の追求についても、同じことが言える。私は子どものころ、遊び友達と無限大の概念について論争したことを覚えている。その友達は、簡単には意見を変えず、自分は無限大より大きな数を知っているときっぱりと反論した。それは、無限大に1を加えた数だ。数学的には正しくないものの、その答えは、さらに大きな数を生み出すメカニズムをうまく説明している。この巧妙な手段は、「再帰」と呼ばれる入れ子思考の一つのバリエーションだ。数学では、数列の各項がその前の項によって定まる場合、それを表す数式は再帰的と言われる。それで計数の際は、一〇個のアラビア数字が、単純な一連の再帰的規則に基づいて組み合わさったり再結合されたりして、どんどん大きな項を作り続けることができる（0, 1, 2…9, 10, 11, 12…99, 100, 101…）。計数に自然な終わりはない。にもかかわらず、私たちは無限大（一般に∞の記号が使われる）について論理的に考えることができる。別の種類の再帰的規則に基づけば、無限に続く数列をほかにも作り出せる。たとえば、この数列（1, 1, 2, 3, 5, 8, 13, 21…）は、並んだ二つの数を足し合わせると次の数になる「$F_n = F_{n-1} + F_{n-2}$」という再帰的規則によって定められる（$F_1 = F_2 = 1$と想定する必要がある）。再帰は、入力と出力を結びつけて際限のないループを生み出す方法だ。それによって、有限の資源から新しい組み合わせを生み出すことができる。

再帰性は言語において、文法の主要な性質と見なされている。[12] 再帰的な構造を持つ英語の関係節は、節にさらなる任意の節をつけ加えたものとして書き表せる。したがって、関係節をつなげたり埋め込んだりすることによって、文を事実上無限に長くできる（もっとも、頭がついていける長さには限度がある）。関係節があれば、文法規則によって、文の前の部分に戻るように指示される。そして、そのような節が合わさって、より大きな構造になれる。たとえば、「湖のそばで闘っているのを見かけたサルが、私の財布を盗もうとした（The monkey I watched fighting by the lake tried to steal my purse）」という文では、サルが「闘っている（fighting）」といったほかの情報を伝えたうえで、「盗む（steal）」を文の前のほうにある「サル（monkey）」に関連づけることができる。句や文は、より大きな話に埋め込むことができる。このように、言語は原則として際限なく拡張可能であり、どんなに複雑なことを伝える必要がある場合でも、私たちはコミュニケーションを組み立てることができる。二〇世紀に最も影響力のあった心理言語学者のノーム・チョムスキーによれば、この生成文法はあらゆる言語の根底にある人類の普遍的特性だ。[13]* チョムスキーらは、再帰が最も狭義の意味で言語能力を決定すると主張した。[14]

チョムスキーの独創的な考えは、心理学のいわゆる「認知革命」の始まりと極端な行動主義の衰退に大きく寄与した。B・F・スキナー**をはじめとする行動主義者らが、言語の習得は一般的な連合学習規則によると主張したのに対し、人間は生まれながらに言語を発達させる傾向があると、[16]チョムスキーは述べた。この主張は、さまざまな証拠によって支持されている。子どもは、系統立った教育を受けなくても言語規則を難なく習得する。子どもが、あらかじめ特定の言語を学びやすいわけではない。たとえば、イタリア人の家庭で育てられた日本人の子どもは、イタリア語を流暢に話せるようになるだろうし、逆もまたしかりだ。子どもは自分の言語環境を支配する規則を抽出でき、次にこれらの規則をまったく新しい状況に適用できるのだ。たとえば、私の息子ティモは二歳半のときに、片方の靴(shoe)と一足の靴(shoes)について自信満々で話した。そして、片足(foot)と両足(foots)について同じく自信ありげに話した。息子がそれまでに、誰かが「foots」と言うのを聞いたことがなかったはずだと私はかなり確信しているが〔footの複数形は、本当はfeetなので〕、息子は、英語で複数形を作る場合にはsを使うという規則を適用したのだ。規則への例外は個別に学ばなくてはならず、私たちはみな、それらを学ぶのに苦労する。

多くの子どもが、知能や学校教育、文化の違いにかかわらず、似たようなやり方で言語を習得する。子どもはおそらく生後八カ月のころに、自分の環境で使われる音素を発音し始める(つまり、バブバブと赤ちゃん言葉を話し始める)。幼い子どもはどんな言語の音声的な差異でも区別できるが、急速に自分たちの言語を構成する音に狙いをつけていく。そして一歳になるころには、初めての言葉を発する。私の息子ティモが初めて言った言葉は「乾杯《チアーズ》」で、息子はコップをチンと鳴らすようにせがむと、その言葉を大喜びで言った。一歳の終わりごろになると、言葉の習得は急激に速まり、子どもはだいたい二時間ごとに一つの言葉を覚える。そして同じころ、初めて言葉をつなげて二語からなる表現を作り始める。それから次の二年間で、再帰的な構文が発達する。もっとも、言うまでもないが、どの子どもでも言語的な資源の投入を必要とする。すなわち、ある言語を用いる人びとが、まわりにいる環境が必要だ。それを如実に示すのが、ジェニーという女の子の悲劇的な事例だ。ジェニーは子ども時代のほとんどの期間で無視され、誰からも話しかけられなかったため、通常のように言語を流暢に操れるようになれなかった。したがって、言語の習得には重要な時期というものがあるようで、子どもはその期間に自分の属する集団で用いられる言語を学ぶ。

そのような臨界期があることは、二つめの言語を学ぼうとすると明らかになる。幼い子どもは、言

＊チョムスキーの主張によれば、さまざまな言語は、深層構造ではなく表面的な表現の点で異なる。たとえば、「このコンピューターは私のファイルの上にコピーした（上書きした）（The computer copied over my files）」という単純な文は、名詞句（「コンピューター（The computer）」）と動詞句（「私のファイルの上にコピーした（copied over my files）」）からなると見なせる。この動詞句は、動詞（「コピーした（copied）」）と、前置詞（「上に（over）」）ともう一つの名詞句（「私のファイル（my files）」）からなる。英語では、主語が動詞の前に来て、動詞が目的語の前に来るように各要素が組み立てられる傾向があるが、日本語では、主語-目的語-動詞という表層構造をとる。

＊＊スキナーは哲学者のアルフレッド・ノース・ホワイトヘッドに出会ってから、人間の言語を行動主義で説明する気になった。[15] 一九三四年、スキナーはディナーの席でホワイトヘッドの隣になり、自分の学習理論の有効性について得意そうに話した。すると、ホワイトヘッドが次のように異議を申し立てた。「私がここに座って『黒いサソリがこのテーブルに一匹も落ちてきていません』と言ったとしましょう。それで、あなたが私の行動をどう説明するのか見てみたいものですね」。スキナーが、言語を連合学習の観点で説明しようとする本を出版するまでに二三年かかった。その付録でスキナーは、驚いたことにフロイトを引用し、ホワイトヘッドがディナーの席で述べたのは、黒いサソリに象徴される行動主義が優勢になるのを恐れていたためだとほのめかして、ホワイトヘッドの異議に応酬した。だが、別の潮流がまさに優勢になろうとしていた。同年にノーム・チョムスキーが言語の本質について、まったく異なる、そして最終的にはもっと影響を及ぼすことになる理論を発表した。

語を二つでも三つでも楽々と習得する。私の兄弟は英語で自分の子どもに話しかけ、彼の妻はドイツ語で話しかけ、ほかの人はみなオランダ語を話していた。というのは、彼らはオランダに住んでいたからだ。すると、子どもは二人とも、三つすべての言語を何の苦もなく身につけた。しかし彼らがオランダから移ると、子どもたちはオランダ語を忘れてしまった。不思議なことに、ほとんどの国では、第二言語が学校のカリキュラムに加わるのは小学校の五年生以上だ。その年ごろからはだいたい、言語を楽に習得できなくなり、外国語の習得に骨が折れるようになる。第二の言語を思春期以降に学ぶと、実質的に克服できないアクセントが残る。残念ながら、どんなに努力しても、どんなに長く英語圏に住んでも、私の英語にはドイツ語なまりが残るだろう。もしも言語が一般的な連合学習によって習得されるならば、そうした重要な時期はないものと予想される。それに、言語規則の過剰な一般化〔不規則動詞にも過去形の語尾-edをつけるというように、文法規則を一般化しすぎること〕はないだろうし、文法や発達段階に共通する普遍的な特性もないだろう。スキナーの考えが正しかったら、私はドイツ語なまりのアクセントをなくせるはずだし、ほかのものと同じように言語を学べるはずだ。それどころか、連合学習の能力を持つほかの動物に人間の言語の変形版を教えることもできるはずだ。しかしチョムスキーは、人間が持つ言語本能は動物界で人間にしかないと述べた。彼の説によれば、おそらくわずか一〇万年前に起こった一つの突然変異が大きな飛躍につながり、際限のない言語という貴重な贈り物が私たちの祖先に授けられた。[17]

言語にかんするチョムスキーの見方は五〇年にわたって支配的な力を振るったが、この数年で彼の言語学の教義に対する新しい異議が増えてきた。たとえば、一部の研究者は、人間のあらゆる言語に普遍的に当てはまるものはほとんどないと主張する。地球上で今日話されている言語は、互いに大きく異なっている。動詞が文頭に置かれる言語もあれば、文末に置かれる言語もある。短い言葉で文が構成される言語もあれば、長い合成語を作り出せる言語もある。前置詞や形容詞、冠詞、副詞といった基本的な形式がないように見える言語もある。チョムスキーは、再帰的な構文が狭義における言語の核となると述べたが、その再帰的な構文でさえ、人間のあらゆる言語に存在するわけではないかもしれない。[18]アマゾン川流域で暮らすピダハン族や、オーストラリアのアーネムランドで暮らすグヌィング族の言語には、再帰的な構文がないと言われる。したがって、「彼らは突っ立って、私たちが闘うのを見つめ続けた」といった単純な文は、「彼らは突っ立っていた。彼らは私たちを見ていた。私たちは闘っていた」のように、文を続けることでしか表現できない。さらなる体系的な検討を加える必要はあるが、このような報告によって、通念が揺らいでいる。言語学者は、本当に普遍的な文法構造や文法標識があるのかどうかについて、だんだん疑いを強めている。

この問題の一部は、言語の研究が、かつてはもっぱらインド・ヨーロッパ語の主要な書き言葉の検討によってなされていたことにあるかもしれない。[19]だが、世界の言語の多くには文字体系がない。オーストラリアやニューギニア、メラネシアには、一〇〇〇を優に超える話し言葉がある。バヌアツだけでも、一〇〇を上回る言語があり、それぞれの言語を話す人は平均で二〇〇〇人だ。これらの言語の多くは消えつつあるが、おそらくそのような言語から、人間の言語の本質や出現の過程について、ヨーロッパの少数の書き言葉から得られるよりもはるかに深い理解が得られるだろう。

言語の普遍性をめぐるどんな主張も、人間の幅広い言語の入念な検討に基づくべきだ。言語の多様性にかんする最近の研究では、進化生物学で用いられるコンピューターモデル[20]の適用が始まっている。たとえば、ある研究では、数百種類の言語の語順を比較し、現存している言語規則は、人間が生まれながらに持っているどんな普遍文法でもなく文化史によって形作られていると結論づけた。[21]人びとは、自分たちのニーズに合った文法規則を徐々に発達させた。そして時の経過とともに、文法規則は変わったり、修正されたり、置き替えられたりする。言葉やその意味と同じく、文法規則も社会的交流の歴史の産物だ。さまざまな子孫の集団がそれぞれ独自のやり方で発展することで、言語の多様性が生み出される。特に、集団がほかから切り離された場合には多様化が進む。こうした文化的進化のほとんどは、生物学的進化における自然選択のように、「変化を伴う継承」と同じ論理をたどるようだ。実際、文化的進化と生物学的進化の関係をめぐっては多くの議論がある（第8章参照）。

現在、チョムスキーの考えは間違いで人間は生得的な普遍文法を持っていないとする批判はあるとしても、それは、ほかの動物と同じような意味で、人間が言語に対する生物学的な下地を持っていないということではない。入れ子思考やメタ表象、再帰処理の能力を持つ心だけが、限られた言語単位の効率的な結合や再結合によって拡張可能な文章を生み出せる、恣意的な記号の意味や文法規則を確立できるはずだ。それには、理解したい、理解されたいと望む心が必要となる。

相手のことが考えられなければ、言葉は無意味だ

言語は誤解の源である。[22]

——アントワーヌ・ド・サン=テグジュペリ

言語は協力があって成り立つ。会話では、私たちは話し手と聞き手の役を交代することで情報を交換する。実りある会話をするためには、話している相手が何を知って、望んで、信じているのかに絶えず注意を払う必要がある。相手がすでに知っていることを繰り返すだけでは、ほとんど意味がない——とはいえ、誰もがそれをやってしまうが。会話に加わる人は、話されている内容を把握し、目下

の状況を踏まえてどう答えるか、あるいはその内容に何をつけ加えるかをすばやく弾き出さなくてはならない。会話は人との現実的な向き合いであり、通常はいくつかの基本的な規則に従う。

哲学者のポール・グライスは、会話の際多くの人が従おうとする四つの原則を明確にした。[23] 一つめは、正しいと信じることを言うべきだということだ。もしも、みなが嘘ばかりついていたら、誰かと会話する意味などほとんどないだろう。ただしこれは、ごまかしや自己欺瞞があまりないという意味ではない（この話題には、あとでくわしく触れる）。二つめは、その場で求められている適切な量の情報を提供すべきだということだ。たとえば、気温について訊かれたら、小数点以下五桁までの値を答えることは、普通は期待されていない。三つめは、発言の内容が会話の目的に関係するものであるべきだということだ。ほかの話題への脱線は、避けなくてはならない。そういえば、先週にどこそこでした会話のことを思い出す……などと書けば、私の言わんとすることがわかるだろう。最後の原則は、発言が明確でなくてはならず、混乱を招かないようにすべきだということだ。聞き手が何を知っているかに自分の話を合わせるべきで、不要な専門用語の使用は避けなくてはならない。そこで、私は専門用語の「ヒトの固有派生形質」ではなく、「ヒトの際立った特性」といった表現を用いている。*

言葉は、聞き手にわかってもらえそうなものを選ぶべきなのだ。誰でも、ここに挙げた原則のどれかに違反するせいでどこかぎくしゃくした、まずい会話を経験したことがあるだろう（今度、政治家のインタビューを聞く機会があれば、違反の数を数えてみよう。するとインタビューを聞くのがずっとおもしろくなるかもしれない）。そうは言っても、私たちはおおむねこれらの原則を守る。そうする

＊専門用語は使わなかったが、私は「ヒトの固有派生形質」という言葉が本当は好きだ。[24] この用語は、共通の祖先から進化した一つの生物群に属す一種だけにあり、ほかの種、つまり最も近縁な種や共通祖先にさえない派生的な形質を意味する。

には、多くのことを考慮しなくてはならない。とりわけ重要なのが、会話する相手の心だ。

心は、それ自体が表象システムだと見なせる――別に、話を難解にするつもりはない。あなたが今見ている本書の紙面を考えてみよう。光があなたの網膜に当たり、神経細胞の発火を引き起こす。この活動が後方へと送られて脳に届くと、並行して進むさまざまなプロセスによって、その場面を構成する情報が、色や方向といった単位で認識される。続いてこれらの情報が統合され、目の前にある文書があなたの視覚的経験になる。このとき、たとえば目を閉じて視覚情報の入力を止めてもある程度アクセスできるイメージ（表象）を心のなかに形成している。私たちは、画像や映像だけでなく音や概念や信念も表象する。人によって世界の表象が異なるため、会話ではその点を考慮しなくてはならない。

たとえば、あなたはバナナが台所のカウンターにあると信じているかもしれない。そして私は、あなたがそのように世界を表象していることを知っていて、さらに（私がバナナを食べてしまったので）あなたが間違っていることを知っており、あなたの知らないこの情報を進んで話すかもしれない。ここでも、やはり入れ子思考が必要となる。要するに、私はあなたの（間違った）表象を（メタ）表象し、それに応じて話す内容を調整するのである。もし、バナナが台所にあるとあなたが思っていると私が信じていることを、ほかの誰かが知っていれば、もう一段階複雑になる。このような埋め込みはどんどん続けていくことができるが、心の読み取りについてのさらなる議論は、第6章までお預けにしたい。ここでは、次のようにまとめておけば十分だ。人間の会話が効率のよい協調的な情報交換システムとして実際のように機能するためには、他者が知っている、望んでいる、信じていることにかんする多くの推論が必要になる。

私たちの会話の内容には、過去の出来事や起こりうる将来の出来事についての考えが含まれることが多い。人間の言語は、「今ここで」を超える意味を見事に表現することができる。次章で見るように、将来の出来事を想像することには、基本的な要素の結合や再結合による新しいシナリオの構築が必要になることがある（言葉を組み合わせて新しい文を作ることとあまり違わない）。このような理由から、私はマイケル・コーバリスとともに、心のなかで時間旅行することができる能力と言語が連携して進化したと主張した。[25] もっとも、内容、つまり時間旅行によるシナリオ構築の能力が、内容の伝達手段である言語に先立って出現した可能性が高い。

動物は言語を持つか？

一方には動物界全体、そして他方には人間が位置する。たとえ、最低の状態にある人間と比較しても、そのあいだには動物が乗り越えたことのない障壁がある。それは「言語」だ。

——フリードリヒ・マックス・ミュラー

ダーウィンの『人間の進化と性淘汰』が出版されてから二年後の一八七三年、オックスフォード大学哲学科の教授だったフリードリヒ・マックス・ミュラーが、ほかの動物には人間の言語にわずかでも似たものなどなく、それゆえダーウィンの理論から予測されるような段階的な進化の跡はないとする反論を提示した。[26] ミュラーは、一八六六年にパリ言語学協会が言語の進化についての議論を禁じたことを無視する形で、この問題を提起した。実際、ミュラーの主張は、自然選択による進化を掲げたダーウィンの理論にとって重大な脅威と受け取られた。思い起こしてほしいのは、そのころは遺伝学も詳細な化石記録もなかったことだ。そのため、生存種のあいだに連続性を示す証拠があるかどうかが、この論争の焦点になった。このような次第で、言語という障壁にかんするミュラーの主張は、比類がないとされていた人間の地位と単に関係していたというだけでなく、表明後まもなく進化論そのものをめぐる論戦を引き起こした。当時は霊長類のコミュニケーションについてほとんど知られておらず、ダーウィンも次のように述べている。「非常に騒がしいサルをたくさん飼って、半分自由にさせてコミュニケーション手段を研究してくれる人がいたらいいのだが」[27]

ここで登場するのが、ヴァージニア州出身の若きリチャード・ガーナーだ。[28] 一八九〇年代に彼は、エディソンが新しく発明したシリンダー型蓄音機を活用し、録音・再生実験を通じて霊長類の発声の解読に乗り出した。その発想は、霊長類の発声をいろいろな環境で録音し、それからそれを再生してほかの個体に聞かせ、反応を調べようというものだった。ガーナーは初期の仕事を動物園でおこない、さまざまな霊長類種の語彙を早々と特定できたと報告して広く称賛された。たとえば、「食物」から「病気」といった、さまざまなものに対応するオマキザルの「言葉」を特定したと主張したのだ。ガーナーは、自分の発見した霊長類の言葉は具体的な物の名前を言い表すことに限定されているものの、そうした能力が基本的な構成要素となり、人間の抽象概念が生まれたと考えた。当然ながら、彼が導いた結論は、世間と学界の双方から注目された。

ガーナーが、蓄音機を中央アフリカに運び、電気を流した檻に入って、野生での類人猿の話す能力を調査すると大胆にも提案したところ、言語の進化をめぐる論争は完全に決着するかもしれないと期待された。だが残念ながら、ガーナーの調査旅行は計画どおりにはいかなかった。アフリカの密林で有力な証拠を見つけようとしたガーナーの調査は、始まりもしないうちに失敗したのだ。エディソンと縁があったにもかかわらず、ガーナーはこの仕事に用いるための蓄音機を手に入れることができなかったのである。彼は戻ってくると、調査旅行での出来事をまとめた報告のなかの矛盾点について、大衆紙による非難の嵐にさらされた。ガーナーが密林の奥深くで何カ月も過ごしたのではなく、あるキリスト教布教地区の内部か近くで快適に過ごしたという噂も広がり、疑念や嘲笑が広まることになった。いずれにせよ、ガーナーは新しい証拠を携えて戻ってきたのではなく、彼が連れてきたのは、しゃべれず、発声の解読もできないチンパンジーで、しかもそのチンパンジーはすぐに死んでしまった。チンパンジーやゴリラの言語について、ガーナーの主張を支持する証拠はなかった。ガーナーは進化論の歴史に名を刻むことはできなかったが、その代わりに、動物の言語を理解したいという彼の夢はフィクションの世界でしっかりと根づいた。その代表が、ヒュー・ロフティングの創り出したドリトル先生という童話の登場人物だ。類人猿の言語を発見する、あるいは類人猿に人間の言語を教えるといった真剣な科学的試みは、棚上げにされた。

科学史家のグレゴリー・ラディックはガーナーの話について興味深い説明をしており、類人猿の言語研究の機運がガーナー以降にしぼんだ理由の一つは、スティーヴン・ジェイ・グールドが主張したように、進化は少しずつ段階的に起こったのではなく、飛躍的な変化によって進んだ[29]とする考えが台頭したからかもしれないと述べている。大きな飛躍があったならば、人間の言語の原型をサルで見つける必要性は小さくなる。前述したように、現存する記録に極端な途切れがあることは、ダーウィンの進化論の本当の問題ではない。人間の言語の原型を備えていた可能性のあるホモ・エレクトゥスなどの生物は、今では絶滅しているのだ（そのため、現存している種と種のあいだに明らかな断絶がある）。それに、言語の原型は、必ずしも発声の領域にあったのではないかもしれない。言語は最初、身ぶりの形で出現した[30]可能性もある。実際の話、人間の言語の起源は身ぶりにあり、その後、いうなれば手から口に移行したとするこの考えは、ますます勢いを得ている。したがって、言語の原型を霊長類の発声に求めることは、見当違いかもしれない。

さて、放棄されたガードナーの録音・再生実験は、一九八〇年代に復活した。動物行動学者のドロシー・チェイニーとロバート・セイファースが、キリマンジャロ山の麓でサバンナモンキーが発する警戒音について重要な研究をおこなった。[31] 二人の研究者は警戒音を録音し、警戒していない集団にあとで再生して聞かせることによって、人間以外の動物の発声が、たとえ数のうえでは人間の言葉よりはるかに少ないとしても、人間の言葉とまんざら似ていなくもない意味を持っている可能性を初めて明らかにした。サバンナモンキーは、ヘビやワシ、ヒョウ、そして人間を見たときに異なる警戒音を発する。録音音声を再生すると、サバンナモンキーはそのような警戒音に対して、それぞれに応じた異なる反応を示す傾向がある。たとえば、ワシについての警戒音ならば木の下に隠れるが、ヒョウについての警戒音ならば木に駆け上るといった具合だ。

サバンナモンキーはこのような呼びかけを徐々に学ぶが、学ぶ対象は警報のみだ。サバンナモンキーがそれらをつなぎ合わせる証拠はないし、ましてや際限のない文を生み出す証拠などない。サバンナモンキーのコミュニケーションでは、再帰性はまったく認められない。ある個体が、ときどき偽って「ヒョウだ」という警報を発し、群れのほかのメンバーを木に駆け上らせながら、自分はその場に残ってほかのサルが捨てたものを食べることはあるかもしれない。これはかなり巧妙な戦術的欺きの一形態に思われるが、一方で、ほかのサルが知っていることについての推論が欠けていることも示している。木に登ったほうのサルたちは、偽りの警報を出した個体が逃げずに自分たちの食べ物を奪ったことを気にしないらしい。彼らは、その個体の出した警報が何を意味するのかと、その個体が逃げないことが何を意味するのかの食い違いについてよく考えること（つまりメタ表象）をしないようだ。ほかのサルのコミュニケーションでも、再帰的な埋め込み型思考の証拠は見られない。サルの呼びかけは、人間の言語が構築されるもとになった基本的構成要素かもしれないが、柔軟性や意味、用途の点で限定されている。

実際、動物の発声のほとんどは、認知的制御の支配下にあるというより感情によって制御されているように思われる。脳の皮質下にある中脳水道周囲灰白質という部分を刺激すると、ネコではニャーという鳴き声やうなり声、アカゲザルでは甲高い悲鳴や吠え声、コウモリでは反響定位〔自分の出す音の反響によって位置を確認すること〕のための音、チンパンジーや人間では笑い声が引き起こされる。中脳水道周囲灰白質を破壊すると、音が出せなくなる。この部分は、動物の発声や人間の非言語的な発声に欠かせない。一方、すでに見たように、人間の発話はおもに左半球の皮質領域が司っており、自発的な制御ができて柔軟性がきわめて高い。したがって、動物の発声は人間の発話とあまり関係ない可能性もある。*

それでも、一部の動物のコミュニケーションシステムは非常に高度だ。たとえば、ミツバチのダンスは、食物源の規模やそこまでの距離、水平方向の方角を伝える。だが、動物のコミュニケーションシステムが綿密に調べられた結果、それらがいくつかの種類の情報交換に限られていることがわかった。[33] たいていは、繁殖、食物、警報に関係するものだ。これらの領域を超えて伝達される内容は、ほ

＊発話には、複雑で意図的な運動行為が含まれる。[32] 大型類人猿は、たとえば手を使って巧みに食物を取り出すように、発音よりも手のほうがより自発的に制御できる。私たちの共通祖先がそのような手の制御手段を持っていたならば、自然選択にとっては、既存の手段を改変するほうが発声制御手段を新たに生み出すより易しいように思われる。また、言葉はほぼすべてが恣意的であるのに対して、身ぶりでのコミュニケーションはより図像的であるという利点もある。確かに、ものによっては身ぶりのほうが言葉よりずっと直感的に伝えやすい。たとえば、「らせん」とは何かを誰かに説明しようとするとわかるだろう。したがって、マイケル・コーバリスが主張するように、言語はまず身ぶりの領域で出現し、あとになってから音声によって補足され、それから大部分が音声に取って代わられたのかもしれない。

がある。クジラは非常に機能的な際限のない柔軟性が

とんどないように見える。動物のコミュニケーションに、人間の言語に特徴的な際限のない柔軟性があることをうかがわせる情報はまだない。

ではクジラはどうなのか、という声が上がるかもしれない。ザトウクジラはとても興味深いやり方で歌うし、大きな脳を持っており、互いに歌を学ぶことを示す証拠まである。[34] クジラたちは、ひそかに私たちのことを話しているのだろうか？　だが残念なことに、答えは「おそらくノー」だ。ザトウクジラの歌に含まれている可能性のある情報は、低次元のものだと推測されている。せいぜい、「やあ、かわいこちゃん。ぼくを見てよ」という程度だ。[35] 現在では、ザトウクジラの歌は、相手の気を引く単純な働きをしている可能性が高いと考えられている。

これまでのところ、動物のコミュニケーションシステムを解読しようとするどの取り組みからも、彼らのコミュニケーションの幅が狭いことが示されており、人間の言語を非常に柔軟なものにする再帰性の特徴は見られていない。だが、動物のコミュニケーションシステムについて私たちが知っていることは、まだ限られている。高度なコミュニケーションがおこなわれているのに、まだ解明されていないのかもしれない。たとえば、ようやく最近になって、プレーリードッグの警戒の呼びかけにかんする研究から、プレーリードッグの警報がサバンナモンキーの警報よりもくわしい情報を伝えている可能性があることが示された。[36] イカやタコなどの頭足類は、体の色や模様のパターンを変えるが、それはカムフラージュのためだけでなく、もしかすると内密にコミュニケーション[37]を図るためかもしれない。頭足類が、皮膚からの偏光の反射を利用して、捕食者に勘づかれないように仲間に合図を送ることを示唆する証拠がある。目に触れる以上のことが動物のコミュニケーションでおこなわれている可能性があることを考えれば、動物のコミュニケーションについて拙速な判断をしないほうが賢明だ。証拠がないからといって、ないことの証拠があるわけではないことを思い出そう。

別のアプローチとして、この問題に反対側から取り組むやり方もある。動物に人間の言葉を教えることはできるだろうか？　人間に生まれながらに普遍文法が組み込まれているのかどうかについて、言語学者はますます疑問視するようになっており、言語を習得する仕組みについてはむしろ文化的学習が重視されている。ならば、動物はしかるべき文化的環境のなかにいたら、人間の言語を習得できるかもしれない。おとぎ話から本格的な文学まで、民間伝承には、動物に人間の言語を教える試みが成功したという話がたくさんある。こうした想像物語には、いくらか真実が含まれているだろうか？

類人猿は単語を組み合わせて話をする

私は「やあ！」と一声叫びました。人間の声がほとばしったのです。この叫び声をもって、私は人間の社会に飛び込みました。そして、人びとから返ってきた声——「おい。奴はしゃべってるぞ！」——を、汗だくの体にされるキスのように感じました。[38]

——フランツ・カフカ

フランツ・カフカの有名な短編『ある学会報告』では、捕らえられたあるチンパンジーが、言語を含めて人間の行動を学んださまを雄弁に説明する。だが、実世界でこれに似たことが起こったためしはない。ガーナーらの取り組みにもかかわらず、類人猿は話すことをこれまで習得していない。大型類人猿には、人間が発話で用いるような、顔面や声の自発的な細かい運動制御[39]ができないようだ。大型類人猿の発声器では、必要な母音の発音ができない。

しかし、オウムは人間の言葉をまねることができる。実際の話、おそらく最も有名なしゃべるオウムと思われるヨウムのアレックスは[40]、約一五〇個の英語の言葉を話せると言われた。アレックスを訓練した比較心理学者のアイリーン・ペパーバーグは、アレックスと三〇年にわたって研究をおこない、アレックスが約五〇個の物を名指して言うことができ、数を六までかぞえられ、上／下、より大きい／より小さい、同じ／違うといった対立概念を形成できると報告した。再帰的な文法を扱えることを示す証拠はなかったが、アレックスは、交替で話をしたり、「ごめんなさい」といった句を適切に用いたりしてコミュニケーションをとることができた。

言語の獲得はほかの種でも試されているが、成功例も失敗例もある。比較心理学者のルイス・ハーマンは[41]、身ぶりでの複雑な指示に従うようにバンドウイルカを訓練した。イルカたちは最終的に、さまざまな指示を理解したうえ、身ぶりの順序を変えても適切に反応するようになった。アザラシでも同様の訓練がおこなわれた[42]。また、ボーダーコリーのリコは[43]、飼い主が口頭で出す指示に対して、従来の想像を超える理解を示した。リコが生後一〇カ月になると、飼い主は家のまわりに三つの物を何度も置いて、リコにそれらを取ってくるように指示した。リコは一〇歳のときには、約二〇〇個の物の名前を区別できた。さらに、消去法に基づいて新しい物の名前を覚えることもよくあった。すなわち、聞いたことのない名前の物を取ってくるように指示されると、名前を知らない物だけを選んでくるのだ。この能力は「即時マッピング」と呼ばれ、人間の子どもが急速に言葉を学習するときの鍵とされることもある。ただし、これらの事例は印象的とはいえ、どの取り組みにおいても動物の側が記号を生み出しているのではない。したがって、今までのところは、これらの動物との会話があるわけではない。それに対して、大型類人猿には、言葉を理解する能力と生み出す能力の両方があることが示されている。

大型類人猿は音声言語で話すことはできないが、彼らに手話を教えることに成功した例はいくつかある。大型類人猿は訓練を受け、数百にのぼる手話のサインを作ったり理解したりしている。有名な例としては、チンパンジーのワショー、ゴリラのココ、オランウータンのチャンテックなどが挙げられる[44]。また、別のアプローチとして、恣意的な視覚記号のついたキーボードに触れることでコミュニケーションの取り方を教える方法がある。この方法でも、チンパンジーのサラやボノボのカンジの例のように、数百個までの記号が習得されている。

当初、大型類人猿が言語を学べるとのことに世間は大いに熱狂したが、心理学者のハーバート・テラスによって、その正当性に疑問が突きつけられた。彼がチンパンジーのニム・チンプスキー[45]——ノーム・チョムスキーをもじった名前——を対象としておこなった研究から、類人猿は言葉の表象機能を本当に理解することによってではなく、連合学習を通じて、記号の使い方をただ単にゆっくりと覚えているのにすぎないということが示唆されたのだ。テラスは、ニムには人間のような言語能力がまったくないと結論づけ、それまでの研究に疑問を投げかけた。その後、類人猿に言語を教えるプロジェクトをめぐり、大層な解釈と簡素な解釈のあいだで白熱した論争が続いた[46]。

この論争に対する一つの新しい証拠が、大型類人猿が絵や模型をどのように理解するかを調べる研究からもたらされている。たとえ大型類人猿が象徴的な絵を描けなくても、彼らに表象的洞察力があるかどうかを調べることはできる。すでに見たように、この能力は発達研究において、子どもに物の隠し場所が描かれた部屋の絵を見せてから、実際の部屋でそれを見つけてもらうという方法で調べられている。現在では、チンパンジーがそのような課題を達成するという証拠がある。心理学者のヴァレリー・クールマイヤーとサリー・ボイセンは、研究対象のチンパンジーたちが、物を隠す予定の部屋の写真か縮尺模型を見せられると、その隠された物を見つけられることを示した[47]。それらのチンパンジーは、これらの写真画像や模型を実物についての情報源として解釈できるようだ。

そのような結果は、「類人猿の言語プロジェクト」とも言われるこうした研究の大層な解釈を支持する者にとって、多少のなぐさめになるかもしれない。今では、大型類人猿は自分が用いる記号に対してかなりの理解を示しているが、その理解には限界もあるという見方が一般に受け入れられている。*大型類人猿は系統だった訓練を受けなくても数々の記号を選び出せるし、物の名前を適切に指し示したり、聞いたことのない要求を理解したりすることもできる。だが残念なことに、類人猿は言語をめぐる論争に対して、期待されたほどの貢献はしていない。彼らは私たちに、自分の世界観についてあまり多く語ってくれていない。彼らが語ることは、カフカが想像したような、深い考えとはまったく違う。むしろ類人猿は、彼らが置かれた当座の状況に対応するために、一つの単語、もしくは二つ以上の単語をつなげた表現を用いる傾向があるのだ。たとえば、「リンゴ　与える」「くすぐる　追いかけっこ」といった具合だ。

類人猿が出すサインは、もっぱら何かを要求するものだ。そしてテラスは、類人猿が発するのは要請だけで、叙述ではないと述べている。だが、言語の訓練を受けた三頭の類人猿にかんする数十年間のデータ（言葉を伝えた回数は約一〇万回）が最近解析され、サインの五・四パーセントは意見か陳述（つまり叙述）として分類できる可能性があるとわかった。[49] ただし、同じ解析によれば、それらの類人猿が何かを見せたり、勧めたり、与えたりするために、その物の名前を挙げたのはわずか一一例しかなかったし、彼らがただ注意を引こうとしてサインを使った例は一つもなかった。類人猿は、たった今起こったことか、今にも起こりそうな行動について触れるものの、時制、すなわち過去や将来のことを表現するための記号は獲得していない。そのため、私たちは彼らとともに、互いの思い出の小径をたどったり、遠い将来について討論したりして楽しく過ごすことはできない。類人猿にどれほど語ってほしくても、彼らは自分がどこから来て、自分が何者で、どこに向かっているのかという壮大な疑問を私たちに投げかけはしないのだ。

類人猿に受け答えしてもらう試みがないわけではない。哲学的な質問に対する類人猿の奇抜で複雑な反応について、少なくともいくつか報告がされている。たとえば、ゴリラのココは、「あなたは誰ですか?」という質問に対して、次のような五つの答えをしたと言われる。[50]

1 わたし、ゴリラ、乳首、くすぐる。
2 丁寧なココ、ココ、木の実、木の実、丁寧。
3 ココ、丁寧、わたし、のどが乾いた。
4 丁寧、わたし、のどが乾いた、感じる、ココ、愛。
5 ココ、丁寧、ごめんなさい、よい、しかめっ面。

これらの返答はすべて、そのゴリラの正しい名前である「ココ」、あるいは「わたし」や「ゴリラ」の少なくとも一つについて言及しているところが共通している。鏡で自分を認識する能力を大型類人猿が持っていることを考えれば、これは興味深い。だが、簡素な解釈を支持する学者たちが強調するように、この例では、統語論がまったく欠けていることもわかる。類人猿が作り出したものには、(文章)構造も語句の埋め込みもない。つまり、人間の言語のまさに特徴である、際限のない生成性

*チンパンジーは、記号と指示対象の結びつきの基本原理にかんして深刻な問題をいくつか抱えていることが多い。[48] たとえば、集中的な訓練をすると、チンパンジーは赤い色が赤を表す記号に対応することを学習する可能性がある。だが、その関係を逆にするやいなや悪戦苦闘するのだ。具体的に言えば、赤を表す記号を見せられたときに、赤と青から赤を選ぶことがなかなかできない。こうした双方向性の対応ができるのは、明らかに人間だけのようだ。

を示す証拠はない。人間の訓練者が統語論を用いても、どの類人猿もそれを理解しないようだ。[*] とすると、もしかするとチョムスキーらが、再帰的な構文は、紛れもなく人間独特のものだと主張していることは正しいのかもしれない。

この結論に対して、異議が唱えられている。ボノボのカンジは、[53] 二、三個の単語の組み合わせを作ることができ、それらは、動詞を名詞の前に置くといった英語の単純な文法規則に従っているように見える。だが、カンジがよく作る三語の文は、すべて似たような要求だ（上位五位までを挙げると、「追いかけて　人　人」「人　軽くたたいて　人」「人　人　軽くたたいて」「人　追いかけて　人」「人　つかんで　人」）。どうやらカンジは、口頭によるきわめて複雑な英語の指示を理解できるようだ。それでたとえば、「鍵を冷蔵庫に入れなさい」のような一風変わった依頼をされても、それを実行する。カンジの理解力は、文を作り出す能力より優れており、比較心理学者で訓練者でもあるスー・サベージ＝ランボーは、二歳半の子どもが持つ能力のレベルと見立てている。たいした振る舞いだ。カンジはおそらく、言語学的な意味で最も有能な人間以外の動物かもしれない。

しかし言語学者は、これらの類人猿でさえ、これぞ言語だと太鼓判を押せるものを持っていないと主張し続けている。たとえばスティーヴン・ピンカーは、類人猿には「どうしてもそれがわからないのだ」と断言する。[54] どの類人猿でも、カンジですら、再帰性や、それによってもたらされる生成性があるという揺るぎない証拠は示されていない。たとえば、屈折や時制といった文法的に重要な形式が使われないし、平叙文と疑問文の区別もない。文法を別にしても、彼らからは、記号的なコミュニケーションシステムからもたらされる本物の論理性が感じ取れない。類人猿は計画的に教え合ったり、他者のために物を指し示したり、物の名前を尋ねたりしない。もし類人猿が文法の原理を理解していたのなら、彼らに便利な言葉をもっと学ぶ意欲があってほしいと、誰でも思うだろう。類人猿に数をかぞえることを教えるという、成功すればすばらしい試みでも、類人猿に見られる能力のこうした限界は明らかだ。たとえば、サリー・ボイセンは飼育しているチンパンジーにアラビア数字を用いて九までかぞえることを教えた。[55] 数の習得には、どの数でも同じくらい長くかかった。そのうえ彼らは、数字を用いたり、数字を組み直して事実上どんな量でも表現したりすることを可能にする再帰的な規則を理解できなかった。また、彼らのコミュニケーションの実際的な側面にも限界があるようだ。これについては次章で取り上げよう。私たちとしては、動物が、自分たちのあり方がどんなものかを伝えてくれること、彼らの生き方や政治的・哲学的な考えについて語ってくれること、さらには(学会に報告してくれることは問題外としても)単純な話をしてくれることを依然として待ってはいるが、残念ながらそのような気配はない。

以上をまとめると、人間に特有と思われる言語の特徴が確かにいくつかあるということだ。現在ある証拠に基づけば、動物の自然なコミュニケーションや、動物に人間の言語システムを教えようとする試みのなかで、動物がれっきとした言語を持っている証拠は示されていない。動物も確かにコミュニケーションシステムを持っているし、概念も形成する。そして、人間が用いる恣意的な記号を習得できるし、記号にはほかの物や出来事について知らせる働きがあるという基本的な特質がわかる動物もいる。オウムのように、一部の種は言語音を発することができるが、多くの種には、適切なマルチ

*タマリンは、再帰性のない音の並びを学習できることが見出されているが、再帰性のあるものは学べない。[51] この試験が用いられたその後の研究で、ムクドリに再帰的な規則を学ぶ力があることが示唆された。[52] だが、その試験は、実際には非再帰的なやり方で解けるため、マイケル・コーバリスはこの試験自体を批判している。この事例では、懐疑派の説明のほうが夢想派の説明より優勢なようだ。

タスキング能力〔相手の話を聞いたり、相手の反応を予測したりしながら、自分が話すべき内容を考えること〕や、声による会話を成立させるために顔や声道を自発的に制御することができない。ただし、言語能力が声以外のやり方で表されうることを踏まえると、感覚運動技能が言語の絶対的な障壁ではない可能性もある。

動物で不足しているように見えるのは、めいめいの心にあることを交換する手段を見つけようとする意欲のように思われる。それは大型類人猿でさえ欠けている。概念を表す恣意的な記号や、そのような記号の効率的な組み合わせを可能にする文法規則を発明したり、それらに合意したりするのに必要な能力を動物は示していない。また、人間の言語に匹敵するような際限のない生成的なコミュニケーションシステムを編み出しておらず、人間のどの言語も学べていない。ただし、人間は、言語の獲得を可能にする普遍文法を生得的に備えていない見込みが高まっているように見える。私たちは、より一般的な埋め込み型思考の能力によって言語の記号や規則をなんとか作り出した人びとから、特定の言語を文化的に受け継ぐ。それらが作られるのは、自分たちの心——過去や未来について、他者の心について、問題や好機について、協力や道徳についてのさまざまな考えに満たされた心——にあることを交換するという実際的な目的のためだ。そのような複雑な心の中身がなければ、人間が持っているような際限のないコミュニケーションシステムなど、ほとんど役に立つまい。そこで、次はこうした心の中身を取り上げよう。

5　時間旅行者

先見の明は、人の生命を動物の生命とは異なるものにする最も重要な要因である。[1]
――バートランド・ラッセル

ついに誰かがタイムマシンを発明したと想像してみよう。あなたはどの時代に行きたいだろうか？　遠い未来？　それとも、過去の特別な出来事を目撃したいだろうか？　あるいはもしかすると、あなたは今いる場所に満足しているタイプかもしれない。あなたの個人的な好みはともかくとして、タイムマシンという考えは、たまらない魅力を長らく放ってきた。タイムマシンが持つ限りない可能性は、私たちの想像力をくすぐる。だが残念ながら、現代物理学では、時間旅行は決して実現しない[2]と言われている。だから、心のなかで時間旅行をすることでよしとしなくてはならない。私たちは過去の話を思い起こせるし、完全な作りごと（たとえば、本物のタイムマシンを発明すること）の筋書きも含めて将来の出来事を想像できる。私の研究の多くは、人間が持っているこの基本的な能力を対象としている。そこで、私自身の思い出から始めるのも本章の趣旨に合うだろう。

子どものころ、私はあらゆる認識のなかで最も嫌なものを受け入れるのに四苦八苦した。それは、いつの日か自分が死ぬという事実だ。私はベッドに横たわって天井を見つめ、「存在しないこと」を想像しようとした。存在しないことは想像できるのではないかと思った。なぜなら、それは夢も見ない眠りとほとんど違わない状態のように思えたからだ。しかし、二度と存在することはない、つまり二度と目覚めることなく永久にいなくなってしまう、というのがどういうことなのか理解できなかった。今でも、自分がいつか死ぬと思うと落ち着かなくなり、来世があるという考えに人びとがなぜ安らぎを求めるのかがわかる。当時でさえ私は、こんな悩みがあるのは、人間が未来にみずからを投じる能力があるからにほかならないということを認識していたと思う。これが人間だけの問題なのかを考えたかどうかは定かではないが、これは私の研究で重要な問いになるものだった。

ドイツの大学の心理学科に入学した年に、私たちはコンラート・ローレンツの教え子であるノルベルト・ビショップ[3]が書いた近親相姦忌避《インセスト・タブー》の本質にかんする本を読んだ。その巻末から数ページ前に、人間だけが「時間を思い描ける」という主張が埋め込まれていた。私はこの考えに共感し、その主張によって提起される問題を調べ始めた。人間が「今ここで」を超えて考えられる能力の本質とはいったい何だろう？　その能力は、子どもでどのように発達するのだろう？　動物は時間にかんしてどんな能力を持っているのだろう？　動物は、古きよき日について思いを巡らせないのだろうか？　将来がどうなるのか想像しないのだろうか？　それから生活の大きな変化があって私はニュージーランドに移り、これらの問題を修士論文で研究した。

最終的に私は、沖合の島にあるマングローブの沼地で素朴なハウスボートを入手して住み込み、オークランド大学でマイケル・コーバリスというすばらしい師に巡り会った。コーバリスから古いノートパソコンをもらったので、私はそれをトラック用のバッテリー二、三個につないで充電しながら利用し、さらにそのバッテリーは、太陽電池パネルで充電した。私には問題に集中する時間があった。何しろ、気を散らすものは蚊を除いてほとんどなかったのだ。ある日、修士論文をほぼ書き上げたあとのこと、ワードパーフェクトというワープロソフトが私のファイルを保存していたときに例の電力供給装置が突然動かなくなった。論文のほとんどが失われた。マイケルは、論文を書き直せば全体の流れが格段によくなるだろう、という気の利いた助言で慰めてくれた。そこで私は、自分の書いたものをせっせと書き直したが、結局、論文はまた失われることになる。今度は、大学のコンピューターで。

私はこの経験から、書いたものをバックアップすることについていくらか学んだ。それは、過去と未来について考える私たちの能力のおかげでもある（今のコンピューターで使っているバックアップソフトは、何を隠そう、「タイムマシン」という名だ）。やがてマイケルと私は、私の修士論文を学術論文としてまとめ、そのなかで、心のなかで過去に時間旅行することと未来に時間旅行することは、同じ能力の二つの側面だと提唱した。[4] そして、この能力に似たものがほかの動物にあるという確実な証拠が見出せなかったことから、この能力の出現は人類の進化を牽引したに違いないと主張した。あとでわかったのだが、心のなかでの時間旅行によって、禁欲から自殺、多様な専門技能から強欲まで、人間独特の特性の多くを説明できる。

記憶は未来のため

「後ろ向きにしか働かないなんて、貧弱な記憶ですこと」と女王は答えた。[5]

――ルイス・キャロル

人間は複数の記憶システムを持っている。一つのシステムで問題が起こっても、ほかのシステムは損なわれないことがある。たとえば、イギリスの音楽家クライヴ・ウェアリングは[6]、単純ヘルペスウイルスの感染によって脳の海馬という部分が破壊され、健忘症に陥った。思い出した人もいるかもしれないが、海馬は、頭のなかの地理的イメージ（認知地図）の作成で役割を果たす。ウェアリングは多くの技能（ピアノの弾き方など）を保持しており、世界についてのさまざまな事実（ピアノとは何なのかなど）を知っているが、自分に起こった出来事（たとえば、自分がコンサートを開いたことなど）は何一つ覚えていない。また、自分が結婚していることは知っているが、結婚したことは思い出せない。このように、記憶の分離が見られることから、研究者は記憶システムを次のように区別することが多い。物事のやり方の記憶（手続き記憶）、事実についての記憶（意味記憶）、そして出来事についての記憶（エピソード記憶）の三つだ。

エピソード記憶はおそらく、私たちが「知っている」ではなく「覚えている」という言葉を使うときに通常意味するものに最も近いだろう。心理学者のエンデル・タルヴィングが、各人の過去の記憶を指すために、この概念を初めて提唱した[7]。エピソード記憶を呼び出すとき、あなたは心のなかで過去に移動し、あなたの人生で起きた過去の出来事《エピソード》の印象、行動、感情、考えなどを再び経験する。過去の成功がよみがえって喜びを覚えることもあれば、失敗を嘆くこともあるだろう。これに対して、クライヴ・ウェアリングは、自分は無意識の状態から目覚めたばかりだとしょっちゅう述べ、初めて物事を見たり経験したりするのだが、結局、それらについて忘れてしまい、再び蘇生を経験することになる。* エピソード記憶を持たないため、彼は時間の檻に閉じ込められている。

あなたはたくさんある自分のエピソード記憶を大切にしているかもしれないが、この記憶を形成する能力の根本的な機能は、完全には明らかになっていない[8]。少し考えたところでは、エピソード記憶の役割は、自分の過去の忠実な記録を提供することに違いないと思うかもしれない。確かに、過去一五〇年にわたる記憶の研究は、記憶の正確さに影響を与える要素の探求にほぼ限られてきた。だが、こうした研究からわかったのは、エピソード記憶システムが特に包括的でもなく、信頼の置けるものでもないということだ。そう聞くと、あなたは多少ほっとするかもしれない――私自身は、自分の危なっかしい記憶力を思うと、これはずいぶん慰めになる。私たちは、単純な質問にも手こずる。例として、三年前の誕生日に起こったことを思い出してほしい。次に、その誕生日の二日前か二日あとの昼食時に何が起こったかを思い出してみよう。出来事についての記憶は、録音や録画とは違い、単純に巻き戻したり再生したりすることはできない。それどころか、私たちはほとんどの出来事を忘れるようだ。あなたが教室で椅子に座り、学校で過ごしたすべての時間について考えてほしい。同級生や先生、特別な交流のいくつかは覚えているかもしれないが、記憶は多くの部分で混ざり合っているだろう。どんな日でも、いや一日どころかどんな一時間でも、そのあいだに起こった出来事についてくわしく語ることに苦労するのではないだろうか。

もちろん、私たちが詳細に覚えている出来事もある。おそらくあなたは、九月一一日にニューヨークで起こった同時多発テロのニュースを知ったときのことを思い出せるだろう。だが、そのような出来事についても、「思い出せる」とは言い切れない理由がある。研究によって、自分では鮮明に思い

＊ある印象深いドキュメンタリーで、クライヴはある日の早い時間に録画されたビデオを提示される。そこには、クライヴが聖歌隊を指揮している姿が映っている。彼は、ビデオに映っている指揮者が自分だと認めるものの、それを自己像と同一とは見なそうとしない。そして例によって、自分は無意識状態から目覚めたばかりだと言い張る。ビデオテープに録画されたクライヴの過去を見せることができるという事実は、クライヴにとって重要ではないのだ。タルヴィングは、エピソード記憶の想起は、「自分を知っている」という特定の意識によって特徴づけられると述べ、エピソード記憶を、意味記憶にかかわる「知っている」という意識や、手続き記憶にかかわる「知らない」という意識と対比した。

出せると思っている出来事についても、記憶が間違っている可能性のあることが示されているのだ。これは当然ながら、誰かの記憶に頼るしかないといった状況では、深刻な問題となる。そのような状況は、しばしば法廷で起こる。たとえば、ジェニファー・トンプソンは、一九八四年に自分にナイフを突きつけてレイプしたのはロナルド・コットンだと思った。[9] 彼女が容疑者を識別したことから、コットンは一九八六年に有罪判決を受けて一一年服役したが、そのあとになって無実であることが明らかになった。DNA鑑定を経て、別の男、ボビー・ポールがレイプを認めたのだ。ところが、ポールが裁判所に初めて現れたとき、被害者のトンプソンは、その男が犯人だと特定できなかった。トンプソンの記憶は間違っていたのだ。目撃証言の信頼性について、[10] これまでに広範な研究がおこなわれてきたが、必ずしも安心感を与えてくれる結果は出ていない。一時停止標識があったかどうかとか、口髭があったかどうかといった重大だが細かい点にかんして、事実と違う情報が思い起こされることがある。人の証言は、その出来事のあとにもたらされた情報に影響を受ける可能性がある。たとえば、ほかの目撃者や警官、弁護士がほのめかしたことが、目撃者の報告に組み込まれることがあるのだ。

さらに、記憶の正確さに対する当人の自信は、目撃報告のどの部分が間違いでどの部分が正しいのかを判断する手がかりとしては、驚くほど当てにならない。何かについての自分の記憶が正しいと確信していても、間違っていることもあるのだ。

出来事を思い出すことは、保管されている記憶の要点を利用し、次にそれを積極的に拡張しながら過去のシナリオを組み立て直す、再構成のプロセスだ。[11]* 私たちは記憶を粉飾して美談を作り出したり、再構成した内容を調整して、自分の話が世間一般の観念と合うようにしたりすることもある。思い出話をしたり形を変えて語ったりする行為を繰り返すと、事実の歪曲が大きくなりかねない。そのため私たちは、日記や写真、絵、本、記録媒体などの外部記憶装置で不完全な記憶を補う。過去の出来事にかんする記憶が、非常に信頼の置ける記録の番人ではないことを認めているわけだ。

そのような欠点のある記憶システムが、どのようにして進化したのだろう？　記憶の研究者がビデオの録画を用いるのとは違い、自然選択には、時間をさかのぼって人の記憶がもとの出来事と正確に一致するかをチェックすることができない。誤った記憶なり記憶の偏りが、適応度（生き延びて自分の遺伝子を増やす能力）を高めるならば、そのような記憶を生み出したシステムは、それがどんなに不正確でも自然選択のうえで優位性を持っている。たとえば、人は一般に自分の悪い振る舞いよりもよい振る舞いをよく思い出すが、[12]他者の振る舞いを思い出すときには、そのような偏りはない。こうした不公平は、過去について誤った考えを持つことにつながるが、もしもそれによって、たとえば配偶者になりそうな相手に気に入られる見込みが高くなるならば、この歪んだ見方をする者のほうが、正しい見方をする者よりも、次の世代に平均してたくさんの子孫を残す可能性がある。そうすると、この偏りが集団に広まっていく。進化が働きかけるのは、記憶が適応度にどんな影響を及ぼすかという点のみで、記憶がどれだけ正確に過去そのものを反映するかという点ではない。

この意味で、正確な予測は正確な想起より重要だ。想像できると思うが、実際、あらゆる記憶システムが本質的に過去志向というより将来志向である。[13]心理学者のイワン・パブロフが初めて説明した、古典的条件づけを取り上げてみよう。パブロフが見出したのは、イヌがベルの音を餌の到着に結びつけるのを学習することだ。イヌが次にベルの音を聞くと、餌が与えられる前に唾液の分泌が始まる。人は概してこれを記憶だと見なすだろうが、イヌは餌を思い出して唾液を分泌するのではなく、餌が

＊人が要点以上のことを記憶する例もある。写真的記憶や映像記憶というものだが、これは、まるで自分が何らかの出来事をまだ知覚しているかのように、その出来事へアクセスできる能力を指す。

来ることを予想し、餌に備えて唾液を分泌する。ベルの音が、餌がまもなく与えられることをイヌに予測させるのだ。同様に、事実の記憶システムも、将来志向型に伴う利益のために進化したに違いない。たとえば、どこに身を隠せばいいかを知っていることは、適応度に直結する。その場所を知っているイボイノシシは、それを知らない個体よりも、ライオンの攻撃をくぐり抜けて生き延びる可能性が高い。記憶は、今、そして将来、あなたのために何ができるかという点で重要なのだ。これがエピソード記憶とどう関係するのだろうか？　過去の出来事にかんする記憶のおもな利点は、将来の出来事を想像させてくれることなのかもしれない。

ひょっとすると、白の女王が正しかった可能性もある。「後ろ向きにしか働かない」のは貧弱な部類の記憶なのだろう。心のなかで過去や未来に時間旅行をする能力は、同じコインの両面だろうか？[14]クライヴ・ウェアリングをはじめ、エピソード記憶を失った健忘症患者は、将来の出来事を想像することについても似たような問題を抱えている。[15]明日の予定を尋ねても、彼らから答えは聞き出せない。私たちはこれまでに、幼い子どもがそのような質問に答える能力が、一日前に何をしたかを報告する能力と結びついていることを見出している。[16]両者には内省という点でいくつか類似点がある。[17]たとえば、過去だろうと未来だろうと、現在から遠ざかるほど、出来事についての詳細は考えにくくなる。それに人は年を取ると、過去と未来のどちらの出来事についても、細かいことを話さなくなる傾向がある。[18]また、自殺する恐れのある鬱《うつ》病患者や統合失調症患者は、過去の出来事の詳細を思い出せず、将来の想像についても似たような問題があることが示されている。[19]脳の画像検査によれば、被験者が過去の出来事を思い出したり将来の状況を想像したりするように求められた場合、（海馬や前頭前皮質、頭頂葉皮質、側頭皮質の領域を含む）脳の同じ領域が、そのような活動に関与することがわかっている。[20]心のなかでの過去への時間旅行と将来への時間旅行には、重要な違いがいくつかある。[21]何しろ、一方はすでに起こっているが、もう一方はまだ起こっていないのだ。しかし近年、両者のあいだには多くの共通点があることが報告されている。そして、エピソード記憶とエピソード的見通しは、心と脳のなかで根本的に結びついているという説が、かなりの証拠によって支持されている。

お粗末な記憶の対価

私たちのエピソード記憶は、後ろ向きに働くとは限らない。エピソード記憶が時間軸を前進する一つのやり方は、単にその記憶を将来に投影するというものだ。結局のところ、将来の行動を最もよく予測するのは、多くの場合、過去の行動である。たとえば、あなたは少し前、飼いイヌの骨を取り上げようとしたとする。その際にあなたのイヌが示した反応は、次週に同じことをやったらどうなるかを予想する手がかりとして妥当なものとなる。

だが、エピソード記憶をもとにしてできることは、出来事が繰り返されることの予測にとどまらない。経験したことのない状況も想像できるのだ。[22] たとえば、あなたは飼いイヌの骨を取りにいく前に、どうやってイヌの気をそらせるかを心のなかでシミュレートしてもいい。このように事実上、将来のシナリオを無限に想像できる。いくつかの選択肢を考慮してから、最も成功しそうな方針を実行してもいい。誰だって、噛みつかれたくはないだろう。可能性を一つ一つ試してみて、すべての結果を身をもって経験する必要はない。私たちはほとんどのことを心のなかで試し、それらがどれくらい有望か、あるいは好ましいかを見積もれる。たとえば、バニラアイスにマスタードをかけたらおいしいかどうかは、実際にその組み合わせを試さないでも想像できるのではないだろうか。新しい出来事を想像するためには、過去の情報を組み合わせて新しいシナリオを作ることのできる拡張可能なシステムが必要だ。この目的のために心のなかでの時間旅行が進化したのであれば、この柔軟性には、私たちがときどき過去の出来事を忠実にではなく想像によって再構築しうるという代償がついてくる。こうした考え方で、エピソード記憶の典型的な間違いの一部は説明できる。

シェイクスピアは「この世はすべて舞台」と書いているが、これは私たちの心の世界を考えるのに役立つ比喩でもある。演劇の制作にあれこれの役割がかかわるように、心のなかでのシナリオ構築にもさまざまな役割が必要だ。[23] たとえば、あなたが式典か結婚式のためにスピーチを用意しなくてはならないと想像してみよう。そのような状況を心のなかで作り出すためには、現状から離れてそのシナリオを想像する（舞台を設ける）ことが欠かせない。あなたは自分自身（役者）について、そしておそらく、そのような状況に置かれたときの自分の長所や短所についても、ある程度考える必要がある。さらに、誰に向けて話をするのかや、聴衆（ほかの役者たち）がどんなことを期待するのかについても考慮しなくてはならないかもしれない。何を想像するかにもよるが、このような作業によって、自信が持てることもあれば、不安を覚えることもあるだろう。また、あなたは心のなかでの出来事を、会場（舞台装置）といった何らかの背景のなかで組み立て、その会場でスピーチの障害となるものを考慮したほうがいいかもしれない。たとえば、次のようなことだ。声をはっきり出す必要があるだろうか？　演壇はあるか？

では、あなたが実際に何を言うのかを想像してみよう。格式ばって始めるほうがいいだろうか？　それともジョークから切り出すべきだろうか？　おそらく、出だしを何種類か考える必要があるだろう。すると、これらの台本を作成して（劇作家）、スピーチが成功する見込みを一通り検討できるようにしなくてはならない。そして、あなたは心のなかでさまざまなリハーサルを実行して、それぞれのシナリオのアピール度を評価したほうがいいかもしれない（演出家）。

想像された状況は、実際の状況と似た感情を引き起こすので、それらがどれだけ望ましいかを評価することができる。こうした想像上のシナリオを生み出して比較するためには、人間の言語に特有の側面として前章で取り上げた、入れ子思考の能力が必要だ。つまり、あなたは自分の考えについて、よく考える必要がある。プレゼンテーションを練り上げるのに足るシナリオを一つずつ検討するあいだ、ほかの活動を中断する必要があるかもしれない。それからある時点で、いつ心のなかでのシミュレーションをやめて行動に移すべきか最終決断をくださなくてはならないだろう（制作責任者）。

もちろん、これは頭のなかに小さな劇場がある（あるいは、心のなかに小人が住んでいる）という意味ではない。この比喩は単に、どんな能力がエピソード的見通しを構成するのかを浮き彫りにしただけだ。シナリオのシミュレーションが成功するかどうかは、想像力と、「今ここで」以外について考える能力にかかっている。また、自分自身や他者にかんする理解も必要だし、この物理世界がどうなっているかについての知識や、想像上の俳優や行動や物を新しいやり方で組み合わせる創造力、リハーサルをしてさまざまな選択肢を考える能力、そして目先の利益を求める衝動よりも遠い将来の報酬の追求を優先する力も必要だ。心のなかでの時間旅行は複雑であり、エネルギー集約的で、間違いが起こりやすい。だが、それこそが、人間の心がこの世界をどうやって征服したかを知るための鍵を握っている。

生存に有利な未来志向

心のなかでの時間旅行は、私たちの種に新たな可能性の領域を拓いた。私たちは、今後生き延びて子孫を残す可能性を劇的に高めるような計画を立てたり、決断をくだしたりすることができる。それに、今後の出来事を見通して、先々の好機を捉えたり、迫り来る災難を避けるための手を打ったりすることもできる。また、自分がしようとしている物事を実行する前に、その結果を想像することもでき、後先を考えていない他者には厳しい非難を浴びせる。私たちは、まったく新しい形で、過去から恩恵を得ることもできる。たとえば、心のなかで過去の出来事を再訪し、それらについてよく考えて新しい結論を引き出すことができる。仮に、家族の友人が思いがけなく訪ねてきたとしよう。もしも、この人物が自分の配偶者と関係を持っていたことをあとで知ったら、先ほどの訪問を、それまでとは違ったふうに思い出し、解釈も変わるに違いない。このような過去の再生によって、将来に向けての新たな教訓が得られるのだ。今の例で言えば、あなたは不倫の兆候により敏感になるかもしれない。

心のなかでの時間旅行は、準備の機会を大幅に増やしてくれる。将来のことは見通すことが難しいという見通しですら、一般的に起こりそうな事態への準備を促すという効果がある。あなたのポケットやハンドバッグに入っている物を考えてみてほしい。鍵やお金、カード類、コンドーム、化粧品、あるいは何にせよ、あなたはなぜそれらを持っているのだろうか？　ほとんどの場合、これらの物が将来役に立つかもしれないからという理由だろう。これが、昔から非常に重要な、まさに人間ならではの生存戦略であり、そのおかげで、かつては生存に適さなかった環境でも人類が繁栄してこられたことを疑う余地はほとんどあるまい。例として、アルプスで二十数年前に発見されてアイスマン《エッツィ》[24]と名づけられた、五〇〇〇年前の人間を見てみよう。彼は、さまざまな不測の事態に備えて数十種類の物を持っていた（斧、短剣、燧石《すいせき》を加工する道具、弓矢、薬効のあるキノコ、火を起こすための道具一式などを持っていた）。結局、それらの品々は、背後から襲ってきた矢への備えにはならなかったのだが、アルプス越えのあいだにこれらの道具類を持っていることによって、彼が危険に満ちた旅で生き延びる可能性は高まったに違いない。

日々おこなう多くの行動は、翌週末のバーベキューの計画から仕事上の長期的な目標の追求まで、先見性によって導かれる。私たちはさまざまな将来の方向性やそれらの結果を考慮できるので、自由意志を持っているという感覚を覚える（もしかしたら、これはいくぶん架空のものかもしれないが）。人間は、非常に多様な技能や知識、専門技術の追求を選択できる。そして、計画的な練習に取り組んだり勉強したりすることで、将来の自分を高める。あなたは自分が何かの達人だとは思っていないかもしれないが、何かしらの分野で達人になっている可能性がある。それは、仕事だろうと、クロスワードパズル、スポーツ、家事、音楽、結婚の仲人、ロケット科学の分野だろうと何でもいい。才能や、どんな活動から喜びを得るかは人によって異なるが、人間の専門技能が多様である理由の大半は、何に時間を使うか、何がうまくなりたいか、どんな目標を達成したいのかを決定する力を人間が生まれながらに持っていることにある。もちろん、そのような自由は時代や状況によって大きく変わるが、この潜在的な力はすべての人に存在する。

場合によっては、何かを心のなかで練習するだけで上達できることもある。私はサッカーをする者として、オーバーヘッドキックが以前から好きだったが、怪我をする可能性を考えれば、それをおもに心のなかで練習するに越したことはない。コンクリート上で練習するのはまずかろうということは、難なく見通せる。心のなかで繰り返しリハーサルすることを通じて、人間は体の動かし方や音楽の作り方、問題の解き方、それにさまざまな状況への一般的な対処の仕方がうまくなる。心のなかや、遊び、実際の行動を通して練習しているという事実が、人間がさまざまな技能を持っていることのおおかたの理由なのだ。

将来や過去について心配する程度も、人によって違う。[25] 一部の心理学者は、これが私たちの性格を区別する重要な変動要素だと今では見なしている。とはいえ、私たちはみな将来について考える。将来について考えすぎるあまり、現在への関心がおろそかになることもある。ジョン・レノンが、「計画作りで忙しくしているあいだに起こることが人生なのさ」と歌ったように。[26]

心のなかで時間旅行をするように人間は初期設定されているのかもしれないと、神経科学者は提唱する。休息している被験者の脳の画像研究から、休息中に活性化する脳の領域が、過去や将来の出来事にかんする思考と関連することが明らかになっている。「今ここ」以外のことを考えないようにするには、黙想に没頭するなどして徹底的に努力しなくてはならないようだ。私たちは、これからすべきことの重圧から解放されるのを心待ちにすることがしばしばある。休日に海辺で、何も計画を立てなくていいと思うこと以上に魅惑的なものはほとんどないだろう。もっとも、そんなときでさえ、泳いだあとに一杯やったり、明日の晩におこなわれるコンサートのチケットを買ったりする計画をいそいそと立てるかもしれない。要するに、心のなかでの時間旅行は、人間の特性に広く浸透している要素なのだ。

人間の特に不思議な行動でも、心のなかでの時間旅行に照らして考えると、結局のところ（少なくとも一部は）なるほどと思えるものがある。時間旅行によって、生物学的にはパラドックスに見える行動が明らかになるのだ。たとえば、禁欲は、この世よりもあの世で大きな報いを得られることを期待しているということだし、自殺は、将来の展望がとりわけ暗いということだ。また、私たちが今消費できるよりはるかに多くのものを手に入れることがあるのも、時間旅行によって説明できる。それは、自分が今必要なものだけでなく、想像のなかの将来に必要なものも手に入れたがるからだ。スイギュウにとって、満腹のライオンの群れが近くにいても脅威ではないが、満腹の人間集団は脅威のはずだ。人間がときおり驚くほどの飽くなき欲求を抱くのは、将来へのこうした心配から生じるのかもしれない。逆に明るい面を見るならば、不屈の精神で夢に向かっていくことは、人間の心が見せる力の特にすばらしい例だ。夢を抱いていたのは、キング牧師だけではなかった。私たちはみな、それぞれのやり方で将来像を追求する。こうした行動を説明するためには、私たちの心――期待や計画や望みや恐れに満たされた心――について検討する必要がある。

日々仕事に行くといった日常的な活動でさえ、複雑な目標や自分の将来を管理しようとする試みを反映している。そのような行動を推進するには、長期的な目標が目先の誘惑に対抗できなくてはならない。それで人間は、自分の衝動を制御する新しいやり方を学ばなくてはならなかった。たとえば、遊びたい、食べたい、セックスしたいといった欲求によって、私がこの段落を書き上げるのをやめることはない。なぜなら、少なくとも今しばらくは自分の仕事をして本書の執筆に専念するほうが、長期的な幸せを得るためには重要だと考えるからだ。仕事がはかどったら単純な望みをかなえることにして、自分のなかで取引する手もある。私の場合はこんなところだ。がんばったから、今晩うまいベルギービールを飲もう。それで決まりだ！　私たちの「やる気システム」を管理したり、それに干渉したりするこの能力は、行動に大幅な柔軟性を与えてくれる。だが困ったことに、それは途方もないストレスの原因にもなる。私たちは、今すぐにはほとんど何もできないことにまで気を病む。おまけに、それはしばしば間違っているのだ。

過去と未来を共有する

私たちは千里眼ではない。将来が予想とは違う結果になることもよくある。初めは名案と思われたのに、実際には大々的な誤算だった計画の顕著な例が、ダーウィン賞〔ユニークな愚行によって自分の劣った遺伝子を消滅させ、人類の進化に貢献した人に贈られる皮肉な賞〕の年間受賞例に見つかる。二〇一〇年のダーウィン賞受賞者の一人は、車椅子に乗った男性だった。その人は、閉まりかけのエレベーターに乗り損ねたあと、苛立ってドアが壊れるまで車椅子をドアに何度も衝突させることにしたのだが、その結果どんなことが起こると彼が予想していたか、誰にも正確なところは決してわかるまい。結局、彼はドアを突き破り、エレベーターのかごがない縦穴に落下して死亡した。それに比べれば、私たちの見通しの間違いは、たいがいささやかなもので、不便を感じたり当惑したりすることになる程度だ。前述した演劇の比喩で挙げた要素に一つでも不十分な点があれば、将来を有効に想像できない可能性がある。[27]各要素の不備を具体的に考えてみよう。舞台設定——もしかすると、例の車椅子に乗っていた人のように、現実から離れて将来を想像することがうまくいかないかもしれない。役者——他者がどのように感じたり振る舞ったりするのかについて、見込みを誤るかもしれない。これは悪ふざけでよくあることだ。舞台装置——物理的関係についての判断を間違えるかもしれない。たとえば、ボートに実際よりも重い荷物を積めるはずだと思ったときなどが、これに該当する。劇作家——適切なシナリオを生み出せないかもしれない。すると、あとで、想定の甘さを認めなくてはならなくなる。演出家——将来に向けて十分に稽古をしなかったかもしれない。すると、準備不足が目に見えてわかってしまう。制作責任者——間違った計画を選択してしまうかもしれない。無数の事情によって、私たちの試みた将来の見通しは期待はずれになりかねない。

しかし、人間は物事をうまくやり遂げる可能性を、すばらしく効果的な手段によって大幅に高めてきた。その手段とは、計画や予測を他者と共有することだ。私たちは、心のなかで演じたことや考えたことを周囲の聞き手に伝えることができ、逆に彼らの考えを検討することもできる。スピーチを準備するときは、心のなかだけでなく友人の前でリハーサルをすると役に立つ。私たちは、他者の記憶や見通しから学んだり、自分の記憶や見通しに対する他者の意見に耳を傾けたりすることができる。[28]

もっと言えば、私たちには自分の考えを広め、他者の考えを把握したいという抜きがたい本能的欲求がある――これは次章の予告だ。そして前章を思い出してもらえば、私たちには、言語を通じて自分たちの考えを交換するという非常に効果的な手段がある。言語は、こうした心のやり取りにこのうえなく適しており、人間の会話では確かに、過去の出来事（誰が誰に何をしたか、そして何が次に起こったか）や将来の出来事（何が誰に起こるか、そしてそれに対して私たちはどうするつもりなのか）にかんする話題が多い。[29] 経験や計画、助言を交換することによって、人間は正確な予測をする能力を著しく高めてきた。心理学者のダニエル・ギルバートは著書『幸せはいつもちょっと先にある』で、見通しの間違いや先入観について論じ、ある状況を予測するための最も確実な方法は、似たようなことを経験した人たちに尋ねることだと主張する。[30] そのとおりだ。というのは、人類の過去のほとんどの期間において、同じ部族の仲間の話が、頼るべき唯一の情報源だったと考えられるからだ。

ところで、言語を使わないでも、身ぶりやダンス、芝居などを通じて、心のなかにあるシナリオを共有できることに注目してほしい。このような方法で伝えられる内容には限界があるものの、これが意思疎通の始まりだった可能性がある。人間は生き抜く目的で時間旅行に頼るようになるにつれて、他者の心とつながるための、より柔軟で際限のないコミュニケーションシステムとしての言語によって、いっそう恩恵を享受するようになった。前述したように、新しい考えが、それを伝える手段に先立って出現した可能性が高い。

人間は、幼い子どもでも他者の考えを理解したいという思いに駆り立てられるし、私たちは学んだことを次世代に伝えなければ気がすまない。赤ん坊が人生の旅路を歩み始めたときには、ほぼすべてのことが初めての経験だ。幼い子どもは年長者の話を貪欲に聞きたがり、遊びでシナリオを再現して、それを知り尽くすまで繰り返す。物語は、実話でも空想的な話でも、特定の状況ばかりでなく、物語で説明可能な一般的な方法も教えてくれる。両親が過去や未来の出来事をどのようにわが子に語って聞かせるかは、子どもの記憶や将来についての推論に影響を与える。[31] 両親の話に工夫が凝らしてあればあるほど、子どもたちはより詳細な記憶や推論ができるようになる。

子どもは二歳という早い時期から、過去や将来の出来事について話し始める。[32] だが、時間の概念を理解するには時間がかかる。子どもがいる人なら、何かをあとであげると子どもに説明することが、いかに大変かがわかるはずだ。私の一歳と三歳になる子どもが、もし離れ小島に取り残されたら、自分たちの計画だけで生き残る見込みはないだろう。一方、私たち夫婦は子どものお弁当を詰め、上着を取ってきて、週末の予定の準備をする。大人は、活かせる経験を豊富に持っている。私たちの最も古い記憶は、三歳ごろのものであることが多い。フロイトは、赤ん坊のころの記憶がないことを「幼児期健忘[33]」と呼び、私たちが幼いころの精神・性的発達段階で経験した精神的外傷となる出来事を抑え込むと考えた。たとえば、おむつにまつわる厄介ごとや母乳を飲んだことは、大人の感覚には好ましくないかもしれない。もっとも、最新の証拠によれば、幼児期健忘は、むしろ記憶や心のなかでの時間旅行に欠かせない認知的要素の成熟や、他者からの社会的な教えとの関連で説明されているようだ。

にもかかわらず、幼い子どもでも記憶や予測能力をいくらか持っている。生後数週間で、赤ん坊はつり下がっているモビールを蹴ることを覚え、それを新しい状況でもできるようになる（手続き記憶）。一〜二歳になると赤ん坊は、容器にブロックなどの固い物を入れてから蓋をしておもちゃのガラガラを組み立てるといった行動をまねられるようになり、この記憶（意味記憶）を保持して、似たような物で音を立てられるようになる。だが、幼い子どもが自分の過去における特定の出来事をはっきりと思い出せること（エピソード記憶）をうかがわせるものはほとんどないし、遠い将来の出来事

図5.1　私の子どもたち。ティモ（3歳半）とニーナ（1歳半）。ニュージーランド北島で。

を計画することなどは論外だ。子どもは二歳から過去や将来の出来事について話し始めるが、最初のころは、理解に根本的な問題があるようだ。三歳の子どもが、新しいこと、たとえば「色」を表す言葉を新たに学んだら、たとえその日に覚えたところだとしても、それを前から知っていたと言い張る。[34]私たちはある研究で、子どもたちに二人の人間についての話をした。[35]一人は何かを昨日手に入れ、もう一人は同じ物を明日手に入れる予定だといった内容だ。それから子どもたちに、それを今持っているのは誰でしょうと尋ねると、四歳の子どもでも頭を悩ませた。

私たちは、言葉にあまり頼らない研究をおこない、子どもは少なくとも四歳になるころには、一度しか経験していない問題を思い出し、のちにその問題を確実に解ける賢いやり方で行動できるようになることを見出した。その研究では、[36]箱を開けるおもしろいパズルを一つの部屋で子どもに提示したあと、別の部屋に子どもを連れていき、箱を開けるのに使う物と複数の無関係な物が並んでいるなかから一つを選んで最初の部屋に持ち帰ってパズルを解いてもらった。生後三六カ月の子どもは物をランダムに選んだが、四八カ月の子どもは箱が開けられる物を選び出した。ヒントがなくても、四八カ月の子どもには、どれを持ち帰れば自分の覚えていた問題を今後手っ取り早く解けるかがわかったのだ。

子どもは四歳になるころには、はるかに遠い将来についても考えるようになるようだ。息子のティモが、先の課題をクリアした日のことだ。ティモはそのあとで私の隣に座り、片手を私の片脚に置いてこう言った。「パパ。ぼく、パパが死んでほしくない」。息が詰まった。「パパだってそう思うよ」と私は答えた。すると、ティモはもっとくわしく説明した。「ぼくが大きくなったら、ぼくにも子どもができるでしょ。そしたら、パパはおじいさんになるよね。それからパパは死んじゃうんだ」。ティモは明らかに、心のなかでの時間旅行が私たちに突きつける存在の問いについて考え始めたのだ。

この年ごろには、子どもは過去や将来の出来事について、空間的に時系列で並べることもできるようになる。たとえば、奥へと遠ざかる道の絵が将来を表しているといったことを理解するのだ。心理学者のウィリアム・フリードマンは、前回の元日と前回の自分の誕生日ではどちらが最近の出来事かといった、過去や将来の出来事の相対的な時間的位置を子どもが徐々に判断できるようになる過程について述べている。[37] 日や月、年といった文化に特有な時間の概念は、みなが共有する明確な枠組みのなかで出来事について伝えることを可能にするものだが、子どもがこの概念を獲得するまでには数年かかる。

時間の概念、時計、そしてカレンダーは、私たちの状況判断や計画の助けとなるように開発された。それらのおかげで、私たちは自分の活動をかつてないほど高度なやり方で調整できる。私たちは複雑な共通の目標を追求し、専門技術に従って必要な仕事を細分する。私たちは計画について同意し、進捗状況を振り返り、必要に応じて柔軟に修正を加えることができる。もっとも、私たちの野心的な試みに、うまくいかないものも多々あるのは、予想されるとおりだ。旧ソ連が、共産圏諸国全体の経済の詳細な五カ年計画を策定しようとした取り組みを考えてみればわかるだろう（ただし、共同計画によって、旧ソ連が初めて人類を宇宙空間に送り出せた）。

人間はつねに、将来をよりよく制御しようと計画している。今日、多くの人びとが、自分たちの活動が計り知れない公害を生み出し、生物多様性を劇的に減少させていることを悟りつつある。この認識が、こうした傾向に対抗する努力につながることを期待しよう。ノルウェーは最近、大いに先見の明を示した。後世のために世界中で作物とされているすべての植物種を守るべく、「破滅の日」に備えて種子貯蔵庫を構築したのだ。将来のための計画は、世界的な規模に拡大している。心のなかでの時間旅行は重要な人間の特性だ、と述べても差し支えあるまい。その特性がなければ、私たちは地球上をほとんど変えられなかっただろう。ましてや、地球に棲む生物の多くを支配できていないだろう。

心のなかで将来にアクセスすることが人間ならではの性質にとって非常に重要だという考えは、まったく新しいものではない。古代ギリシャ神話では、プロメテウスが天界から火を盗み、限りある命を持つ人間に神のごとき力の一部を与えた。プロメテウスという名前は「先見」を意味する。ギリシャ神話のいくつかのバージョンでは、プロメテウスは火を人間にもたらしただけでなく、字を書くこと、数学、農業、医学、科学といった、文明のさまざまな技術も教えたことになっている。「先見」は、私たちに思いがけない力を与えてくれたわけだ。

動物もまた、時間旅行者か？

時間とは何だ？　今なんか犬や猿にくれてやれ！　人間には永遠がある！[38]

――ロバート・ブラウニング

動物は火を手なずけていないし、文明の種々の技術を修得もしていない。動物が五カ年計画に同意したなどという証拠もいっさいない。子ども向けの映画では、ミステリーを解決したり、悪者の邪悪な企みを妨害したりする動物が登場することもあるが、名犬ラッシーも、イルカのフリッパーも、小豚のベイブのような動物も現実にはいない。動物が見せる振る舞いは、訓練者がすぐに褒美を与えて、動物が人間の話を理解したかのごとく行動するようにじっくりと条件づけをした結果である。農場や動物園で、生きた動物が支配権を握ろうとして陰謀を企てる様子はまず見られない。動物が、必要なときに備えてさまざまな道具を持ち運ぶカバンを発明したという証拠もない。動物は仕事上の進路を選択しないし、予期される出来事に向けて意識的に練習することもない。[*] 動物では、人間ほど専門技能の多様性は見られない。もっとも、動物が人間のように振る舞わないからというだけの理由で、必ずしも彼らが過去や将来の出来事について考えることができないということではないが。

動物は、時間的なことに決して鈍感ではない。一部の動物は、何時なのかを感知したり（一部のイヌは、郵便配達人がやって来るのを待ち受ける）、短い時間間隔を追跡できたりする（イヌに三〇分おきに餌をやったら、そのイヌは次の餌の時間の直前に唾液を分泌するようになる）という証拠がある。だが、心理学者のウィリアム・ロバーツが示したように、これらの能力は、たとえば体の自然なサイクルの状態と関連づけるといった、基礎的なメカニズムを通じて獲得できるものであって、心のなかでの時間旅行に似たものが関与しているのではない。[39]

人間がエピソード記憶を持つことを示す最も直接的な証拠は、口頭での報告だ。すでに論じたように、人間の記号システムを用いてコミュニケーションを図るように訓練された類人猿もいるが、彼らは今までのところ時制を習得しておらず、過去や将来展望についての話を語っていない。だが、このようなプロジェクトから、類人猿が意味的知識を持つという有力な証拠がいくらか得られている。何と言っても、これらの動物は、どの記号がどの物や行動に相当するのかを学習しているのだ。チンパンジーのパンジーは記号ボードを用いて、自分の檻の外にどんな食物が隠されているかを告げ、それを人間に取ってくるように指差しまでした。[40] この例は、パンジーが食物の隠し場所を知っていることを示しているが、必ずしも食物が隠された出来事そのものを彼女が覚えているという意味ではない。物事を知っていても、それをどうやって知ったのかはわからないこともある。たとえば、あなたはキリマンジャロ山がアフリカで最も高い山だと知っているかもしれないが、その事実を知るに至った経緯のことは、今知ったばかりでない限り、おそらくわからないだろう。

動物が手続き記憶や意味記憶を蓄えるシステムを持っていると結論づけても問題はないが、動物にエピソード記憶があることを示す明らかな証拠はない。ラットは海馬を用いて、自分の置かれた場所についての認知地図を作り上げることができるようだ。[41] ほとんどの動物種は、昆虫でさえ、高度なナビゲーション技術を明らかに示す。だが、動物は自分の知識を形作った特定の出来事を心のなかで再現するだろうか？　彼らは昔の思い出にふけるだろうか？

＊若い哺乳類は、遊び行動をする傾向があり、それが準備の役目を果たしているとも考えられる。たとえば、動きを練習し、それによってのちに狩りや戦いができるようになるのだ。ただし、そのような行動は広く見られるものの、いくつかの能力に限られている。したがって、それは本能的な行動傾向であって、個々の動物が、練習を積むべき特定の将来の出来事を予測した結果ではないようだ。

過去を思う鳥

近年、特定の動物がエピソード記憶に似たものを持っていることに複数の研究者が賛成の立場を表明している。ケンブリッジ大学の心理学者であるニコラ・クレイトンやアンソニー・ディキンソンらは興味深い研究結果を出しており、その結果が動物の心のなかでの時間旅行を反映している可能性があると主張している。[42] アメリカカケスは、あとで食べるために食物を隠す。食物を貯蔵し回収する能力を調べる巧みな実験（「何を・どこで・いつ」の記憶課題）によって、アメリカカケスが何をいつどこで捕らえたかを知っていることが示されている。たとえば、貯蔵した傷みの早い虫と新鮮さが長持ちする落花生に対して、それらをどれほど前に蓄えたかに応じて探し方を変えるのだ。虫を蓄えたのがずいぶん前ならば、もう腐っているだろうからということで、わざわざ探しはしない。アメリカカケスは、蓄えた食物の場所に導いてくれる匂いなどの手がかりがなくても、このような探索パターンを示す。そこで研究者らは、アメリカカケスがこれらの食物を蓄えた過去の経緯について記憶していると結論づけた。彼らはこれを「エピソード様」記憶と呼んでいるが、これらの鳥が過去を意識しているかどうかという問題には結論を出していない。

この取り組みは新聞などに取り上げられ、議論を呼び、ほかの動物での似たような研究が数多くおこなわれることになった。[43] いくつかの種は似たような試験に合格できなかったが、マウスやラット、チンパンジーのように合格した種もいる。したがって、合格した種もエピソード様記憶の能力があると言える。だが、エピソード記憶はエピソード様記憶とどれくらい似ているのだろう？　「エピソード様記憶」という慎重な用語にもかかわらず、「何を・どこで・いつ」の記憶課題を用いた研究を支持する夢想派は、「何かがカモのような歩き方をしてカモのような鳴き方をすれば、それはおそらくカモだ」という論法を使うことがある。[44] つまり彼らの見方では、それらの種は心のなかで過去に旅することができる可能性が高いということだ。しかし、これは本当にカモ狩りだろうか？　エピソード様記憶を追求しても無駄であるまいか？

私は、エピソード様記憶があることの証拠は、心のなかでの時間旅行ができるための必要条件でも十分条件でもないと主張してきた。[45] 何かが起こったことを知っていても、その出来事のことをまったく覚えていないこともある。たとえば、私は一九六七年一一月二四日にドイツのフレーデンで何が起こったかを知っている。私が生まれたのだ。だがもちろん、私はこの出来事についてまったく覚えていない。逆に、特定のエピソードを思い出せても、正確に何がいつどこで起こったのかという事実にかんしては、記憶が間違っていることもある。エピソード記憶が信頼できないことで知られているということを思い出そう（もしできるならば）。したがって、動物が特定の出来事の「何を・どこで・いつ」にかんする正確な情報を利用できるという証拠は、動物が心のなかで時間旅行することを示すものではない。

では、アメリカカケスの賢い行動は、どうすれば説明できるだろうか？　アメリカカケスが、食物を蓄えた出来事そのものを覚えていなくても、どの食物がどこにあるのかや、それがまだ食べられるかどうかを知っている可能性はあるし、その可能性は高いと私は考える。ここで、彼らがエピソード記憶を持つという解釈に代わる単純な説明を提示しよう。時間が経過するにつれて、記憶は薄れていく。アメリカカケスは、食物の場所にかんする記憶の鮮やかさと、それを回収して食べてもまだ大丈夫かどうかを関連づけることによって、特定の種類の食物をまだ探す価値があるかを知るのかもしれない。そのうえで、「虫は、その場所にかんする記憶がある段階より薄れたら、探す価値はない」といった規則を単純に適用するのだ。木の実にかんする経験は、記憶がはるかに薄れても探す価値があるという規則につながる。そのような規則によって、貯蔵した食物の種類別の品質保持期限が効果的に得られる（この場合、食物を貯蔵した出来事を意識的に思い出す必要はない）。

この「何を・どこで・いつ」の記憶課題ではエピソード記憶があることが示されないとすると、もしも動物が実際にエピソード記憶を持っている場合、どうやってそれを示せるのだろう？ 言語がないので、動物は時間旅行について語ることができない。すでに見たように、人間は身ぶりやダンスでも過去の出来事を表現できる。だが、動物も同じようにできることを示す証拠はない。エピソード記憶が動物で進化によって選択されたならば、この能力は生存や繁殖に有利に働いたはずだ。その能力が、具体的な効果もないのに個人的なわがままとして進化に選択されたとは考えられない。エピソード記憶と見通しに密接な関連があるという証拠や、見通しによって明らかに適応上の利益が得られることを考えると、心のなかでの時間旅行をする能力を持つ動物は、自分たちの将来を賢明にコントロールできても不思議ではないと予想されるだろう。[46] 彼らは、将来の幸せのために計画を立てて自分たちの手段を練るはずだ。

専門的で融通が利かない

長期計画は……この惑星でまったく新しいもの、異質とさえ言えるものである。それは人間の脳のみに存在する。「将来」は進化における新しい発明なのだ。[47]

——リチャード・ドーキンス

リチャード・ドーキンスは、将来について考えることができる人間の能力には特別のものがあることとに同意する。動物界には、人間の長期計画に匹敵する明らかな対抗馬はなさそうだ。とはいえ、多くの種が、さまざまなやり方で行動して自分たちの将来をよりよいものにする。たとえば、繁殖のために巣を造り、適切な時期に温暖な地域に移動し、食物が得られそうな場所で食物を探す。繁殖、食物、捕食などの状況で繰り返し起こるパターンを学べば、生き延びて子孫を増やすという点で明らかな利益がある。さまざまな種が長い年月をかけて、規則的に繰り返される現象を利用する方法を習得してきた。細菌ですら、この意味において将来志向の能力を示す。[48] たった今も、大腸菌があなたの消化管で乳糖の多い環境から麦芽糖の多い環境に向かって移動している。そして大腸菌は、麦芽糖の消化に必要な遺伝子のスイッチを入れて、新しい環境への準備を整えている。だが、これは、個々の大腸菌があなたの消化管を移動しながら、先を見越して準備することに決めるという意味ではない。この一連の出来事は、大腸菌の多くの世代を経るあいだに進化によって選択された。すなわち、この遺伝子活性化の準備パターンをたまたま示した大腸菌は、そうでない大腸菌よりも生き延びてよく繁殖したのだ。このように、多くの種が、長期的な規則性を利用する生得的なメカニズムを進化させてきた。

これらの生得的な行動は利口なものに見えるが、環境が変化すると、将来の見通しが欠けていることが明らかになる。その代表的な例の一つが、アナバチだ。獲物を取ってきたアナバチは、必ず獲物を外に置き巣穴の内部を点検してから、獲物をなかに引きずり入れて幼虫に食べさせる。[49] 巣穴を点検しているあいだに、意地の悪い人間がその獲物を数センチメートル動かすと、アナバチは再びそれを運んできて入り口付近に落としてから、巣穴を点検するという一連の作業を繰り返す。これは何度でも繰り返される可能性があり、アナバチがその行動プログラムから抜け出すことはない。幼虫に餌をやることは、将来に向けた複雑な行動のように見えるが、アナバチは幼虫の成長を見守ることにかんして明確な考えは持たずに、この行動を実行している。もし巣穴の入り口が破壊されたら、アナバチは幼虫に餌をやらずに、幼虫を踏みつぶしながら狂わんばかりに入り口を探し回る。同様に、さまざまな動物が、なぜ越冬に向けて食物を貯蔵するのかを必ずしも理解せずに、そのような行動をする。たとえば、若いリスは、冬を経験したことがなくても木の実を貯蔵する。繰り返される季節的な変化に対するこうした行動面での解決策は、体脂肪という形で冬に向けて食物を蓄えるといった、同じ問題への肉体的適応とさほど違わないかもしれない。

生得的なメカニズムは信頼できるが、あまり柔軟ではない。一方、記憶によって、種というより個々の動物は、生きているあいだに繰り返し起こりうる出来事について学ぶことができる。覚えているかもしれないが、あらゆる記憶はある意味で将来志向であり、記憶のおかげで、個体は自分の置かれた環境に適応できる。たとえば、パブロフのイヌにとってはベルの音が餌の予告だったように、ある刺激が何らかの状況を確実に予測するならば、動物はこの関係を利用することを学べる。たとえばハトは、食物が手に入ることを灯りが知らせてくれるときにのみ、ボタンをつついて食物を得ることを学ぶかもしれない。複雑に見える行動でも連合学習によって説明できる場合があるのは、賢馬ハンスの事例ですでに見たとおりだ。行動主義者は、そのような学習を支配する規則について記録してきた。それによって見出されたおもな知見の一つは、二つのことが結びつくためには、それらが同時か、ほぼ同時に起こらなくてはならないということだ。行動と結果のあいだのつながりは、それらがわずか数秒しか離れていない場合に限って学習されることが多い。

これにかんして、例外がまれにある。もしかすると、最も極端な例外は、ラットが、食物の味と、数時間後に起こる吐き気のつながりを学べることかもしれない。野生のネズミが新しい食物源を熱心に探索することを踏まえれば、吐き気を催す食物の回避を学ぶことには、明らかに生存上の価値がある。したがって、これは特別な能力のように思える。ちなみに、ラットは、ある味がのちに吐き気を催すことのみを学べる。[50] 音や光景では、同じような予測の関係を学べない。[51] 本能と学習が組み合わさって高度な未来志向の行動が生み出される可能性はあるが、そうした行動のなかには、まだよくわかっていないものもある。たとえば、ハイイロリスは、貯蔵する前にホワイトオークの種子をかじり（だが、レッドオークの種子はかじらない）、それによって発芽を止めることをどうやって学べるのだろう？　このような場合のハイイロリスの行動は興味深いが、先述の食物を貯蔵するアメリカカケスともども、将来志向の能力が発揮されるのは特定の種類の問題に限られるようで、人間で明らかに認められるような際限のない柔軟性は示されない。

第3章で見たように、ヒトに最も近縁の動物種には、現実とは別のありうる世界を想像する基本的な能力がある。彼らは心を用いて将来の行動を計画できるだろうか？　もしかすると、ごく近い将来に待ち構えている類の問題については、計画を立てられるのかもしれない。たとえば、大型類人猿は手の届かないところに褒美を差し出されると、角を曲がった先の褒美が見えなくなる場所まで行き、そこに置いてある棒のなかから適切な長さのものを取ってきたうえで、それを使って褒美を手に入れることができる。[52] 私は痛い目に遭ってこれを学んだ。チンパンジーのオッキーの檻のそばにテレビを据えたのだが、その後オッキーは、檻の反対側にある棒を使えばテレビに届くことに気づいて、テレビをつぶしてしまったのだ。野生の大型類人猿は、短い距離ならば道具を持ち運びもする。先を見通したように見える行動で特に印象的な例は、コートジボワールのタイ森林公園に棲むチンパンジーが示すものだ。[53] 彼らは石を使って木の実を割り、数百メートル離れた木の実のある場所まで石を持っていくこともある。おそらく、木の実への食欲を募らせ、どこで木の実を手に入れたらいいかについて計画を立てた結果、石を拾うのだろう。

このように、短期的な将来を見通す様子はうかがえるにもかかわらず、動物が心で将来にアクセスする能力には、いくつかの重要な点で限界があるかもしれない。将来についての演劇作品の制作にかかわる一連の過程を思い出してみよう。どの過程に不十分な点があっても、能力が限定される可能性がある。チンパンジーは現実とは別の世界を想像する能力をいくらか持っているかもしれないが、そのような能力は、ほかの要件によって根本的に制限されているかもしれない。一つの可能性として考えられるのは、将来のシナリオにおける役者としての自分をあまり理解できないことだ。心理学者のノルベルト・ビショッフとドリス・ビショッフ＝ケーラーは、動物は現に感じていない衝動や願望を想像できないかもしれないと主張している。[54] 人間なら、喉が渇いていないときでも喉の渇きを容易に想像できるだろうし、それゆえ、今後のために飲み物を確保しておこうと思うかもしれない。満腹のライオンと人間の比較を思い出してほしい。人間は（今のところ）必要ではない物も手に入れようとすることがよくある。

以上のような動物の想像力の限界を考えれば、動物が示す数々の奇妙な行動を説明できるかもしれない。一日に一回しかビスケットをもらえない実験室のサル[55]の事例を取り上げてみよう。ウィリアム・ロバーツは、一九七〇年代に、マイケル・ダマトの実験室にいるオマキザルがビスケットを満腹になるまでがつがつと食べたあと、残ったビスケットを檻の外に放り出した様子を詳述している。ところがサルたちは、数時間後にまたお腹がすいて、うろたえることになった。なぜサルは、今後の空腹を満たすために食物を取っておくことを学ばなかったのかと思う人もいるだろう。だが、再びお腹がすくという感覚を想像できなければ、ビスケットは「投げるのにちょうどよい物」になってしまうのかもしれない。想像できない将来の必要物を確保するために、今行動することには意味がないというわけだ。ビショッフ＝ケーラーが立てたこの仮説は、多くの議論を呼んでいる。ある意味で、その説が完全に正しいはずはない。なぜなら、食物を貯蔵することは、将来必要な物を確保する行動だからだ。だが、食物を貯蔵する動物が、将来の空腹について考え、将来の渇望を満たすことを見越して食物を埋めているのかどうかはわからない。この仮説を論駁しようとする試みはいくつもあるが、*ビショップ＝ケーラーの説は今も広く受け入れられている。動物は道具を繰り返し使うために保管して改良するようには見えず、人間に認められるような貪欲さを持っているという証拠もない。

先を見通す力に不可欠なもう一つの能力は、将来のもっと望ましい成果を追求し、目の前の誘惑に負けないことだ。今すぐちょっとした褒美がほしいか、あとでもっと多くの褒美がほしいかをサルに選ばせると、ほとんどのほかの動物と同様に、先延ばしが数秒を超えると我慢するのがきわめて難しくなる。大型類人猿はサルより成績がよく、褒美をもらえるのが数分あとでも待てることが示されている。[58] 今すぐもらえる褒美の四〇倍もの褒美があとで得られる場合、チンパンジーは八分までなら待つことがある。これは印象的だが、人間が喜びを味わうのを数カ月、数年、いや場合によっては一生ものあいだ先に延ばせることからすれば、かなり色褪せて見える。それでも、ヒトに最も近縁の種は、

＊注目を浴びたある研究[56]によって、アメリカカケスが、将来に食べたくなるものを予測でき、それに応じて貯蔵する食物の種類を調整できることが示唆された。だが残念ながら、この大層な解釈は、さまざまな理由により、あまり説得力がなかった。理由の一つは、適切な種類の食物を貯蔵する回数が、実際には増えなかったからだ。ごく最近にカケスでおこなわれた研究の結果はもっと有望だが、簡素な説明も新たに浮上している。また別の研究では、[57] 二頭のリスザルに、食べると喉が渇くナツメヤシを一個か四個選ぶ選択肢を与えた。四個を選ぶと、三時間水を与えなかった。リスザルたちは次第に選択を変え、一個を選ぶようになったので、論文の著者らは、リスザルが、今後喉が渇くことを予想するという結論を導いた。だが、リスザルの選択が徐々に変わったという結果からは、連合学習の効果がうかがえる。それに、もしリスザルが今後の喉の渇きを本当に理解したのなら、なぜ単に四個を選んで一個だけ食べ、水が十分に与えられたときのために三個を残さなかったのかがわからない。この追試がアカゲザルでおこなわれたが、失敗に終わった。

ほかの動物よりも待つことが得意だ。

おそらく、類人猿の先見性についての最も顕著なケースは、次のような研究で見られるものだろう。[59]その研究では、以下のような要領で実験がおこなわれた。三頭のボノボと三頭のオランウータンを、実験室のなかで道具を使って給餌器から餌を取るように訓練づけたうえで、餌を取るのにふさわしい道具とそうでない道具が置かれた実験室に入れる。ただしこのときは、給餌器はガラス窓で遮られてアクセスできないようになっている。つづいて類人猿たちは待合室に送り出され、実験者が実験室に残っている道具をすべて取り除く様子を見せられる。そして一時間の待ち時間を経て、類人猿たちは実験室に戻ることを許される。つまり、この実験で餌を得るには、あとで使うことを見越して実験室でふさわしい道具を選び、待合室に持ち運んだあと、再び実験室に道具を持っていかなければいけない。この実験を繰り返すと、ほぼ半分の回数において、類人猿たちはこれに成功し、餌を手に入れることができた。なかにはほかの類人猿よりうまくできた個体もおり、二頭は、一夜明けてから実験室に戻った場合でも、以前に使った道具を用いることができた。だがあいにく、類人猿たちが選択すべき道具がすべての実験でいつも同じだったので、この実験でもその後の実験でも、[60]彼らが特定の将来の状況を予測したのか、単に道具と褒美を結びつけることを学んだのかは依然としてはっきりしていない。また別の研究では、[61]一〇頭のチンパンジーが、メダルを餌の褒美と交換できることを教えられた。それから、メダルと餌が交換される一時間後の機会に向けて、メダルを集める機会を与えられた。数回の実験を通じて、チンパンジーたちが、ほかの役に立たない物よりメダルを多く集めることはなかった。要するに、先のことは考えなかったのだ。

二〇〇九年に、珍しい報告[62]がニュースになった。それによれば、スウェーデンの動物園に来園者に向かって石を投げるチンパンジーがいたが、そのチンパンジーが投石を実際におこなう何時間も前に、それを自発的に計画した可能性があるという。一九九〇年代後半までに、三人の飼育係が、一頭の雄のチンパンジーが朝早くに石を集めて一つの山にまとめることがよくあるのを報告した。その行為は、数時間後にこれらのつぶてを動物園の来園者に興奮して投げつけることができるようにするためだった。そのような計画に似たものは、野生では報告されたことがないうえ、飼育されているほかのチンパンジーで認められたこともなかった。もしもチンパンジーにこのような見通しの能力があるならば、似たような事例をもっと耳にしそうなものだ。もっとも、今後そうなるかもしれない。

では、以上からどういう結論を出すべきだろうか？　ヒトに特に近縁の動物種には、限られているとはいえ、見通しの能力がいくらかあることをほのめかす研究がある。だが、彼らが非常に近視眼的であることを示唆する研究もあることを私たちは見てきた。動物が、手続き記憶や意味記憶の能力を人間といくらか共有しているのは明らかだ。しかし、動物がエピソード記憶を持つことを裏づける証拠はほとんどない。心的時間旅行が過去と将来の両方向で密接に結びついていることを考えれば、エピソード記憶があることを示す一番の証拠は、エピソード的見通しの能力がある兆しからもたらされるはずだ。しかし、動物がそうした能力を持っているという明らかなしるしは、表だっては見えない。オーウェルの小説をはじめとするフィクションでしか、動物は謀反を企てない。動物は、二つの出来事が数秒しか離れていなければ、一方からもう一方が予測されることを学べる。また多くの種は、将来に備えて行動できるようにする本能を進化させてきた。だが、そのような将来志向の行動で、柔軟性が認められる証拠はほとんどない。現在ある事例はすべて、近い将来に対処するものばかりだ。動物が、人間のように遠い将来の出来事にかんするシナリオを心のなかで柔軟に生み出したり、心に描くシナリオを互いに伝えて意見を得たり、行動を調整したりすることを示す確固とした証拠はない。

そこで、次章では、動物がそもそも、他者が心を持っていることを十分に認識できるのかどうかを検討しよう。

心のなかでの時間旅行は、感情（期待から後悔まで）から動機（計画から復讐まで）まで、人間の心が持つじつにさまざまな特徴を説明するのに欠かせないものだ。心のなかで時間旅行ができるおかげで、私たちは物事がどうやって実際のようになったのかを理解したり、すべてがどこに向かっているのかと疑問に思ったりすることができる。心のなかでの時間旅行は、動植物を人間にとって都合のいいように制御できる驚くべき力を私たちにもたらした。しかしそれは一方で、私が子どものころにベッドに寝そべって天井を見つめながら考え込んだことを覚えているように、あらゆる悟りのなかで最も嫌なこと――自分がいずれ死ぬ運命にあること――を私たちに突きつけもする。

6　心を読む者

地球上のあらゆる種のなかで、人間だけが……他者が考えていることを推論する能力を持っている。[1]

――カール・ジンマー

自分は心理学者だと言うと、身構える人がたまにいる。私が人の心を直接覗き見ることができるのではないかと疑うのだ。しかし、それはできない。テレパシーを実証しようとする試みは数あるが、心だけでコミュニケーションを図れることを示す証拠はない。冷戦時代、アメリカとソ連は、心的な能力と称されるものを軍事利用しようとする取り組みに相当な精力を注いだ。だが結局、はっきりとわかる成果は唯一、これらの真剣なプロジェクトを笑い物にする『ヤギと男と男と壁と』などの風刺映画だけだった。私は超心理学的な力という考えが好きだが、それがあることを示す有力な証拠はまったくない。心は個人が所有するものだ。私たちは、他者の頭のなかにどんな考えがよぎっているのかについて、決して確信を持てない。基本的なレベルで言えば、緑色を見ること、何かがぜひともほしいこと、自分の限界を知ること、孤独を感じること、何かを期待すること、あるいは歯が痛いことが、あなたにとってどんなものかを私は知ることができない。それでも、タイムマシンなしに時間旅行ができるように、私たちはテレパシーなしに他者の心を読むことができる。

実際に、私たちはしきりに心を読みたがる。私たちはほかの人が何を感じ、何を望み、何を信じるかについて考えるし、それについて気に病むこともしばしばある。会話で私たちは、他者が求めている、知っている、あるいは知らないだろうと自分が思うことに合わせて発言を変える。私たちは他者を幸せにすることを気にかけ、他者が悲しんでいるときは共感する。また、他者を楽にさせようとすることもあれば、気持ちをくすぐったり、舞い上がらせたりすることもある。私たちは、ごく単純な行動ですら、往々にして心理状態という観点から解釈する。*たとえば、少しのあいだ目をぐるりとさせることは、あきれた気持ち、軽蔑、苛立ちだと解釈される可能性がある。もしあなたが、少し前に私が立ち上がって冷蔵庫のところに行くのを見ていたら、私が何かを飲みたがっていて、冷蔵庫に冷水があると思っているというように説明できたかもしれない。他者が何を望み、何を考えているのかを知ることは、彼らがこれから何をするのかを予測するのに大変役立つ。私たちは、心と心で互いを認識する世界で暮らしており、人の心を読むことは、私たちが社会生活を営むうえできわめて重要だ。

認知心理学者は、この能力を「心の理論」と呼ぶ。ここでの「理論」とは、私たちが他者の心理状態について理論づけることしかできないという根本的な事実を意味する。人間がどうやって人の心を読むのかについては、少なからぬ議論がなされてきた。一部の学者は、私たちは他者の心について、科学研究をするように推論すると主張する。[3] すなわち、私たちは常識心理学を組み立てているのだという。それは、欲求や信念、およびそれらがどのように行動に影響を及ぼすかについての見解であり、私たちは出会った証拠を踏まえてそれを修正したり微調整したりする。また一部の学者によれば、私たちが手にしている唯一の直接的な証拠は自分自身の心なので、私たちは他者の立場を想像したり他者の経験をシミュレーションしたりすることによって、彼らの心を理解する。[4] そうするには、前章で論じた演劇の比喩のように、心のなかでシナリオを構築することが必要だ。[5] 私たちは他者の状況を演じることができるので、彼らの精神的な経験について考えられるというわけだ。

どちらの答えにも、いくらかの真実が含まれていそうだ。私たちは他者の身になって考えることができるし、人の立場だったら自分がどう感じたりどう考えたりするかを想像することもできる。十分な経験があれば、手っ取り早い方法を使って、他者の心に浮かんでいそうな考えをすばやく推測することもある。言い換えれば、人間は他者の心理状態について、即座に認識することも、綿密なシミュレーションをすることもできるということだ。たとえば、だまされた人は動揺している可能性が高いということはすぐにわかるかもしれないが、いったん立ち止まって、実際にだまされるとどんな感じがするのだろうかと想像し、それによってその人の見方をもっとくわしく理解することもできる。私たちは、こうした両方のやり方で互いに心を読むようだ。私たちには、自分たちの心を結びつけたい、つまり、理解し理解されたいという根本的な欲求がある。

ひとりでにつながり始める心

子どもでも、ほかの人びとが作る心の社会的ネットワークに自分の心を結びつけたいという基本的な欲求を持っているようだ。赤ん坊は、目や顔などの社会的刺激にことのほか引きつけられる。[6] 母親はたいてい、なるべく早い時期に赤ん坊と目を長く合わせようとするし、生まれたばかりの赤ん坊は、

*ダニエル・デネットは、これを「志向姿勢」と呼び、機能（「設計姿勢」）やほかの力（「物理姿勢」）に基づく説明や予想と対比している。[2]

それに対する準備ができているようだ。赤ん坊に閉じた目と開いた目のどちらかを選ばせると、開いた目のほうを見たがる。[7] 大人の私たちは、たとえば交流を呼びかけるときなどに、視線《アイコンタクト》を合わせることを利用して心の接触《マインドコンタクト》とおぼしきものを図る。*「目は心の窓」という諺もあるほどだ。両親と赤ん坊は、顔と顔を十分に合わせることで深い絆を築く。**

赤ん坊は生後二カ月から、両親が笑いかけると笑い始める。そして、その後の数カ月をかけて、視線を追うことを覚える。最初は自分の視界のなかにある物への視線を追い、やがては自分の背後にある興味の対象に向けられた視線を追うようになる。赤ん坊と大人は同じ物に注意を向け始め、たとえば、「物のやり取りゲーム」〔親と子が、物を渡したり受け取ったりする単純なゲーム〕で、互いにそれらの物と触れ合う。発達心理学者のクリス・ムーアは、こうした三者間（両親、赤ん坊、物）の相互作用が子どもの社会認知的学習にとって根本的に重要だと強調している。[10] 赤ん坊は、あいまいな状況にどう対処すればいいかについての情報を集めるために、[11] 両親の表情に出る反応をチェックし始める。

一歳になるころには、赤ん坊は物を指差し始める。息子のティモが突然に物を指差し始めた日のことは、忘れがたい。まるで腑に落ちたかのように、ティモは自分がおもしろいと思った物を何でも指差した。息子は、世界にあるさまざまな物に私の注意を向けさせる力を手に入れたのだった。そして、私にそれらの物を取ってこさせることもできた。だが、指差すことは、子どもが自分のほしい物を取ってこさせるように両親を操る手段というだけではない。子どもが人の注意を物に向けさせるのは、自分がそれに関心を持っているからだ。注意を引く努力をしたところで、関心を共有すること以上の見返りがないとしても、そうすることがよくある。子どもは、周囲の人びとと心のつながりを保つことにとても意欲的だ。[12]

言語の発達に伴って、そのようなつながりを作る機会が増える。言語は「心を読むこと」を「心を語ること」に変える。私たちは、自分の経験や意見、何がほしいか、何が必要かを互いに伝える。幼い子どもが何かを指差すと、大人はたいていその名前を挙げる。一歳になるころには、子どもはその子にとって初めての言葉を発し、大人は自分と子どもが一緒に物へ注意を向けているあいだ、どんどんと新しい言葉を挙げていく。ある意味で、言葉そのものが、関心をより効果的に共有する機会を提供するのだ。あなたがある言葉を言うと、周囲の人びとの注意が、その言葉の表すもの、たとえば「コアラ」に向けられる。言うまでもないが、言葉のすばらしい特性の一つは、言葉のおかげで、周囲にある物だけでなく、その場にないものへの関心を共有できることだ。たとえば、先週やって来た客、今日の日没、ユーカリを食べているかわいい有袋類を指差すことはできないかもしれないが、それらを会話で取り上げることができるのだ。言語によって、私たちは心のなかでしか表せないものについて一緒に考えることができるようになる。あなた、つまり親愛なる読者のみなさんは、ちょうど今、まさしくその事実に注意を向けたわけだ。

言語の機能は、物事に注意を向けることだけではない。言語のおかげで、私たちはそれらについて意見を述べることができる。また、ここにない物や出来事について役立つ可能性のある情報を、ある人の心から別の人の心へと伝えることができる。よちよち歩きの子どもでも、たとえば、「床がぬれてる。悪いワンちゃん」などと言って、そのような情報を伝えてくれる。もちろん、幼い子どもは必ずしも啓発的な情報を提供してくれるわけではないが、このようなやり取りに加わりたいという猛烈

＊理由はこれだけではないが、生まれつき目の不自由な子どもは、心の理論を構築するのが遅いことが多い。[8]

＊＊ただし、文化的な違いも確かにあるようだ。たとえば、ある研究によれば、[9] イスラエル人はパレスティナ人よりも、両親が生後五カ月の赤ん坊と顔と顔を合わせることがはるかに多かった。一方、パレスティナ人はイスラエル人よりも、接触を通じて両親がわが子との結びつきを作った。

な意欲をよく見せる。四歳のティモが私の妻クリスと私に何かを話すと、二歳の娘ニーナは興奮した面持ちで、しょっちゅう会話に割って入る。娘は、ついに私たちの注意を引くまで、「ママ、ママ、ママ、パパ、パパ、パパ」と大声で呼ぶ。とはいえ、ティモがすでに言ったことを繰り返すか、「わたし、おんなのこ、ティモ、おとこのこ」といった事実を改めて教えてくれるだけなのだが。ニーナは新しい情報を持っていないにもかかわらず、自分の寄与がはっきりと認められるまで口出しをやめない。一方のティモは、会話では新しい情報を加えることが重要だと理解しているので、それなりに寄与する（ニーナの繰り返しに対しては、目玉をぐるりと回す）。ティモはほとんどの大人と同じく、驚くような情報や秘密までも共有することが非常に好きだ。ティモは、人がどのように感じるかを知りたがり、自分がどのように感じるかを人が知っていることを確かめたがる。

時間旅行との共通点

自分たちの心をつなげたいと思う強い欲求は、私たちがおこなうほとんどの物事に染み込んでいる。人間は噂話や意見、助言の交換に社会生活の多くを費やす。私たちは、話を聞いたり本を読んだりテレビ番組を見たりすることで、別の人の視線から世界を見る。ラジオからインターネットまで、技術の進歩によって、私たちは自分たちの心をこれまでになく迅速に、また効率的な方法で結ぶことができる。今日では、誰かの心にあることは、数分もしないうちに世界中の何百万というほかの人びとの心に広がりうる。

心を読むことには、入れ子思考のプロセスも関与する。[13] **私は今、考えることについて考えるということに対する私の考えについて、あなたがどのように考えているだろうかと考えている。**再帰や、さまざまなシナリオを想像する私たちの際限のない能力は、言語能力にとってのみならず、心の理論にとってもきわめて重要なようだ。じつは、私とマイケル・コーバリスは、心のなかでの時間旅行にかんする共著論文の主旨の一つとして、私たちが過去や未来の出来事をシミュレーションするために用いるのと同じ心的機構が、他者の心をシミュレーションするときにも用いられる可能性があることを挙げた。[14] 私は長いあいだ、これを独自の考えだと思っていたが、ニック・ハンフリーの指摘によれば――ここでさらに入れ子にしなければならないのだが、前節に登場したクリス・ムーアから後日聞いた話によると、ニックはその指摘内容をムーアから聞いて知ったらしい――、随筆家のウィリアム・ヘイズリットが、[15] 心を読むことと先見性を数百年前に結びつけていたそうだ。ヘイズリットは、こう書いていた。「想像力によって……、私は自分自身から離れて、ほかの人の感情を経験できるのに違いない。それは、自分を未来に投影し、投影された将来の自分に興味を持つのと同じ過程なのだろう」

私たちは自分の考えや欲求を気に入ることもあれば、嫌うこともあり、これをさらに入れ子にすると、自分自身の評価を評価することもある。私たちは過去や未来のシナリオを想像できるので、自分の過去の心理状態について反省でき（たとえば、「知っているべきだった」）、将来の心理状態を想像できる（たとえば、「私は動揺しないだろう」）。それは、他者の心理状態を想像できるのと同じだ（たとえば、「彼女はそれで満足するだろう」）。私たちは自分の将来の幸福に関心があるので、たとえ現在の行動が目下のところ楽しいとしても、それを変えようと決心することもある。たとえばあなたは、翌日にひどい二日酔いにならないですむように、今度から強い酒を飲まずに水を飲むことにしようと決意するかもしれない。禁煙に挑戦したことのある人なら証言できるだろうが、現在の欲求だけでなく、将来の自分が抱く欲求の面倒まで見るのは難しいこともある。だが、現在の行動を変えるように努力することはできる。自分の将来の心を読むことによって、たとえば、何もしないままだと、前途に待ちかまえていることに対してまったく準備不足で恥ずかしい思いをするだろう、といったことに気づくかもしれない。そのようなことから、私たちは、うまくなったほうがよいと思う技能を磨くことにしたり、今後役立つだろうと予測した情報を探すことにしたりする可能性がある。こうした選択をおこなうことで、自分が自由意志を持っているという感覚は増す。というのは、ある程度、将来の自分を計画的に描けるからだ。もちろん、前述したように、自分の将来をどれだけ考慮するかは、人によって大きく異なる。

　他者がどう思っているのかについてどれだけ気にするかも、人によりけりだ。男性と女性では、平均すると、心を読むことに費やす時間と努力が異なる傾向がある（どちらが他者の心について考える気があまりないかは、訳もなくわかるだろう）。一部の精神障害は、こうした男女間の傾向が極端に出た型であることが示唆されている[16]。妄想型統合失調症の人は、多くの時間をかけて、他者が何をもくろんでいるのかについて複雑な考えを巡らせる傾向がある。逆に、自閉症の人は、他者が何を思っているのかをほとんど考えないのが特徴だ。近年では、心の理論の障害[17]にかんする研究が数多くなされている。なかでも自閉症の研究は、彼らが周囲の人と心のつながりを作ることに対して持つ一種独特な限界への関心から、推し進められていることが多い。

　人が心について抱いている考えはかなりばらばらだが、心を読む基本的な能力は人間に共通して見られる。たとえば、文化の違いによらず、人は基本的な感情にかかわる表情を認識できる。つまりあなたは、どの文化の人についても、恐れ、怒り、嫌悪、驚き、悲しみ、嬉しさを認識できるし、どの文化の人も、あなたのそういった表情を同じくらい容易に認識できる。心を読むことは人間の交流や協力の根本にかかわるものなので、この能力も人間だけが持つ特性の候補として有力だ。実際、何人かの著名な比較研究者が、ほかの動物は心を読まないと主張してきた。彼らは、動物はおそらく自分の心を持っているだろうが、直接には観察できない他者の心については推論しないのではないかと想定する。たとえば、懐疑派の立場で書かれた挑発的な総説の一つには、こんなタイトルがついている。「人間以外の動物が『心の理論』にほんのわずかでも似たものを持っていることを裏づける証拠がないことについて[18]」

心を読んでいるのを証明するには

心の理論の研究は今では多くおこなわれているが、研究の発端は、じつはチンパンジーの認知にかんする一つの論文だった。一九七八年、比較心理学者のデイヴィッド・プレマックとガイ・ウッドラフが『行動科学と脳科学』誌の創刊号に論文を発表し[19]、それがこの研究分野全体に弾みをつけたのだ。彼らは、サラというチンパンジーについての研究結果を報告し、サラが心について推論すると提唱した。それによるとサラは、人間の俳優が檻から脱出を試みるといった、何らかの問題に直面している短いビデオを見せられた。それから、何枚かの写真を提示され、その人間が目標を達成するために欠かせない物、たとえばこのケースでは「鍵」が写っている写真を選ぶように求められた。すると、サラは正しい解答を確実に選んだのだ。この行動は、次の三つの意味で興味深かった。一つめは、そのチンパンジーがビデオと写真の両方の意味を理解でき、それら二つを関係づけることができるように見えたこと（第4章で見たように、この能力はその後、立証されている）。二つめは、そのチンパンジーが問題解決についてある程度知っていることがうかがえたこと（この問題は次章で検討する）。そして三つめは、サラがビデオのなかの俳優に何らかの意向があると考えたように見えたことだ（これが、論文の著者らにとっては最も重要だった)。すなわちサラは、俳優が何を成し遂げようとしていたのかを推論したかのようだった。「意向」は一つの心理状態なので、プレマックとウッドラフは、チンパンジーが心の理論を持っていると提唱した。

『行動科学と脳科学』誌は独特な雑誌で、対象の論文にかんする何十もの意見論文に加えて、当の論文の著者からの返答を掲載する。プレマックとウッドラフの論文に対する意見論文から、彼らの実験計画に付随するさまざまな問題が提起され、簡素な解釈ができるようになった。それでも、こうした意見論文よって、次のような核心となる問いの重要性が浮き彫りになった。チンパンジーでさえ心について推論できるかもしれないのなら、どうして人間の科学者は——特に、まだ残っている筋金入りの行動主義者は——、行動を論じるときに心を無視できるのか?

三人の意見論文の著者が、最も的を射たコメントを出した。彼らはそれぞれ、動物や子どもが他者の心について推論することをどうすれば疑問の余地なく示せるのか、という問題への解答をくわしく述べた。彼らの主張によれば、他者は他者なりの世界の見方に従って行動するのであって、その見方が事実として正しいか正しくないかは行動に関係ないということを、実験対象の個人や動物の個体が理解していることを示す必要があるとのことだった。他者が正しい信念を抱いている場合は、世界についての他者の見方と現実は当然一致するので、その他者の行動が、観察可能な現実と、その人が心のなかで推論したことのどちらに基づいているのかを区別する経験的な方法はない。だが、他者が誤った信念(誤信念)を抱いている場合は、他者が心のなかで信じていることと現実が食い違う。したがって、それがわかっている者には、誤信念を抱いている他者が、誤信念に基づいて間違った行動をすることが予測できる。誰かが誤って何かを信じているということを理解するためには、信念と、その信念と世界の関係について考えることができなくてはならない。これには、第4章で見た、四歳のローリーが、絵を描いている自分を描いていることに似た、入れ子思考のプロセスが必要だ。ローリーは、絵とそれが表現しているものとの表象的な関係を理解していることを示した。この関係(メタ表象)についてよく考えることによって、あなたの絵が現実世界をどの程度正しく描写しており、どの程度誤解したのかを問える。そして同様の考察によって、他者の信念が現実をどの程度表しているのか、あるいはどの程度不正確に表しているのかを問える。もし子どもか動物が他者の誤信念に基づいた行動を予想するということを示せたら、彼らが心を読むことを裏づける証拠となる。

一九八三年、発達心理学者のハインツ・ウィマーとジョゼフ・パーナーが、子どもの誤信念の理解にかんする独創的な研究の結果を発表した。[20] 彼らは子どもたちに、マクシという人物についての物語を聞かせた。マクシは自分のチョコレートをどこかに置いたのだが、マクシがいないあいだに、母親がチョコレートをどこか別の場所に動かしてしまうという話だ。それから彼らは子どもたちに、マクシがチョコレートを見つけるためにどこを探すでしょう、と単刀直入に尋ねた。ウィマーとパーナーの研究や、その後おこなわれた何百もの似た研究によって、幼い子どもたちは、母親がチョコレートを動かした先をマクシが探すと言い張ることが見出された。だが、年上の子どもたちは、自分が事実を知っていることを脇に置いて、マクシがチョコレートを置いた場所をまず探すものの、チョコレートは見つからないということが理解できる。マクシの探索が、チョコレートの場所についての誤信念に基づいておこなわれ、チョコレートが本当にある場所と子どもたち自身が承知している事実には基づかないことがよくわかっているのだ。そして子どもたちは発達のこの段階で、人は一般的に、その人の世界の思い描き方が正しかろうと正しくなかろうと、それに従って行動するということを理解し、会話をするときにこれを考慮することができるようになる(第4章で見たように)。折り紙つきの心を読む人というわけだ。

誤信念課題についての幅広い研究から、この発達パターンが、文化を越えてある程度普遍的であることが見出された[21]。三歳半ばには、子どもはこれらの課題を達成する傾向がある。この能力は、手本となる兄や姉がいる子どもや[22]、言語課題がよくできる子どものほうが[23]、発達がやや早い。このことから、子どもの成長する社会的コミュニケーション環境が心の理論の発達に影響を及ぼすことがうかがえる。これと一致するように、耳の不自由な子どもは、聴覚を持つ両親のもとに生まれた場合、両親が手話を学び始める時期が遅いために、誤信念課題を達成するのが遅くなるが、耳の不自由な両親のもとに生まれた場合、初めから手話に触れるので、この能力が、聴覚を持つ子どもと同じように発達することも見出されている[24]。

発達心理学者は、誤信念の理解の芽生えとさまざまな概念の一連の結びつきを特定している。重要な知見の一つは、他者に誤信念を見出すことが初めてできるようになるのと同じころに、自分のなかに誤信念を見出すようになるということだ[25]。具体的な例を挙げれば、キャンディーの箱に、たとえばキャンディーではなく鉛筆が入っているとして、子どもに箱を開けて見せる。そのうえで、箱の中身を見る前に何が入っていると思ったかと尋ねると、幼い子どもは、初めから鉛筆が入っていると思ったと明言する傾向がある。子どもたちは、キャンディーが入っていると期待してほんの一分前にわくわくしたにもかかわらず、鉛筆が入っていると思った、と主張するのだ。

幼い子どもには、自分が知っていることを、自分がどうやって知ることになったのかがわからないようだ[26]。袋に何かを入れてから、なかの物の色を知るには、手を袋に入れるのと、袋のなかを覗くのとどちらがよいかと幼い子どもに尋ねると、気まぐれに選ぶ。とても幼い子どもは、知覚と知識がどのように結びついているのかを理解していないようだ。そのため、あなたが幼い子どもと電話しているときに、新しいおもちゃをうれしそうに「見せて」くれたりする（もちろん、テレビ電話だと、この例はよろしくない)。複数の研究によれば、引き出しに何が入っているかといった新しい情報を子どもに見せるか知らせるかすると、その後子どもは、自分が知っていることをどうやって知ったのかを正確に説明できなかった。子どもと隠れんぼをするときは、子どもが同じ場所に繰り返し隠れたがっても、そういうものと受け止めるしかない。子どもたちには、隠れる目的が、単に見えなくすることではなく、心から見えなくする、つまりわからなくさせることだということが、まだわかっていないのだ。

発達心理学者のジョン・フラヴェルは、この年ごろの子どもが物の見かけと本質を区別できないことも示した。[27] 私たちは普通、ミルクが青いグラスに注がれたら、ミルクの色自体は変わらずに見た目が変わるだけだということを当然だと思う。だが幼い子どもは、何かがある物に見えても別の物でありうることを理解するのに苦労する。同じ物でも別な物のように見えるという可能性を考慮することが難しいのだ。このとき子どもは、ミルクについての二つの矛盾する考え——「青い」と「白い」——を統合する必要があり、これらの考えを、「〜のように見える」と「本当は〜である」という札をつけて区別しなくてはならないかもしれない。

同じ物や同じ出来事にかんする複数の矛盾する解釈を同時に検討できることは、心を読む多くの場面で必要とされる。それができなければ、嘘はありえない。誰でもミスをするので、あなたは事実と異なることを言うかもしれない。だが、本当に嘘をつくためには、自分の言うことが真実ではないと知っておくこと、さらには、自分の発言が真実だと誰かに信じてほしいと思うことが必要だ。言い換えれば、嘘をつくことは、誤信念をわざと植えつけることなのだ。[28] また、心を読むことがなければ、教育法もありえない。なぜならば、知識を計画的に伝達することには、生徒が何を知っていて何を知らないのかをある程度理解して、今後教える知識を獲得してもらう方法を工夫することが必要だからだ。要するに、心の理論は、人間が通常おこなう文化的・社会的交流にとって不可欠なのだ。

「心の理論」の発達に終わりはない

研究者は長らく三、四歳の子どもに注目してきたが、この領域でより早い時期に発達する能力もあれば、より遅い時期に発達する能力もある。発達心理学者は一時期、標準的な誤信念課題が重大な分岐点だとほぼ思い込んでいた。誤信念課題の達成が心を読む能力を示すという事実は、むろん魅力的だった。しかし、そのような課題をこなせないからといって、必ずしも心を読む能力そのものがないということではない。逆に、その課題を達成したからといって、子どもが達成すべきことをすべて達成したということでもない。

たとえば、五歳の子どもでも、「誰もがそれを知っているものとあなたが考えていると私は思う」のように、入れ子構造が増えるとうまく理解できない。じつは大人でも、そのような入れ子構造を五つか六つまでしか扱えないのが普通で、それを超えると筋を見失ってしまう。**私があなたにこのことを信じさせるつもりだと、あなたが思っているのではないかと私は思う。**たとえば、テレビの『フレンズ』というホームコメディーに登場するジョーイは、フィービーの話についていこうとして四苦八苦する。フィービーは、チャンドラーとモニカがデートしていることを自分とレイチェルが知っていることをチャンドラーとモニカが知っていることに気づき、手短にこう言うのだ。「私たちが知っていることを彼らが知っていることを私たちが知っていることを彼らは知らないのよ！」。フィービーはジョーイに、この話を他人に漏らさないように釘を刺すが、彼は「人に言いたいと思ったとしても無理だよ」と、あきらめる。ロビン・ダンバーは、シェイクスピアのようにひときわ頭の切れる作家だけが、五段階ないし六段階の入れ子で私たちの思考を広げると指摘している。[29] たとえばシェイクスピアは、イアーゴがオセロに、オセロの妻のデズデモーナが、実際にはビアンカを愛している副官のキャシオーを愛していると思い込ませたがっているということを、私たちが信じるように意図している。

　子どもには、入れ子やさまざまな心の綾について学ぶべきことがたくさんある。たとえば、子どもは不作法というものを正しく理解するまでに、ある程度の時間がかかる。[30] 例として、次のシナリオを検討してみよう。ジェーンがフランクの家を訪ね、彼の家にある鉢を誤って割る。この鉢は、ジェーンが数年前にフランクに贈ったものだ。では、次のように想像してみよう。ジェーンがこの過失について謝ると、フランクはそもそもその鉢をどうやって手に入れたかを覚えておらず、ジェーンの気を楽にしてやろうとしてこう言う。「いや、気にしないでいいよ。どっちみち、その鉢は気に入らなかったんだ」。ところが、幼い子どもには、フランクの言葉がなぜ不作法に当たるのかがわからない。それを理解するには、いくつかの異なる心理状態を組み合わせる必要がある。この例で言えば、次のようなことだ。フランクはその鉢を誰からもらったかを覚えていなかった。彼にはジェーンを傷つける意図はなかったが、実際には彼女は傷ついた。おわかりだと思うが、このような事情はかなり複雑になりうる。実際の話、他者の心の敏感さや心の働きにかんする私たちの学習は、決して終わることがない。恋人同士や異なる文化間の交流で起こりがちな誤解について考えてみれば、わかるだろう。多くの大人が、心についてもっとよく知ろうとし続ける。黙想したり、自己啓発の本を読んだり、セミナーに出かけたり、心理学を学んだりする人もいるかもしれない。

　心はひどく複雑で予測できないように思えることもあるし、私たちは互いに理解できずに失望することもある。時間旅行で思い違いをするように、私たちは他者の心にどんな考えがあるかについて、しょっちゅう判断を誤る。そして悲しいことに、自分が誤解されていると思うこともしばしばだ。そうかと思えば、誰かの考えが見通せて、手に取るようにわかることもある。私たちは心の触れ合いを持ったり、完璧に理解し合ったと感じたりすることもある。互いの心に惚れ込むのだ。

心を読むことが非常に複雑な問題である理由の一つは、誰かがあることを言っていても、本心はまったく違う場合がよくあるからだ。ここでは、嘘だけではなく、皮肉や比喩などの技巧のことも指している。たとえば、あなたは次のように言うかもしれない。バッグに荷物を詰めながら、空港でのストのニュースを聞いて、「そりゃありがたい。まさに願ったり叶ったりだ」。人間は言いたいことの反対を皮肉で言うことがあり、もしとげとげしい口調で言えば、それは嫌みになる。私たちは、誇張したり控えめに述べたり、当てこすりや風刺を用いてからかったり、あやふやなことをほのめかしたり、二通りの意味に解釈できる言い回しを使ったりする。俳優でなくても、実際とはまったく違う心理状態であるふりを装える。人間は、実際には悲しくないのに泣くことができるし、その逆もできる。私たちは自分の心について、何を明らかにしたいか、何を隠したいかをある程度コントロールできる。それで、人に与える印象を思いどおりにできるのだ。[31] 私たちが互いの心に影響を与えようとするときには、戦略的なゲームが繰り広げられる。それが人生、あるいは少なくとも連続もののメロドラマの本質だ。

誤信念課題を達成した子どもにも、まだまだ学ぶべきことがある一方で、もっと幼い子どもが、こうした誤信念課題をこなせないからといって、必ずしも心について何も知らないというわけではない。それどころか、すでに見たように、赤ん坊はその年ごろでも社会的刺激に特別な関心を持っており、生まれて最初の数カ月で、他者の心を少なくともいくらか理解できるようになるようだ。赤ん坊は、たとえコンピューターの画面に映し出された動画であっても、動いている物の行き先や目的についての期待を抱く。[32] 一緒に活動したり、注意を共有したり、視線を追ったり、何かを述べるために指を差したりすることは、心が赤ん坊にとっていよいよ重要であることを示している。一歳になると、赤ん坊は感情や欲求、意図を正しく解釈する能力をいくらか示す。赤ん坊は、ほかの誰かがしようとすることをまねる。[33] たとえその人が目的のことを成し遂げられなくても、お構いなしだ。また、自分が注意を払う対象に、ほかの人も一緒に注目してくれないと腹を立てる。この点を具体的に物語るかのように、「こっちを見て、こっちを見て」と、二歳の娘が背後で叫んでいる。

じつは、よちよち歩きの子どもでも、誤信念をいくらか理解している可能性がある。[34] ある方向を見るといった、無意識のうちに生じる反応を調べた結果、よちよち歩きの赤ん坊や幼い子どもは、ある物のありかについて誤信念を抱いている誰かが、どこを最初に調べるかを予想しているようだ。しかし、その子たちに尋ねても、件《くだん》の人物は、その物が本当にある場所を探すのであって、その人物があるはずだと誤解している場所は探さないと言い張る。このことからすると、幼い子どもは、事実について知っていることが、他者について推論する際に妨げになるという問題があるようだ。それでも、子どもは以前に考えられていたよりはるかに幼い時期に、心を読む基本的な能力を早くも発達させている可能性がある。こうした幼い時期の理解の特性については、議論が続いている。たとえば、心理学者のイアン・アパーリーやスティーヴン・バターフィルは、人間は信念をたどるのに二種類のシステムを持っていると主張する。[35] 一つは、よちよち歩きの赤ん坊でも発揮する潜在的なもの、もう一つはのちに就学前の子どもで発達する顕在的なものだ。

心の理論が、かつてイメージされたように爆発的に発達するのではなく、社会的な足場を通じて徐々に発達することを示す証拠がますます見出されている。たとえば、発達心理学者のヘンリー・ウエルマンやキャンディ・ピーターソンらは、各個人がさまざまな欲求を持っていることを理解する初

図6.1　オッキーと私。チンパンジーが珍しく視線を合わせることも確かにある。

期の段階から、さまざまな信念を理解する段階へと、心を読む能力が発達していく典型的な過程を報告している。[36] それによると、子どもは標準的な誤信念課題を達成してから、人があることを感じているのに違う感情を表す場合があることを理解する。

ほかの動物は、このような能力のいずれかでも示すだろうか？　動物は、周囲にいる者の心を検討するだろうか？　彼らは互いの目を深く見つめ、心と心をつなげるだろうか？　プレマックとウッドラフの論文が発表されて以来、そのような疑問を解明するために多くの取り組みがおこなわれてきた。

動物も他者の意図をくむように見えるが……

もしあなたがアカゲザルをまともに見ると、攻撃されるだろう。霊長類にとって、他者をじっと見るのは脅しのジェスチャーであることが多い。したがって、霊長類はたいてい視線を合わせることを避けるし、顔をつき合わせたやり取りは驚くほどまれだ。チンパンジーでも、互いに目をじっと覗き込むことはごくたまにしかない。[*]チンパンジーの目をよく見ると、気づくことが一つあるだろう。それは、白目がないことだ。人間の目は、ほかの霊長類とは見た目が違い、白い強膜が露出しているという特徴がある。人間の目は視線の方向を伝える。私たちは自分がどこを眺めるのかをはっきりと表に出し、他者がどこを見ているのかを読む。一方、ほかの霊長類の目は、むしろ視線の方向をカムフラージュしているように思われる。彼らは、あきれた感情を表すために目をぐるりと回すことも、悲しみを表現するために涙を流すこともない。[38]

私たちは、目を大いに活用することで、言葉がなくても心を読むことができる。たとえば、サッカー選手はペナルティーキックのときによくそうする。私は若いころ、ゴールの一つのコーナーをちらりと見て助走し、それから別のコーナーに狙いを絞ってボールを蹴っていた。たったこれだけのことで、かなりゴールが決めやすかった。このテクニックは、ボールを蹴るときの正確さや速度ではなく、ほぼ全面的にゴールキーパーをだますことを当てにしている。やがて、利口なゴールキーパーは、この単純きわまりない企みに気づき始め、私が見たのとは反対のコーナーに跳んで裏をかこうとするようになった。なかには、反対側のゴールポストに近づいて、一方の側を私に「提供」してくれるキーパーまでいた。この駆け引きは次第に難しいものになり、私はキーパーが私の意図を読む能力を見積もって、彼が考えているとおぼしきことの反対をしなくてはならなくなった。これは行動での「心の理論」だ。

プレマックとウッドラフの論文に続き、フィールドワークの知見によって、ほかの霊長類が他者の

＊チンパンジーの母親と赤ん坊は、互いの目を少しのあいだ覗き込むことがある。[37]だが、ほとんどの場合、霊長類は母親と子どもでさえ、長い時間をかけて目を見つめることはない。

心を読んでそれを行動で示す可能性への関心が高まった。ジェーン・グドールをはじめとする霊長類学者の研究から、[39] 霊長類の社会は以前に思われていたよりもはるかに複雑であることが示された。社会的圧力が知能の進化を促したとする考えが、勢いを増した。したがって、霊長類は他者の行動を理解したり制御したりするために心を読む能力をある程度進化させた可能性があると唱えるのは、当を得たことだった。たとえば、霊長類の社会で戦術的欺きらしき行動が見られるという報告から、霊長類が互いの欲求や信念について推論できることが示唆された。[40] そして、誤信念を故意に植えつけることができる可能性もほのめかされた。* 典型的な例では、あるヒヒが岩の後ろに隠れ、集団の第一位雄《アルファ》から自分の頭は見えるものの何をしているのかは見えないような姿勢で雌と交尾しているのが観察された。そのヒヒは、アルファ雄をだまして、自分が交尾をしていないと信じさせるつもりだったのだろうか？　これまでに見たように、簡素な説明によって、そのような観察結果を解釈することもできる。たとえば、そのヒヒは以前、公然と交尾していたときにはアルファ雄から罰せられたが、岩陰で交尾していたときには罰せられなかったのかもしれない。だからそのヒヒは、アルファ雄が何を見うるか否か、何を知りうるか否かを必ずしも推論しなくても、岩陰で交尾するという可能性もある。にもかかわらず、研究室での初期の実験によって、少なくともヒトに特に近縁の種は心を読むという大層な解釈が支持された。一九九〇年代初めに、比較心理学者のダニエル・ポヴィネリが、チンパンジーは他者の知っていることを推論して他者の視点に立てるが、サルにはそれができない可能性を示す研究結果を報告した。[42]

こうした初期の知見に基づいて、ポヴィネリはルイジアナ大学に自分のチンパンジー研究センターを設立し、見ること、指差すこと、意図、知識にかんするチンパンジーの理解を調べた。ところが、みなが驚いたことに、ポヴィネリはチンパンジーの心の理論を裏づけるさらなる証拠を見出せなかった。代わりに、チンパンジーの行動についての簡素な解釈を支持する理由を数多く見出したのだ。[43] ポヴィネリは多くの研究をおこない、自分が飼育している若いチンパンジーの集団から、一貫して否定的な結果を得た。たとえば、チンパンジーはバケツを頭にかぶって視界が遮られた人間にも、何が起こっているのかが見える人間にも、いつも同じ頻度でねだった。また、一人の実験者は食物の隠されている場所を見たが、もう一人の実験者には食物を隠すところが見えなかった場合——なぜなら、彼は部屋を出ていたか、よそ見をしたか、目隠しをしていたか、バケツをかぶっていた——、チンパンジーたちは、状況を知っている実験者と知らない実験者のどちらの助言にも、同じように従う傾向があった。一方、二本のロープで箱を引っ張るといった協力課題の訓練を受けたチンパンジーは、この課題を達成するのに必要な知識を持っていないチンパンジーには目もくれず、彼らに教えることもしない。ポヴィネリは懐疑派の主張を支持し、チンパンジーは行動について推論するだけで、心の推論はしないという結論を出した。

ポヴィネリの研究からは、心の理論は人間に特有のものだということが示唆される。大型類人猿の行動は、もっと基本的な計算によって引き起こされるのかもしれない。だがじつは、自分たちの行動が心の理論で説明できるというだけの理由で、人間の行動が心の理論によって引き起こされると考えるのは見当違いである可能性もある。ひょっとすると、私たちは多くの場合、行動を心的用語で解釈し直しているだけかもしれないのだ。たとえば、ふたたびサッカーの話題に沿って話をすれば、攻め

＊別の可能性として、ほかの種を理解する必要性が心の読み取りの進化を促したというものがある。たとえば、捕食者は、獲物の行動をよりよく予測できると得をするし、捕食される種は、捕食者の行動をよりうまく予測できることで有利になる。これが知能の進化的軍拡競争につながった可能性もある。この説を支持するものとして、哺乳類の捕食者と捕食される動物の脳の大きさが、地質時代のあいだに並行して大きくなったことを示す証拠があることに注目したい。[41]

ているプレイヤーが守りのプレイヤーをドリブルで抜こうとするとき、よくある技の一つとして、相手を一方の側に引きつけてためをつくり、相手がそちらに集中していることを利用するというものがある。私たちは試合後にこのような行動を説明するとき、守備側の選手をだまして、自分が別の方向に進もうとしていると誤解させようとしたなどと言うかもしれない。だが、そのような考えが私たちの行動を突き動かすのかは明らかではない。ペナルティーキックの前ならば、策略を企んだり、それをくじくことを計画したりする時間はある。しかし行動の真っ最中に、ピッチに突っ立って互いの意図について明確な見方を系統立てて述べることはできない。すべての動作を自動的におこない、単にあとから、それらを心的用語で解釈しているとも考えられるのだ。

ポヴィネリらは、たとえば欺き、共感の表れ、出し惜しみに見える類人猿の行動が、心を読むことによって引き起こされるかのように見えても、そうではないかもしれないと主張する。チンパンジーが追いかけっこで左右にすばやく動くのを見ると、追われている側が追跡者をだまし、特定の考えを植えつけるためにフェイントをかけて切り返しているというように受け取って、彼らの行動を誤解する可能性がある。だが、そのチンパンジーたちは行動に関心があるだけかもしれない。* ポヴィネリらの主張によれば、人間だけが、行動を心的用語で解釈し直す能力を進化させたという。[45]

だが、この主張に代わる説明もある。[46] 私はアンドルー・ホワイトゥンとともに、一部の例では、欺いたりその裏をかいたりするすばやい行動は、意識的に考えながらおこなう練習を初めに重ねたからこそ自動的なのだと提唱してきた。人間の技能習得では、初めはゆっくりと意識しておこなわれていた行動が、練習によって自動的なものになる例がいくらでもある。車を運転するときの複雑さを考えてみてもわかるだろう。あなたは最初、車を運転するために腕と脚をどう動かすべきか、注意深く考える必要がある。だが経験を積むと、あなたはいわば自動操縦装置のようになり、どのように車を運転しているかに注意を払わなくても、会話をしたりラジオを聴いたりすることに関心を向けられるようになる。同様に、サッカーで守りの選手を出し抜ける戦略は、徹底的な練習を積んで初めて自動化されるのかもしれない。うまい選手になるためには、多くの練習が必要なのだ。ひょっとすると、心の理論もほかの技術の習得と同じように発達し、初めは努力を要する意識的な注意深い処理がなされるが、練習に伴って、努力を要さない自動的で速い処理がなされるようになるのかもしれない。その後、初期の心のシミュレーションは、こうしたショートカットに取って代わられるという次第だ。たとえば、私たちが他者の視線をまったく無意識的に追う傾向があるのは、ポヴィネリが唱えるように、そうするための低レベルのメカニズムを持っているためではなく、そのような状況で経験と練習を十分に重ねたからかもしれない。

ポヴィネリがかなり多くの研究結果を報告したにもかかわらず、やがてこの分野では、動物の行動についての大層な解釈を支持する知見が、ライプツィヒのマックス・プランク進化人類学研究所をはじめとするほかの研究所から相次いで出されるようになった。たとえば、比較心理学者のマイケル・トマセロやジョゼップ・コールらは、類人猿の視線を追う能力が、従来考えられていたより高度なものであることを示した[47]。状況によっては、イヌやサルでも視線を追うことができるようだ[48]。チンパンジーは誰かの視線を自分の視野を越えた先へと空間的に正しく投じることができ、途中に障害物があってもそうすることができる。そして彼らは、他者が見ている物が自分にも見えるように移動する。

＊しかし、そのような追いかけっこは、確かに考え抜かれた行動のように見えることがある。雄のチンパンジーが雌を激しく追いかけている次の例[44]を考えてみよう。雌が木の幹の後ろに隠れようとしたとき、雄が左に動いたので、雌は右に動いた。雄はそれからすばやくレンガを雌の右手に投げ、自分は左に動き続けた。飛んでくるレンガを避けるため、雌は方向を変え、結局雄に捕まった。

たとえ、対象物が障害物の陰になっていても、そのような行動を取るのだ。このことから、チンパンジーは他者の視線を、その他者が見ていそうな物という観点から解釈しているかもしれないと考えられる。彼らは、人間の実験者がいったい何をそんなにおもしろがっているのかをチェックするかのように、視線を行ったり来たりさせることもある。

ライプツィヒの研究グループはブライアン・ヘアーとの共同研究で、工夫に富んだいくつかの研究をおこない、チンパンジーが心について推論する可能性を支持する結果を得た[49]。一連の実験の一つでは、チンパンジーたちが、食物をめぐって、より優位なチンパンジーと競わなくてはならなかった。すると、それらのチンパンジーは、二つの食物のうち、つい立があるために優位な競争相手からは見えないほうを取ろうとして、優先的にそちらを目指すことが見出された。この結果から、チンパンジーが他者に見える物について何らかのことを理解していることが示唆される。この実験で不透明なつい立を透明にすると、「隠された」食物を優先して選択する行動は見られなくなった。おそらく、その食物が競争相手の視界からもはや遮られていないことを認識したからだろう。

アカゲザルも、他者が何を見ているのかがわかっているかのように同様の行動をする[50]。ブドウが人の前に置いてあり、その人がブドウを見ている場合と、その人がよそを向いているか、ブドウがその人には見えないようになっている場合のどちらかを選ばせると、アカゲザルはつねに後者のブドウを選ぶ。どうやら、対象物を見ていない誰かから「盗む」ほうが安全だとわかっているようだ。ポヴィネリらによる初期のチンパンジーの実験が失敗したのは、人間が彼らに食物のある場所を教えるといった協力が関与していたからなのかもしれない。協力はさほど自然な状況ではない。人間のよちよちあるきの子どもは、両親などに絶えず物を指し示したがるが、それとは違い、類人猿は他者に情報を知らせたいという意向をあまり持っていないようだ。むしろ、類人猿は褒美をめぐって競う傾向があるので、他者との競争状況で試したときのほうが、彼らの能力が高いという観察結果が得られるのも、驚くことではないのかもしれない。

残念ながら、これらの新しい研究結果は、かなりの注目を集めたにもかかわらず、人間に見ることができたものについて類人猿が推論したことを本当に証明するものではない。もっと簡素な説明をすることが可能だ。アカゲザルは、ブドウを手に入れようとしたときに、ブドウのほうを向いている人間のほうが、ブドウのほうを向いていない人間よりも邪魔をする可能性が高いことを単に学んだという可能性も残されている。同じことが、チンパンジーの例にも当てはまる。地位の低い個体は、「優位な個体が食物のほうを向いていたら、近づかないほうが安全」といった行動規則を学んだだけかもしれない。

しかし、チンパンジーが、他者が何を見ているかを理解するだけでなく、他者が以前に何を見たかも理解することを示唆する研究結果もある。ヘアーらが以前におこなった実験の延長線に当たる取り組みでは、チンパンジーたちは、食物が隠されるところを優位な競争相手が見たか見なかったかを考慮に入れた[51]。食物がつい立の後ろに置かれるのを優位な個体が目撃していたら、そうでないときに比べて、下位の個体はその後、置かれた食物にあまり近づかなかった。また別の実験では、優位な個体に食物がつい立の後ろに置かれるところを見せたあと、その個体を、その場面を見なかった別の優位な個体と入れ換えた。すると、やはり下位のチンパンジーは、食物の場所を知っている有意な個体がいる場合に比べて、それを知らない別の有意な個体がいる場合のほうが、食物に近づくことが多かった。したがって、チンパンジーが結局のところ、他者の心について推論する能力をいくらか持っている可能性はまだある。

確かに、ほかの研究では、大型類人猿に心の推論能力がある可能性が支持されている。一部の大型類人猿は二歳の子どもと同じように、別の誰かが何をやろうとしているのかを、たとえその試みが失敗したとしても認識するようだ。[52] 一部の研究結果からは、大型類人猿が偶然の行動と意図的な行動を区別できることが示唆されている。[53] また、大型類人猿が、何かをいやいやながらしている人物と、それをすることができない人物を区別できると思わせる実験結果もある。[54] ある研究では、大型類人猿が見かけと実体を区別できる可能性があることや、[55] 自分の姿が競争相手から見えないときには、それを利用できるようだということが示唆されている。[56]

ほかの動物種にも、少ないとはいえ、そのような能力の気配が見られないわけではない。たとえばハイイロリスは、ほかのリスから見られていると、食物の貯蔵場所の間隔を広く取る。[57] おそらく、くすねられるのを避けるためだろう。ハイイロリスは、ほかのリスに背中を向けているときを選り好んで、食物を隠すことまでする。同様に、アメリカカケスは、競争相手になりそうな個体がいるときは、そうでないときに比べて、食物をより遠くの暗くて見えにくい場所に優先して隠す。[58] そのようなわけで、類人猿以外の種も、他者に何が見えて何が見えないかを考慮する可能性がある。しかし、そうでない可能性もやはりある。

あいにく、このような行動のどれ一つとして、動物が競争相手の心について推論することを必ずしも意味しているわけではない。ここに挙げたすべての例で、リスやカケス、類人猿が、単に観察できる行動に基づいて、そのように行動しているという可能性もある。つまり、ああしたら褒美にありつけ、こうしたら罰せられた、ということに基づいているかもしれないのだ。思い出してもらいたいが、動物が他者の心を考慮していることを示すには、他者のなかに誤信念を見出せることを示さなくてはならない。心の理論におけるこの聖杯を求め、巧みな試みがいくつかおこなわれてきたが、これまでのところ、人間以外の動物は誤信念課題を達成していない。[59] この課題のほかの要素にかんしては見事な能力を示しているチンパンジーでも、誤信念が考慮されなくてはならないときは失敗する。したがって、多くの比較心理学者の見解と同じように、簡素な解釈を支持することが可能であり、人間以外の動物は心の理論のようなものを少しも持っていないと結論づけることができる。[60]

心の分かち合いから、協力へ

私自身はというと、真実は極端に夢想的な立場と懐疑的な立場の中間にあるのではないかという予感がしている。最近、大型類人猿が心の推論能力を持つことを支持する結果が多く出ており、証明こそされていないものの、彼らが基本的な心理状態を限定的に理解することが示唆されている。近年、人間の幼い子どもが誤信念を早い時期に（潜在的に）理解していることが報告されたが、類人猿もその気配を示すかどうかを見るのは興味深いだろう。研究者は、視線を追跡する装置を用いて、誤信念課題でチンパンジーを試そうとしているが、その試みは簡単ではない。だがもしかしたら、あなたが本書を読むころには、そのような試験の結果が得られているかもしれない。

大型類人猿が、（第3章で論じたように）目に見える以上のことを考慮すべきさまざまな課題で二歳の子どもと近い成績を出せたのだから、彼らが心の推論で二歳の子どもと同じように振る舞っても不思議ではないだろう。大型類人猿は、他者が何を見て、何を信じ、何を知って、何に注目し、何を望み、何を意図しているのかについて、限定的に、おそらくは潜在的に理解するのかもしれない。[61]だが、その可能性をもってしても、人間がおこなう心の読み取り能力と、現在ある証拠に基づいて最大限に見積もった大型類人猿の限られた推論能力のあいだには、厳然としたギャップが存在しているだろう。この分野で特に影響力を持つ二つの研究室、すなわちポヴィネリのグループやトマセロのグループが、類人猿の心の理論にかんするデータの簡素な解釈と大層な解釈のあいだで論争を続けているものの、双方とも、大型類人猿が誤信念を理解する気配は何も見られないという点は認めている。したがって、人間の心の理論には人間ならではの特徴があるということで、コンセンサスがあるわけだ。ポヴィネリの主張によれば、人間だけが心の理論を持っている。それで終わりだ。一方、トマセロやコールらは、大型類人猿に基本的な心を読む能力がいくらかあることを認めたほうが、自分たちが得た知見をより無駄なく説明できると考えている。とはいえ彼らも、類人猿には人間が持つ最も基本的な社会的・認知的技能も欠けているという意見を支持している。

トマセロらの主張によれば、人間の子どもが物を指差したり、見せたり、差し出したりするときは、それについてコミュニケーションを取りたいからなのだが、大型類人猿は、子どもによく認められるそうした基本的な社会意識すら示さない。そして、人間と動物の大きな違いは、人間には彼らが「共有志向性」と呼ぶものがあることだという[62]。すでに見たように、人間は、自分の心理状態を他者と分かち合いたいという基本的な欲求を持っている。このような傾向によって、人間は「私たち」という感覚を築くことができ、それによって思いがけない柔軟な規模で協力できる。たとえば、道具や食事、ゲーム、理論を（言語や心のなかでの時間旅行を大いに活用して）社会的に構築するのだ。幼い子どもは、誤信念課題を達成するよりはるかに早い時期から、こうした分かち合いへの意欲を示す。たとえば、一歳の赤ん坊が大人と協力課題に取り組んでいるときに、大人がやめると、赤ん坊はたいてい大人に再び取り組ませようとする[63]。それに引き替え、チンパンジーの赤ん坊は、課題をひたすら自分でしようとする。チンパンジーは誰かに何かを持ってきてもらおうとして身ぶりで合図することがあるが、人間は何かをただ知らせるために身ぶりで表す（そして話す）ことも多い。

チンパンジーは、野生で互いを指差すことはない。これはおそらく、自分のほしい物をほかのチンパンジーがくれないとあれば、指差《ポイント》すことは的外《ポイントレス》れだからかもしれない（駄洒落で申し訳ない）。数々の実験を見ると、チンパンジーはコミュニケーションの必要な協力課題で、社会的手がかりを用いたり与えたりすることが苦手だ。[64] 一時期、大型類人猿はイヌとは違い、人間による指差しの理解もできないことが実験によって示唆されていた。だがもっと最近の研究では、大型類人猿が四苦八苦するのは、人間が近くにある物同士を指差したときだけだということが示されている。つまり、選択肢が互いに離れているときは区別できるのだ。[65] 大型類人猿は人間を指差すことも学べるが、指を差すのは事実上、何かを述べるときではなく頼むときに限られている[66]（「言語の訓練を受けた」類人猿が発した言葉のわずか五パーセント程度しか、陳述や宣言として分類できなかったことを思い出そう）。[67] 一方、人間の子どもは情報を共有しようとして、しきりに物を指差したがる。私の子どもたちは、私がほかのすべてを放り出して自分たちの興じていることに加わるようにせがんでくる。人間だけが、心を読んだり語ったりすることを通じて人と心のつながりを作ろうとし、それによって、目標や理想や信念にかんする共通の心的世界を創造できるのかもしれない。

大型類人猿は、心の基本的な状態について推論する能力をいくらか持っているかもしれない。だが、たとえそうだとしても、心と心のつながりを作ることに別段強い意欲はなさそうだ。そのため、彼らが展開できる協力の範囲が大幅に制限されているのかもしれない。最近、一〇〇頭を超える大型類人猿を対象とする大規模な検討がおこなわれた。[68] それによると、彼らは物理的認知にかんする一連の課題では人間の二歳半の子どもと同様に振る舞うが、社会的認知にかんする課題では二歳の子どもより成績がはるかに劣ることが示された。* もちろん、そのような比較は、正確にはどんな課題が用いられるかによって影響を受ける。より具体的に言えば、類人猿が人間の大人と交流しなくてはならない社会的課題と、人間の幼い子どもが人間の大人と交流しなくてはならない社会的課題は、比較できないかもしれないということだ。[69]それでも、それらの結果から、他者の心とつながりたいと思う人間の欲求は、人間に特有のものだということを裏づける証拠が次々に上積みされている。また、三〇年以上にわたる研究を経ても、類人猿が他者の信念を心に思い描いて理解することを示す有力な証拠はない。ただし、彼らが、心について推論するのではなく、目に見える物についてのみ推論するという可能性は残っている。[70]

人間は確かに他者の心が読める。読み間違いはよくするかもしれないが、さまざまな賢い方法で協力できるくらい十分に、心を読んだり語ったりすることができる。私たちは、考えや助言や目標を共有する。そして複雑な計画を立て、それらの実現に向けて協力することができる。私たちは、互いに経験を教えたり、それから学んだりする。また、互いを楽しませようと試み、他者が何をおもしろいと思うのか、何に満足するのかを気にかける。人間は祝典や催し物で集まり、関心を分かち合う。のちほど述べるが、私たちの文化継承は、多くの世代にわたって人間同士の心の協力的な交流を積み重ねたものとして捉えることができる。私たちは、心を読むことの本質についてじっくりと考える。それに、動物の心の本質を解明する取り組みにつきまとう障害を克服しようとして、相当な努力すらする。こうした科学的な心の測定の多くは、動物の賢い問題解決能力に着目しておこなわれてきた。そこで、今度は知能の研究に注目してみよう。

*そのような社会的認知と物理的認知という大ざっぱな区別は、およそ明確ではない。社会的な要素が物理的課題で重要な役目を果たすこともよくある（たとえば、その課題が社会的他者によって提示された場合）。また、社会的課題に物理的な要素についての理論的な思考がかかわることもよくある。

7 より賢い類人猿

人間は、障害を好機に変えるときにこのうえなく人間的である。[1]
――エリック・ホッファー

人類は、地球での支配的な立場に至る過程で、多くの障害を克服してきた。たとえば、何も見えない闇には明かりを作り出し、寒かったところには暖かさを作り出した。人間の知能は私たちに、遠く離れたところからの狩りにせよ、病気の治療にせよ、以前にはできなかったことを可能にする手段を授けてくれた。科学技術によって、私たちは自分たちの関心事を支配・制御する力をますます強めている。私たちは問題への新しい解決策を見つけ続けており、これを「進展」と呼ぶ。だがその一方で、自分たちの打ち出した多くの解決策それ自体が、重労働やら公害やらの新しい問題を生み出してきた事実を、私たちは暗に無視している。

望むものが持続的に供給される世界規模のユートピアの実現には、まだほど遠い。今なお、十分な食物やきれいな水といった基本的な必需品でさえままならない人間社会が多くある。だが、恥ずかしい失敗や輝かしい成功をどれだけ指摘しようとも、人間が際立って機略に富み、賢いことは自明だ。人間は機知によって生き延びる。障害に対する巧妙な解決策を見出し続け、障害を好機に変え続けている。

　ほかの動物も、食物や隠れ場、パートナー探しなどの問題に対して、効果的な解決方法をいろいろ持っている。動物は、周期的に直面する問題には、どんなものだろうと一般にうまく対処する。それもほぼ当然のことだろう。彼らの体が生息環境に適応しているように、彼らの感覚も、認知能力も、行動も、環境に適応しているのだ。さまざまな課題に対して、ほかの種は明らかに人間より優れている。サメや鳥、カメのなかには、人間が感じもしない電磁場に従って進路を決めるものがいる。コウモリやイルカ、それに一部のトガリネズミは、反響定位《エコーロケーション》によって自分のいる環境をくわしく調べる。ミツバチはオプティックフロー〔自分が運動するときに視野を横切る風景の流れ〕を利用して、手際のよい単純な方法で飛行を調節する[2]。そこで人間は現在、その方法を航空機の航行に組み込もうと取り組んでいる。だが、個体が賢い解決策を見つけ出すことと、同一種の全個体が共通のメカニズムを持っていることには違いがある。利口に見える動物の行動のなかには、その行動様式が生まれつき備わっているものがある。このような場合には、新たな障害はいつまでも障害であり続け、動物は障害を好機に転じることができないだろう。たとえば第5章では、アナバチがつねに巣を調べてから餌食を巣に引き入れる習性を持っており、実験者が餌食をどこかに動かし続けると、こうしたいつもの手順から抜け出せなくなる例を紹介した。

　それでも、一部の動物は問題を解決する柔軟な能力を示す。そしてこれは、大きな脳を持つ霊長類やクジラ目に限定されているのではない。たとえば、オーストラリアの一部のカラスは、毒を持つオオヒキガエルを食べる方法を考え出した。オオヒキガエルは一九三五年にオーストラリアへと持ち込まれ、厄介な有害動物になっている。カラスたちは、オオヒキガエルをひっくり返して毒のない腹部をつつくことを学んだ。また、無脊椎動物でさえ、かなりの知能を持っている可能性がある。一部の頭足類が卓越した欺きの能力を示すことは、すでに見た（そしてタコは、脊椎動物を食べる無脊椎動物だ）。これらの例が簡素な解釈で説明されるのかはともかく、脊椎動物、あるいは哺乳類、はたまた霊長類のみに宿っている知能について、思い上がってはならない。比較心理学ではこれまでのところ、動物の問題解決能力を記録する取り組みの上っ面を扱ったにすぎないと、私は思っている。

とはいうものの、人間の心が示す知的な柔軟性は、並ぶものがないほどすばらしく見える。では、人間の知能や創造性のどこが特別なのだろう？　この問題には、過去にどんな研究によって、人間の知能の本質が明らかにされてきたのかを探ることから取りかかるのがいいだろう。

知能検査は何を測っているか？

知能の研究は、心理学のなかではある意味、特に成果をあげてきた分野だ[3]。何百万人もの人が、知能検査を毎年受けさせられる。たとえばオランダでは、数十年にわたり、事実上すべての若い男性が知能検査を受けさせられている。知能検査には、大きく分けて二つの起源がある。一方のイギリスでは、チャールズ・ダーウィンのいとこにあたるサー・フランシス・ゴルトンが、知能は感覚の鋭敏さと努力の組み合わせだと考え、これらの要素を測定する各種の検査を開発した。だが、人びとはゴルトンの方法に幻滅を感じるようになった。というのは、彼の検査での得点では、誰が学校でよい成績を収めるかといったことが、うまく予測できなかったからだ。他方のフランスでは、知能検査はまさにそうした実際的な関心から生まれた。フランス政府は心理学者のアルフレッド・ビネーに、通常の教室で同じ年齢の子どもと授業を受けてもついていけない子どもを識別するための客観的な検査を考案するように依頼した。ビネーは政府の要請に応え、知能はさまざまな能力の集合体だとする見方に基づいて、一連の課題を考案した。そのなかには、記憶力、一般的な知識、問題解決能力を測定するものなどが含まれている。彼はその検査を多くの子どもに受けさせて子どもたちの能力を確かめ、それぞれの年齢層における平均点を算出した。そして、これらの平均点がビネーの尺度になった。もし誰かの成績が一二歳の子どもの平均点と同程度だったら、その人の精神年齢は一二歳ということだった。単純明快である。

一九一二年、ドイツの心理学者ウィリアム・シュテルンは、精神年齢を用いて悪名高い知能指数（IQ）を作り出した。IQは、精神年齢を実際の年齢で割って一〇〇を掛けたものだ。たとえば、あなたが一〇歳で、平均的な一二歳の子どものような成績ならば、あなたのIQは一二〇である。もし、平均的な一〇歳の子どものような成績ならば、IQは一〇〇というわけだ。だが、知能指数は子どもの評価でしか意味をなさない。この論理を拡大して大人にも適用すれば、誰もが高齢者と比較したがるだろう。何しろ、もしあなたが平均的な九〇歳の人と同じような成績で、実際には三〇歳だとしたら、IQは三〇〇ということになるのだから。今日のIQの測定値は、実際には指数ではなく、指数の標準的な分布における相対的な成績の位置を表している。[*]ビネーの検査は、アメリカで改訂されて「スタンフォード・ビネー式知能検査」となった。これは「ウェクスラー知能検査」とともに、今も最も広く利用されている。

あなたは、人生のいずれかの段階でこのような知能検査を受けた可能性がある。知能検査は、次のような能力を調べるものだ。言葉を理解して定義する、何らかの事実についての知識を共有する、類推・演繹・推理によって論理的に思考する、計算問題を解く、数字の列を後ろ向きに復唱する、パズルのピースを合わせる、デザインを模倣する、絵で欠けているものを特定する、絵を順番に並べる、記号を新しい記号システムに変換する。このような項目で成績がよければ、知能が高いということになる。少なくともそのように、多くの知能の研究者は思っている。なぜなら、知能についてのあるうんざりさせるような定義《ボーリングな》によると、（一九二三年にE・G・ボーリングが述べたように）「知能とは、知能検査によって検査されるもの」[4]だからだ。これはもちろん循環論法だが、ボーリングは知能検査を支持する次のような有力な知見を指摘した。知能検査が個人差を明らかにすること、子どもたちの相対的な順位は、年齢とともに得点が上がっても変わらない傾向があることだ。そして重要なことに、これらの検査の一つの部分で成績のよい人は、ほかの部分でも成績がよい傾向があることは以前からわかっている。これは、知能の一般因子——通常「g」と呼ばれる——があることを示しており、この因子で実生活での業績が確実に予測されることが示されている。

ほとんどの場合、知能検査は、知的な豊かさ自体を測定するのではなく、訓練や仕事の成績などでの成功度を判断するためにおこなわれる。知能検査によって、学校で落ちこぼれる割合から将来の収入まで、「成功」を測るさまざまな指標が予測される。[5]そのようなことから、知能検査は二〇世紀に西洋社会で次第にもてはやされるようになった。

これまでに、知能検査での得点に影響を及ぼす多くの変動要因が特定されている。たとえば、母親が出産前にアルコールをよく飲むと、生まれた子どものIQは低くなるのに対して、IQの高い両親のもとに生まれる子どものIQは高いことが予測される、というように。IQは大いに遺伝するが、知能検査の得点は、全体的に過去一〇〇年を通じて向上している。[6]そのため、私たちが実際に賢くな

＊個人の得点は、ある尺度に換算される。その尺度では、やはり一〇〇が特定の母集団の平均値を示し、その分布の標準偏差は一五だ。したがって、母集団の三分の二あまりの人びとのIQは、八五から一一五の範囲に入っているということになる。もしあなたのIQが一一五ならば、あなたの得点は、母集団の八四パーセントより上位にあるということだ。IQが一三〇ならば、それより高い得点の人は、母集団のわずか二パーセントしかいない。

っているのか、単に知能検査への対処がうまくなったのかをめぐって、議論が巻き起こっている。

最も重要なのは、これらの検査が、知能の本質について実際に何を教えてくれるのかということだ。知能検査関連の学界では、知能とは、経験から学び、周囲の環境に適応し、自分の出来についてよく考える能力などを含むという点で基本的に意見が一致している。利用できるIQのデータは膨大なので、知能を研究する多くの者が、知能の根本をなす構造についての手がかりを求め、種々の小さな検査(下位検査)での成績の関連性を調べてきた。

残念ながら、それらから得られた知能の理論は、互いにひどく矛盾している。[7] たとえば、一つの一般知能因子(g)を重視する研究者が多くいるのに対して、少なくとも、「結晶性知能」と「流動性知能」という二つの因子を区別する必要性を示している研究者もいる。流動性知能は処理能力を意味しており、高齢になると低下するのに対して、結晶性知能は事実にかんする知識を意味しており、年を取っても下がる傾向は見られない。また、七つの能力(言語の理解、言葉の流暢さ、帰納的推論、空間の視覚化、数の扱い、記憶、知覚の速さ)を区別している理論家もいれば、一五〇もの能力(多すぎて、ここでは挙げられない)を区別している理論家もいる。さらに、知能に階層性の構造があることを支持する研究者もいれば、別個の複数の要素を考える研究者もいる。最悪なのは、これらの理論でどれが正しいのかを判断する明確な方法がないことだ。知能検査はある意味で(たとえば、予測や金儲けという観点で)大々的な成功を収めてきたが、莫大な数にのぼる知能検査の得点や、それらの相互関係にかんする研究からは、人間の知能の構造についてのコンセンサスは確立されていない。

知能検査で知能を研究するというアプローチに対しては、むろん批判者がいる。以前からある批判の一つは、知能検査が特定の西洋的価値を反映しており、限定された範囲の人工的な課題によって、そのような価値しか測定されないというものだ。たとえば、検査でしばしば時間が計られることを考えてみよう。意思決定が迅速なことは、頭の切れる株式市場の仲買人や航空管制官であるとお墨付きを与える能力かもしれないが、文化や状況が違えば、スピードが同じように高く評価されるとは限らない。それどころか、知的な意思決定が必要な多くの場合において、スピードは、たとえば一〇〇パーセント正しい判断をくだすことに比べると、まったく重要ではない。誰と結婚するか、どの家を購入するか、戦争に行くか行かないかといった重大な問題を考えてみればわかるだろう。

IQは静かな試験会場で、紙と鉛筆でもって確定される。だが、現実世界は騒がしいし、静かな机上スペースに恵まれていないことも多い。大学にはIQの高い人がたくさんいるが、そのなかには、オーストラリア人の言う「醸造所で酒盛りも開けない」ような役立たずもいる。心理学者のロバート・スタンバーグが述べているように、実際的知能は、知能検査で測定される分析的知能とはまったく別物だ。[8] 知能検査の成績が低くても世渡りがとてもうまい人もいるし、逆の場合もある。私には数名の政治家が思い浮かぶのだが、人生で特に成功した人が、標準的な知能検査で並外れて高い得点を取っているわけではないような気がする。

それに、知能を説明する試みはほかにもいくつかある。ある理論では、言語学的知能、論理的知能、音楽的知能、空間的知能、身体運動的知能、博物的知能、対人的知能、内省的知能、実存的知能といった多重知能を認める。[9] ほかに、世間一般に認知されている「心の知能[10]（EQ）」というものを聞いたことがある人もいるかもしれない。こうした説では、標準的な知能検査という枠を超えて、人間が持っている可能性のある多種多様な能力を認める。誰もが才能を持っていると、よく言われる。ただ、それを見つける必要があるというわけだ。本当は、「才能」という言葉が、知能とされることのようなものの多くを言い表すのにふさわしいかもしれない。

もっとも、知能検査に対するあなたの見方がどうだろうと、知能検査は本書の目的にとってあまり参考にならない。私たちが知りたいのは、人間が動物とどのように違っているかであって、人間同士がどのように違うかではない。知能検査はすべて口頭での質問を含むため、そのまま動物にやらせることはできない。人間と動物の知能を比較するには、知能とは何かというきわめて重要な根本に立ち戻らなくてはならない。知能にお目にかかったら誰にでもそれとわかるが、研究者は主として個人差に関心を寄せてきたので、多くの者が、人間がどんな知能を共通に持っているのかを見過ごしている。スティーヴン・ピンカーは知能を次のように定義している。[11]「知能とは……障害に直面しても、合理的な（真理に従う）規則に基づいた決断によって目標を達成する能力である」

この定義では、二つの重要な点が注目される。一つめは、知能とは実際的なものだということである。すなわち、目的を追求する際、知能によって障害を乗り越えることができるということだ。ある行動を知的なものだと判断するには、その行動をする人が何を達成したいのかを考慮する必要がある。誰かが、表面上はどうしようもない間抜けに見えても（たとえば、物を落としたり、何かを忘れたり、手痛い間違いをしたりしても）、知的に振る舞っている可能性もある。人間は他者の心を読む能力を持っているので、間抜けに見えるように装うこともある。たとえば、やりたくない仕事があり、自分はそれに適していないと誰かに思わせたいときがあるかもしれない。目的がなければ、どんな行動もとうてい知的にはなりえないのだ。* さて二つめは、知的に目的を達成するためには、その行動は、合理的な規則に従った推論に基づいていなくてはならないということだ。もし、あなたが自分の望むものを偶然だけで手にしたら、それはあなたの手柄だとはほとんど言えまい。

情報を「まとめ」「組み合わせる」こと

人間は合理的な動物である。少なくとも私はそう聞かされてきた。長い人生を通じて、私はこの主張を支持する証拠を懸命に探し求めてきた……[13]。

——バートランド・ラッセル

人間は合理的な動物だとアリストテレスは公言したが、私たちは期待に応えられないこともよくある。心理学者のエイモス・トヴェルスキーとダニエル・カーネマンは、人間が結論に達するためによく用いる多くのバイアスとヒューリスティック〔複雑な問題に対し、単純化された手がかりを用いた簡便な解決法〕を報告している[14]。たとえば私たちは、問題に関連する情報をどれほど容易に思い出せるかということを判断の根拠に置いて、満足できる答えが見つかったらすぐに決断してしまうことがよくある。そのため往々にして、入手できる情報を踏まえた最適な行動ができない。それでも、自分の判断をこのうえなく（過剰に）確信している傾向があり、自分が間違っていることを示す証拠にはたいてい抵抗する。そのくせ、物事が起こったあとになって、それが起こるのを自分が最初から予想していたかのように思ってしまう。一部の研究者（それに、『スタートレック』のミスター・スポックやテレビドラマの『ビッグバン・セオリー』のシェルドン・クーパー博士のような、一部のフィクションの登場人物）は、人間の思考の論理的な欠点を指摘することが大好きだし、彼らの見方を支持する研究結

＊こうしてみると、「人工知能」という用語の名称は誤りかもしれない。コンピューターは人間より記憶力がよく、数の計算が人間より速く正確にできるかもしれない。だが、コンピューターが何かを達成したいと思わない以上、コンピューターは知的だと見なされない可能性がある。この「したい」は、単なる目標（簡単にプログラムできる）を意味するのではなく、ウィリアム・ジェームズが「関心を持つこと」と呼んだものを指す[12]。コンピューターは、スイッチを切っても気にしない。私の知る限りでは。

果も多い。だがここでは、私も、そしてあなたも合理的でないこともある、と述べるにとどめておこう。

このように白状したとしても、人間が合理的な思考をすることができるのは明らかだ。バートランド・ラッセルはもちろんできた。私たちは心のなかで、解決策の候補を試せる。たとえバイアスやヒューリスティックを好むとしても、推論や演繹をおこなえる。たとえ感情に流されることがままあるとしても、理論的に考えることができる。たとえ神秘的な説明を好むことがあったとしても、科学的に考えることができる。オーストラリアでは、「奇跡《マジック》は起こる」と書かれたバンパーのステッカーをよく見かけるが、オーストラリア放送協会の番組『ABCサイエンス』が次のような独自のステッカーで反撃するのを見て、私は思わず笑った――「論理《ロジック》は起こる」。そのとおりだ。

いかなる形の推論にも、情報を心のなかに蓄積して処理するという根本的な能力が関与する。この蓄積能力の違いによって、論理的思考や知能の違いについて多くのことを説明できる。短期記憶は、長期記憶と区別しなくてはならない。というのは、どちらか一方が損傷しても、もう一方は無傷の場合があるからだ。ほとんどの情報は、心のなかで一時的に保持されたのち、永久に失われる。では、二つ前の段落で挙げたバイアスの話題を思い出してみよう。要点は思い出せるかもしれないが、詳細はほとんど忘れているのではないだろうか。それでも、本書のような、書かれた文章をたどるためには、今読んでいるものと以前に読んだものを有機的に結びつけられるように、情報を心のなかで長く保持する必要がある。初期の研究によって、人間が短期記憶に保持できる情報の塊は、七つ（プラスマイナス二つ）だけだということが示されている。[15] それより多くの情報を考慮しなくてはならないときは、先に符号化された情報の一部が短期記憶から失われる（より長期の記憶貯蔵庫に移されたものは、その限りではない）。私が数字を読み上げ、あなたが目を閉じて逆向きに心のなかで復唱しなくてはならないとすると、五桁（たとえば四八三七二）なら簡単だろうが、一〇桁（たとえば三七四七二九七四九七）だとはるかに難しいことがわかるだろう。

短期記憶の容量についての結論は、一貫している。けれど、あなたが「いかさま」をするなら話は別だ。いかさまの一つの方法は、情報をまとまりにすることだ。たとえば、アルファベット一〇文字の並び「ACDCABCLOL」を覚える作業は、「ACDC　ABC　LOL」というように、三つのまとまりに変えれば覚えやすくなる。なぜなら、そうすれば、なじみのある文字の並びを結びつけることによって、記憶のスロットが三つしか占領されないからだ（ACDCはオーストラリアのハードロックバンドの名前、ABCはアルファベットの最初の三文字で、LOLは「大笑い」を意味する略号）。記憶の作業に長けている人は通常、記憶を助けるそうした戦略を駆使して成績を向上させる。このような戦略を使ったり暗唱したりすることができないようにすると（被験者に、記憶の作業と同時に注意をそらせる課題をしてもらうことが多い）、人間の短期記憶の容量は、わずか三つから五つのまとまりしかないことが、最近の研究で示されている。[16] 短期記憶は本当に限られているのだ。

昨今、心理学者は短期記憶よりも「作業記憶（ワーキングメモリ）」の話をしたがるところがある。それは、作業記憶システムが単なる受動的な情報貯蔵庫ではないからだ。* 作業記憶とは、心のなかで情報の塊を保持して操作を加える能力だ。私たちは、電話番号を復唱するといった単純な作業から、家を設計するといった創造的な試みまで、あらゆる種類の精神活動で作業記憶を用いる。作業記憶は、

*心理学者のアラン・バドリーが「作業記憶」という用語を提案し、作業記憶は、互いに独立して働く「音韻ループ」と「視空間スケッチパッド」という要素からなると述べた。[17] さらにバドリーは、これらの要素の用い方を調整する「中央実行系」を提唱した。またのちには、情報の統合、結合、操作を担う「エピソード・バッファ」という限定的な貯蔵庫を追加している。

意識的な精神活動をおこなうときの作業台だ。私たちは知覚から離れて、別のシナリオ、たとえば心を読んだり時間旅行をしたりするのに必要なシナリオを想像できる。作業記憶は、精神的なシナリオ構築という演劇の比喩では、およそ舞台に相当する。[18] 作業記憶があるおかげで、私たちはいわばオフラインで推論できるのだ。十分な作業記憶能力があれば、複数の概念を一時的に結びつけ、それらの関係についてじっくりと考えることができる。思考について考えるといった埋め込み構造を持つ思考のプロセスは、作業記憶で複数の情報の塊を操作することができて、初めて可能になる。[19]

作業記憶の容量によって、一度に検討できる関係の数が制限される。これによって、知能の大きな違いを説明できる。じつは、作業記憶課題の成績によって、論理的思考や知能検査での成績を予測できることが明らかになっている。ＩＱのばらつきの半分もが、作業記憶のばらつきによって説明できるのだ。[20]

子どもは四歳から一一歳までのあいだに、作業記憶の容量がだんだん増える。[21] そして容量の増加は、子どもが解決できる作業の種類と関連があるとされている。私の同僚のグレイム・ハーフォードは、よちよち歩きの子どもが作業記憶で二つの概念を結びつける容量しか持っていないため、単純な関係しか理解できないことを明らかにした。[22] そのような関係は、一つの物が別の物より小さい場合の「より小さい」といった概念などだ。就学前には能力が高まり、子どもは三つの変量の関係を処理できるようになるので、記号の操作による足し算（たとえば、四足す五は九）の計算ができるようになる。その後ようやく、四つの項目を検討できるようになり、それによって、比率（たとえば、二対三は六対九と同等か？）のような複雑な関係を計算できるようになる。ハーフォードらは、子どもの成長時に起こる推論能力のさまざまな変化は、情報処理負荷に対処できる容量の増加という観点から説明できると主張している。

だが、この説にかんしては、数字や文字がまとめられるように、プロセスや概念もまとめられる可能性があるという問題が根強く残っている。ハーフォードは例として、「速度」の概念を挙げている。「速度」は移動距離を時間で割ったものとして表されるが、単にメーターの針として読み取るときは一つの変量になる。したがって、三歳の子どもでも、距離と時間の関係を考慮せずに速度についてともに話ができる可能性もある。それでも、その子は「同じ距離を半分の時間で移動したら、速度は以前と比べてどう違うでしょう？」といった問題には、これらの関係を作業記憶で考慮できるようになるまでは答えられない。作業記憶容量の限界が、論理的思考に制限をかけるのだ。*

情報の一時的な貯蔵や処理用のスペースは、心で複数のシナリオを想像したり、それらを大きな物語にまとめたり、それらを比較・評価したりする能力にとって重要なものだ。作業記憶は、どんな入れ子思考や再帰的思考にとっても欠かせない。したがって、作業記憶容量が十分にあることは、言語能力、心のなかでの時間旅行、心の理論[24]にとって絶対に必要なのだ。現在では、それが人間の認知の進化を決定づける重大な要素[25]かもしれないと広く論じられている。だが、人間の知能には、単なる容量の増加以上の意味がある。

人間が想像力を劇的に向上させる一つの方法は、情報の塊をうまく作ることだ。私たちは心のなかでのシナリオ自体を情報の一つの塊として扱い、それをより複雑な一連の考えに埋め込むことができる。このようなやり方で、人間は限られた作業記憶の土台を用いて複数のシナリオについてよく考え、それぞれのシナリオの見込みや望ましさを検討できるのだ。私たちはそのようなシナリオを階層化し、

*最近の研究[23]によれば、関係を統合する能力と、情報の塊を貯蔵して処理する能力は、関連があるものの区別できる概念だとされる。

高次（メタ）シナリオを構築することもできる。たとえば、「学位を得る」という考えは、講義、勉強、試験を伴う数多くのシナリオからなる。それらを、たとえば額縁に入った学位免状といったイメージで表される一つの項目のもとにまとめることによって、あらゆる細かい情報抜きで、これらすべての活動の集合体についてよく考えることができる。このイメージが標識の役割を果たすおかげで、学位を得るまでの日々の活動をシミュレーションしなくても、学位を得る価値や、それによってもたらされる機会について推論できる。このように、人間は標識を用いて複雑ないくつもの計画を表し（象徴し）、それらを一つの精神的な塊として扱える。

情報を巧みにまとめたり埋め込みをしたりすることで、私たちは文脈を除外して考えることができる。[26] すなわち、不要な個別の情報に邪魔されず、抽象的に考えられるのだ。こうした思考は、もはや特定の事柄と密接に結びついていないので、ある状況で学ぶことを別の状況に応用できる。料理は無数の比喩をもたらすという話は、まだ記憶に新しいのではないだろうか。**この能力は、人間の心というレシピで欠かせない素材なのだ。**そのような文脈を除外した思考のおかげで、私たちは比喩を用い、見えない力を推論・演繹し、一般理論を構築し、論理的な一貫性を考察できる。それゆえ、経済や名詞や進化といった抽象概念を形作り、それらについて推論できるようになるのだ。このシステムは、人間にこのうえない柔軟性と可能性を与えてくれる。

私たちの思考のほとんどは、エピソード的なものというより抽象的なものだ。しかし、そのような思考の起源は、さまざまなシナリオを生み出し、シナリオを標識に置き換え、それらを情報の塊として再帰的に扱う私たちの能力にある。

みんな小さなアインシュタイン

人間の知能やシナリオ構築には、さらに別の注目すべき観点がある。ロバート・スタンバーグは、分析的知能や実際的知能に加えて、人によって想像力や創造力が違うことを認める必要があると唱える。[27]これは、人間の知能にかんするきわめて重要な側面だ。実際、頭のいい人間として特に名高いアルベルト・アインシュタインは、かつてこう述べている。「想像力は知識より重要だ」

私たちは、心のなかで（まだ）現実ではないものについてのシナリオを構築できる。そして想像力を用いて、建築や芸術、ファッション、文学、科学、テクノロジーなどのさまざまな分野で、設計や技術革新をおこなう。世界中の工房や作業場では、機能的で美しい物が毎日無数に作り出されている。特別な才能がなくても、料理やガーデニング、スポーツ、車の修理といった日常生活のなかで創造力を発揮することはできる。話をするとき、あなたが今までにない文を簡単に生み出せるのは、すでに見てきたとおりだ。一部の人はほかの人より創造性に富んでいるようだが、私たち一人ひとりが、アイディアや物語や問題解決法を考え出す果てしない精神力を持っている。

創造性でも再帰的思考が鍵に

想像力は、人間が持っている最高の特権の一つである。この能力によって、人間は意志とは独立に過去のイメージや考えをまとめ、これによって新しくすばらしい結果が生み出される。[28]

——チャールズ・ダーウィン

繰り返し登場するテーマだが、再帰は「過去のイメージや考え」をまとめる主要なメカニズムであり[29]、それによって私たちは、言語、音楽、テクノロジー、芸術などの分野で、再結合を通じて斬新なものを生み出せる。しかし、新規な内容を生み出すだけでは十分ではない（乱数発生器に創造性があると思いたいのなら話は別だが）。創造性と言うからには、生み出されたものを評価する能力も必要となるのだ。

もちろん、互いの評価にかんする意見が一致しないこともある。それどころか、創造力を客観的に評価することは非常に難しい。私には創造的だと思えるものでも、ほかの人にとっては焼き直しに思えるかもしれないし、逆の場合もありうる。そこで、研究者は創造力を定量化しようとして、単純な検査を開発してきた。たとえば、「発散的思考課題」と呼ばれる課題では[30]、被験者は次のような問いに答えることを求められる。「新聞を使ってできることをすべて教えてください」。そして研究者は、子どもが思いつく適切な答えの数を記録する。答えの独創性に得点を与えることもある（一例を挙げると、調査をした子どものなかで、たとえば「紙の帽子を作る」という答えをほかに誰も思いつかなかった場合、この答えに独創性の得点が与えられる）。適切な答えを考え出すために、子どもは自分の知識のデータベースを探索し、さまざまな選択肢を評価する必要がある。このような知識についての思考には、心の理論課題を解くことに似た能力が必要かもしれない。実際、私とクレア・フレッチャー＝フリンは以前におこなったいくつかの研究で、子どもが心の理論課題と発散的思考課題で出した得点に関連があることを見出した。*子どもは誤信念課題をひとたび達成すると、答えをより多く考え出し、それだけでなく独自の答えをより多く思いついた。

創造性と、心で自分を将来のシナリオに投影できる能力によって、私たちはまわりの環境の部分部分を注意深く設計《デザイン》できる。設計とは、特定の機能や美的価値を念頭に置いて、新しい物や状況を想像する能力だ。[31]設計は、プロの建築家やファッションデザイナーだけがおこなうことではなく、計画的に花束や居間をアレンジすることをはじめ、さまざまな日常の活動を包含している。物を設計するとき、私たちは基本的な要素を再帰的に結合したり再結合したりして、望ましい機能の観点から、それらの想像上の配置を評価する。人間は、環境に適応するのではなく、この設計能力をますます用い、この世界を自分たちの想像に合わせて柔軟に形作るようになった。私たちは挑戦を好むし、新しい問題の考案までする。数独などいかがだろうか？

動物の多彩な知能

動物も人間のように、自分の環境を大きく変える加工品を作り出す。シロアリはアリ塚を作り、クモは巣を張り、ビーバーはダムを建設する。だが、こうした構築物は、たとえばチャイロニワシドリが作る凝ったあずまやのようにとても見事だとしても、考え抜かれた計画に基づいて作られたのではないかもしれない。ニワシドリのすべての雄が、件《くだん》の物を作る。さらに、彼らはみな、一種類か数種類のあずまやしか作らないようだ。人間の設計を特徴づける、際限のない柔軟性を示す証拠はない。だがもしかすると、動物の能力を過小評価している可能性も考えられる。何かを道具にする動物もい

＊心の理論課題ができなかった子どもは、正しい答えをほとんど考え出せなかった。そのような子どもたちは、答えを求めて試験会場の部屋を探すことがよくあった。また、めぼしい考えは、関心を向けている対象の範囲内で浮かぶようだった。たとえば、子どもに赤い物の名を挙げるように求め、「消防自動車」という答えが返ってきた場合、その子はその後、消防自動車に関連する物を挙げ続ける一方で、赤い本や赤いボールといった、赤い色がついている可能性のあるほかの物はほとんど挙げない。答えの候補を求めて自分の知識を柔軟に見渡すには、ある答えから自分を切り離す実行能力や、答えの候補を考え出してそれらを評価するメタ表象の力が必要なのかもしれない。

るし、道具をこしらえることまでする種もいる。[32] すでに見たように、大型類人猿は、現実とは別の世界を想像する能力を少なくともいくらか持っていることが示されている。さまざまな動物が、知的で創造的に見えるいろいろなやり方で振る舞う。たとえば、オーストラリアのクイーンズランド州にいるハエトリグモ[33]（ジャンピング・スパイダー）を考えてみよう。そのクモは、ほかのクモを狩るのだが、風など獲物の気を散らすものが煙幕がわりになるときにだけ、回り道をして糸を伝うやり方で獲物のクモの上に降りてきたり、獲物のクモの巣を横断したりする。このように、かなり賢そうに見える行動の例が、ヒト以外のさまざまな分類群で数多く存在する。こうしたことは知能の表れではないのだろうか？

前述したように、知能検査関連の学界は、知能には三つの要素が不可欠だと見なしている。すなわち、経験から学ぶこと、環境に適応すること、自分の成果についてよく考えることだ。共通見解であるこの知能の定義において、人間以外の多くの動物が最初の二つの要素を満たす。つまり、動物は学習し、適応する。たとえば、捕食は、これらの能力に強い選択圧をかけてきたと考えられる。群れで狩りをするシャチやライオン、そして狩られまいとする獲物の動物を考えてみればわかるだろう。一方、第三の要素である熟考は、人間に独特の要素かもしれない。埋め込み構造を持つ思考、つまり思考について考えることは、人間をほかの動物から差別化する特性である可能性がある。[34]

人間以外の動物が、自分の考えについて熟考することをうかがわせる情報はほとんどない。だが一連の研究から、人間以外の動物が、ある程度のメタ認知能力を持っている可能性が提起されている。比較心理学者のJ・デイヴィッド・スミスらは、イルカに音の高低を聞き分ける課題を受けさせ、イルカが、音程の違いがはっきりしているときは難なく答えを出すが、二つの音の周波数が近くなり正解するのが困難になると、課題に答えるのを次第に躊躇することを見出した。[35] さらに、課題を回避する選択肢が与えられると、音程が近くて間違える可能性が高い場合に限って課題を回避したので、イルカが「確信のなさ」にいくらか気づいていることが示唆される。その後、おもにサルでおこなわれた研究から、単純な弁別課題〔二つの同種の刺激を区別する課題〕について徹底的に訓練をすれば、一部の動物は最終的に、しくじる可能性が高い課題の回避を覚えることが確認されている。

そのような行動を記述する一つのやり方は、自分が知らないということを動物自身が知っているのを示すことだ。いくつかの簡素な解釈は注意深い実験研究を通じて排除されているが、だからといって、メタ表象についての大層な解釈が必ずしも正しいというわけではない。スミスらは、一部の動物は自分の確信のなさを監視することができ、したがって難しい課題を回避することを慎重に選択すると述べて、簡素な解釈と大層な解釈の中道を主張[36]しようとする。* 確信のなさの監視は、連合学習モデルによって予測される範囲を超えているが、自分の内面の精神生活を深く考えることは必要ではない。前章では、これまでのところ、他者が心に思い浮かべていることを動物が思い描くという有力な証拠がないことを見た。入れ子思考やメタ表象、再帰性がないということは、動物の知能の柔軟性は極度に限定されている可能性がある。

狩りの例から示されるように、人間以外の動物も、障害に直面しながらも目的を追求することができるので、ピンカーによる知能の定義の一部を満たす。目的の複雑さに制限はあるかもしれない（特に、心のなかでの時間旅行に限界があることを踏まえるとそうだろう）。それでも、動物は明らかに

＊確信のなさを監視する動物がいるとしても、不思議ではない。多くの動物種は、たとえば、攻撃するべきか逃げるべきかといったことを判断する手がかりを追わなくてはならない。そして、自分が状況を処理できるかできないかについての確信のなさを認識することには大きなメリットがあるだろう。たとえば、森林の天蓋を移動しているサルは、自分がどこまでジャンプできるかを考慮する必要がある。

何らかの目的を追求できる。だが、動物が目的を追求するときに推論を用いるかどうかは、あまり明らかではない。推論をするように見えるほとんどの事例に対して、大層な解釈と簡素な解釈がなされてきた。そこから生じた論争は複雑で、多岐にわたる。ここでは、この問題を扱う膨大な文献の包括的な検討はしないが、「動物は問題を合理的に解決できるか？」という問いをめぐる科学の現状を伝えられるように、おもな例をいくつか取り上げたい。

おそらく、動物が問題を知的に解決する事例で特に有名なのは、ヴォルフガング・ケーラーが第一次世界大戦中にチンパンジーでおこなった古典的な実験だろう。[37] ドイツのゲシュタルト心理学者ケーラー（スパイではないかと噂されていた）は、当時テネリフェ島〔アフリカ北西部スペイン領カナリア諸島の最大の島〕で数々の実験をおこなっていた。それについて詳述した『類人猿の知能』という著書は、大きな影響を及ぼした。研究で彼は、飼育下にあるチンパンジーの一群にさまざまな問題をやらせた。そして、たとえば檻の天井にバナナをぶら下げ、チンパンジーが箱を積み重ねてバナナを取る様子を観察した。ケーラーが、チンパンジーには手の届かない檻の外にバナナを置くと、チンパンジーは棒をつないでバナナを引き寄せた。ケーラーの教え子で最も優秀だったのは、スルタンという名の雄のチンパンジーだ。スルタンは解決策を思いつくまで状況を検討し、連合学習ではなく洞察によって問題を解決したと、ケーラーは述べている。

このように早々と成果があったことを考えれば、その後の研究結果がまちまちだったのは驚くべきことだ。文献では、目を見張るような問題解決の例がいくつか見られるものの、類人猿の行動は、「洞察」という言葉から思い起こされるものというより、偶然の産物に見えることが多い。大型類人猿は一般に、じっと座っていて、それから完璧な解決策をすみやかに実行することはない。むしろ、試行錯誤を重ねることがよくある。単純な問題の解決においても、驚くべき失敗がいつまでも見られるという報告がいくつもある。また、解決策を見出す能力の個体差も大きいようだ。それでも、チンパンジーなどの大型類人猿の一部が、ほかのほとんどの動物にはお手上げの問題に対して解決策を見つけ出せるという観察結果が、頻繁に報告されている。

ある研究では、[38]ゴリラやオランウータンが、離れたところに置かれた褒美を取るのにふさわしい長さの道具を選んだ。さらに彼らは、褒美の場所と長さの違う道具を別々に見せられたときでも正しい長さの道具を選び出したので、心のなかで長さの違う道具を表象し比べたことが示唆される。また別の実験で、同じ類人猿たちは、餌を取るのに必要となる道具を手に入れるために、別の道具を獲得することもできた。そのような「メタ道具」の利用は、道具を用いて道具を作る兆しかもしれない。

かつては、人間だけが道具を作ると考えられていた。確かに、動物で道具作りの技能が見られるのはまれだが、研究によって、大型類人猿、ゾウ、キツツキフィンチ、カレドニアガラスのように、少なくともいくつかの種は道具を作ることが明らかにされている。[39]私は最近、ニューカレドニアのマレ島にある研究拠点を訪れた。島では、ギャヴィン・ハント、ラッセル・グレイ、アレックス・テイラーたちが、カレドニアガラスで研究していた。現地で私は、カラスが餌の置かれている穴を調べ、近くにあるパンダナスの茂みに飛んでいって、鋸歯《きょし》のある葉を細長く食いちぎり、それを穴に差し込んで餌を取るのを見た。餌に届かないと、カラスは茂みに飛んで戻り、もっと長い道具を作った。研究者たちは、カレドニアガラスが道具を使って別の道具を入手できることも示している。カラスたちは、まず短い棒状の道具を取り、それを使って長い棒状の道具を取る必要があったのだが、それをやってのけ、そのうえで長い道具を利用して餌を取ったのだ。[40]

カラスは、カラス科に属する鳥だ。カラス科にはほかに、カササギ、ワタリガラス、カケスなどが含まれる。比較心理学者のネイサン・エメリーとニコラ・クレイトンは、カラス科の鳥はさまざまな分野で大型類人猿と同じような能力を持っていると主張している。[41] たとえばワタリガラスは、紐を引き上げて、それに結びつけられている物を取るといった問題を解くことができる。[42] 二本の紐を吊してあった場合には、つねに食物が結びつけられている紐を引き上げ、もう一方は無視する。したがって、ワタリガラスは紐を引き上げれば食物が得られるという因果関係への洞察を示したと論じる研究者もいる。

だが、動物の問題解決にかんするこれらの例には、ぬぐいがたい疑いが依然として残っている。これまでに何度も見たように、利口に見える行動でも、必ずしも知的な思考が生み出したとは限らない。賢馬ハンス効果は、動物の行動の大層な解釈にとって懸案事項だ。たとえば、カラス科の鳥が紐を引き上げる行動は、彼らが紐と食物の結びつきを理解していることを意味するのかもしれないが、そのような行動は単純な連合学習の観点でも説明できる。なぜなら、紐を引き上げるたびに、カラスは食物が近づいてくるという見返りを得るからだ。テイラーらは最近おこなった実験で、[43] カラスが食物を引き上げるときにカラスが目にする場面を操作した。それによれば、紐を引き上げるたびに食物が近づいてくる様子が見えないときは、カラスは紐を引き上げるのをやめる。逆に、たとえ鏡を介してでも食物の接近が見えるときは、カラスは紐の引き上げを続ける。すなわち、視覚的なフィードバックが絶たれると、行動が中断されるというわけだ。このことから、カラスはこの問題についての洞察力を持っているというよりも、即時強化によって行動するということがうかがえる。

連合学習の威力を疑問視する人もいるかもしれないが、つねに、観察された行動を簡素な説明で解釈できるかどうかを問う必要がある。ダニエル・ポヴィネリは、心の理論が働いているとおぼしき類人猿の行動について、懐疑的な解釈を主張する代表格だ。そのポヴィネリは、動物が洞察したり因果関係を理解したりすることを支持する証拠を、チンパンジーでも見出せなかった。彼は、類人猿が野生で道具を作って使うにもかかわらず、道具の機能性をあまり理解していないことを見出した。ポヴィネリの研究では、チンパンジーはバナナの上に置いてある紐と、バナナに結びつけてある紐を同じくらいの割合で引っ張った。食物をかき集める課題で、歯の柔らかい熊手と固い熊手という二つの選択肢を与えられたときも、成績はよくなかった。チンパンジーがきわめて初歩的な間違いを犯したので、チンパンジーはそもそも、重力や物を支える力といった、物事を動かす原因となる抽象的な力について論理的に考えることができないと、ポヴィネリは結論づけた。[44] チンパンジーはその代わり、観察できる出来事のつながりを学ぶのだ。

だが最近の研究で、オランウータンは、木の枝でできた道具を選ぶ機会を与えられたとき、ポヴィネリがおこなった、褒美と道具の物理的つながりを理解しているかどうかを調べる問題の一部を解いた。[45] ほかにもいくつかの研究結果から、ポヴィネリが早まった結論を出したことが示唆されている。[46] ある独創的な研究では、オランウータンが水を利用して問題を巧みに解決した。[47] それによると、オランウータンは落花生が入っている筒を差し出されたが、落花生に直接手が届かなかった。するとオランウータンは口に水を含み、筒のところに戻って何度もその中に水を吐き出した。それで、ついに落花生が水に浮かんで取れるようになったのだ。だが、その後に試験されたほかの複数の類人猿は、この解決策をうまく見つけられなかった。一方では最近、野生で道具を使用することが知られていないミヤマガラスが、『イソップ物語』の「カラスと水差し」に描かれているような賢い方法で水位を操作できることが示された。[48] 虫を浮かせた水の入った容器を与えられると、ミヤマガラスは自発的に石を容器に落とし、水位が上がったところで虫を取ることができた。カレドニアガラスも同じく、水位を上げて餌を取ることを学べる。[49] しかも彼らは、判断を惑わす物がいろいろと置かれたなかから、目的に沿う物を選び出す。ということは、もしかすると一部のカラス科の鳥や大型類人猿は、(少なくとも、時と場合によっては）やはり洞察によって問題を解決できるのかもしれない。

「トラップチューブ課題」と呼ばれる課題を用いた研究は、示唆に富んでいる。動物は、アクリル樹脂のチューブに棒を差し込んで食物を押し出さなくてはならないのだが、このチューブの片側には落とし穴《トラップ》がある。そのため、たとえば棒を左から差し込んで右に押すと食物は穴に落ちてしまう。だが、逆に右から差し込んで左に押せば、食物がチューブから押し出されて食べることができる。四頭のオマキザルでの実験では、九〇回の試行を終えたのち、一頭だけが、落とし穴を避けて食物を取り出すことを学んだ。[50] ところが、チューブの左右を逆転させると、その個体も失敗した。このことから、オマキザルが、トラップチューブ課題にかかわる単純な因果関係を理解していないことがわかる。チンパンジーの成績は、オマキザルより多少よかった。[51] しかし、チンパンジーは落とし穴がチューブの下側にあるか上側にあるかにかかわらず、たとえ穴が上を向いていて、食物が穴に落ちるはずがないときでも同じ方向に押した。その後の研究からは、大型類人猿の大半はトラップチューブ課題をこなせないが、解き方を学べる個体もいることが示唆されている。とはいえ、この問題を解ける個体でも、課題の設定を少し変えて、たとえば食物を押し出すのではなくかき集める必要があるようにすると、失敗する。

このようなことから、ポヴィネリと共同研究者のペン、ホーリーオークは、大型類人猿は、知覚的には異なるものの機能的には同等な課題間にある類推可能な類似性を理解できないと主張する。[52] さらに彼らは、これこそが人間の心を動物の心と本質的に隔てる能力だと唱えている。すなわち、人間だけが「関係同士の高次の関係」を形成するというわけだ。これは、人間だけが、この世界を支配する根本的な因果的メカニズムについての理論を構築するという考えである。もっとも、お察しのとおり、動物の類推能力にかんするこの簡素な説明には、異議が唱えられている。道具を使わない新しい種類のトラップチューブ課題を提示すると、一部のチンパンジーは落とし穴を避けることができ、状況によっては、その能力を似たような課題に応用することもできる[53]。さらに最近、カレドニアガラスも標準的なトラップチューブ課題をクリアし、異なる知覚的手がかりが与えられる別バージョンの課題に、その知識を生かすことが示された[54]（ただし、落とし穴そのものを変えると、カレドニアガラスはうまくできなかった）。* したがって、大型類人猿やこれらのカラスには、少なくとも因果関係を推論する能力や、自分の得た洞察をほかの場面に応用する能力がいくらかあるようだ。これら以外にも、チンパンジーがともかく類推によって推論をおこなう可能性を示す証拠はある。

心理学者のデイヴィッド・プレマックはチンパンジーに、二個のオレンジのあいだには「同じ」を意味するプラスチックのシンボルを置き、バナナとリンゴのあいだには「違う」を意味するシンボルを置くように教えた。その後チンパンジーは、互いに似ている、あるいは似ていない別の二つの物体にも、この知識を応用することができた。それに、大きな三角形と小さな三角形や、大きな四角形と小さな四角形のような類似性の問題も解くことができた。ある研究では、チンパンジーが「缶にとっての缶切りは、鍵穴にとっての鍵である」といった機能面の類似性を理解することも見出された[56]。缶切りと缶、鍵と鍵穴のつながりは知覚的に同等ではないが、缶切りと鍵のどちらにも「開ける」という同等の目的がある。この事例は、人間の認知はほかに類を見ないものだとするポヴィネリらの主張[57]

＊最近おこなわれた別の研究からは、カレドニアガラスが、隠れた人間を原因として考慮できることが示唆されている[55]。カラスは部屋のなかで、人間が壁の向こう側に隠れ、次にその壁に開いている穴から棒が突き出されるのを見て、最終的に人間が、隠れた場所を立ち去るのを目撃すると、棒が単に穴から突き出されるのを見たときよりも、人間が隠れた場所に積極的に近づいた。このことから、これらのカラスが、最初の条件では、棒が動いた原因を隠れた人間だと考えたことがうかがえる。

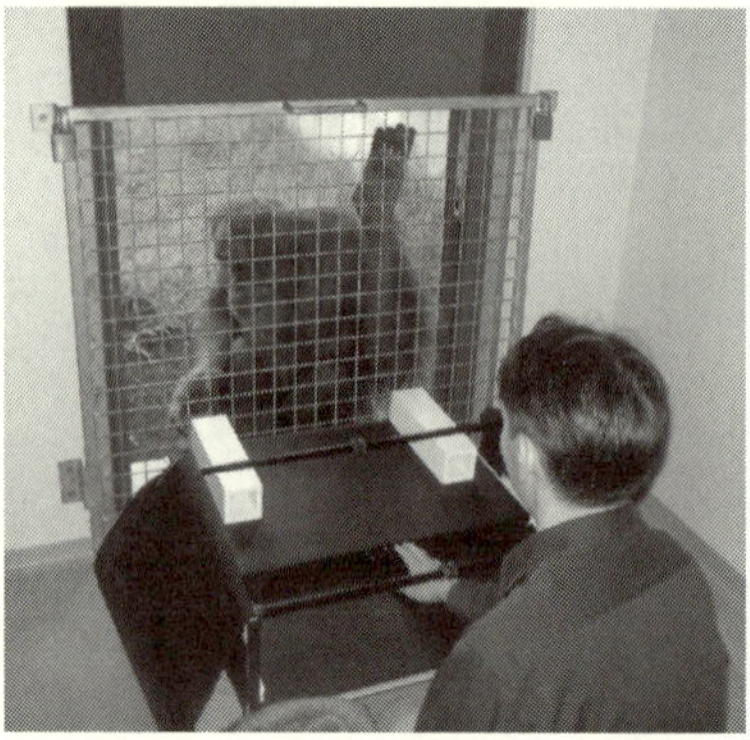

図 7.1　アンドルー・ヒルが雌のオランウータンのプンヤとチューブ課題で遊んでいるところ（エマ・コリアー＝ベーカー撮影）。１頭のオランウータンと２頭のチンパンジーは、今回おこなったジョゼップ・コールの研究の追試で、消去法による自発的な推論ができる様子を示した。

への反証となる。この結果はまだ追試されておらず、大層な解釈派と簡素な解釈派の論争は続いている。

注目すべきは、大型類人猿が類似性を推論できることを支持する研究者でも、この能力に大きな個体差も限界もあると報告していることだ[58]。推論にかんするほかの研究でも、成績に一貫性が見られないという問題が浮上している。最近おこなわれた、別の一連の実験を検討してみよう。たとえば私が褒美を持っていて、それを左手か右手に載せているとしよう。もし、あなたに左手が空っぽであることを見せたら、トリックがないという前提では、褒美が右手にあると推論できるだろう。いくつかの証拠から、大型類人猿にはそのような自発的推論ができることが示されている[59]。ジョゼップ・コールは、二本のチューブの一本に食物を入れた。この課題を出された類人猿は、一本のチューブが空っぽなのを見ると、もう一方のチューブを覗き込むまでもなく、そのチューブからすぐに食物を取り出すことがあった（図7・1）。とはいえ、そのような行動はあまり多くは見られなかった。もしかすると、両方のチューブを覗き込むのにたいした手間がかからないからということも考えられる。したがって、動物に強制的な選択肢を与える試験のほうが、推論能力を調べるには適しているかもしれない。

コールは二つのカップの一つに食物を入れて、両方のカップを交互に振った[60]。食物が入っているカップは、それとわかる音を立てる。大型類人猿は、そのあとで選択肢を与えられると、食物の入っているほうのカップを選ぶ傾向がある。だが驚いたことに、試験をおこなった類人猿のなかで、そのような選択を確実におこなったのは少数にすぎなかった（二四頭のうち九頭）。それ以外の個体は、音を立てないほうのカップを選ぶことがよくあったのだ。その後、音のするカップをうまく選んだ個体が、消去法による推論をすることができるかを調べる追跡試験がおこなわれた。最初の追跡試験も、単純明快なものだった。二つのカップのうち一つに食物を入れる。ただし今回は、一つのカップしか振らない。それが音を立てれば、食物が入っているのは明らかだ。一方、音がしなければ、消去法による推論によって、もう一方のカップに食物が入っているはずだとわかる。さて、先の試験に合格した九頭のうち三頭は、空っぽのカップを振ったときに、もう一方のカップを確実に選んだ。

少なくともこれらの三頭は、状況を理解したのだろうか？　それとも理解しないまま、単に音を手がかりとして連合学習をしたのだろうか？　連合学習という単純な説明を除外するため、コールは一連の巧妙な試験を取り入れた。彼はカップの上にテープレコーダーを持ち、食物が入っているほうのカップの上に掲げたときは再生ボタンを押して音を出した。この実験では、ほとんどの類人猿が、偶然に起こる以上の頻度で食物の入っているカップを選ぶことはなかった。というわけで、彼らの選択は、音と食物を単純に結びつけることによってなされたのではなかったのだ。したがって、以前の実験でも、彼らが単にそのような結びつきに基づいて行動していたのではないことが示唆される。それでも、試験がおこなわれたすべての動物のなかで、一種類の類人猿、具体的にはゴリラだけが、全般にわたって推論と見なしても矛盾しないやり方で振る舞い、ほかの動物はそうではなかった。以上をまとめると、やはり、動物が試行錯誤による学習以上のものを示すという証拠はあるものの、成績は一貫していないということだ。

私が受け持っている博士課程の学生アンドルー・ヒルが、二〇頭のチンパンジーとオランウータン、小型類人猿で試験をおこない、動物の推論能力にかんする知見をさらに調べた。[61] するとこのときも、ほとんどの類人猿が課題をうまくこなせなかった。だが二頭のチンパンジーは、推論能力を支持する説明にまさしく合致するやり方で、答えを選んだ。* とすると、現在ある証拠に基づけば、消去法による推論は人間だけが持つ特性ではないということになる。ただし、ほとんどの類人猿が、ここで紹介したようなごく単純な推論でも苦労するという事実は、ヒトと、ヒトに特に近い種のあいだにも相当な差があることを浮き彫りにする。大型類人猿の推論能力の本質が具体的にはどのようなものなのかは、まだ明らかではない。

動物の行動をめぐる大層な解釈と簡素な解釈との昔ながらの論争は、多くの場合、洞察のない連合学習か、人間がおこなうような洞察に満ちた論法や推論のどちらかという二者択一に陥る。だが実際には、これまでに挙げた例から大いに示されるように、これは誤解を招きかねない単純化だ。ある動物種が、試行錯誤による学習では説明のつかないやり方で振る舞うことを示したところで、その種が必ずしも人間のように推論するということではない。私たちはすでに、動物の問題解決法がいかに限定的なもので一貫性がないかを見た。だが逆に、動物の行動が、人間のするような推論によって引き起こされないとしても、そのような行動が「心なき」連合学習のみによって生じたに違いないという結論に直結するわけでもない。動物の種によって問題解決の能力は異なり、こうした二者択一の解釈では、なぜそうなのかが説明できない。さらに言うと、同じ動物種でも、ある物事の学習は得意だが、別の学習は不得手という場合もよくある。[**] そのような知見からうかがえるのは、行動学者がかつて想像していたのとは違い、動物が万能の学習機構を単に共有しているのではないということだ。

いろいろな動物種が、問題を解決するための多様な認知的手段を進化させてきた。動物が人間とまさに同じような推論をしないとしても、単純な試行錯誤による学習のほかに、多岐にわたる解決メカニズムを持っている可能性がある。動物は、ある特定の因果関係を学ぶ下地があるかもしれない（それ以外の因果関係についてはそうはなっていないかもしれない）。また、あることをしているときには重要な情報に注意を払えるかもしれない（別のことをしているときには、それができないのかもしれない）などと、もろもろの可能性が考えられる。比較心理学者にとっての課題は、「合理的な行為の主体者」か「連合学習をおこなう機械」のどちらかという単純な二分論を超えて、自然界に存在する認知能力の多様性を表す地図作りに取り組むことだ。そして、このテーマにかんする私の任務は、人間の心が動物の心と違う点は何かを検討することだ。しかし、だからといって、すべての動物が同

＊コールがテープレコーダーを用いたとき、この実験では振り動かす動作と音の結びつきが学習された可能性を検討できないのではないかという議論がなされてきた。これを調べるために、アンドルーはレコーダーを使わず、まったく同じ形をした別のカップを振る音で食物の場所を示した。この実験では、類人猿たちは偶然の確率で振る舞ったが、食物を入れたカップそのものを振ったときには、明らかに偶然を上回る確率で、そのカップを選んだ。

＊＊たとえば、私たちは最近、カレドニアガラスに食物の褒美つきの箱を二つ提示して一つを選ばせた。一つの箱には、箱の端から突き出ている串に肉を刺した。もう一方の箱には、串に肉を刺さないか、折れた串に肉を刺すか、さもなければ操作できないようにした。すると、カレドニアガラスはでたらめな振る舞いをした。一方、食物をかき集めるための道具と壊れている道具から選ばせると、すぐさま壊れていない道具を選択した。彼らは棒状の道具をよく使うが、串に最初から食物が刺さっている場合にどうすべきかを学ぶには、多くの試行が必要だった。このように、学習しやすい課題としにくい課題がある。

じ能力を持っているという意味ではない。動物の能力はさまざまだ。

現在ある証拠に基づけば、これまでに論じた問題解決のあらゆる分野を通じて、動物は推論できないとする一括りの主張は排除できるという結論が出せる。動物は、何らかの条件下で推論をおこなえることもある。ただし、その推論能力には重大な限界があるようだ。特に説得力のある実例においても、動物の振る舞いは一貫していない。現時点では、物事の原因となる力の関係を動物がどこまで理解しているかについて、系統立った理論が築かれる兆しはない。道具を作る動物もいるが、さまざまな部品を組み合わせる道具や、種々の機能を持つ道具の設計や改良をする動物は、今のところいないようだ。埋め込み構造を持つシナリオを構築することがなく、人間がおこなうような心のなかでの時間旅行や心の理論や言語から恩恵を受けることもないので、きわめて単純な課題を解くときでさえ動物の推論能力が限られているとしても驚きではないだろう。この推論能力の制約において鍵となる要因は、おそらく作業記憶容量である。

チンパンジーの優れた作業記憶容量

すでに見たように、人間のＩＱの個人差のほとんどは、作業記憶容量の違いに関連するようだ。比較心理学者の松沢哲郎らは、京都大学でチンパンジーの画期的な研究をおこない、チンパンジーに驚くべき記憶容量があることが示唆された[62]。これらの実験で、雌のチンパンジーのアイは、コンピューターのタッチパネルに向き合い、画面のランダムな場所に表示された数字を小さい順に押していくように訓練された。あるバージョンの実験では、アイが最初の数字を押すと、ほかの数字が白い四角で隠された。こうなるとアイは、見えなくなった数字の順に白い四角を押していく必要がある。全部で五つの数字が画面に表示され（そのあと隠され）た場合、アイは約六五パーセントの正答率で数字を押した。したがって、アイの作業記憶容量は五つだということがうかがえる。これはたいしたものだが、この作業では、数字を五つではなく三つだけ思い出せばすむかもしれない。最初の数字を押すときは、（隠されていないので）記憶は関係ないし、最後の数字はつねに、どれだろうと残っている四角だからだ。

もっと最近の研究では、一部のチンパンジーがこの課題を九つの数字までこなせることが報告されている（七つの記憶容量があることが示唆される）。アイの息子アユムは、この課題を少し変えたバージョンで、人間をも凌ぐ成績を出せた[63]。それは、画面上に五つの数字を五分の一秒だけ示す課題で、目を動かして画面を見渡すには時間が短すぎる。アユムが課題を実施している姿は、とても印象的だ。数字が現れて消えると、数字の昇順に、アユムが五つの場所をすばやく押していくのだ。学会で私たちは、チンパンジーが試行の最中に中断され、よそを見て、それからまた画面に戻り、瞬く間に一連の数字を押して課題を達成する様子をビデオで見た。京都大学の研究者たちは、今では、チンパンジーが写真的記憶に近いものによってこの課題をこなすと主張している。大人の人間よりもチンパンジーの成績のほうがよかったという知見は、科学界でもそれ以外でも同様に大きな関心を集めた。もっとも、この比較は完全に公平ではなかったかもしれない。なぜならば、人間は、チンパンジーがこの課題についておこなったような訓練を何も受けなかったからだ。追跡研究では、人間も訓練を受け、その後の試験ではチンパンジーの成績を上回った[64]。

では、チンパンジーの作業記憶の範囲はどれくらいあるのだろう？　人間の作業記憶の評価法（妨害課題が含まれていることが多い）と直接比較できる決定的な試験は、まだおこなわれていない。人類学者のドワイト・リードは、さまざまな課題に対する野生や実験室での振る舞いを分析し、チンパンジーの作業記憶容量は、実際には二つか三つの概念に限られていると主張している。[65] たとえば、リードは、チンパンジーのカンジやニム・チンプスキーが発した、意味の明瞭な言葉の組み合わせの数や、自然環境で道具を使用するときの物の組み合わせの数を調べた。そのような研究からわかる作業記憶容量によって、動物では埋め込み構造を持つ思考が欠けている理由が説明されるかもしれないし、根本的な限界が示される可能性もある。人類が進化する過程で作業記憶容量が徐々に増加したことによって、[66] 人間の心を特徴づける質的な変化について多くのことが説明できるかもしれない。これは興味深い仮説だ。しかし、言語を用いずに動物の作業記憶を測る方法が確立されていないため、確かな結論を引き出すには今後の研究を待つ必要があるだろう。

無限に応用できる知能

私は、動物が何かをほかの物事よりよく学習できると、前に述べた。たとえばラットは、音ではなく味で、のちに吐き気が起こると予測できることを学べる。どんな学習事項がそれぞれの種にとって重要なのかは、進化によって決定されたのかもしれない。野生のネズミが新しい食物源をしょっちゅう探索する雑食性動物であることを踏まえると、味と吐き気の結びつきを学ぶのは重要だ。多くの種が、特定の状況では賢い振る舞いを見せるが、それ以外の状況ではそうではない。霊長類学者のドロシー・チェイニーやロバート・セイファースによれば、動物は「レーザー光のような知能」[67] を示す。デイヴィッド・プレマックもその見方に同意し、ネコで見られる教育を、「狩りを教える」という一つの目的を達成するのに役立つ、巧妙だが限られた能力の例として挙げる。一方、人間がおこなう教育は領域普遍で、さまざまな目的に役立つ。これについては次章で論じよう。プレマックは、人間の知能をほかの動物の能力から差別化するのは人間の柔軟性だと主張する。これまでに人間の能力として、言語、先見性、心の読み取り、推論を取り上げたが、それらは特定の領域に固定されたものではなく、実質的に果てしないさまざまな目的のために利用できる。

動物の種によって、世界と相互作用できる方法は異なる。環境の変化に対応する手段が少ない種もあれば（たとえば、カタツムリの防衛手段は殻に隠れること）、さまざまな選択肢を自在に使える種もある（たとえば、サルは安全を確保するため、脅したり、隠れたり、自分の集団からの援助を募ったり、木に登ったりする）。哲学者のキム・ステレルニーは、これを「反応の幅」と呼ぶ[68]。人間はいろいろな状況に対して、柔軟で多様な方法で反応できる。私たちは、状況に対応するための新しい方法を導入する。それに、好奇心が旺盛でもある。私たちは目新しい情報を探し求め、新しい洞察をもたらしてくれそうな状況を好む。ドイツ語では、「好奇心が強い」を意味する言葉は「neugierig《ノイギーリヒ》」だが、それは文字どおりには「新しいことに貪欲な」という意味だ。確かに、私たちは一般に新しい情報をほしがる。それに、情報を把握すると、エンドルフィンが分泌される。エンドルフィンは、麻薬などの薬物によって活性化されるのと同じオピオイド受容体を活性化して、快感をもたらす。私たちはみな、良書を読むと満足感を味わえることを知っている。アーヴィング・ビーダーマンは人間を「情報食動物」と呼び、私たちが新しくて解釈可能な情報を生まれながらに渇望することを強調した（ただし、彼はその用語を、人間のみを指すものとはしていないが）。

動物園で飼育されている動物での古典的な研究で[69]、木製の積み木のセット、木ダボ、チェーン、ゴムのチューブが一〇〇種以上の動物に提示された。すると、類人猿や肉食動物は、齧歯類などの哺乳類の二倍以上の好奇心を示すことが見出された。しかも大型類人猿は、試験をおこなったほかの霊長類に比べて、二倍の時間をかけてそれらの品々を観察した。私たちに最も近縁な種は、好奇心が強いだけでなく、進取の気概にも富んでいる。私とアンドルー・ホワイトゥンは、褒美を取るにためにはボルトを突き出す必要のある問題箱をチンパンジーに提示し、ボルトを突き出せないチンパンジーたちが、その問題を解くために三八種類もの方法を試したことに気づいた。[70] チンパンジーたちは、片手を使ったり両手を使ったりした。また、唇や足、そして道具を使った。押したり、引いたりして、それから突いた。握ったり、しっかりつかんだり、叩いたりもして、簡単にはあきらめなかった。一方、ヒヒは、親指とそれ以外の四本指との比を含めて、チンパンジーよりヒトに似た手を持っているにもかかわらず、同じ仕掛けを調べるために用いた方法ははるかに少なかった。ということで、反応の幅を調べる一つの方法は、動物に物体を提供して、彼らが生み出す反応の多様性を記録することだ。

ある研究では、檻の外で端が結ばれたロープに対して霊長類が示した多様な行動が記録された。[72] 食物の報酬はなかったので、機能的な操作ではなく戯れの操作が調べられたのだ。このとき大型類人猿が用いた体の部分や行為の組み合わせは、ほかの霊長類よりかなり多かった。これらの結果は追試されており、結果を見ると、大型類人猿はとりわけ創造力が豊かなようだ。別の言い方をすれば、彼らの行動は予測がつかないということでもある。この結果は、物体や社会的他者とともに生み出す革新や創造性にかんする野外観察結果に沿うものだ。* さらには、次章で取り上げるが、社会的に維持されている伝統が多様であることとも一致する。したがって、知能や創造性の進化において、漸進的な変化が起こったことを示すしるしはいくらかあるようだ。ヒトに特に近縁の種は、周囲の環境と柔軟に相互作用することが特に上手だ。

それでも、人間が示す反応の多様性は段違いに幅広い。人間の発明の才には限度がないようだ。私たちは、さまざまな要素から実質的に無限の組み合わせを生み出すことができ、行動や道具や文章などで新しいものを創造している。それに言語があるので、たとえ他者を直接見ていなくても、他者の反応から学ぶことができる。また、心のなかで時間旅行ができるので、将来の行動がもたらす結果について、実際に試さなくても吟味できる。だから、心のなかで障害を乗り越えて好機を見出せるのだ。私たちはさまざまなシナリオを情報の塊として取り扱い、標識を用いて高次の関係を構築できる。そして、これらの関係を状況から切り離し、まったく抽象的な概念について論理的に考えることができる。さらには、この世界を支配する力にかんする複雑な理論を構築し、それらが正しいかどうかを系統的に検証できる。人間だけが、科学をおこなう。

ある意味で、キケロが次のように力説したのは正しかったのかもしれない。「何よりも、人間は真実の追求と究明によって特徴づけられる」。知識の獲得は、それ自体が目的であり、人間を多くの試みへと駆り立てるものだ。私たちは理解を深めていくことに喜びを見出す。私たちは、他者の洞察や観察結果に基づいて知識を蓄積できる。人間が築いてきた文化は、私たちがおこなうほぼすべてのことに浸透しており、環境のなかで賢明に行動することを助けてくれる。そのようなわけで、次は文化について見ていきたい。

＊動物の行動で新しい工夫が見られる割合は、脳の大きさに加えて、道具を使用する頻度や社会的学習とも関連する。[71]

8 新しい遺産

われわれの種とほかのすべての種とのおもな違いは、情報の文化的伝達、つまり文化的進化に対するわれわれの信頼にある。[1]

——ダニエル・デネット

私たちは、きわめて文化的な生き物だ。それは、全員がクラシック音楽や文学や美術の通であるという意味ではない。広い意味での文化とは、私たちが他者から学ぶもので消えずに残っているすべてのものから構成される。すなわち、ありふれた、さらには平凡ですらありうる習慣、価値、知識、それに私たちの社会が発明し広めてきた物も文化に含まれる。たとえば、靴は非常に文化的なものだ。足に底をつけるとよいということに誰かが気づき、それ以来、世界中の人がたくさんの新しいバージョンを作り出してきた。あなたや私も、この知識の恩恵に浴している。何しろ、自分がアイディアを思いついたり、原料を入手したり、靴をデザインし製造したりしたわけではなくても、靴を買いさえすればいいのだから。このような協力は並外れている。サルは靴を持っていない。少なくとも、ほかのサルが作ったり売ったりした靴を持っているサルは、一頭たりともいない。

今の話で特に重要なのは、知識や技能、人工品が、長い年月にわたって蓄積されてきたことだ。私たちは、他者が遠い昔におこなったことから恩恵を受けている。諺にあるとおりで、「車輪を今さら再発明する必要はない」のだ。誰かが今から六〇〇〇年ほど前に車輪を発明し、その考えが急速に広まった。車輪はもともと、メソポタミアのウルという都市などで轆轤《ろくろ》として使われたが、それから二輪戦車や機械式時計、滑車、はたまたフラフープまで、何千何万もの用途にこの基本的なアイディアが応用されてきた。人間は、他者の文化的な功績の上に、さらに功績を積み上げる。

ダニエル・デネットは、文化的な物が人間を賢くすると主張する。そのような物のおかげで、以前にはできなかったことをすることができ、ひいては世界と知的に相互作用するための新しい方法も探索できる。誰かが船を発明した日、可能性を秘めた海がすべての人類の前に拓けた。そのような地平の拡張は、文化の非物質的な側面にも起こる。文化は私たちに心の道具を与えてくれるのである。たとえば、言葉はコミュニケーションの道具であるばかりか、分類や思考や推論の道具でもある。私たちは、概念や記号を新たに再発明する必要はなく、自分の属する集団にあるものを習得すればいい。「靴」という言葉そのものが、あなたの属する文化遺産の一部なのだ。すでに見たように、あなたは何万にものぼる言葉を知っているかもしれないが、そのなかであなた自身が考案した言葉は、たとえあるとしても少しだろう。人が持っている概念のほとんどは、他者から取り入れたものだ。「ソフトウェア」や「進化」といった概念は、比較的最近の文化的発明で、誰でもそれらを使うことができるが、その際に理論的基盤を自分で作る必要はなかった。言葉を伴った心は、言葉を伴わない心とは大違いであり、さまざまな言葉がさまざまな方法で、人の思考に影響を及ぼしうる。*

私たち一人ひとりの理解が不完全なことはよくあるし、見通しが誤っていることもある。だが、人間は自分の心を他者の心につなげることによって、予測能力や支配力を大いに高めてきた。心の理論や言語があるおかげで、私たちはシナリオを構築する心を、はるかに大きなネットワークに結びつけることができる。私たちは互いに教えたり模倣したりし、それによって、自分が経験し、抽象化し、革新したことや、他者から学んだことを伝えることができる。このような次第で、人間の集団は、知識や習慣、生存戦略を社会的に維持して蓄積できるのだ。

文化は、私たちがすることのほとんどすべてに浸透している。私たちは大きな基盤の一部であり、そのような基盤が、祖先や現代の人びとの築いた文化的業績に私たちを結びつけてくれる。私たちの心は、自分が属する集団の文化遺産によって形作られる。人間は独りだと弱いかもしれないが、一緒になると強い。人間の文化は文明につながり、よかれ悪しかれ地球の大部分を変えてきた。このシステムは、途方もないレベルの協力の上に築かれている。本章では文化について、まず、文化を創造するために克服されなくてはならなかった「広範な協力」という基本的な問題の観点から論じ、次に、文化の伝達や変化を担う主要なメカニズムの観点から検討しよう。

協力と裏切りの力学

あなたが人類についてどのように考えようとも、私たちは非常に協力的な集団だ。人びととは、友人や家族、地域社会、チーム、クラブ、企業、協会、団体、国内外の機関と習慣的に協力する。人間は心を読み、考えていることを互いに伝える能力を持っているので、類を見ないほど柔軟なやり方で協調して活動することができる。また、先見性があるので、長期的な協力計画を構築し、その達成に努めることもできる。私たちは、面識のない人びととも協力する。私はヨーロッパやアジア、アメリカのさまざまな地域をヒッチハイクしたとき、この主張が真実であることを当てにした。そしてどこを旅しても、見知らぬ人びとの思いやりや知識に助けられた。人間はバスやサッカーの競技場に詰め込まれても、その結果として大混乱が起こることはめったにない。

人間はまた、経済的にも協力する。たいていの人が、品物やサービスの取引をほぼ誰とでも適切な値段でおこなう。あなたの持ち物のほとんどは、他者によって作られたものだろう。衣服、家具、音楽、スパイス、美術品、それにもちろん、あなたが今読んでいるこの本も。私はこの文章をオーストラリアで書いているが、あなたは地球の反対側で読んでいるかもしれない。あなたは私の労働の恩恵を受けているのだ(本書の内容に賛成か反対かは別にして)。

私たちが他者の考えや労働にどれほど依存しているかは、自分が島に取り残されて独りで持ち物を再び作り出そうとしているところを想像すれば、はっきりするだろう。自転車をどうやって作るか、ましてや車をどうやって製造するかを誰が知っているだろう? たとえあなたがそれを知っていたとしても、それらを作るための原料はどうやって入手するのだろう? 食物を育てることも、祖先によって発見されたさまざまな原理についての先行知識が頼りだ。シナリオを構築する私たちの心は、将来を導いてくれる他者の考えや経験を大いに活用する。現代のコミュニケーション手段によって、私たちは実質的に地球上のどこにいる誰とでも協力できる。

ほかの動物も、協力をおこなう。[3] 共生は広く行き渡っている。たとえば、あなたは何百万という細菌の宿主であり、細菌はあなたなしには生きられず、あなたもそれらの細菌なしには生きられない。

*これは、「言語相対性」[2]——言語が思考を決定するという考え方——についてどう考えるかにかかわらず、当てはまるかもしれない。イヌイットには「雪」を意味する言葉がたくさんあるという例が世間にもてはやされたが、それは誤りであることが暴かれている。にもかかわらず、どんな分野の専門家も、彼らが研究する対象についての言葉を一般の人より多く知っており、それゆえ概念カテゴリーも多く持っているのは明らかだ。たとえば、魚を見るとき、海洋生物学者である妻のクリスは、何十もの種や複雑な生態系を見て取る。

何を隠そう、あなたの体では、細菌の数のほうがあなたの細胞より多い[4]。細菌はあなたのために働き、あなたは細菌に快適な生息地を提供している。共生は、メリットがコストを上回る限り、至るところでおこなわれる。一部の動物は、協力の際にかなりの危険とおぼしき行動にまで出る。たとえば、掃除屋の魚は大型の魚の口にいる寄生生物を食べ、その代わり、大型の魚は掃除屋を呑み込まない。一部のアリはアブラムシを天敵から守り、アブラムシの卵を保管さえする。お返しに、それらのアリは、アブラムシが分泌する甘露をもらう。

同じ種に属するメンバー同士の協力も、同様に広くおこなわれている。アリではほかの社会性昆虫と同じく、大規模な協力が見られる。アリが協力をおこなう理由は、究極的には、みなが近い親戚関係にあるからだ。ミツバチは攻撃者を刺すと死ぬが、その個体の犠牲によって、同じ巣の仲間(そして遺伝系列)が生き延び、子孫をもうける機会が増える。そのような種は、ある意味で一匹の超生物として振る舞う。ハダカデバネズミも、同じような戦略に従う哺乳類だ。女王ネズミは数匹の雄の助けを得て子どもを産む一方、働きネズミは巣穴のあちこちであらゆる仕事をこなす。働きネズミ自身は子どもを作らないが、彼らの行動が子どもを産む親戚の適応度を高める。

進化生物学者のウィリアム・D・ハミルトンは、進化で重要なのは生きていける子孫の数そのものではなく、次世代に受け継がれる遺伝子だと述べた[5]。私たちは、自分の親戚と遺伝子を共有している。たとえば、あなたは遺伝子の少なくとも五〇パーセントを兄弟姉妹、子ども、親と共有しており、片親が同じ兄弟姉妹、孫、叔父叔母、甥姪と二五パーセントを共有しており、じつのいとことは一二・五パーセントを共有している(実際の遺伝的類似性は、それより相当に高い場合も少なくない。移動がほとんどない場合、集団に属するメンバーの基準となる平均的な関係は非常に近いものになりうる)。したがって、次世代で自分の遺伝子が含まれる割合(頻度)は、私たちの親戚の繁殖成功度によって決まる部分がある。もし、あなたの行動が親戚の適応度を高めるのに役立つならば、その行動は、あなたにとって犠牲が大きくても進化によって選択される可能性がある。ハミルトンは、どんな場合に犠牲の大きい行動が親戚への利益によって埋め合わされるのかを説明する法則を提唱した（この法則はrB＞Cで表される。個体が利他的に行動する場合があるのは、その個体にとっての適応度コスト（C）が、受益者にとっての利益（B）と、その個体と受益者の関係の程度（r）の積を下回る場合だ）。

　このようなことから、親戚間の協力は血縁選択によって説明できる。では、あなたが家族の誰かのために、どれだけの苦痛を味わう覚悟があるかを考えてみよう。それを試すため、あたかも椅子に座っているかのように、椅子なしで壁にもたれて脚を九〇度に曲げてほしい。そして、この姿勢をできるだけ長く保ってみよう。最初は楽にできるだろうが、その姿勢で長くいるほど苦痛が増すだろう。精力的な、というより残酷な一部の研究者は、このエクササイズを利用し、人びとが家族のためにどれだけ進んで辛い思いをするかを数値化した[6]。彼らは被験者に、その姿勢で長く持ちこたえられるほど多くの報酬が得られると約束した。すると、被験者は結局のところ、報酬を自分がもらえる場合に最も長く持ちこたえた。一方、親戚が報酬をもらえる場合、被験者はその親戚が自分にどれほど近いかに応じて持ちこたえた。叔母や祖父母が報酬を得る場合よりも、親か子どもが報酬を得る場合のほうが、持ちこたえる時間が長かった。そして、いとこのためには、それより持ちこたえる時間が短く、赤の他人のためだと、持ちこたえる時間は最も短かった。そのような行動はまさに、血縁選択の観点から予想されることだ。

　例外がある、という反論もあるだろう。*たとえばあなたは、家族のなかの特定の人物のためには、今後はいっさい苦痛に耐えるまいと決断したかもしれない。また、親戚の誰かを進んで助けるよりも、親しい友人を助けることをずっと優先したいということもありうる。右記の実験結果やそれらを補強する結果は平均的な値にすぎないので、例外もあるかもしれない。とはいえ、すべての人間の協力が、単に血縁選択の観点で説明できないことははっきりしている。なぜなら、人間は明らかに、特に近い親戚ではない人とも手広く協力するからだ。じつは、親戚ではない人とのこうした協力こそ、動物界では異例なようだし、人間の社会や文化を説明するのに不可欠なのだ。

社会生物学者のロバート・トリヴァースは、人間が血縁関係のない相手と協力するのは、もっぱらその親切な行為がいずれ報いられるだろうと見込んでいるからだと提唱した。[8] 要するに、あなたが私の背中をかいてくれるなら、私もあなたの背中をかいてあげようということだ。恩をすぐに返してもらう必要はなく、恩返しは、たとえばお金のように、間接的なものでもいい。言い換えれば、人間がこれほど人に手を貸すように進化したのは、最終的に何らかのお返しを得られる可能性があるからというわけだ。

だが、私たちはみな自分本位で手助けをしているのだろうか？　人は、見返りを何も期待せずに、惜しみなく援助の手を差し伸べることがある。これは一般にかなり誇れる美徳だ。私はヒッチハイクをしたとき、車に乗せてくれた人びとの誰とも親戚ではなかった。自然災害が襲ったとき、人びとは返礼を受けられる可能性がほとんどないにもかかわらず、時間やお金を他人に与える。本書を執筆しているとき、ブリスベーンのわが家は、ほかの二万軒以上の家と同じく、ひどい浸水に見舞われた。そのとき、友人や隣人に加えて数え切れないほどの他人が、家から泥をかき出したり、ずぶ濡れの壁を取りはずしたり、回収できた物をきれいにするのを助けてくれた。洗濯機を譲ってくれた人もいた。人間が危機の際に協力できるさまは驚くべきもので、私たちは不屈の社会集団であるという感覚（それに人間精神の力に対する信頼）が湧いてくる。口論や衝突は一つも思い当たらないし、惨事のさなかでも、私たちは多少笑ったりもした。歴史は、情け深く献身的で高潔な行動に満ちている。人は、時間や努力、さらに場合によっては命までも捧げることができる。それもすべて、他者を助けるために。

にもかかわらず、多くの哲学者や経済学者が、本物の利他行動が存在するのかどうかを疑問視する。[9] 彼らの主張によれば、利他主義者らしい人は、何らかの形でつねに利益を得るか、利益を得ると当人が思っているという。そのような見方は冷淡に思われるかもしれないが、他者を助けることが将来、支援を得る可能性につながるのは確かだ。人は、他者を助けようと決断する瞬間には、いつの日か自宅が浸水したり地震に襲われたりするかもしれないという事情など考慮せず、単に同情心から手助けをするのかもしれない。だが、献身的に援助する傾向が進化したのは、利他的に行動した人が、たとえ意識的に利益を求めたのではなかったとしても、総じて最終的に利益を得たから（あるいは、少なくとも彼らの親戚が利益を得たから）という可能性もある。** たとえば、多くの援助をおこなう人は評

＊一つの著しい例外は、一見すると、子どもの虐待や殺害といった事件が家族内で起こる場合が最も多いという事実だと思われる。だが、進化心理学者のマーティン・デイリーやマーゴ・ウィルソンは、これらの犯罪の加害者が、被害者の血縁ではない場合が多いことを示した。継親は、配偶者の子どもを傷つける可能性が生物学的な親に比べてはるかに高く、それは「シンデレラ現象」[7] として知られるようになった。もちろん、そのような虐待はまれにしか起こらないが、子どもを虐待する親では、継親が大きな比率を占める。たとえば、カナダでは一九七四年から九〇年にかけて、子どもを殴って死に追いやった父親は、生物学的な父親では一〇〇万人あたり三人未満だったが、継父では三二一人だった。

＊＊動物行動学者のニコ・ティンバーゲンは、行動を引き起こす至近要因（その行動にどんなメカニズムが関与し、それがどのように発達するか）と、行動を引き起こす究極要因（その行動がどのように進化しどんな機能を持つか）を区別する必要があることを明らかにした。[10] 人に共感を覚えることや、「正しいおこないをする」ように育てられたことは、至近要因の面では利他的と捉えられるが、究極的にはより利己的な機能を果たす可能性がある。

判が上がり、巡り巡ってその人にメリットがあるかもしれない。しかも、直接助けたのではない人からも、恩恵がもたらされることがある。

多くの人は一種のカルマ、つまり「因果は巡る」という一般的な宇宙の原則を信じている。さまざまな宗教が、それぞれの人にある種の帳簿がつけられていること、そしてもしもこの世でなければ、あの世で見返りや報酬が得られることを約束する。これは援助行動を促すが、その反面、このうえなく寛大で献身的な行動すらも、本質的に自分の利益を図るものに変えてしまう。私は、人間は単に利己的ではないと考えたいが、そうした究極の説明に対する決定的な反証を知らないので、その考えを私が好むか好まないかは、残念ながら問題にならない。それはともかく、長い目で見れば、ほとんどの人が自分の親切に対して何らかの見返りを期待するという点には、おそらくみな賛同できるだろう。手助けと見返りのバランスがあまりにも崩れると、たいていの人はむしろ腹を立てる。

とすると、互恵的利他主義にとっての厄介な問題は、いかさまを働く者がいるかもしれないことだ。自分が何かを得ても、何もお返しをしない人はつねにいる。そのような人を、搾取者、寄生虫、ただ飯食い、あるいはもっと侮辱的な言葉で呼ぶかは別にして、私たちは人を利用する者に憤る傾向があり、仕返しをしようとすることもある。極端なただ飯食いは「社会病質者」と呼ばれることもある。[11]彼らは無責任で、当てにならず、自分勝手で、人が他者の力になろうとする傾向につけこんで人の親切に便乗する。小さな社会では、いかさまを働くという悪評のある者はすぐに信用されなくなり、誰もいかさま師と協力しなくなる。だが、今日の巨大で流動的な社会では、社会病質者が、あるグループから別のグループに移って出直すことがある。しかしながら、ただ飯食いは、嫌われ者だけが持つ性質というわけではない。じつは、人間はある状況では人と協力するが、別の状況ではいかさまを働くことが往々にしてある。たとえば、通常は積極的に人の力になる多くの人が、別の状況では、どうやって税金逃れをしているかを得意そうに語ったりする（もちろん、それはほかの全国民を欺いていることになる）。互恵的利他主義の侵害は、ささいで単純な怠慢から大規模な搾取まで――皿洗いをしないことから盗みまで、また攻撃から侵略まで――多岐にわたる可能性がある。

いかさまの問題があることから、そもそも親戚ではない人同士の協力が、いったいどうやって共通の慣習になりえたのかをめぐり、活発な議論がおこなわれてきた。ドーキンスは遺伝学の観点から、私たちが、直接あるいは親族を通じてみずからを複製しようとする利己的な遺伝子の宿主だと、説得力を持って主張した[12]。この考えが正しければ、私たちの遺伝子にとって利益になる場合に限って、協力は長期的にうまくいくはずだということになる。協力システムは、つねにただ飯食いに脅かされる。なぜなら、彼らは犠牲を払わなくても利益を得るからだ。すなわち、ただ飯食いが勝ち組になり、彼らの遺伝子が協力的な人びとの遺伝子より広がるはずだ。そうなると、協力というものが最終的に崩壊してしまう。人間の社会は、たとえ搾取の影響を受けるとしても、この問題を何とか克服した。私たちは、いかさまを発見し、懲らしめ、思いとどまらせる手段を編み出した。*さまざまな集団が、協力を奨励・強制する効果的な方法を打ち立てた。人間は着実に協力し合い、最終的に協力は大規模なものになった。

これまでに取り上げた、問題解決、心の読み取り、時間旅行、人と人との心の交流という能力があるおかげで、人間はみなが互いに長期的な利益を得られるよう、共通の規則について合意できる。たとえば私たちは、もし誰かの何かがほしければ、その人の許可を求める必要があるという規則に同意

＊進化心理学者のレダ・コスミデスは、私たちが生得のいかさま師発見メカニズム[13]を進化させたとまで主張している。ただし、これを裏づける証拠には議論の余地がある。

することもあるだろう。今日、ほとんどの社会で、政府は協力の規則を成文法化している。警察がこれらの規則を守らせ、裁判官が違反への処罰を決定し、大勢の弁護士が、どんな処罰だけで済むかについて論じる。理屈からして重要なのは、規則の違反は突き止められ、処罰される必要があるということだ。違反の繰り返しや違反がひどい場合は、たとえば追放や死刑によって自分の集団から排除されるというように、さらに厳しい結果を招くことが多い。だが通常は、特に小さな集団では、噂話や、公衆の面前で恥をかくことが、いかさまの十分な抑止力となる。なぜなら、協力する人びとは、言わずもがなの理由で、いかさま師よりもほかの協力者と交流するものだからだ。人をだます人と仲よくしたい、そんな人を信頼したいなどと、誰が思うだろうか？　だからと言うべきか、人は不当に告発されたら、自分にかけられた疑いを晴らそうとするし、自分の名誉は何より重要である。評判が物を言うのだ。こうした仕組みによって「間接的な互恵関係[14]」が成立し、いつも変わることなく協力する人は、集団の別のメンバーたちから恩恵を授けられ、協力しない人は損害を与えられる。

私たちは行動基準を取り入れて自分のものとし、それに基づいて自分や他人の行動を監視し、評価する。親戚以外の人と効果的に協力するには、道徳が欠かせない。この道徳については次章でくわしく取り上げるが、とりあえず、協力の規則を通じて、人間は繁栄する協力的な社会を築き上げてこられたとだけ述べておこう。この持続的な協力が、大きな賜物をもたらした。すなわち、私たちの祖先は、適応を要する課題にすばやく対処することのできる新しい手段によって、遺伝的進化を補完できたのだ。その新しい手段が、文化継承である。

文化の継承はもう一つの遺伝

学校教育は、文化的知識の獲得を目的として設計された。文化的知識は多くの世代にわたって蓄積され、次世代を教育するのに重要と見なされている。正式な学校教育がなくても、あらゆる人間集団が文化遺産を次世代に伝える。集団によって伝統に違いがあるのは明らかだが（たとえば、オーストラリア人は、先住民の木管楽器であるディジェリドゥーを吹き、オーストリア人はアルペンホルンを吹くように）、いずれの集団も、数多くの楽曲や記号、技術、習慣を発見したり発明したりし、それらを一つの世代から次の世代に伝える。そして、それぞれの新しい世代は、彼らが受け継いだ遺産を礎《いしずえ》にする。この累積的な文化を築く能力は、人間があまねく持っているようだ。マイケル・トマセロは、それは人間特有の能力でもあると主張する。

文化的学習という新しい形態の学習が、一種のラチェット（累積）効果という可能性を生み出した。それによって人間は、同時代の人びとの知識と経験を総合して活用しただけでなく、時間をかけて互いの発明を積み重ねた。それゆえ、文化的進化という新しい進化によって、人工品や歴史のある社会的慣習を生み出し、その結果、それぞれの新しい世代の子どもたちは、彼らが属する社会全体の過去および現在に蓄積された知恵のようなもののなかで成長した。[15]

私たちはみな、巨人たちの肩の上に立っている。いやむしろ、何百、何千万という、ほとんどは亡くなった一般の人びとの肩の上に立っており、彼らから文化を受け継いだ。人間は、情報を次世代に伝えるための迅速で柔軟な方法を発達させており、過去にうまく機能した方法は、それよりもっとふさわしい方法が現れるまで維持される。累積的文化は、私たちがおこなうほとんどの物事で役割を果たす。[16] すなわち、それは私たちの心を形作るとともに、人間が地球をどのように変えたかを説明するのに欠かせない。累積的文化が見て取れるのは、数ある分野のなかでも特に次のような分野だ。建築、算術、儀式、衣服、会話、工芸、料理、習慣、ダンス、ゲーム、インフラ、結婚式、音楽、哲学、公演、通過儀礼、科学、精神性、物語、技術。累積的文化のメカニズムが人間に独自のものならば、そのようなメカニズムによって、今挙げたリストに載っている項目の独自性らしきことのほとんどが説明されるだろう。

それなら、人間の文化で最も重要な特徴は、文化が、生物学的な遺伝に加えて第二の遺伝システムとして働くということだ[17]。個人に適応上のメリットを与えたために選択された遺伝子と同じく、文化的情報にも明確な生存および繁殖上の利益がありうる。文化的進化の明らかなメリットの一つは、生物学的な適応よりずっと速く変化に適応できることだ。そして、それによって、人間がほかの動物よりさらに優位に立てた可能性がある。氷河期が突然始まったことに対応して、人間は単にそれまでより暖かい衣服を作ることができたが、より厚い毛皮を徐々に選択する生物学的な過程は何世代もかかるため、寒気の影響ははるかに大きい。リチャード・ドーキンスは、考えや行動、楽曲のように、一人の人間から別の人間に広がるものを、遺伝子（gene）に似せた「ミーム（meme）」という言葉で呼び、文化的進化がミームに基づくと提唱した[18]。文化的進化と生物学的進化には、正確にどんな類似性[19]や違いがあるのかについては、白熱した議論が繰り広げられているが、重要な点は、文化的知識が生存や繁殖の面で差を生じうること、したがって生物学的進化そのものに影響を及ぼしうることだ。

文化的知識は、局地的な要求に応えて進化する[20]。たとえば、オーストラリア大陸中央の乾燥した地域で暮らしている先住民は、水や食物を見つけるすべを知っていたので、暮らしを立てることができた。だが、彼らのなかで最も賢い人でも、いきなり北極地方に移されたらおそらく死ぬだろう。一方、イヌイットは何とかして、北極地方で手に入る限られた道具で狩りをし、暖かく保つ方法を考案してきた。だが、イヌイットがオーストラリアの沙漠に独りでいることに突然気づいたら、北極地方に移されたオーストラリア先住民と同じように、おそらく生きていけまい（私はどちらの場所でも間違いなく死ぬ）。人間がさまざまな生息地で生き延びるには、その土地に関連した文化的知識が欠かせない。

かつて文化は非常に局所的なものだったが、書き言葉や現代の情報通信網のおかげで、今日では世界中で知識をすばやく交換できる。もしかすると現在ならば、単独の人間でも、あらゆる苛酷な環境で生き延びるのに必要な道具や知識を蓄えられるかもしれない。だが、そのような、ミームが大量に流通する機会がなかったころには、ミームは人から人に直接伝えられなくてはならなかった。文化の形は局地的な機能に適合している（ダーウィンが、生物学的な形状が機能に適合していることに気づいたのと同様だ。この点は生物学的進化に似ている）。各世代は、ある問題への解決法がどのようにうまく機能するかを正確に学び、それを次世代に伝えたに違いない。そうでなければ、その解決法は失われただろう。* ある世代が、親の世代の言葉を話さなければ、その言語は廃れないとも限らないし、実際にそれがしばしば起こってきた。劣性遺伝子とは異なり、社会的学習が、ある世代で潜伏して次の世代に受け継がれることはありえなかった（この点は生物学的進化と違う）。重要なミームがすべて確実に、そして十分正確に伝達されることがきわめて重要だったのだ。

＊タスマニア島が今から約一万年前にオーストラリア本土から物理的に分離されると、先住民のタスマニア人は、その後オーストラリア本土で発明されたブーメランなどの恩恵に浴せなくなった。[21] そればかりか、骨製の道具といった、以前に保有していたテクノロジーまで失った。しかし、タスマニア人の文化遺産が、彼らが暮らした環境において非常に豊かで有益だったのを否定しているわけではない——少なくとも、ヨーロッパ人がやって来て劇的な変化が起こるまではそうだった。

書き言葉がないなかで高度に忠実な社会的学習を実現するため、人間は二つのプロセスに頼らなくてはならなかった。情報が伝えられるのは、情報の保有者、もしくは受け手にその意思があるときだ。それはつまり「教育」と「模倣」であり、人間の文化継承を支える二本柱と考えられている。それぞれの新しい世代は、これらの方法によって、その集団の物質的・社会的・記号的伝統を身につける。

つべこべ言わず模倣せよ

模倣は至るところに見られる。認めないかもしれないが、あなたは他者の言うこと、着るもの、することをまねる。文化が世代を越えて受け継がれるためには、子どもが確実に模倣することがきわめて重要だ。実際、人間は生まれたときから模倣能力の最初の兆しを示す[22]。生まれたばかりの赤ん坊に舌を突き出すと、赤ん坊が同じ仕草を返してくれることがある。このような生後間もないころの模倣が、のちの模倣能力とどのように関係があるのかは明らかではないが、社会的な交流を持とうとする赤ん坊が模倣を通して大人に自分をまねることを促しているのは間違いない。

子どもは、生後九カ月には新しい行動をまねできるようになり、それによって新しい技能を獲得できる[23]。第5章で見たように、一～二歳の子どもは複数の物を組み合わせてガラガラの作り方を学ぶだけでなく、この新しい知識を保持し、数カ月経ってからも同じ行動を再現できる。また、一歳になるころには、子どもは論理的にまねを始める[24]。すなわち、行動をまねるときに、モデルの置かれている状況を考慮に入れるようなのだ。ある研究で、大人が手ではなく頭で電気のスイッチを入れるのを幼い子どもに見せると、子どもはその行動をまねた。別の状況では、モデルは両腕を後ろで縛られていたので、モデルが手を使わずに電気をつけることに論理的根拠があった。この場合、子どもは頭ではなく手を使って電気をつけた。子どもたちは、モデルが何をしようとしているのか、そしてその状況で何ができないのかを理解したようだった。生後一八カ月以降、模倣はお気に入りの遊戯になることがある。よちよち歩きの子どもは、年上の子どもや大人たちと、まねをする側とまねをされる側を交替しながら延々と模倣ゲームをする。

私の同僚のマーク・ニールセンは、生後一二カ月、一八カ月、二四カ月の子どもに、道具で問題箱を開けて褒美を取る方法を見せた[25]。その後、全員が箱のなかの褒美を得ることができた。だが、幼い子どもは単に手を使って箱を開けたのに対し、年上の子どもは道具を使うやり方をまねた。手を使ったほうが簡単に箱を開けられた場合でも、モデルのまねをしたのだ。また、生後一二カ月の子どもが、まずモデルが箱を手で開けようとして失敗するのを見て、次に道具の力を借りたのを見ると、その子たちも手ではなく道具を使うことを選んだ。このように、幼い子どもは、行動をそのまま模倣する論理的な根拠があるときは道具を使うやり方をまねる。だが、年上の子どもだけが、複雑なやり方で行動する理由がはっきりしない場合でもまねをする。ある意味では、幼い子どもの作戦のほうが賢いように見える。なぜなら、幼い子どもは最も効率的な方法をまねて問題を解くが、年上の子どもは「過剰模倣」する、つまり、余分な行動もまねるからだ。しかし、年上の子どもをこの過剰模倣に駆り立てるのには、何かしら理由があるに違いない。そうでなければ、余分な努力を払うことに、どんな意味があろうか?

一つの可能性は、子どもが、自分がまねをしているモデルのようになりたいと望むということだ。そのような同一視は、文化の効果的な伝達にとって重要かもしれない。子どもは、たとえなぜその行動がおこなわれたのか、あるいは、なぜそのような様式の行動が形作られたのかをまだ理解していなくても、行動の模倣によって、実績のある文化的伝統を忠実に習得できる。模倣によって、高度に忠実な伝達が確実におこなわれる。それに、私たちの文化で、なぜ有用な行動ばかりでなく奇妙で道理に合わない迷信的な習慣が保たれ、場合によって盛んにおこなわれるのかが説明できる。さらに重要なことに、模倣によって、まだ先を見通せない子どもが学ぶのが大変なことを一つも投げ出さず、文化が何世代にもわたって維持される理由も説明できる。

模倣は、正常な社会的発達と認知発達にとって欠かせないものだ。私は、精神科医のジャスティン・ウィリアムズと心理学者のデイヴィッド・ペレット、アンドルー・ホワイトゥンとともに、自閉症は模倣の問題に起源がある病気かもしれないと提唱した[26]。模倣の問題を引き起こすのは、「ミラーニューロン」として知られる脳の細胞群かもしれない。ミラーニューロンは、(たとえば、紙を破くといった)誰かの特定の行動をあなたが見たときも、あなたがその行動を自分でするときも、同じように発火する。言い換えれば、他者の行動を観察すると、同じ行動をするための脳のメカニズムが活性化するのだ。このミラーニューロン系の発見に、神経科学者らは色めき立った。というのは、それによって、模倣をはじめ、心の理論から言語、共感といった、さまざまなほかの重要な能力にかかわる神経メカニズムの存在が示唆されるからだ。そして、そのような能力は案の定、自閉症では損なわれている。*

人間は、しばしば知らないうちに互いをまねる。親しい友人と一緒にいるとき、私たちは相手の姿勢や動き、話し方を無意識にまねる傾向がある。自分を観察してみれば、私の言っていることがわかるだろう。そのような模倣は、互いの絆を強めることと関係があり、「カメレオン効果[28]」として知られるようになった。研究によって、人が誰かをまねると(そして相手がそれに気づいていない場合)、相手はその人に対し、より協力的に行動する傾向があることが示されている[29]**。たとえば、ある研究で、実験者が数分間にわたって被験者のまねをした。すると、まねをされた被験者は、その実験者が「誤って」落としたペンを即座に拾ってあげたが、まねをされなかった被験者では、ペンを拾ってあげたのは少数にとどまった。だから気をつけてもらいたい。目先の利く販売員や政治家は、こうした研究成果に目を光らせているのである。

教育と学習にはさまざまな心的能力がかかわる

教育は模倣を裏返しにしたものだ。模倣は、知識のない者が知識を持つ者から学ぼうとするのが基本だが、教育では、知識を持つ側が知識のない者に情報を分け与えようとする。親は指導しようとして、わが子の遊びにしょっちゅう干渉する。たとえば、課題の大事なポイントを目立たせたり、問題を部分的に解いたり、子どもが取りかかりやすいように一番初歩的なやり方を選んであげたりする。また、怪我をせずに技能を練習できるようお膳立てする。心理学者は子どもの学習や大人による教育法を幅広く研究してきたが、子どもが教える側になる教育の発達についてはあまりよくわかっていない。だが、一つの例外として、マヤ族の子どもにかんする研究がある。[31] その研究では、子どもが四歳以降になると進んで指導をおこなうようになることが見出された。八歳になるころには、子どもたちはモデルになって行動をしてみせ、言葉で行動を描写したり説明したりすることによって、学習者の

＊近年、私たちが提唱したことは研究上の興味を大いに引き起こしており、[27] この考えに対する反論も支持も生まれている。

＊＊もっと一般的に言えば、行動の同調性は、結びつきや親密さと関係するホルモンであるオキシトシン濃度の上昇と関連づけられている。[30] 逆に社会的ミラーリングが欠けていることは、ストレスの増加やコルチゾール濃度の上昇と関連することが見出されている。

取り組みを修正した。

言語は、事実を教えるのに不可欠だ。しかし、楽器の演奏などの技術を教えるときのように、教師が手本になって生徒がまねるやり方もある。そのような場合には、模倣と教育という文化的学習の二本柱が頻繁に組み合わさる。教え方によって、学習は促進されることもある――大切な箇所に生徒の注意を向けることや、ペースを緩めること、プロセスを手頃な分量に砕いて一つずつ教えること、一連の過程を繰り返すこと、そして学習効果を強調する教師がいることによって促される。生徒の動きや思考を望ましい方向に調整するなど、教師が生徒の取り組みに介入することから、教育は繊細なものにも実践的なものにもなりうる。教育がなければ、文化の伝達は間違いなく大幅に制限されるだろう。

学校や教育課程は、比較的新しい教育や学習の仕組みだ。学校教育がなくても、伝統的な社会では、整えられた状況以外に何かのついでても、重要な知識を伝達する。たとえば、通過儀礼には、知識を分け与えたり、儀式の参加者が人生の新しい段階について学ぶ準備ができたことをその者の指導者になりうる人に知らせたりする意味があるのかもしれない。また、聞き手にとって多様な教訓の詰まった物語が語られることもある。内容や程度に大きな違いはあっても、教育は文化を越えて人間に普遍的に見られるようだ。[32]

教育や学習についてじっくり検討することは、それほど普遍的ではないかもしれないが、多くの効果をもたらしうる。複雑な技能や知識の教育には、心のなかでの時間旅行が伴うことがよくある。それは、専門技能の獲得に伴う数々の困難を乗り越えるために、長期的な計画が必要なことがあるからだ。また、生徒が何を知っていて何を知らないかを考慮することは、生徒がたくさんの知識を獲得できるような指導法を編み出すのに役立つ。この意味で、教育でも心の理論がいくらか必要に違いない。

実際、幼い子どもが人を教える能力は、心の理論課題での成績と関係がある。生徒のほうも、心を読む能力の恩恵を受ける。その能力は、教師の意図を理解するのに役立つからだ。それに生徒は、心のなかでの時間旅行からも大いに利益を得る。将来何かが得意になれるように練習することを選択するのは、いろいろな種類の複雑な学習にとってきわめて重要である。* すでに見たように、特別な訓練が、人間の専門的技能が多岐にわたる一因に違いないのだ。そして言うまでもなく、言語は教育や学習を格段に向上させる。なぜなら、言語によって意見交換が直接できるからだ。ここまでをまとめると、効果的に教えるという人間の能力には、これまでの章で取り上げた、動物と人間の心のギャップにかんする四つすべての領域が寄与している。

文化はふつうの人が積み上げたもの

誰かが模倣や教育の恩恵を受けられるためには、ほかの誰かがまず、伝達する価値のあるものに投資する必要がある。ときには、まったくの運で何かに巡り合うこともあるが、人間は新しい解決法を積極的に追求することも多い。前章で見たように、人間には問題を好機に変える才能がある。これは必ずしも、それぞれの人間集団が、レオナルド・ダ・ヴィンチのような、単独で文化遺産に大きな貢献をする天才に依存したという意味ではない。そうではなくて、ささやかな向上を積み重ねていくのだ。文化の継承は親から子に伝えられるものばかりではなく、適応を助ける情報は、ある文化的集団

*いくつかの未発表研究で、四歳から五歳の子どもが、いずれ習得する必要があると前もってわかる根拠があれば、それらの課題に対して訓練しようと選択し始めることを私たちは見出した。

のどのメンバーからでも、ほかのメンバーに広がりうる。人間の集団は一般にほかの集団と何らかの接触をするので、隣人たちから発明や習慣を取り入れることもある。考えが迅速に伝達されるのは多くの場合、取引や移住、戦争に伴ってのようだ。

今日では文化が相互に結ばれており、私たちがみな同じ「ミーム」を取り込んで多様性が急速になくなりつつあるという深刻な懸念が生じている。さまざまな言語が消えつつあり、それとともに、その言語を話す人びとの文化遺産の多くが失われつつある。もしかすると、障壁は壊すべき、と主張する人もいるかもしれない。確かに、グローバル化や大規模な協力は、みなが同じ言語でコミュニケーションを取れれば一番うまくいく。それでも、人間の多様な文化遺産を維持することは決定的に重要だとわかることもあると思う。それによって、今後、進化による選択が作用しうるバリエーションを確保できるのだ。何よりそれに、多様性は世界に彩りを加えてくれるではないか。

それぞれの文化は伝統的に、文化同士の大規模な交換ではなく、ほかの集団の文化遺産の一部を取り込んで変更を加え、自分たちの好みや環境に合うようにする。私たちは、物事の解決法だけではなく解決法の素地も伝える。たとえば、文字を持たない文化の出身の人が、外部の人が記号を使って品物を説明するのを見たために、それが決定的なきっかけとなって、その集団が独自の記号システムを考案することになったかもしれない。レオナルド・ダ・ヴィンチは、ヘリコプターを造ることはできなかったが、そのような機械についてのレオナルドの発想は、彼が亡くなったあとも存続し、最終的には実現された。人間は、答えだけではなく問いも伝えられるのだ。[33] 確かに、そうして受け継がれたすべての問いが解決されるわけではないが（たとえば、永久機関）、知識が増えるにつれて、過去に描かれた未来像は明日の現実になる可能性がある（たとえば、ジュール・ヴェルヌの潜水艦や、太陽光を推進力とする宇宙船）。

もう一つ言えば、文化的革新は、意図的におこなわれたり、目標に向けてなされたりすることもある。人びとは、何らかの問題に対する解決法を見出そうと試みる。私たちは心のなかで時間旅行ができるので、巨大な隕石が地球に向かってきたらどうするかといった、まだ存在しない問題に取り組み始めることもできる。実際、一部の大規模な取り組みは、文化そのものを社会的に操作する目的でおこなわれた。共産主義は意図的な試みであり、より公平で協調的な未来を目指して文化を変えようとしたものだ。もっとも、ご存知のように、計画は必ずしもうまくいくとは限らないが。ともあれ、文化がおもに、いわばトップダウンではなくボトムアップによって発展したのは事実だろうが、文化の一部を意図的に選択して育むことができるのは間違いない。*

文化はどのように形作られようと、私たちの心にとって重要な意味がある。文化のインプットがなければ、あなたはどうなるだろう？　きっと、あなたの心は想像できないほど異なったものになるはずだ。だが、人間の文化的な環境で育てられた動物は、言語の訓練を受けた類人猿でも、人間の子どものようには人間の文化をあまり取り込まない。人間は文化を習得しやすいようだ。この話題につい

＊社会的操作は、必ずしも全体主義的な命令に基づくわけではなく、民主的に合意され、科学的に試されることもある。たとえば、二〇〇九年にノーベル経済学賞を受賞した故エリノア・オストロムは、集団がどうやって共有資源を有効に管理し、過剰開発を予防できるかについての指針を与える研究をおこなった。[34]特に、彼女は次のように提唱している。受け取れる権利について明確に定められた規則が必要であり、個人の義務は配分される利益に比例するべきであり、対立を解決するための適切なメカニズムが存在しなくてはならない。「ただ乗り」の処罰はその社会集団によってなされるべきであり、まず軽いものから始まって（すでに見たように、評判が損なわれる恐れがあれば十分な場合もある）、繰り返される違反に対しては徐々に重くするべきである。統治（ガバナンス）は、集団の意思決定を伴うべきだ。これがほかの集団で機能したことを踏まえると、おそらくあなたの集団でも機能するだろう。かくして、人びとがそのような線に沿って組織化を意図的に選択することもある。

ては、のちほどくわしく述べよう。だがまずは、人間の傲慢さに改めて異議を唱え、動物が独自の文化を発展させていないかどうかを問いかけなくてはならない。

動物も集団独自の伝統を引き継ぐ

協力は動物界にも存在する。これまでに見たように、協力のほとんどは、互いに利益のある共生や、血縁選択の観点から説明できる。血縁関係のない相手との協力は珍しい。動物で協力がまれにしかない理由は、効果的な互恵的利他主義が成立するためには、相互関係における「ギブ」と「テイク」の勘定をつける計算能力や、いかさま師を見つけて罰する能力などの高度な認知能力が必要だからだと提唱されている。[35] それでも、助け合いのように見える事例の報告がないわけではない。知られている例を挙げると、チスイコウモリは、残忍な印象とは異なり、血縁関係のない弱くて不出来な個体に血液を親切にも分けてやることが報告されている。[36] コウモリより愛らしい例を挙げると、霊長類は社会的な絆を保つ手段として互恵的な毛づくろいに大きく依存している。[37] チンパンジーのあいだでは、他者を毛づくろいすると、その他者の食物を分けてもらえる機会が増える。前述したように、チンパンジーは団結もして、争いがあれば相互に助け合う。このような連帯が、チンパンジーの政治的闘争の基盤となっている。人間と同じように、チンパンジーは自分を助けてくれた者のほうをよく助ける。

さらに、チンパンジーは誰と協力するのが一番いいのかを知っていることがあるようだ。ある研究[38]では、チンパンジーに、遠くにある食物を一緒に引き寄せる仲間をいつスカウトするかを決めなくてはならないという問題が出された。その食物は檻の外にある盆に入っており、二頭のチンパンジーが同時に紐の端を引っ張らないと手に入らなかった。そして実験対象のチンパンジーは、ほかの二頭のチンパンジーが入っている檻のドアを開けて、どちらを仲間にしてもよかった。すると、チンパンジーはたいてい、以前にうまく協力できたほうをスカウトした。また、最近おこなわれた別の研究では、チンパンジーが地位の高い個体から学ぶのを優先することがわかった。[39] 要するに、血縁関係のない相手と効果的に協力する方法を見出したのは、人間だけではないのだ（ほかの動物が、そのような協力を支持するための道徳観念を持っているかどうかについては、次章で論じる）。

いろいろな動物が、みずからの環境を変化させ、それによって単なる遺伝子以上のものを子孫に伝える。必ずしも慎重な計画に基づいていなくても、ビーバーのダム、モグラなどが掘る長い穴、シロアリの塚などは、将来の世代の暮らしを大きく変えうる。もしかすると、それらは人間の古い家やインフラに似ていなくもないかもしれない。だが、行動の社会的継承はあるのだろうか？　動物行動学者は、（たとえば交配で有利となるような）特定の特徴を、若い動物が重要な時期に親から習得する様子を記録してきた。だが、そのような刷り込みでは、知識の蓄積にあまり柔軟性や余裕が生まれない。動物は、人間のように互いに教えたり学んだりするだろうか？　血縁関係のない他者と考えを出し合うだろうか？　「動物の文化」と呼んで妥当なものは存在するだろうか？

おそらく、動物の文化らしきもので最も有名な事例は、サルで認められたものだろう。一九五三年、「イモ」と呼ばれたニホンザルが、研究者から与えられたサツマイモを洗って砂を落とす様子が観察された。[40] この行動はイモの集団に広がったので、サルの社会的学習だと示唆された。一部の人は、その行動が神秘的なやり方で広がったとまで言い出し、ニューエイジの精神主義者たちがこの事例を書き物に取り上げている。[41] だが、この発想の実際の広がり方がくわしく調べられた結果、文化も、何らかの超心理的なつながりも持ち出す必要はほぼないことが示されている。イモがサツマイモを洗い始めてから約三カ月後に、イモの母親がその行為を学んだ。そして、二年後には同じ集団の何頭かが学び、三年後には一一頭の個体にまで広がった。一九六二年には、四九頭のうち三六頭がサツマイモを洗うようになった。

イモ洗いの伝わり方は迅速とは言えないし、伝達速度が時間とともに上がったわけでもない。もし、この行動が教育か模倣によって広がったのならば、経験のないサルが見習えるモデルが増えるにつれて、伝達速度は加速すると期待されるはずだ。さらに、サルは一般に食物の砂を払い落とす。私はかつて、オーストラリアでよく見られる渉禽類《しょうきん》〔浅瀬を歩いて餌を取る脚の長い鳥〕のトキが、どうやら同じ理由でポテトチップを洗うのを見たことがある。したがって、何かを洗う行動の習得は、それほど珍しくはないかもしれない。それぞれのサルが、試行錯誤学習によって個別にその技能を習得したこともありうる。それでも、何らかの社会的学習が関与している可能性はかなり高い。

じつは、さまざまな動物種の集団内で、何らかの行動パターンが社会的に広がりうることを示す実験的証拠が積み上がってきている。ハトを、食物のカバーをつついて破るように訓練してから、そのような経験のないハトの群れのなかに放つと、その行動は模範のいない集団よりも早く広がる。そのようないわゆる「拡散実験[42]」はここ数年で洗練されてきて、動物の行動がどのように魚類や鳥類、哺乳類の集団で社会的に広がるのかが調べられている。

ある研究では、研究者が飼育下の一頭のチンパンジーに、装置からある方法で食物を取るように訓練し、もう一頭のチンパンジーには、別の方法で食物を取るように訓練した[43]。それから、それぞれのチンパンジーを出身の集団に戻し、教えたテクニックがどのように広がるかを観察した。また、テクニックを導入しない第三の集団を作り、対照群とした。すると、三二頭のうち三〇頭が自分の集団に導入されたテクニックを習得したが、対照群では、自力でこの問題を解決できるようになったチンパンジーは一頭もいなかった。最近おこなわれたオランウータンの研究でも、同様の結果が得られた[44]。

このように、チンパンジーやオランウータンは少なくとも、これらのテクニック（お望みなら、「ミーム」と言ってもいい）を社会的に広めることができる。

ということは、ヒトに近縁な種は第二の遺伝システムを持っているのだろうか？ 持っていることがうかがえる気配は、いくらかある。アフリカでチンパンジーの研究が長期的におこなわれ、さまざまな集団の行動が詳細に記録されてきた。アンドルー・ホワイトゥンは、これらの研究の責任者たちを呼び集め、チンパンジーの文化的多様性を示すとおぼしきデータを集積した。研究責任者たちは、少なくとも一つの場所ではよく見られるのに、それ以外の場所では見られない行動のパターンの地図を作った。たとえば、タンザニアのマハレにいるチンパンジーは、二頭が頭上で片手をつなぎ、空いているほうの手で互いに毛づくろいをすることがよくあるが、そこから一五〇キロほどしか離れていないゴンベにあるジェーン・グドールの研究拠点では、そのような毛づくろいは見られない。いくつかの場所では、チンパンジーはシロアリやアリを釣るために、穴に突っ込んで調べる道具を用いる。ゴンベでは、チンパンジーは比較的長い棒を巣に差し込んでアリを棒にたからせ、手でアリをぬぐい取って口に入れるが、コートジボワールのタイ森林公園では、短い棒を突っ込んで少数のアリを釣り、棒から直接アリを食べる。また、コンゴ共和国の一カ所だけで、チンパンジーが二本の棒を使うのが観察されている。一本をアリ塚に突き刺して穴を開け、それより細い棒を使ってシロアリを釣り上げるのだ。ギニアのボッソウにいるチンパンジーは石のハンマーで木の実を割るが、コートジボワールのタイ森林公園にいるチンパンジーは木のハンマーも使う。一方、ゴンベのチンパンジーは、どちらも使わない。こうした系統立った比較によって、そのような行動特性は、一つの集団で十数種類から二十数種類、全体では現在のところ三九種類に達するという結果が得られた[45]。

このような違いは、単純に生態学的な観点や遺伝学的な観点からは説明できない。飼育下の集団で行動が社会的に広がることはわかっているため、現在では一般に、野生の集団間で行動のこうした多様性が見られるのは、少なくとも一部は社会的に維持されている伝統だからだという考えが受け入れられている。言い換えれば、チンパンジーは一種の文化を持っているということだ。いくつかの行動特性は、多くの世代にわたって受け継がれてきた可能性もある。第2章を思い起こしてもらいたいが、タイ森林公園のチンパンジーは、四〇〇〇年以上前にすでに石を使って木の実を割ったという証拠がある。

スマトラ島のオランウータンにかんするその後の研究では、二十数種類のそうした行動的伝統が特定された[46]。したがって、オランウータンも文化を持っていると見なせるかもしれない。クジラ目も、複数の社会的伝統を持っているようだ[47]。たとえばオーストラリアのシャーク湾では、イルカが海綿を切り取って鼻先にくっつけて海底を探る。そのような行動には遺伝的基盤がなさそうなので、社会的に維持されている可能性が高い。さらに、彼らが食物の獲得戦略を母親から学ぶことを示す証拠がある。ほかにも、一つの亜種だけで社会的に維持されている行動は、昆虫やラットの食物獲得テクニックから鳥のいくつかの方言まで、現在ではさまざまな種の生き物で報告されている。

カレドニアガラスは、累積的な社会的伝統を持っているという主張まである[48]。ガヴィン・ハントとラッセル・グレイは、カレドニアガラスのいろいろな集団が、鋸歯《きょし》のあるタコノキの葉の縁から三種類のデザインの道具を切り取ることを示した。それらは木の穴から地虫を捕るのに使われる道具で、デザインは、単純な細長い形から幅を段階的に変えた複雑な形まであり、特定の地域で用いられるデザインは、何十年間も変わっていない。ハントとグレイの主張によると、単純なデザインから複雑なデザインが生み出されるという。もしそれが正しければ、これは人間以外の動物で技術が蓄積されることを示す最初の記録になるだろう。だが、物を作る技能の学習にかんするその後の研究では、個体の試行錯誤学習が重要な役割を果たすことがほのめかされている。動物の社会的伝達は、道具に触れたり道具を使ったりするきっかけを若い個体に与えることに限られているということなのかもしれない。

以上を要約すれば、一部の動物は行動的伝統を持つことができる。ただし、社会的に維持されている行動特性の数が少ないのは確かだ。そのような伝統が最も多く見られるのはヒトに最も近縁の種だが、それぞれの人類文化を特徴づける何万という「ミーム」に比べれば、チンパンジーが社会的に維持する行動特性の数でも桁違いに少ない。学者のあいだでは、そもそも動物の伝統を「文化」と呼べるのかどうかについても意見が分かれている。私自身は、どちらでも構わない。いずれにせよ、ヒトと、ヒトに最も近縁な動物種とのあいだにも大きな量的な差がある。そして、量的な差の原因は質的な差にあるようだ。柔軟で累積的な文化継承システムが持つ強力で潜在的な力を、動物は十分に活かさないようだ。無数の解決法が絶えず練り上げられ、改良される累積効果のようなものは、動物では認められない（すでに論じたように、言語や心のなかでの時間旅行、心の理論、新しい物事の導入といった面での限界を考えれば、これに驚きはしないだろう）。そのおもな理由としては、動物の文化的伝達メカニズムが大量の情報の拡散や蓄積には適していないという可能性が考えられる。

動物には見られない「過剰模倣」

比較心理学者は、行動的伝統にかかわりうる各種の社会的学習[49]を特定してきた。おそらく、その最も原始的なレベルには「伝染」がある。たとえば、誰でも知っているように、あくびはうつる。誰かがあくびをするのを見ると、周囲の人もあくびをする確率がかなり高くなる。そのような伝染性の行動は、ほかの霊長類でも起こる。あくびは、疲れた個体が自分の集団に、移動をやめて休むよう促す手段として進化したのかもしれない。それよりやや複雑なレベルで言えば、物とのどんなかかわり合いも他者の注意を引きつける。この効果は、家に二人以上の子どもがいる人にはしょっちゅう目につくものだ。たとえば、子どもの一人が何かのおもちゃで遊び始めると、別の子どもは今までどれだけ長いあいだそのおもちゃを無視していようとも、俄然それに心を惹かれることがある。同様に、ある動物が何かを一心に調べているところを別の動物が見ると、その動物もそれを調べることに興味を示す。タコでも、ほかのタコが二つの物のうち一つを選ぶところを見たあとは、それと同じ物を選ぶ可能性が高い[50]。有益だと別の個体が見出すものに注目することは、進化の観点で道理にかなっている。何しろ、それは自分にとっても有益かもしれないのだ。

他者の模倣による学習は、より複雑な形式の社会的学習だ[51]*。何を模倣学習と見なせるかについては、比較心理学者のあいだで相当な議論がおこなわれてきた。すでにおこなわれている連合学習を除外するため、新しい行動の模倣のみを証拠と考えるべきだと主張している学者もいる。一方、どんな行動がまねされても、それを模倣と解釈してよしとする学者もいる。チンパンジーやマカクの赤ん坊は、人間の生まれたばかりの赤ん坊のように、人間が面と向かって舌を突き出したら、そうでなかったときに比べて舌を突き出すことが多い[53]。この行動が起こる一つの理由は、ミラーニューロン系が機能しているためと考えられることが多い。前述のように、ミラーニューロン系は、見るものを自分の行動に結びつけるシステムで、じつはサルで初めて発見された[54]。だが驚くべきことに、この実験以外の方法では、サルが模倣することをうかがわせる証拠はほとんどない。「猿まね」という言葉とは裏腹に、サルは見てもまねしないのだ。

しかし、ほかの動物は、少なくともいくらかの状況ではまねをする。音の模倣は動物界で広く行き渡っている。多くの鳴き鳥が親の歌を模倣し、歌の伝統は親から子へと受け継がれていく。もしかすると、音の模倣は、行動の模倣よりかなり容易なのかもしれない。音をまねるときは、聞こえる音に自分の歌を一致させられるが、行動となると、まねようとする当人の視点からは、自分の行動と模倣対象の行動が違って見える。たとえば、他者のダンスの動きを観察しても、自分でしてみる動きとは直接比べられない。行動をまねるには、モデルの視点を心のなかで想定する必要があるかもしれない。とはいえ、音の模倣も非常に複雑になりうる。私が知っている音の模倣者で最も印象的なのは、オーストラリアのクイーンズランド州にいるコトドリだ。雄は、雌の気を引くために歌ったり踊ったりする。彼らは、ほかの鳥や動物の鳴き声をまねることができるが、チェーンソーや木管楽器のディジェリドゥー、カメラのシャッター、さらにはビールの缶を開ける音まで上手にまねる。

哺乳類にも、異性を引きつけるために複雑な鳴き声をまねる種がある。ザトウクジラの雄は歌うことで有名で、ある集団の雄はみな同じ歌を歌い、しかもその歌は時間とともに変化する。同僚のマイク・ノードは、オーストラリア東海岸で歌われる歌が劇的に変化していく様子を観察した。[55] 一九九六年、八二頭のクジラのなかで、二頭が仲間とはまったく違う歌を歌っていることが記録された。彼らの歌は、オーストラリア西海岸を回遊している別の集団がよく歌う歌だったので、あたかもその二頭は、南極から戻るときに方角を間違ったかのようだった。そして次の年、約四〇パーセントの雄がこの新しい歌を取り入れた。それは大ヒットしたのだ。その後、クジラたちが南に移動する際には、事

＊一部の比較心理学者は、これをさらに区別する。たとえば、他者の目標をまねることは、その目標を達成する手段をまねることとは区別される。どちらでもモデルの意図を理解する必要があるかもしれないが、目標のまねではモデルの正確な行動をまねることは必ずしも必要ではなく、それは「エミュレーション」と呼ばれることがある。[52] サルは模倣（イミテーション）するのではなくエミュレーションすると示唆されているが、この区別が明確とは限らない。

図 8.1　チンパンジーのキャシーは、自分の姿勢がまねされていると、それに気づいている可能性がある。

実上すべての雄がその新しい歌を歌った。新しい歌がこれほどすみやかに広がった要因は、模倣だったに違いない。血縁関係のない個体間でのそうした歌の伝達は、それ以降、ほかのザトウクジラの集団でも報告されている。[56]

ザトウクジラは、ほかの行動もまねることがある。ブラジル沖では、奇妙な行動が観察されている。[57]尾を空中に出したまま、長いあいだ水中で垂直に浮かぶのだ。これらの観察事例は時が経つにつれて増えたので、社会的伝達がおこなわれている可能性が示唆された。実際に、一部のクジラ目は飼育下で、身体的な模倣の能力を持つことを示している。比較心理学者のルイス・ハーマンは、イルカが人間の命令によって模倣ができることや、人間のモデルの行動までまねられることを示した。[58]人間が向きを変えて腕を振り動かすと、イルカは何らかの方法で、モデルの体の構造に自分の異なる体の構造を写すに違いない。だが、これらの海洋哺乳類は例外だ。ほかの哺乳類が、それほどたやすく模倣するという証拠はほとんどない。

ほかの注目すべき例外としては、大型類人猿がいる[59]。たとえば、野生復帰センターにいるオランウータンが、人間がハンモックを吊したり、虫除けをかけたり、ほうきで掃いたりする行動をまねることが観察されている。覚えているかもしれないが、一頭は、人間が火を点ける行為をまねようとしたことも観察されている。さらに、大型類人猿は人間からまねをされると、それがわかるようだ。私たちは、エマ・コリアー＝ベーカーにチンパンジーのキャシーの行為をすべて正確にまねてもらい、それを裏づける証拠を初めて見つけた[60]（図8・1）。エマがまねをする状況では、そうでないさまざまな状況に比べて、キャシーは行動をより頻繁に繰り返し、さらには普通ならやらない順序で行動をして、エマの決意のほどを試すことまでするようだった。模倣に対するこのような反応は、それ以来、ほかの大型類人猿でも報告されている[61]。さらに、類人猿の言語研究の先駆者であるキース・ヘイズとキャサリン・ヘイズは、チンパンジーのヴィキに、自分たちのするどんなことも「これをしなさい」という命令を出してまねるように訓練した[62]。ヴィキはその意図をよく理解し、やがてまったく新しい行動もまねるようになった。この「私のするようにしなさい」という実例は、動物が模倣を理解しているかどうかを評価する最も直接的な方法かもしれない[63]。そして、大型類人猿はそれをうまくこなすことが示されている。サルでも似たような取り組みがおこなわれたが、これまでのところめぼしい結果は得られていない[64]*。

大型類人猿は、模倣を利用して他者からうまい手を新しく学ぶだろうか？　アンドルー・ホワイトゥンらは、この問題を解明するために数々の研究をおこなってきた。たとえば、彼らはチンパンジー

＊ある研究では、人間がオマキザルのまねをしたとき、彼らがカメレオン効果のようなものを示すことが見出された[65]。すなわち、まねをしなかった人間よりも、まねをした人間に対して、より親密な行動をしたのだ。

に、なかに褒美の入っている模造の果実でできた問題箱を提示した。[66] それは二つのやり方で開けることができた。一つの集団のチンパンジーには、人間がボルトをねじって引き抜き、ピンを回してはずし、それからハンドルを回してなかの褒美を取るのを見せた。もう一方の集団には、人間のモデルが指でボルトを押し出し、ピンを回してはずし、それからハンドルを引き上げて箱の蓋を開けるのを見せた。すると、チンパンジーはおもに、自分が見せられた方法で箱を開けた。この結果は、彼らが社会的モデルから知識を習得したことをうかがわせる。だが別の実験では、チンパンジーは社会的に学習せず、ちぐはぐな行動をしたり、模倣以外の社会的学習を示したりした。[67] これらの結果から、チンパンジーは模倣能力を持っているものの、まねをするとは限らないという全体像が浮かび上がってくる。

当然ながら、このような知見が何を意味するのかについて、さまざまな議論があった。ヴィクトリア・ホーナーとアンドルー・ホワイトゥンは独創的な研究をおこない、[68] 解明に向けて大いに役立つデータを得た。彼らは、模造果実を用いる課題の別バージョンを用い、チンパンジーと人間の子どもの行動に大きな違いがあることを見出した。その研究では、モデルがまず模造果実の上部にある穴に棒を突き刺したあと、その棒を下部にある別の穴に差し込む動作をしてみせた。この場合、チンパンジーも人間の子どもも、モデルの行動をまねて褒美を取り出した。第二の条件では、模造果実が透明な材料でできていた。それによって、果実の上部に棒を突き刺す最初の行動は、その箱を開けるのに必要な行動ではないことが目に見えるようになった。褒美を手に入れるには、下の穴に棒を突き刺すだけでいいのだ。すると、チンパンジーはその後、まさしくそのとおりにした。最初の行動をまねるのをやめ、ただちに第二の行動に進んだのだ。一方、人間の三〜四歳の子どもは、棒を下の穴に突き刺す前に、余計な最初の行動もまねし続けた。人間の子どもは「過剰模倣」をする傾向があるが、チンパンジーは当面の目標を達成するのに必要な範囲内でまねをした。

この実験では、チンパンジーのほうが、人間より効率的でおそらく合理的に行動した。だが、文化的知識を忠実に伝えたり蓄積したりするには、人間の子どもが示した過剰模倣がとても重要だ。* すでに見たように、子どもが二歳になるころには、目標を達成する近道があっても過剰模倣をする傾向が見られるようになる。マーク・ニールセンは最近、カラハリ砂漠に住む子どもでこの傾向を調べ、ヨーロッパやオーストラリアの子どもの研究で観察されたのと同じパターンを見出した。[70] 一方、大型類人猿は過剰模倣をしないようだ。もしかすると、忠実な模倣は、ヒトと、ヒトに最も近縁な種の文化的伝達の主たる違いかもしれない。忠実な模倣によって、人間の文化は第二の遺伝システムのレパートリーを少しずつ段階的に積み上げることができたのだろう。

教育はあるが、教える意欲は低い

人間と動物では、教育にも差があるようだ。哺乳類は、安全な環境で学ぶ機会を若い個体に与えることがある。また大人の動物は、特定の行動を促したり、思いとどまらせたりする。だが、彼らは教え子の知識がどの程度かを評価して、学習を組み立てるだろうか？　動物が教育課程のようなものを用意することを示す明らかな証拠はない。先見性や心の理論といった高度な認知能力がないため、教え子に合わせた柔軟な教育をするのは無理なようだ。このようなことから、人間以外の動物は教育を

＊人間では、ほかの「伝達バイアス」[69] もある。たとえば、同調バイアス、成功バイアス、名声バイアスなどだ。それらも文化の累積において重要かもしれない。

おこなわない、要はそういうことだと長いあいだ考えられていた。だが最近では、動物が、少なくとも機能的には教育と呼べるような行動を取れることが明らかになってきた――たとえ、教える側には教育をしているという認識がないかもしれないとしても。

　教育を単純に定義すれば、知識のない生徒の前で、目先の利益がないのに教師が自分の振る舞いを変えること、そして教師の振る舞いが生徒の学習を促進することだ。この定義を用いても、動物界で教育がおこなわれるという証拠は限られている。[71] ネコは、死にかけたネズミなどの獲物を子ネコの目の前に投げ入れることが観察されている。一見すると、子どもに基本的な狩りの技能を学ばせようとしているようだ。似たような行動が、ほかの一部の肉食動物でも観察されている。最も説得力のある証拠は、ミーアキャットの例だ。ミーアキャットの子どもは、サソリなどの危険な獲物の扱い方を生後三カ月以内に学ぶ。大人は子どもに、そのような獲物を徐々に触れさせる。食べ物をねだる子どもに、最初はすでに殺した獲物を与え、次に毒をなくした獲物を与えるのだ。大人はサソリの毒針を取り、子どもが安全にサソリと接触できるようにする。子どもは成長するにつれて、毒を持つ生きた獲物をだんだん与えられるようになる。このような大人の行動は、明らかに学習の助けになる。それを「教育」と呼んでも差し支えないかもしれない。なぜなら、学習者のいるところで大人が自分の行動を変えるし、その行動は教える側にすぐさま利益をもたらさないし、子どもが学ぶ方法は、それ以外にはないからだ。

　だが、大人のミーアキャットの行動は、子どもの技能レベルの評価に基づくものではないと判明した。録音した音源を利用する研究によって、大人の行動を駆り立てるのは、子どもの泣き声だということが示されたのだ。餌を求める年上の子どもの泣き声が再生されると、たとえ実際の子どもが、生きた獲物を扱うには幼すぎても、大人は生きた獲物を運んでくる。逆に、年上の子どもがいる集団に、とても幼い子どもが餌を求める鳴き声を流すと、死んだ獲物が持ち込まれる回数が増える。ミーアキャットの大人の行動は、教育に似た機能を持っているが、人間で見られる柔軟な教育の根底にあるメカニズムとはほとんど共通点がないかもしれない。

今後さらに研究がおこなわれたら、ほかのさまざまな種でも教育の機能を果たす行動が見つかるのではないかと、私は思う。一部のシャチは、ゾウアザラシの狩りで、みずから岸に乗り上げる危険なテクニックを使う。年少のシャチが狩りを始めたころ、大人のシャチが年少者を岸に押し出すとともに、重要なことだが、年少者が岸辺を離れて水中に戻るのを助けることが観察されている。[72] 実質的な教育は、思いもよらない場所で見つかるかもしれない。じつは、おそらく、動物界での教育として二番めに説得力があるのは、アリの事例だ。食物源にたどりつく道を知っているアリは、ほかのアリを案内する。アリは「縦一列」に並んで進むことがある。それによって、リーダーの歩みは遅くなるが、リーダーについていくアリは、食物源までの道筋を確実に学べる。それでも、教育と呼べる行動のそうした例は、今のところ文献ではほんの一握りしか見当たらず、どの例でも教育は一つの種類に限られている。人間では、実質的に無限の内容を学習者に合わせて柔軟に教育することがはっきりと認められるが、動物では、それは示されていない。

不思議なことに、ヒトに最も近縁の種では、実質的な教育についての証拠がまだほとんどない。すでに論じたように、野生では、仲間同士で物を叙述的に指差すことはないようだ。じつのところ、チンパンジーやオランウータンの伝統が、教育を通じて維持されている様子はほとんどない。チンパンジーがハンマーと台を使って木の実を割る地域では、子どもがその手順を学ぶのに数年かかる。母親が子どもを指導したり、手助けしたりすることはあまりない。母親はたいてい、子どもに近くで見物させ、ときには、木の実がうまく割れたら得られる中身を一口食べさせることもある。だが、積極的に教えたら、この情報ははるかに早く効果的に伝わるだろう。

霊長類学者のクリストフ・ベッシュは、何年もの観察を経て、チンパンジーの母親が積極的な教育を思わせるやり方で行動する例を二つ報告した。[73] 一つの例では、五歳のチンパンジーが木の実を割ろうとして数分間努力したが、うまくいかなかった。その母親は休んでいたが、子どものところへ来て、ハンマーを手に取ると、ゆっくり回して使いやすい位置にした。それから木の実を一〇個割り、そのうち六個を子どもに食べさせてから休息しに戻った。子どものチンパンジーはハンマーの柄の適当な位置を握り、それからの一五分間に四個の木の実を何とか割ることができた。もう一つの例では、母親が木の実を台の上で割りやすい向きに置いて、子どもを助けているような様子が見られた。このような行動は、教育のように見える。もっとも、懐疑派は簡素なやり方で説明するかもしれない。だが注目すべきは、このような例がめったにないことだ。体系的な観察が数十年にわたっておこなわれてきたにもかかわらず、類人猿の教育として提唱されているのは、文献ではこれらの二例しかない。こうした証拠に対して大層な見方をしようと簡素な見方をしようと、チンパンジーが互いに教えることはあまりないということが明らかだ。

人間の教育は、言語や心の理論、心のなかでの時間旅行に依存している部分が多いので、動物の教育は、これまでに見てきたことが理由で限定されているのかもしれない。大型類人猿には志向性や経験を他者と分かち合う意欲が特にないのと同じく、彼らの教育能力や教育への意欲は、非常に限られているように見える。最近、ある研究で、チンパンジー、オマキザル、そして人間の子どもに一連の問題箱が提示された。[75] 人間の子どもは、言葉や身ぶりで教え合い、互いのまねをし、褒美を分かち合った。そして、そのような社会的支援を受けた子どもは、出された課題でよい成績を収めた。だが対照的に、チンパンジーやオマキザルは、自力で褒美を確保しようと行動し、他者に教える様子は見られなかった。

大型類人猿は、協力や社会的学習をおこなう能力をいくらか持っており、それらを通じて行動的伝統を維持する。だが、模倣と教育という確固たる柱がないため、知識のある者もない者も、増え続ける累積的な文化遺産を築くためのラチェット効果に必要な準備が整っていない。

人間は、自分たちの心を結びつけたい、過剰模倣したい、教えたいという気持ちが強い。このようにして、私たちの発明や技能、知識は広がり、他者によって地域の条件に合わせられ、微調整され、最適化される。人間の社会集団は協力し、多くの世代をかけて文化資本を蓄積する。それは、集団のメンバーの適応度を大きく変えてきたほどだ。また、次章でさらに論じるが、人間は、確かな協力関係を大いに促進する道徳規範や間接的互恵性を支える手段を築いてきた。適切な文化的知識があれば、人間は砂漠でも北極圏でも生きられるし、短期間ならば、地球を離れて宇宙空間でも生きられる。人間は第二の遺伝システムにより、先行したどんな生物が振るった力をもはるかに上回る力を手にしてきた。これは、私たちに新しい難問を突きつけている。なぜなら、(ヴォルテールやスパイダーマンの叔父ベンの言葉を言い換えれば)大いなる力には大いなる責任が伴うからだ。人間には欠点が多々あるが、それでもほとんどの人間は正しいことをしようとする。そこで次は、正と邪、善と悪の終わりなき葛藤を取り上げよう。

9　善と悪

人間と下等動物のあいだにあるあらゆる違いのなかで、道徳観、つまり良心が何より重要である。[1]

——チャールズ・ダーウィン

私は、ドイツの小さな町にある家で育った。その家は、祖母が戦後に自分の手で建てたものだ。当時、祖母は独身で二人の娘がいた。祖父は東部戦線で戦死し、古い家は爆撃で破壊されていた。一九四五年に七歳だった私の母は、爆弾が雨あられと降ってくるなか、地面に掘った防空壕に年下のいとこと何日間も隠れた。母は戦争について決して話したがらなかったが、私は成長すると、なぜ誰かが私たちの町に爆弾を落とそうなどと思ったのかと訊くようになった。たとえ私の家族ではないにせよ、自分の国の人びとが、歴史上で最も忌まわしいと言ってもいい大量殺戮を引き起こしたことを知って、私は名状しがたい心の痛みを感じた。通りを歩いていく感じのよい年配の男性が、かつてはナチス親衛隊（SS）の将校だったとわかったときは、嫌悪感を抱くとともに、誰であれ年配のドイツ人を怪しんだ。ティーンエイジャーのときに初めて強制収容所に足を踏み入れ、人びとが焼き殺された焼却炉をこの目で見たとき、私は人類に失望して涙を流した。

道徳性とは、考えや行動を善と悪に分ける判断のことだ。私たちには良心があり、それによって自分や他者の選択を評価する。もし、ダーウィンが述べたように、道徳観が人間と動物の最も重要な違いならば、なぜ人間は前述のような残虐行為を働けるのだろう？ もちろん、人は自分の良心の命じるところに背くこともある。徴兵された普通の兵士のほとんどは、謀反や脱走を別にすれば、私の祖父のように、ただ命令に従うしかなかった。そのような状況にはまり込むと、多くの者はプロパガンダを信じ、自分をいい人間と見なすに違いない。そんなことはどんなに想像しがたいとしてもだ。* しかし、極悪非道な行為をした者はどうなのだろう？ 強制収容所の看守たちが、罪もない無防備な人をそんなにも多く殺しながら、自分が正しいことをしていると考えたなどということは、絶対ありえないことなのだろうか？ 彼らや、歴史でそのような残虐行為をおこなったほかの者たちは、共感や同情心を覚える力、良心や道徳性を失ったのだろうか？

強制収容所の医師ヨハン・クレマーは、かわいそうな小さいカナリアに深い絆を感じると日記に綴った[2]。そして、その鳥が死んだときには、その鳥が苦しんで死んだので限りない哀れみを感じると記した。一方、日記のほかの欄では、処刑された者の臓器を取り出すといった、アウシュヴィッツ＝ビルケナウ強制収容所での陰惨な仕事のあらましを説明している。強制収容所の看守で特に悪名高いのが、「血に飢えたブリギッテ」とも呼ばれたヒルデガルト・レヒャートだ。彼女は看護師でもあり、三人の子どもの母親だった。このような人たちでさえ、道徳観念がないことはないようだ。思いやり

*たとえば、行進しているドイツ軍の兵士は、神を信じないボリシェヴィキから神を取り戻しているのだと思っていたかもしれない。何しろ、ヒトラーはローマ教皇と政教条約を締結しており、ドイツ人はヴァチカンに税を支払ったのだ（現在もそうしている）。

の気持ちも持っていたし、人びとを助けもした。だが彼らは、自分の道徳を強制収容所に囚われた人びとには適用しなかった。* 犠牲者たちは社会の害虫と見なされており、看守たちは、そのような人びとに対して情け容赦なく振る舞うことができたのだ。

私たちは、何が道徳で何が不道徳なのかについて大いに論じ合う。もっとも、人間はおしなべてある程度の道徳を持っているようだ。たとえ、それがどんなに歪んでいるように見えたとしても。

道徳観は生まれながらのものか？

一人ひとりの特定の道徳がどのようなものだろうと、私たちが道徳的に振る舞うことに喜びを感じるのは明らかだし、自分が道徳に反する振る舞いをしたと思うと私たちの心は痛む。行動を導くという面で、良心や道徳性は、人間の長期的な協力や文化的進化にとってきわめて重要である。それらの心理学的基盤は何だろうか？　フランス・ドゥ・ヴァールによれば、道徳性の基盤は大きく次の三つのレベルに分けられる。[4] ❶共感や互恵主義といった基本的な構成要素、❷個人に道徳を守らせる集団の圧力、❸内省的な道徳的推論と道徳的判断をする能力。では、これらを順に検討していこう。

精神病質者《サイコパス》のような、良心や他者を思いやる能力が病的に欠けているかもしれない人を除いて、人間はみな他者に共感や思いやりを抱くことができる。ときに共感は、心を読む能力と同一視される。人間は、推論に基づいて、あるいは感情を移入した複雑なシミュレーションに基づいて、他者の立場で考えることができる（それぞれ、「冷たいプロセス」「熱いプロセス」と言われることもある）。[5] 注意すべきなのは、精神病質者は推論によって心を読むことがうまいので、この推論を用いて、よりサディスト的な拷問を考案するかもしれないということだ。そういうわけで、ドゥ・ヴァールらが共感を道徳の構成要素と見なすときに意味するのは、他者の幸福に同情的な関心を持つという、より限定された能力だ。私たちは他者の感情を分かち合うことができ、その結果、彼らの苦しみを和らげたい、あるいは幸せを増したいなどという気持ちになる。私たちは集団のほかのメンバーを無用に傷つけまいとし、彼らに手を貸したいと思う。逆に集団のほかの人びとは、私たちに対して思いやりがあり、私たちを手伝ってくれる。

すでに見たように、血縁関係のない相手との協力を促すおもな原動力は、互恵主義である。人は自分を助けてくれた相手を助けるし、その逆もまたしかりだ。私たちは公平さに対する感覚を持っており、ギブとテイクのバランスがだいたい取れているかを監視する。文化は粘り強い長期的な協力の産物なので、人間の本質が互恵主義や思いやりを支える行動特性を進化させたと考えるのは、不自然ではないかもしれない。ただし、互恵的な助け合いの循環を回し始めるには、まず誰かが親切に振る舞う必要がある。

人間は、生まれながらに善良な性質を備えているのだろうか？　マイケル・トマセロらは、人間の幼い子どもが、道徳を教え込まれるよりずっと前に、人のためになりたいという根本的な衝動を持っているとする証拠を挙げている。[6] 子どもたちは持っているものを共有し、他者が目標を達成する手助けをし、有用な情報を提供する。娘のニーナは、生後八カ月のとき、ビスケットをかじって、自分で食べる代わりに私に食べさせようとするようになったので驚いた。研究によって、よちよち歩きの子どもが、これといった報いや称賛を受けられないときでも人を助けることが示されている。子どもは、

＊当時、彼らの集団内では、そのような人は高徳だとの評判を得ていた可能性もある。アルフレッド・ノース・ホワイトヘッドはこう述べている。「特定の時代、特定の場所での道徳性とは何か？　それは、そのとき、その場所で大多数の人がたまたま好むことであり、不道徳性とは彼らが嫌うことである[3]」

一歳になるころには、物が隠されている場所を指し示すようになる。自分ではその物をほしくなくても、人を助けるために指差してくれ、人がそれを見つけると指差しをやめる。また、人が物を落とすと、その人のためにそれを拾ってくれることが多い。子どもはひとたび言語を習得すると、真実を話す傾向があり、有用な情報をもたらして会話の目的を達成するのに貢献することもある。このような知見は、トマセロの論文「幼児はきわめて社会的なやり方で他者の心とかかわる」とよく一致する。[7] 子どもは、生後一八カ月になるころには、同情の気持ちを明らかに見せるし、悲しみに暮れる他者を慰める。よちよち歩きの子どもも、さよならと手を振り、微笑み、笑い声をあげる。子どもたちはかわるがわるやって来て、あなたをぎゅっと抱きしめたりキスしたりする（子ども同士でもそうする）。

幼いこどもの善良さを表すこうした描写によって、あなたは温かくほんわかした気持ちを感じるかもしれないが、その見方は楽観的すぎて完璧にはほど遠い。子どもも大人と同じく、いつも感じがよいというわけではない。幼い子どもも、ひどく利己的で思いやりがなくなることがある。「魔の二才児」〔初めての反抗期で手がかかる年ごろ〕という表現は、事実に基づいているのだ。よちよち歩きの子どもは、自分のほしい物を何でも取ることがよくあり、それが手に入らないとかんしゃくを起こし、その後まったく協力しようとしなくなる。子どもは残酷になることも、人の助けにならないことも、とことん人をいらいらさせることもある。よって、子どもは元来善良だという考えは、全面的に説得力があるわけではない。

よちよち歩きの子どもで言えば、幼い子どものほうが年上の子どもより手助けをしてくれない。特に手間がかかることについては、その傾向が強い。子どもが人のためになる行為をするには、まず大人が大いに促す必要がある。[8] 自分や他者に褒美を与えることができるゲームを用いた研究では、三歳の子どもでも非常に利己的なことがわかった。子どもたちは喜んで「公平な分け前」より多く取る。

だが、成長するにつれて、自分にとって不利になる場合でも、不公平でないような選択を次第にするようになる。[9] 三歳から七歳の子どもは、次のような相手をだんだん手助けするようになる――近親者、過去に報いてくれた相手、他者と等しく分け合うことが観察された相手。言い換えれば、子どもは経験によって、協力することが最終的に最も筋が通っている相手、つまり家族や友人、そして互恵的だという評判の人びとと、ますます協力するようになるということだ。人の力になろうとする傾向のいくつかが、人間が生まれつき持っている性質の一部になったという可能性は残っているが、以上のような結果からすれば、子どもが人の力になるのは経験によって培われることであり、このような傾向は、生物学的にではなく社会的に受け継がれるということが示唆される。子どもは、一歳になるまでのあいだにも、人の力になる行動に報酬や称賛が与えられる経験を直接的ないし間接的な形で多く積む。そして同じく、反社会的な行動が罰せられる例もたくさん経験することになる。実際の話、子どもは歩けるようになるやいなや、大人が頻繁にフィードバックを与えるので、さまざまな行動の許容限度をたびたび思い知らされることになる。

天使と悪魔

自然は非情だ。あらゆる動物が、生命を維持するためにほかの生物を食べなくてはならないという事実から逃れられない。菜食主義者、それに絶対菜食主義者でも、どの生物を食べるかという選択を制限できるだけで、食べるか食べないかを選べるわけではない。最も適応する者が生き延びるということに力点を置くダーウィン的な生命観は、人間がほかの動物と同じく本来利己的なはずだということを匂わすように見える。さまざまな状況で、個人の利益は他者の利益と衝突するし、どうやら人間は互いを傷つけるのをいとわないときがある。

トマス・ホッブズは、人間が争う理由は、たいてい三つのカテゴリーに分類されると述べた[10]。一つめは、限られた資源をめぐる競争だ。他者を押しのけて食物や土地、配偶者を得るのが得意な人は、そうでない人よりも次世代に多くの子どもを残す。したがって、この形式の攻撃性が広く行き渡っており、幼いころにすでによく認められるのも不思議ではない。争いの原因の二つめは、自己防衛だ。潜在的に攻撃志向の人がまわりにいると、平和を愛する人でも自分を守ることを余儀なくされる。自己防衛の一つの形式が、先制攻撃だ。したがって、一つめの理由では攻撃を推し進めようと思わない二つのグループでも、ともに相手を信用しないばかりに、結局戦闘に至ることもある。

冷戦時代の政治家（それにスティーヴン・ピンカーなどの進化心理学者）は、他者が攻撃を仕掛けてくるのを止めるための最もよい戦略は、確かな抑止力だと語る。もしきみが私をなぐったら、必ずやり返すぞ、ということだ。私たちは、よいおこないに報いるのと同じように、悪いおこないにも報いる。どんな相手が攻撃を仕掛けてきても報復する能力と意志を示せば、他者から手出しをされずにすむ可能性が高まる。抑止力を確かなものにするためには、決意と能力を示すことが重要だ。つまり、仕返しは確実にする必要がある。なぜなら、意志が弱そうに見えると、残忍な敵対者から弱いと思われてしまい、つけこまれる事態を招きかねないからだ。ピンカーは、確かな抑止力の必要性が、人間が攻撃をおこなう理由としてホッブズが三つめに挙げたものにつながると主張する。それは、意見の相違、侮辱、そのほかの不敬の表れといった、「些末なこと」にかんする争いだ。人は、たとえば駐車する場所から誰かの母親についての無礼な発言など、一見つまらないことやばかげたことをめぐって激しく争う。なぜ争うのかと言えば、これらの事柄で引き下がると、評判や名誉が傷つくからかもしれない。実際、人は目撃者がいないときよりもいるときのほうが、些末な問題で争うことが多い。

そして当然、そのあとには復讐や確執などが続く。

ホッブズは、未開人の人生は高潔ではなく、「不潔で、残酷で、短い」と考えた。武力を独占する政府を持った文明だけが、脅し、攻撃、報復の悪循環から逃れる手段を提供した。中央集権化された権力によって、攻撃者は必ず罰せられるので、前述した三つの理由のどれかのために攻撃を仕掛けようとする動機が減少する。警察に逮捕される恐れがあることによって、ほしい物を暴力で奪おうとする気がくじかれる。すると、他者を思いとどまらせる目的で先制攻撃をしたり侮辱的言動にいちいち報復したりする理由は少なくなる。このようにして人間の攻撃的な傾向は抑えられ、文明社会が繁栄できると、ホッブズは提唱した。法と秩序が暴力を減らし、協力を全般的に増やすことができるのはほぼ間違いないが、これは人間がもともと性悪だという意味ではない。

人間は生まれつき性悪だという見方は、おそらく、人間は生まれつき善良だという見方と同様に誤解を招きかねない。赤ん坊はそもそも悪い性質を持って生まれる（それから文明化される）のでもなく、善良な性質を持って生まれる（それから堕落する）のでもなく、人の力になる傾向と反社会的な傾向の両方を持っている。私たちは矛盾を抱えた種だ。他者の血を奪いもすれば、献血もする。人間に特有の文化的進化は、協力をおこなう並外れた能力に支えられているが、人間は協力して大量虐殺もおこなえる。人間は利他的で思いやり深くもなれるが、貪欲で無慈悲にもなれる。私たちはみな、天使的とも悪魔的とも呼べそうな性質を持ち合わせているのだ。道徳の観点からすれば、一方だけを持っていることが望ましいが、進化の観点からすれば、どちらの傾向も、特定の環境で明らかな適応上のメリットをもたらしうる。

同じ圧力の存在を保証するもの

社会的圧力、すなわちドゥ・ヴァールが名づけた「レベル❷の道徳性」[11]が、国家が施行する制度化された法に限定されないのは明らかだ。協力的な集団には、たとえば領土の防衛や特定の資源の共有というように、すべての所属メンバーが共通して持つ目標がある。これらの共通目標の達成に貢献するために、集団のメンバーは、褒美と罰、承認と不承認を通じて、ほかのメンバーに進んで圧力をかけることがある。成文化されていない多くの社会規範は、自分たちがどう振る舞うべきかを示す指針となる。たとえば、文化によっては、買い物の際に客が店のカウンターで列を作る。そのような場所では、列に割り込む人に冷たい視線が向けられる。規範が何であれ、私たちはみな調和した社会的環境を維持する役割を担っており、いかさまをやめさせ、協力という規範の遵守を促す。アルベルト・アインシュタインは、こう述べている。「詰まるところ、人間の平和的な協力は、いかなる種類のものも主として相互の信頼に基づいており、法廷や警察といった機関は二の次だ[12]」

相互の信頼とは、相手が「正しいこと」をすると信じることだ。どんな人間集団も、正しいおこないにかんする規則（たとえば、義務や禁止事項、美徳を定める規則）を受け継いでいる。そのような規則は、権利と責任からなる社会的契約を表していて、たとえば、Xをしてはならない、Yをすることは許されない、Zをすることは特によい、といった事項を含む。この規則は文化によってさまざまだが、ある種の道徳規則は共通なようだ。義務にはたいてい、厚意に報いること、約束を守ること、集団内の弱いメンバーを危害から守ることなどが含まれる。ほとんどの集団は、殺人、窃盗、嘘をつくことを禁じている[13]。この理由は明らかだ。互いにしょっちゅう嘘をついたり、人を殺したり、物を盗んだりする人びとは、協力的な社会を持続的に築くことはできない。そして、徳の高い行動は、義務で要求されている範囲を超越する。怪我をしたり命を落としたりする危険を冒してまで自分の集団やその利益を守ることに成功すれば、一般に英雄的と見なされる。そのような行為は、その人の評判を高め、褒賞につながる。これらの道徳律がまとまり、人間の協力的な社会を機能させるユーザーマニュアルになっている。

前章を思い出してみよう。協力には、つねに危険が伴う。なぜなら、いかさまをする人がいるかもしれないからだ。何も犠牲を払わずに協力の報酬を得たいという誘惑は必ず存在する。あるいは、義務を負わずに権利だけほしがる人もいるかもしれない。そのような誘惑に負ける人があまりにも多ければ、協力関係は崩壊する。* このことから、動物の協力が、なぜ互恵主義や評判といった複雑でもろいシステムではなく、おもに血縁関係に基づいているのかが説明できる。一方の人間は、公平性を義務づけ、いかさまを禁じ、寛大さを立派だとする規範を作り出して、この問題に対処する。そのような基準によって、他者の行動が予測できるようになり、互いを信用する協力が促進される。重要なことだが、前章で見たように、こうした規範の遵守は、直接に影響を受ける個人だけでなく同じ集団のほかのメンバーによっても励行され、そのようなメンバーから、善行には報酬が与えられ、規範の違

*協力ゲームについての幅広い研究によって、協力につながる戦略や協力の崩壊につながる戦略が調べられてきた。ゲーム理論では、「しっぺ返し」が進化的に安定かもしれない一つの戦略だと確認されている。[14] この戦略に従う個人は、最初は親切で、相手が協力しないときはしっぺ返しをするが、寛大でもあり、相手が協力するとすぐに自分もまた協力する。このやり方は、裏切られる危険性がわりと低く、協力を促進する。相手が協力したか協力しかなったかは、つねに明らかとは限らないので（たとえば、相手は「協力しようとした」と言うかもしれない）、相手が一度へまをしても大目に見て協力をやめない戦略は、さらに友好的で持続可能だ。しかし、人はある時点で、協力しない相手との協力をやめる。ほとんどの人は、三回続けてやけどしたくないものだ。

反には罰がくだされる（間接的互恵主義）。経済学者のエルンスト・フェールは、第三者による処罰が安定した協力につながりうるのに対して、罰則がないことが協力の衰退につながることを示した。[15]

さまざまな研究から、人は、自分が恩恵を受けず、払う犠牲が大きく、しかも自分が以前にいかさまをしたことがあっても、規範の違反を進んで罰することが示されている。[16]* 処罰は通常、強い道徳的信念に基づいており、道徳律の全般的な遵守に大きな影響を及ぼす。処罰がなければ、ただ乗りやいかさまへの誘惑は大きい。歴史を通じて人間は、悪行を発見してそれに対処するため、あらゆる手段を取ってきた（しばしば、それが行きすぎる告発につながった）。同様に、勇敢な行為は、直接に恩恵を受けた人からだけでなく、ほかの人びとからも報われたり認められたりする。一般に、よい評判はその後の協力を呼び寄せる。したがって、正直で、法を守り、寛大に振る舞うことは、見返りをもたらす戦略なのだ。

実際、狩猟採集民社会の研究によって、以前から考えられていたように、人間が目の前の個人的な利益よりも大義のために行動する傾向があることが示唆されている。[17] さらに、経済学の実験では、人びとが、自分が勝って他者が負ける結果よりも、双方に利益がある状況を好む場合が多いことが示されている。[18] 人間はしばしば、利己的になれるときでも寛大な申し出をおこない、たとえ資源を失うことになるときでも「不公平な」申し出を拒絶し、必要がないときでも人と分かち合い、何も与えずにすませられるときでも公共の利益に貢献する。私たちは、よりよい世界があると信じている。[19] そして、そのような世界について他者に語る。日々、自分たちがどのように振る舞うべきかについて、何百万という説教がおこなわれる。

幼い子どもでさえ、自分が学んだ規範について、すぐさま他者に教える。二歳の息子ティモは、テーブルに足を乗せてはいけないという規則を学ぶと、私がのんびりと寝そべっているときに、さっそく私を厳しく叱るようになった。わが家の客も、しかるべく注意を受けた。息子は、すべての足が床の上に戻るまで、叱責をやめようとしなかった。子どもは、たとえ大人からの明確な指示がなくても、ゲームのルールなどの規範を身につける。そして、それらを他者に教えたがる。この傾向は、これまでに何度も登場した人間の一般的な欲求、つまり自分たちの心をつなぎたいという欲求の一部だ。この傾向のおかげで規範の普及や標準化が促され、それによって私たちは、規則に従う人を支持し、規則を破る者に償いをさせる。美徳、名誉、礼節は、ほとんどの人の人生にとって重要であり、多くの人が高潔さ（あるいは、少なくとも高潔と一般に認識されているもの）の追求に大きな投資をする。人間の集団では、道徳は重要問題なのだ。

ほかの部族の見知らぬ人との協力は、よりリスクが高い。なぜなら、必ずしも自分の集団と同じ圧力がかからないからだ。人間は、たとえ自分の集団内では殺人や窃盗が禁じられていても、部外者を殺したり部外者から物を盗んだりすることがある。自分の集団に対するときと別の集団に対するときとで、他者の扱いがどのように異なるかを示した研究は何百とある。[20] ある目的に限って集団に所属することが恣意的に（たとえばTシャツの色によって）定められても、人はただちに自分の内集団〔自分が属する集団〕のために役立とうとし、外集団には敵対的になる。今日では、ほとんどの人がさまざまな集団（自分が住む村、スポーツのチーム、政党、あるいは社会心理学の実験で指定されたグループ）のメンバーになっているが、先史時代のほとんどを通じて、人はおおむね自分が直接属す部族から離れられなかった。そのため、複数の集団が基本的な価値を共有し、同じ行動規範に同意することを示すしるしとしての儀式や民族固有の目印などが、集団間での交流で信頼を築くのに重要だった。[21]

＊利他主義を気取ることは、利己的な個人の利益にすらなる。それによって、多くの偽善が説明できる。

人類の歴史では、宗教が、集団内および集団間で道徳規則の標準化を推進するおもな要素だった。ほとんどの社会において、基本的な協力の規則が絶対的なもので疑いをはさむ余地がないのは、神の命令として提示されているためだ。宗教は、神が信者に報い、宗教・道徳上の罪人を罰すると約束する。ある意味で、これは間接的互恵主義の究極的な形式だ。宗教があることによって、取り締まりの必要性は少なくなる。なぜなら、信者は自分たちの良心を通じて、ある程度自分たちを取り締まるからだ――人による処罰ではなく、天罰を避けようとして。もちろん、人間は宗教による脅しや約束があってもなくても、道徳律を導き出してそれに従うことができる。にもかかわらず、宗教的な方法は、非常にうまく人びとに節度を守らせることが示されている（ただし、例外は思い浮かぶが）。同じ宗教の信者は、自分たちが同じ基本的な行動規範を共有していると決めてかかれる。もしあなたが私と同じ神を信じているならば、隠し事はないし、あなたも同じ規則によって裁かれるということだ。

助けることや危害を与えることが最も根本的な道徳の問題だが、規範は往々にして、権力や忠誠、服従、肉体と精神の純粋さの問題に広がる。何を道徳と見なせるかについては、いくらか議論がある。道徳と慣習的な規範は、区別されることが多い。道徳は通常、規則のようなもので万人に守らせるものと見なされる。なぜなら、道徳の違反は危害につながるからだ。しかし、慣習はそうではない。たとえば、特定の機会にどんな衣服を着るかについては、何らかの慣習があるかもしれないが、その慣習に違反したところで誰も危害を受けない。それに引き替え、誰かから服を盗むのは、服の持ち主の権利を侵害することであり、それゆえ道徳的に間違っている。就学前の子どもでも、これらを難なく区別する。だが、文化によっては、ごく恣意的に見える慣習が宗教上の論理によって道徳になり、慣習の違反行為が危害に結びつくことがある。たとえば、ある研究で、人類学者のリチャード・スウェーダーら[22]は、インドの都市ブバネーシュワルでヒンディー語を話す子どもたちに、慣習の違反を挙げたリストに深刻さの観点から順位をつけてもらった。すると、そこの子どもたちによれば、最も深刻な違反は「父親が亡くなった日に、長男が髪を切ったり鶏肉を食べたりすること」だった。これらの行為は、兄弟姉妹間の近親相姦や、夫が妻を殴ることより悪いと見なされていた。不適切なものを食べるといった規範の違反は、あの世で途方もない害を引き起こすと考えられているのかもしれない。このように、宗教的概念は社会規範をまじめに守る人にとって、強い圧力を生み出すことがある。そして宗教は、文明の台頭を促進する大きな力となり、従来よりも多くの人びとが規範を守り協力することを可能にした。

指導的役割を果たす多くの道徳原則や道徳規範は、忠誠、信頼、思いやりを勧める。これらはすべて、大規模な協力に欠かせない。こうした原則で特に有名なものが、次のような「黄金律」だ。「人からしてほしいことを、人にせよ」（あるいは「自分がしてほしくないことを、人にしてはならぬ」）。この原則は、人間の道徳性や協力の土台をなす共感と互恵主義の重要な関係を要約している。この原則の少し異なる型が、メソポタミアや中国、ギリシャ、インド、ユダヤ、ペルシャといった文明の初期の文書に見出される。同じ道徳律を多くの部族に行き渡らせることによって、人びとは文明の構築に向けてますます協力して働けるようになった。こうして、道徳的な社会が拡大した。だがすでに見たように、内集団での協力は、裏を返せば、外集団に対する敵対的な行動になる可能性がある。事実、異なる宗教の信者間の対立は、歴史において特にひどい戦争や迫害を引き起こした。

一八世紀の啓蒙運動に伴い、ヨーロッパ社会は、中世に見られたものよりも丁重で理性的で思いやりのある態度を採用し始めた。[23] たとえば、拷問や残酷な死刑には、だんだん異議が唱えられるようになり、前述したような道徳規範が広がった。残酷な行為についての見方が変わったからといって、集団間の対立や戦争がなくなったわけではない。だが、共感の輪は全般に広がり、より多くの人びとが含まれるようになった。ただし一部の人にとっては、その輪は今なおごく近い親戚の範囲に限られている。また、人によっては、輪がギャングや宗教、国家、いわゆる「民族」など、選ばれた集団のメンバーにまで拡大される。ダーウィンは、文明が最終的に私たちを導き、共感がすべての人間に広がると予想した。

人間が進化して文明人になり、小規模な部族が統合されて大きな社会になるにつれて、最も単純な理由から、各人は自分の社会的本能や共感を自国のすべての人に広げるべきだとわかるだろう。たとえそれらの人を個人的に知らないとしても。この点がひとたび達成されると、共感をすべての国家やすべての人種の人に広げることを阻むのは、人工的な障壁だけになる。もし、本当に、いろいろな国やいろいろな人種の人びとが、外見や習慣が大きく異なることによって自分と隔てられているならば、残念なことに、私たちが彼らを自分の仲間として見るようになるまでにどれほど長くかかるかは、経験が教えているとおりだ。[24]

ホロコーストのあと、あらゆる国家の人びとが、ようやくこの考えに同意し始めた。国連は世界人権宣言[25]を発表した。その第一条は次のとおりだ。「すべての人間は、生まれながらにして自由であり、かつ、尊厳と権利とについて平等である。人間は、理性と良心とを授けられており、互いに同胞の精神をもって行動しなければならない」。この宣言は、私たちの道徳性をすべての人に広げ、奴隷制や虐待を阻止し、すべての人に等しい権利を与えるように訴えている。言い換えれば、これはすべての人と親戚としてつき合おうという呼びかけだ。歴史を通じて、人間の協力は次第に大規模なものへと発展してきた。そして私たちはついに、集団の圧力をすべての人に及ぼし、害を防いで援助を推進する同じ基本的な道徳規則に従うように働きかけている。繰り返される対立にもかかわらず、あらゆる文化の人びとのあいだで協力がおこなわれ、敬意が払われることは、今、人類の歴史で初めて現実の可能性となっている。世界人権宣言は、むろん動物の権利については何も語っていないが、この話題にはあとで立ち戻りたい。

直観や衝動を覆す

ドゥ・ヴァールが述べた「レベル❸の道徳性」は、内省的な判断や推論ができる能力を指す。[26] 私たちは道徳的な評価に基づいて、自分の行動を制御する。人間は、自分の行為について、なぜそうするのか、ほしいものについて、なぜそれがほしいのかをじっくり考えることができ、それを踏まえて方針を変える決断ができる。私たちは、何がそうある「べき」なのかについて考える。そして自分の見方を他者に伝えたり、他者の見方を判断したりすることもできる。また、心のなかで一貫した枠組みを作ろうと試みることができ、他者の体系について（たとえ今から二五〇〇年前に提唱されたものでも）検討できる。毎週おこなわれる宗教的な説教からイマヌエル・カントの定言命法〔無条件の命令で、カント倫理学の根本原理〕まで、人間は善悪についてや、善悪を区別する原則をいかにして引き出すかについて考える。道徳的推論は、聖職者や哲学者の単なる娯楽ではない。私たちは自分の抱えるジレンマについて、家族や友人、同僚とよく意見をぶつけ合い、他者の選択について話し合う。

ジャン・ピアジェによる初期の研究や、のちにおこなわれたローレンス・コールバーグの研究では、子どもがどのように自分の道徳的選択を擁護するかが調べられた。[27] 子どもたちは、ある道徳的ジレンマに対して何らかの判断をするように求められ、それから、自分がなぜそう判断したのかについての理由を尋ねられた。コールバーグは、幼い子どもは罰を受けないことを一番に考えるのに対し、社会的経験をより積んだ年上の子どもは、大義のために規則を守らなくてはならないことへの理解を徐々に示すことを見出した。最終的に一部の子どもは、本人のなかで道徳原則と矛盾しない自分なりの理論を作り、それを基準にして自分の選択を正当化する。

人によって道徳的推論が異なることを考えれば、道徳的判断も人によって著しく違うだろうと思うかもしれない。だが最近の研究から、公平さ、害悪、協力にかんする一部の評価は、ほぼ普遍的であることが示唆されている。たとえば、次のような状況を想像してみよう。[28] あなたは路面電車の運転手で、五人の人を今にも轢《ひ》こうとしている。だがこのとき、スイッチを切り替えて路面電車を脇の路線に向かわせることができ、そうすると、五人ではなく一人の人を轢き殺すことになる。一人を犠牲にして五人を助けるのは、一般には道徳的に正しいと見なされる。しかし、ほとんどの人は、臓器移植が必要な五人の人を助けるために、健康な臓器を持つ人を一人殺すのは許されないという考えに同意する。私たちには、どれが正しくてどれが間違っているのかがすぐにわかる。たとえ、その判断の根拠となる規則を実際にはっきりと表現できないとしてもだ。だがじつは、道徳的責任にかんする判断は複雑で、意図された結果と意図されたのではない結果の区別や、作為と不作為の区別が必要なことも多い。

研究から、人の道徳的直観が、しばしば明確な道徳的推論に先立って働くことが示されている。[29] 道徳が破られた場面に対して、私たちはとっさに情緒的な反応を示しがちだ。* このような反応は確実に起こるので、一部の研究者は、人間がある程度生得的な「道徳的普遍文法」[31] を備えているかもしれないと提唱してきた（チョムスキーが唱えた言語の「普遍文法」に似た形で、生まれながらにして備わっている）。だが、道徳的直観は文化的に伝達される可能性もある。いずれにせよ明らかなのは、道徳的直観は覆せるということだ。つまり、自分の直観を裏づける情報を探す傾向があったとしても、直観的な反応に逆らって第一印象を修正することができる。人が倫理的な理由によって菜食主義者に転向することにすると、その結果として、彼らの感情的な反応までも変わる可能性があるのだ。私たちは、直観を道具として理性的に使うことさえある。たとえば、私は学校の試験で、小論文の二つの問題のうち、どちらについて書くかを決められないことがあった。そんなときには、結局のところコインを指ではじいて、その結果に対する自分の直観的反応を観察した。ほっとしたような気持ちを感じたら、コインの結果どおりにした。そうでなければ、コイントスの結果を覆した。

心のなかで描くシナリオへの感情的な反応は強烈な場合もあり、善悪の判断にとって欠かせない。私たちは、人からどう見られるかを想像した結果、恥ずかしさや屈辱を感じることがあるし、そのような思いが赤面となって現れることもある。同じく、特定の過去や起こりうる将来の出来事を想像したときに、当惑や誇りを感じることもある。そのようなことから、仮定されたジレンマや過去の軽罪、予測される出来事に対して、何らかの感情的な反応が予想されたり「前もって経験され」たりすると、それが動機となって当面の決断がくだされる可能性がある。たとえば、ことの最中には心ゆくまで楽しめても、終わったあとに恥をかいて後悔すると予期されたら、私たちはそうしたことの多くに歯止めをかける。普通は、勘定を払えないとわかっている高価なレストランには行かないものだ。

*こうしたことは、大昔からある感情の評価システムを一部利用している。[30] たとえば、嫌悪感が利用され、私たちは病原体を避けるだけでなく、性規範などの道徳規範を破らないように後押しされてきた。感謝の念や罪悪感といった、より複雑な感情の多くは、協力の調整との絡みで比較的最近になって出現した可能性があることに注目しよう。たとえば、いかさま師への怒りは、人びとが確実に、協力の規則や道徳的な行為に違反する者を罰したり思いとどまらせたりするように仕向ける。

私たちの日々の行動は、そうした内省的な推論能力や計画を立てる能力によって大いに左右される。私たちは将来の自分自身のために（それに他者や大義のために）、自分の行動の感情面と実際面での結果の両方をシミュレーションできる。だが最近の研究から、この推論が、特定のバイアスによって損なわれることが示唆されている。[32]たとえば、私たちは予期される自分の感情を一貫して誇張する傾向がある。そのため、目標を達成したら、それが実現したときに感じるよりも、もっと嬉しいだろうと期待してしまいがちだ。同じく、失敗したときは、思ったほど悲しくないことが多い。ダン・ギルバートらは、このようなバイアスがかかる一因は、将来の出来事について、あらましだけを予想し、詳細を無視することにあると提唱する。私たちは心のなかで楽しい休暇をシミュレーションするシナリオを作り出し、交通事情やサービスの悪さといった厄介な面を想像しないのかもしれない。また、そのようなバイアスがあるもう一つの理由は、肯定的な結果も否定的な結果も誇張されることによって、まず将来志向の行動を選択しようという気が起こるからかもしれない。[33]何ぶんにも将来は不確かで、現在は差し迫っている。将来や自分の選択の道徳的な結果を検討するには、目前の現実の楽しみと張り合う必要がある。そのため、将来の失敗への不安や、将来得られる報酬への期待がいくらか誇張されることで、将来志向の賢明な行動を起こしやすくなるのかもしれない。

一般論として、内省的な道徳的推論が大昔から存在する本能的な衝動に対抗するために、人間は一定レベルの「実行機能」（第5章で論じた、複数の選択肢からどれを追求するかを決断する実行力など）を獲得することが必要だった。私たちは自制心を必要とする。つまり、ある衝動を捨てて別の欲求を取ることができなくてはならない。たとえば、互恵的利他主義においては、いかさまをして短期的な恩恵を確保したいという衝動に抗う必要がある。なぜなら、刑務所送り、信頼の失墜、評判の低下といった形で、将来により高い代償を払わなくてはならないからだ。

子どもは初め、そのような実行制御にひどくてこずる。「マシュマロ実験」として知られる研究で、心理学者のウォルター・ミシェルは単純な状況を設定し、幼い子どもがどんな環境で衝動を抑えられるようになるのかを調べた。[34] 子どもたちは、ちょっとした褒美（たとえば一個のマシュマロ）をすぐにもらうか、あとでもっと多くの褒美をもらうかの選択肢を与えられた。この実験では、多くの子どもが、四歳になるころには、楽しみを先延ばしにする能力をある程度示すことが見出された。子どもが我慢するかどうかは、褒美の種類や延期期間などのさまざまな要因によって左右された。褒美が目の前にあるかないかも重要な要因だった。楽しみを先延ばしにすることは、誘惑する物が目の前にあるときのほうが難しい。単に褒美について考えるだけでも、我慢できる時間は短くなった。一方で、褒美の絵を見たときは、目の前に本物があるときに比べて、我慢できる時間は長くなった。また、目の前にある本物の褒美を単なる絵だと想像することでも、我慢できる力は高められた。そのような効果に気づけば、自制心を高めるための戦略を展開できる。なお驚くべきことに、子どもたちの自制心の違いによって、健康や富や成功についてのさまざまな尺度をはじめとする数十年後の結果が予測できる。[35]

第5章で見たように、大人は楽しみを数時間、数年、さらには生きているあいだじゅう先に延ばすこともできる。このようにして、私たちの内省的な道徳的推論は、行動や欲求や思考の主導権を握れるのだ。* 人間は、生物学的な衝動を、生きて子孫を残したいという意志をも含めて、道徳的信念で乗り越えることができる。そして、道徳哲学を生み出し、崇高な目的を追求し、高い理想を追うことができる。

＊ダーウィンはこう書いている。[36]「道徳的文化で考えうる最高の段階は、われわれが自分の考えを制御すべきだと認識するときである」

できる。私たちは意図的な選択をおこなえるので、自由意志を持っていると言えるかもしれない。そのために支払う代償は、自由意志による行動の責任を他者から問われることだ。

故意と過失の区別と、自己欺瞞

「人」という言葉は、日常の会話ではどんな人間のことも指すが、法律や哲学では、「人」とは通常、みずからの行動を選択でき、自己意識を持つ者を意味する。人には、権利や義務があると見なされる。この意味では、赤ん坊や幼い子どもは人ではない。たとえば、行動を抑制する何らかの実行制御機構がないために選択できないのならば、その者が道徳的に責任を問われることはありえない。もし、あなたの行動（たとえば、岩棚に突き出されるなど）が誰かに強要されたものならば、それは自由意志に基づく行動ではないので、その後の結果（たとえば、あなたが落下して何かに損害を与えること）にあなた自身には責任はない。逆に、自分で飛び降りることを選んだならば、あなたに責任がある。同様に、もし自分の選択やその結果について内省的な推論ができないならば、こうした自己意識の欠如は、道徳的責任や法的責任に対して重大な意味がある。たとえば、あなたが薬を飲まされたのだとしたら、あなたの行動は自由意志の産物とは見なされないかもしれない。しかし、あなたには自制心があり、自分の行動がまずい結果を引き起こすことを見越していたはずだと人びとから思われたら、懲罰や罪の償いを要求される傾向がある。

発明家のトマス・ミジリーについて考えてみよう。彼は、鉛をガソリンに添加してエンジンのノッキングを防ぐという発想を見出した。彼はのちに、冷媒として用いる商業用クロロフルオロカーボン（フロン）の開発に寄与した。鉛やフロンは数十年にわたって車や冷蔵庫で使われたが、両方とも、これまでで最悪の部類に入る汚染物質だと判明している。だが、ミジリー自身には、二〇世紀に誰よりも多くの環境汚染をもたらした罪があるだろうか？　自分の発明がどんな結果を引き起こすかを彼が予測できたかどうか、私にはわからない。同じ行動や結果でも、それをおこなった人の先見性、自制心、意図を人がどう判断するかによって、まったく異なる評価や道徳的責任が生じることがある。

就学前の子どもでも、意図的な行動と意図的でない行動を区別する。だが、前述したように、心を読むのはかなり難しいこともある。たとえば、アメリカで国防長官を務めたドナルド・ラムズフェルドは二〇〇二年、「未知だと知らないこと、つまり、われわれが知らないということすら知らない［こと］」があると述べている。ほどんどの人は、未知だと知らないことに対しては道徳的な責任を負えないことを認めるだろう。だが、未知だと知っていることについては責任があるかもしれない。なぜなら、未知なるものが何であるかを見出すために、もっと努力を払えたはずだからだ。

道徳的責任を明らかにすることは、複雑な問題になる可能性がある。それは、ほぼすべての裁判で、そのような場面が見られるとおりだ。もちろん、誰でも有罪になりたくないという気持ちが強いので、めいめいが自分にとって有利になるように状況を解釈する。そうするために、人を欺いたり嘘をついたりすることもある。さらに悪いのは、被疑者が他者を欺くばかりでなく、自分も欺くことがあることだ。欺きは自然界でもよく見られるが、人間はその先を行き、自分自身をも欺ける。たとえば、私たちは気に食わない情報を避ける。人はたいてい、すでに見つかった情報が好ましければ、新しい情報の探索をすぐにやめるが、好ましい情報がなければ、情報をはるかに長いあいだ探し続ける。たとえば、医学的な唾液検査で、色が変わったら病気だと告げられると、人はその検査をさっさと終わりにしてしまうが、色が変わったら健康なしるしだと告げられると、ずっと長い時間待つ。ロバート・トリヴァースと私の同僚のビル・フォン・ヒッペルは、人びとがみずからを欺くようなやり方で[37]情報を探し、情報に注意を払い、情報を覚えることを示す多くの研究結果を検討した。たとえば、人は自分の悪い行為よりもよい行為を覚えているが、他者の行為を思い出す場合には、そのようなバイアスが見られないことを思い出してほしい。[38]したがって、加害者も被害者も、自分の立場に有利になるような偏った形で出来事を覚えている傾向があるのは、意外ではない。加害者は、自分には悪気はなく、自分の行為は筋が通っており、正当化されると思うのに対し、被害者は、加害者の行為が悪意に満ち、筋が通らず、不当だったというように思い出す。

ある意味で、これは自己意識と正反対だ。まるで、私たちは自分自身に一貫して誤った自己像を見せているかのようだ。どうやって私たちは、だます側にもだまされる側にもなれるのだろう？　フォン・ヒッペルとトリヴァースは、自己欺瞞が人と人とのあいだで起こるもっとありふれた欺瞞から進化したと主張する。人間はただ乗りやいかさまの問題を撲滅していないが、それらに対処する方法を編み出してきた。そして欺瞞の気配を探し、正直な協力を強化する。逆に、人はだますために、他者の信頼を不当に利用する新しい手段を探る。これら二つの圧力が、だます側とだまされる側のあいだの軍拡競争を生み出した。自己欺瞞は、要するにこの競争のもう一段複雑なレベルのもので、協力を確実におこなうような体裁を維持することで他者を欺く見込みを高めるのだ。ラムズフェルドならば、この現象を「欺いていることを知らないこと」と呼んだかもしれない。それはすなわち、私たちはときとして、自分が他者を誤解させていることに気づかないらしいということだ（たとえ心の奥底では、真実にうすうす感づいていたとしても）。* そして、もし自分が自分の欺瞞を本当だと信じているならば、嘘をついていることが露見するようなそぶりなどあるはずもないので、人をだましていることは見抜かれにくくなる。さらに、たとえ捕まっても、減刑される可能性が高い。一方、故意の欺瞞に対する道徳判断や報復は、意図的でない「過失」に対する道徳判断や報復に比べて厳しくなる。**

このような次第で、強制収容所の看守ですら道徳観を備えており、それによって、人間以下の下等民族とアーリア人という支配民族が存在し、ヒトラー総統は道徳的な指導者であると信じていたのかもしれない。この世界で起こるほとんどの悪事は、自分では正しいことをしているとある程度思っている人間によっておこなわれる。善と悪の闘いは、双方の側から考察すると、善とは何かをめぐる二つの定義の争いであることが多い。人は、正義の名の下に恐ろしくひどい振る舞いをすることができる。スペインでの異端審問や、現代の自爆テロを考えればわかるだろう。人間は何をしようとも、自分が正しいと考える理由を探す傾向がある。

だが内省能力によって、自分が間違っているときは、それを認めたくないとしてもわかるものだ。入れ子思考のおかげで、私たちは自分の選択を分析し、自分の評価を評価し、自分の道徳性を疑うことができる。そして、内面に悪魔がいることを認め、それを抑える戦略を立てることができる。科学者は、自分をごまかさないように、二重盲検法による実験をおこなう。私たちは自分の偽善を突き止

＊これを単なる「先入観」ではなく「自己欺瞞」と呼ぶためには、その人がどこかで真実と嘘の両方を知っていると仮定する必要がある。[39]人が入手できる情報を無視するか伏せておく場合は、例の表現の言葉を入れ替えて、「知っていることを知らない」とでも言えるかもしれない。これを支持する実験的証拠がいくらかある。人がみずからの嘘に納得しているように見えたとしても、[40]注意をそらされるといった特定の状況では、確かに真実に言及することが示されたのだ。
＊＊同様の社会的な見方によって、私たちの感情的な予測に一貫してバイアスがかかることについても解釈できるかもしれない。将来志向のプロジェクトに向けて他者から協力を引き出すためには、成功という肯定的な結果ないし失敗という否定的な結果を強調することが有効かもしれない。あなたが将来の感情について自分で言うことを信じていたら、助けを募ることがはるかにうまくいく可能性がある。あなたの予測が的外れだと判明した場合、もしあなたが他者を意図的に誤解させたと思われるのではなく、自分の予測を信じていたように思われたら、あなたが受ける罰は軽くなるだろう。

め、理想に向かって努力できる。事実の新しい分析に基づいて、自分の考えを変えられる。自分の過ちを後悔し、過ちの埋め合わせをすることもできるし、許しを請うこともできる。人間は、この世界で見たい変化に自分がなれるよう〔マハトマ・ガンディーの言葉「この世界で見たい変化にわれわれ自身がならなくてはいけない」のもじり〕、足を踏み出せるのだ。

いろいろな動物が共感や同情のようなものを見せるが……

人間には善悪の区別ができるという事実は、人間がほかの生物より知性面で優位にあることを示している。しかし、人間が悪事を働けるという事実は、人間が悪事を働けないどんな生物よりも道徳面で劣っていることを示している。[41]

——マーク・トウェイン

飼い犬がカーペットに糞をしたとき、そのイヌが後ろめたそうに見えるかもしれない。飼い主は、イヌが、自分が悪いことをしたと理解してほしいと望むだろう。なぜなら、同じ悪さを繰り返してほしくないからだ。イヌは罰を恐れるかもしれないが、だからといって、そのイヌが良心や道徳観を持っているということになるだろうか？　人間以外の動物は、ドゥ・ヴァールが区別した三つの道徳性のうち、どれかでも持っているという様子を見せるだろうか？

私たちに最も近縁な動物種は、人間の悪魔的な面と天使的な面のどちらも確かに持っているようだ。彼らはとても他者のためになるように振る舞うこともできれば、非友好的に振る舞うこともでき、互いに助け合ったり傷つけ合ったりする。第二次世界大戦後、戦争のような残虐行為をおこなえるのは人間だけだという考えが、広く受け入れられた。動物の同じ種のメンバー同士での衝突はたいてい控えめなもので、重傷を招くことはあまりない。だが前述のように、ジェーン・グドールは、チンパンジーが攻撃をしかけたり、ほかのチンパンジーを残酷に殺したりすることを発見した。[42] 大人の雄同士が強い絆で結ばれ、ほかの集団の個体には敵意を示すことから、チンパンジーは人間の破壊や残虐な振る舞いをおこなう能力の萌芽段階にあると、グドールは主張した。そして、このようなチンパンジーの攻撃と人間の戦争の差は計画性と言語にあるのではないかと提起した。

人間と同じく、チンパンジーは自分のほしいものを暴力で奪うことがある。そして、自分の持ち物を暴力で守ることもある。したがってチンパンジーには、人間の争いについてホッブズが挙げた理由のなかで、少なくとも二つ（資源をめぐる競争と自己防衛）があることになる。とはいえ、チンパンジーが先制攻撃を企てたり、確かな抑止戦略を展開したりする証拠はまだないように思う。* 注目すべきは、以下に紹介するグドールの観察結果からわかるように、雌も雄と同じく無慈悲になれることだ。

一七時一〇分、メリッサが木の低い枝に登った。生後三週間の娘ジェニーが腹にしがみついており、メリッサのあとを六歳の娘グレムリンがついてきていた……パッションと娘のポムが協力して攻撃に出た。パッションがメリッサを地面に押さえつけてメリッサの顔や手を噛み、ポムはメリッサの赤ん坊を引き離そうとした……ある時点でパッションが赤ん坊をひったくったが、メリッサが奪い返してパッションの手を噛んだ。パッションは跳びはね、メリッサの体を背後から

＊人間の方策が、もし（生まれながらの性質に何らかの形で基づいているのではなく）思慮分別に基づいているならば、それにはある程度の先見性や心を読むことが必要に思われる。

つかみ、臀部に深く噛みついた（ちなみに、傷は肛門のすぐ上の直腸を貫いた）。メリッサは噛みつかれたのを無視し、ポムと取っ組み合った。次に、パッションがメリッサの片手をぎゅっとつかんで指に何度も噛みつき、指をかじり続けた。同時にポムがメリッサの膝に手を伸ばし、赤ん坊の頭を無理矢理噛んだ。メリッサはまだ持ちこたえていたが、パッションはメリッサを倒そうとしている様子だった。それから、パッションは片足を使ってメリッサの胸を押し、一方でポムはメリッサの両手を引っ張った。メリッサはまだ赤ん坊を離しておらず、パッションの足に噛みついたが、そのあいだにポムはメリッサの片手をつかんで噛みついた。戦いのあいだじゅう、全員が大声で金切り声をあげた。そしてついに、ポムは赤ん坊を奪って逃げ出した。戦いのあいだ、グレムリンはずっと母親のメリッサを助けようとするも、幾度となく現場から押し出されていたが、この時点でポムに跳びかかり、メリッサは何とか赤ん坊を取り返したが、すぐにポムが赤ん坊を奪い返して走り去った。ポムは赤ん坊の死骸（ポムが頭を最初に噛んだときに死んだと考えられる）を抱えて木に登り、……メリッサも登ろうとしたが、枯れた小枝が折れて落ちた。消耗しているようだった。メリッサは地上から、パッションが赤ん坊の死骸を抱えて食べ始めるのをじっと見ていた。

自分の赤ん坊を亡くしてから一五分後、メリッサは再びパッションに近づいた。二頭の母親は黙ったままにらみ合い、それからメリッサは手を差し出し、パッションはメリッサの出血している手に触れた。パッションは赤ん坊を食べ続け、メリッサは自分の傷をそっと押さえた。彼女の顔はひどく腫れており、両手は深い傷を負い、臀部はひどく出血していた。一八時三〇分、メリッサが再びパッションに近づき、二頭の雌はしばし手を握り合った。[43]

この一節を初めて読んだとき、涙が出た。パッションとポムの振る舞いは断じてひどいものだ。そのうえ、これは一度限りの事件ではなかった。パッションとポムは四年間で、ほかの赤ん坊を少なくとも二頭、あるいはもしかすると六頭殺すことに関与したのだ。そのような行動は、協力的な集団での生活にかんする私たちの概念のすべてに反している。だが人間では、他者を恐ろしいほど軽んじるにもかかわらず、それ以外では協力的な社会に危害を加えることのなかった殺人者の例が無数にある。チンパンジーで子ども殺しが起こるのは、子どもの五パーセントくらいの割合だろう。[44] 子ども殺しは、ライオンやハイエナといったほかの動物でも観察されている。共食いは強い道徳的嫌悪感を引き起こす行動だが、人間の部族でも全世界にわたって報告されている。チンパンジーと同様に、ヒヒやゴリラは赤ん坊を殺して食べることが知られている。だが、グドールが示した事例は、同じ集団のメンバーに対するむごたらしい攻撃だけでなく、非暴力的な関係の回復を物語るものでもある。チンパンジーは、争いが終わるとすぐに仲直りする傾向がある。パッションは一八時四二分にメリッサを抱擁した。

チンパンジーは、たとえ法を守らせ国民を文明化するために武力を独占する政府というホッブズ流の手段がなくても、他者のためにさまざまな行動をすることができる。彼らは、苦しんでいる他者を慰める意図があるかのように振る舞うことが観察されている。[45] 研究者は自然に発生する攻撃的な事件を分析し、傍観者が攻撃の犠牲者にたびたびキスしたり、抱きしめたり、毛づくろいをしたりすることを見出した。[46] チンパンジーではほかの動物に比べて、犠牲者がそのような配慮を受けることが多く、(ちょっとした争いとは対照的に)ひどい争いの直後には特に、そのような傾向が見られた。チンパンジーは人間と同じく、苦しんでいる相手を元気づけたり慰めたりする。一方、マカクではそのような思いやりが見られる気配はなかった。

メリッサの争いのようなシナリオを心のなかで描くと、私たちの感情は揺さぶられる。他者が感情を表すのを見ても、似たような感情や関連した感情が引き起こされる。チンパンジーでも、ビデオで否定的な感情を見たときの生理的反応から、彼らも否定的な感情が呼び起こされることがうかがえる。[47]また、チンパンジーが、顔に表れる感情を読むことを示す証拠がいくつかある。*たとえば彼らは、肯定的な感情や否定的な感情が表れた写真を、それぞれビデオの好きな食べ物のシーンや獣医による処置を示したシーンと自発的に一致させることができた。したがって、辛そうなチンパンジーを慰める行為は、苦しんでいる個体の感情体験に対する同情的な関心によって引き起こされるのかもしれない。

ほかの動物種も同情を抱くことを示す証拠がある。各種の古典的な実験から、齧歯類《げっし》は同じ檻にいる仲間の痛みに敏感[48]なことが示されている。ラットは、レバーを押して苦しんでいるラットを罠から解放することが見出されている。最近の研究では、共感能力を考慮しなくては説明しがたいやり方で、ラットが仲間を助ける行動を示した。たとえば、装置に閉じ込められた仲間を解放しても、解放された仲間は別の檻に入る構造になっているためにその仲間と交流できず、自分には直接の報いがないときでも、同じ檻の仲間を解放した。さらに、チョコレートという誘惑物を入れた装置と一緒に置いても、先に仲間を助けた。

窮地にある人間を助けた動物について大々的に報道されることがある。こうした心温まる話のいくつかは、同情的な関心によって説明できるかもしれない。たとえば、シカゴのブルックフィールド動物園で三歳の男の子がゴリラの檻に落ちたとき、雌のゴリラがその子をそっと抱き上げて二〇メートル離れた入口まで運んできたので、飼育係がその子を受け取ることができた。だが、同情的な関心に代わる簡素な解釈もあるものだ。この例で言えば、そのゴリラは母親が育児放棄《ネグレクト》をしたため、人間の手で育てられた。[49]それで飼育係は、自分の子どもをネグレクトしないようにそのゴリラを訓練していた。訓練中、飼育係は人形を使い、そのゴリラが人形を正しいやり方で抱いて見せにくると褒美を与えた。そのゴリラが意識を失った子どもを飼育係のところに抱いていった理由は、共感能力ではなく、そのような訓練にあると説明しても妥当かもしれないが、正確なところはわからない。

他者を助けた動物の話は、ほかにもいくつかある。[50] 手話を教育されたワショーという名のチンパンジーが他者の命を助けた次の例などは、簡素な解釈では説明しにくいかもしれない。一頭の雌のチンパンジーが、島のように周囲を水で囲まれた場所に連れてこられ、とりみだした。そのチンパンジーは周囲の水を跳び越えようとしたが、水に落ちてしまった。ワショーは、そのチンパンジーとはほとんど初対面だったにもかかわらず、すぐさま助けに向かったと言われている。ワショーは通電柵を跳び越え、柱につかまって安全を確保して水に足を踏み入れた。それから手を伸ばし、おぼれているチンパンジーを安全なところに引き上げた。これは、動物の英雄的行為でも特に並外れたエピソードだ。**

フランス・ドゥ・ヴァールは、私たちに近縁の霊長類が本質的に善良な性質を持っていると主張している。[51] 霊長類は基本的な道徳心や同情心、互恵主義を持ち合わせている様子があり、ドゥ・ヴァールはそれらをレベル❶の道徳性と関連づける。多くの霊長類が、互いに毛づくろいをおこない、それによって同盟関係を築くことを思い出してほしい。そうすると彼らは、ほかの状況でも互いに助け合

*チンパンジーは表情で他者に合図したり、他者から何かをせびったり、服従や優越性を示したり、仲直りを求めたりするようだ。人間と大型類人猿では、顔の表情による感情の表現に類似点がある。それは、インターネットで閲覧できる人間とチンパンジーの写真の比較でも明らかだ。ただし、チンパンジーが上と下の歯をむき出しにする恐怖反応が、幸せの現れと勘違いされることがよくあることに留意したい。

**ワショーは脳外科医カール・プリブラムの指を噛み切ったことで悪名高くもある(そして手話で「ごめんなさい」の仕草をした)。

うことがある。[52] チンパンジーたちは、「友情」とでも呼べそうな親密な関係を長期にわたって結ぶ。最近おこなわれた研究室での実験では、チンパンジーがずいぶん親切になれることが示されている。たとえば、ある研究では、チンパンジーが別のチンパンジーのために檻の錠を開けることが見出された。[53] 特に、檻に入っているチンパンジーが過去に同じことをしてくれた場合には、その個体を助けてやる傾向が高かった。チンパンジーは人間を助けることもある。[54] たとえば、誤って落とした物を拾って戻してくれたりするのは、人間の子どもと同じだ。つまり、チンパンジーは親切になれる。だが一方で、食物のこととなると、チンパンジーは協力しないことが多い。食物を他者と分け合うことはたまにしかなく、それも場当たり的だ。母親が自分の子どもに食物を与えることはめったになく、[55] 与えるとしても、通常は果実の皮のような食べ残ししか与えない。人間なら、そのような行為をわがままだと思うだろう。人間は、子どもが離乳してからも、長年にわたって子どもに食べさせる。私たちは礼儀正しく振る舞うことが多いし、持っているもので最高のものを客に提供する。だが、チンパンジーはそうしたもてなしを何ら示さない。ときには、彼らは協力してサルやカワイノシシなどを狩り、獲物を分け合うこともある。だが、配分はたいてい公平ではない。* 一般に、チンパンジーは食物については互いに競合し、分かち合ったとしても、それは物乞いをする者にしつこくつきまとわれるからだ。[57] つまり、彼らは食物を守らざるをえない状況を避けるために分け合うのだ。

いくつかの研究によると、チンパンジーは、まったく手間がかからないときでも、別のチンパンジーが食物を手に入れるのを助けてやらなかった。[58] ある仕掛けを提示され、自分も親しい他者も褒美の食物をもらえるか、自分は食物をもらえるが他者は食物をもらえないという二つの選択肢があった場合、チンパンジーは仲間のことを気にかける様子はなかった。だが最近の研究では、チンパンジーが、ある程度他者のためになる選択をすることが報告されている。[59] マーモセットやタマリン、オマキザルでの似たような研究では、他者を助ける行動が示されている。[60]ボノボなどのいくつかの霊長類種も、野生でチンパンジーよりも進んで食物を分け合う。

分かち合いの限界によって、チンパンジーがおこなえる協力の種類は大幅に限定される。[61]二頭のチンパンジーは、自分では取れない食物を得るために、一緒に道具を引っ張り、その後その食物を別々のところで手に入れられる場合には、それを分け合うかもしれない。だが、食物が一つの皿に盛られていたら、二頭のうち強いほうのチンパンジーが、すべてではないにせよ、ほとんどを平らげる可能性が高い。そして協力関係は破綻してしまう。一方、興味深いことに、人間の三歳の子どもは、他者と協力する協調作業においてのほうが、そうでない状況よりも他者と分かち合うことが見出された。[62]それに対して、チンパンジーは協力した相手と優先的に分かち合うことはなかった。

情報を分かち合うことも、援助の一形式だ。すでに何度も見たように、人間は自分たちの心と心を結びつけたいという気持ちに駆られるが、人間以外の霊長類のコミュニケーションは、人間のようなやり方で機能するようには見えない。ただし、これら霊長類にも共通する例外が二つある。それは、食物のありかを知らせる呼びかけと警報だ。[63]一見すると、これらの状況で集団のメンバーに情報を知らせることは、他者には恩恵をもたらしても、呼びかけをおこなう本人にはあまりメリットがなさそうに思える。その個体は、食物を取り損ねるかもしれないし、捕食者の注意を引きつけるかもしれないからだ。しかし、もっと詳細に検討すると、そのような注意喚起は本人にも有益な可能性があるとわかる。他者を食物源に引きつけることによって、自分が食べているあいだに捕食者から身を守ることができるかもしれないのだ。同様に、警報を出すことによって、防御活動に他者を募ることができ

＊ある研究によれば、雌に肉をお裾分けした雄は、のちに交尾できる確率が高くなるとのことだ。[56]

るかもしれない。ただ不思議なことに、食物についての呼びかけや警報は、集団のほかのメンバーがすでに現場にいるときでもおこなわれる傾向がある。そのため、動物が他者に積極的に情報を知らせるつもりだという、つい飛びつきたくなるような結論はいささか揺らぐ。

心を読むこと、言語、心のなかでの時間旅行、推論に明らかな限界があることから、動物が他者にできる手助けの種類にさまざまな制約があることをこれまでに見た。それでも、人間の道徳性（レベル❶）を構成する要素に似たものが、ほかの霊長類に存在することが明らかになっている。チンパンジーは残酷になれるが、親切にもなれる。彼らには、共感を示す様子、援助をおこなうそぶり、互恵主義への感受性がある気配が見られる。

このような証拠は、人間以外の動物が道徳的な生活を送れると結論づけるのに十分ではないのだろうか？　心理学者にして活動家のマーク・ベコフは、十分だと主張している。道徳性が、「社会的集団内で複雑な交流を培ったり規制したりする、他者を思いやる相関した一連の行動」[64]として定義される場合、さまざまな動物を正真正銘、道徳的だと見なせる可能性がある。人間以外の動物を道徳的に対等な相手として受け入れるのは、魅力的かもしれない。だが、こうしたロマンティックな観点では、ハードルの設定が非常に低い。すでに見たように、道徳性というものは、単なる一連の行動ではない。同じ行動でも、人間にとっては、意図、制御の可能性、関連する規範によって、よくも悪くもなりうるのである。

動物は社会的圧力をかけないかもしれない

社会的動物は、自分の属する集団のメンバーと仲よくやっていかなくてはならない。だがこれは、彼らが道徳性のレベル❷の要素を示すということだろうか？　アカゲザルを用いた最近の研究では、アカゲザルが外集団のメンバーの写真よりも内集団のメンバーの写真を肯定的に評価することが示唆されている。[65] したがって、内集団を好む傾向には古い起源があり、集団の絆を強めるための多様な社会的圧力がある可能性もある。たとえ法律や法廷や警察がなくても、動物は規範の遵守に報い、規範の違反を罰する何らかのやり方で振る舞う必要があるのかもしれない。

だが、動物はそもそも規範を持っていると言えるだろうか？　一部の著名な研究者らは、そう考えていない。たとえば、マイケル・トマセロの主張によれば、規範に合意するためには、第6章で論じたように「共有志向性」が必要であり、[66] そのため、それは人間に限られる。心と心を結びつけ、目標を共有したいという動機がない状態で、動物が社会規範を確立できるかは実際のところわからない。*人間の子どもは社会規範を導き出して実行するが、それは他者の権威があるから、あるいは自分が受ける恩恵について知っているからということだけではなく、子どもたちが「私たちはこれを好むが、あれを好まない」という特定の規範を備えた集団に属しているという感覚を持っているからでもある。子どもたちは、ゲームの一つの遊び方を見せられたあとに、誰かが別のやり方をするのを目の当たりにすると、文句を言うことがよくある。

だが、人間以外の一部の動物にも社会規範が存在すると考える研究者もいる。人類学者のシャーリー・ストルムは、ヒヒは集団によって遵守させられる社会規範を持っていると主張する。[67] たとえば、

*たとえば、ある研究でチンパンジーが、社会的な目標ではなく具体的な目標を伴う課題で協力した。だが、具体的な目標のある課題でも、チンパンジーは人間が協力をやめたとき、その人を再び引き込もうとはしなかった。一方、人間の子どもは、大人が協力をやめると、共通の具体的な目標や社会的な目標に大人を再び巻き込むために、コミュニケーションを図ろうとする。

外部から移ってきた雄が子どもを脅すと、その集団の群れが確実にその雄を襲う。そして、その雄が脅しをやめるまで、何度も繰り返し攻撃する。これは、大人は子どもを脅しては「ならない」という規範がある証拠だと、ストルムは考える。だが、子ども殺しが起こる恐れが大いにあることを考えると、より簡素な解釈も可能だ。ほかのヒヒは、単に子どもを守っているのかもしれない。

もう一つの有名な事例では、霊長類が公平性の社会規範を持って活動すると主張されている[68]。オマキザルに訓練をおこない、小石をキュウリの薄切りと交換するようにさせた。その後、別のオマキザルが、小石との交換によって、キュウリより魅力的なブドウをもらうと、一頭めのオマキザルは小石とキュウリの交換に協力しようとしなくなった。この結果は、オマキザルが公平性にかんする感覚を持っており、不正な取引をされたと感じたために協力を嫌がったという意味だろうか？　懐疑派は、不公平だからではなく、ブドウをもらえない欲求不満によって[69]、オマキザルが協力を拒んだ可能性があると述べた。その後の実験によって、近くにほかの個体がいようがいまいが、ブドウを見ただけでキュウリの魅力が薄れることがわかった。だが、別の研究では、チンパンジーやイヌで、公平性に基づく説明をいくらか支持する結果が見出されている[70]。というわけで、この問題にかんする議論は続いている。

チンパンジーは、良心に背いたことをほのめかす赤面のような、罪悪感や羞恥心を露呈する様子をあからさまに見せない*。それに、動物では、他者が規範（もし本当に規範があればだが）を遵守しているかを取り締まり、違反を罰することを示す証拠もほとんどない。優位な霊長類がけんかをやめさせた[72]という報告はいくつかあるが、優位な個体が「集団全体に対する気遣い[73]」のためにそうしたのか、単に厄介な騒ぎを終わらせたかったのかを明らかにするのは困難だ。ある研究では、食物を見つけたときの呼びかけを控えたアカゲザルが、集団のメンバーからより多くの攻撃を受けた[74]。このような処罰らしき行為は、社会規範の強要として解釈できるかもしれないが、処罰をおこなっている個体が、影響を直接被っただけなのかもしれない。傍観者（直接の影響を受けなかった者）が、義務づけられた行為に報いを与えたり、禁じられた行為を罰したりする様子はほとんど見られない。それに私は、先ほどのワショーのような動物が、若いチンパンジーを救出したのちに高い地位を得たり、彼らの勇敢な行動を認めた集団のメンバーから尊敬されたりすることを示す証拠を知らない（もっとも、これは証拠がないというだけで、ないことの証拠ではないかもしれないが）。すでに見たように、人間では、第三者が道徳規範を強化したり促進したりすることが非常に重要だ。一方、動物界ではコミュニケーションや計画的な教育に限界があることを考えれば、動物がどのようにもったいぶって道徳を説くことができるのかはよくわからない。

チンパンジーなどの社会的動物が、社会規範の前段階に相当するもの[75]を持っている可能性は残されているが、人間の道徳律のようなものを持っていると考えるだけの理由はほとんどない。

道徳で見られるギャップ

道徳的な生物というのは、自分の過去の行動や行動の動機について考察する能力がある生物、すなわち、その一部をよしとし、それ以外を否とする能力がある生物である。人間がこの資格

＊ダーウィンは、人間だけが顔を赤らめることをすでに指摘している。[71] 赤面は、自分が他者の目にどう映っているかを意識していることの表れかもしれない。それで、赤面は人が自分の至らなさを矯正する表明であり、それによって社会的な疎外が軽減されると論じられている。

に間違いなく値するという事実は、人間と下等動物のあらゆる違いのなかで最大のものである。[76]

——チャールズ・ダーウィン

たとえ、動物には道徳性の構成要素に人間との類似点がいろいろあることを受け入れるとしても、レベル❸によって人間と動物ははっきりと区別されるとドゥ・ヴァールは主張する。[77] ベコフでさえ、それと同意見だ。人間は内省的な道徳的推論や道徳的判断をおこなう。私たちは、行動の根底にある意図や信念を評価する。動物がそれにわずかでも似たことをするという証拠は、ないように見える。

道徳的な内省をおこなうには、心のなかで柔軟にシナリオを構築する能力が必要だ。心のなかでのシナリオ構築能力が、これまでに論じた人間の特性の多くにとって欠かせないことはすでに見た。私たちは、自分の過去や現在、将来の目標、それに信念や行動について推論できる。こうした考察によって、自分の行動や、さらには考えや願望を意図的なやり方で導くことができる。哲学者のクリスティーン・コースガードが指摘したように、人間だけが、規範を定める自律心を持っている。[78] そして、それにつけ加えるとすれば、人間だけが、新しい法律を制定する力を持った本物の政府や、違反を判断する裁判官、刑を執行する看守を生み出した。

だが、人間の道徳的推論や道徳的判断を試験する方法を、動物を試すために移し替えるのは簡単ではない。ドイツの当局はかつて、良心に基づいて兵役を拒否すると主張した若い男性の良心を試すため、次のような状況を想像するよう彼らに求めたものだ。もし恋人が森のなかでレイプされ、あなたが銃を持っていたらどうするか？　このようなことを評価するには、言語だけでなく、心のなかでシナリオを構築してそれを検討するための能力が必要だ。人間以外の動物が、何らかのジレンマに陥った場合にどうするかという反事実的な仮定をあれこれ考えることを示す証拠はない。噂話の場合と同じく、人間は法廷で、有罪かどうかや責任について決定するため、過去の出来事を何度も再構築する。これまでに論じたいくつもの限界からすれば、動物は内省的な道徳的推論ができないと考えられる。

動物が道徳的価値を判断する能力を持っている気配は、類人猿の言語プロジェクトで認められる。最近、一一年にわたって蓄積されたデータベースがくわしく解析され、二頭のボノボ（カンジとパンバニーシャ）と一頭のチンパンジー（パンパンジー）が、「よい」と「悪い」の絵文字をどのように使ったかが報告された。[79] この期間中に「よい」の記号が用いられた回数は数百回にとどまり、「悪い」の記号が用いられた回数はさらに少なかった（カンジは二四回、パンバニーシャは一七四回、パンパンジーは八三回）。たとえば、あるとき「自分がどんな行動をしていたかわかっていますか？」と尋ねられたチンパンジーは、「悪い」と答えた。これは、内省的な道徳的推論を示すものだろうか？さらなる説明や綿密な試験がなければ、彼らが実際に何を言っているのかは不明なままだ。その類人猿が「悪い」のサインと特定の行動を結びつけただけかもしれないという簡素な解釈もありうる。というのは、彼らの世話をする人間が、特定の状況でこうした表現（たとえば、「パンジーは悪いね」）を頻繁に用いるからだ。またあるとき、それらのボノボの一頭がプラムを食べていて、「よい」を表す絵文字のボタンを押した。おそらく、これは道徳的な質問に対して答えたのではなく、味についての感想だろう。これらの記号がときどき適切に用いられたことからすれば、人間に育てられたこれらの類人猿で、もしかしたら道徳的判断について研究できるのかもしれない。研究者たちはこれらの研究結果について、内省的な道徳的推論の兆しではなく、道徳性の前段階を示す証拠だと解釈している。

以上をまとめれば、動物での道徳性を示す証拠は、ドゥ・ヴァールのレベル❶からレベル❸へと移行するにつれて減少する。レベル❶では、人間以外の動物が思いやりのようなものを持っている可能性を示す証拠がかなりあり、血縁関係のない個体同士で互恵的な協力がおこなわれる事例もある。レベル❷では、ヒトに特に近縁の動物で、協力的な集団生活の支えとなる圧力をかける様子がわずかながら見られるが、動物が明確な規範について道徳的に考察したり、第三者が道徳の違反を罰したり、高潔な行動に報いたりすることを示す有力な事例はない。そしてレベル❸になると、人間以外の動物が内省的な道徳的推論をおこなう証拠はまだない。

類人猿を法で裁くのは妥当か？

動物の権利を扱う弁護士のスティーヴン・ワイズは、チンパンジーやボノボが法的人格を与えられるべきだと主張している。[80] 現在、動物の法律がいくつかの有名大学で教えられている。個人的には、人間が自分たちの道徳的関心をはっきりと拡張し、現存する動物でヒトに特に近縁の種が被っている苦しみにまで配慮すべき時期がきていると思う。だが、大型類人猿は人間としての権利を与えられるべきだろうか？

すでに見たように、人格とは通常、自己意識と自制の観念を伴う。大型類人猿は鏡を見て自分を認識するかもしれないが、これまでに検討した証拠を踏まえると、彼らが自分の知識や意図について、あるいは自分の行動がもたらす長期的な結果について、意識したり他者の目を気にしたりするようには見えない。

だが、大型類人猿が（ときどき）目先の衝動を抑えて楽しみを先に延ばす実行制御力を持っていることを示す証拠はいくつかある。第5章では、チンパンジーがほかのほとんどの動物とは違い、より多くの褒美をもらうために、少しの褒美をもらわないで数分間待てることを見た。[81] ある研究では、[82] チンパンジーはおもちゃで遊んで気を紛らわすことができたときのほうが、おもちゃがないときよりも長いあいだ待った。それに彼らは、少しの褒美をもらおうと思えばもらえたときのほうが、そのような褒美をもらうことができないときに比べて、おもちゃで長く遊んだ。これらの結果から、チンパンジーは自分の衝動をいくらか抑制できるかもしれないということが示唆される。だが、これは彼らが自分の選択に責任を持てるという意味だろうか？

哲学者のピーター・シンガーらが率いる「大型類人猿プロジェクト」[83]という名のグループは、「平等なものの共同体」に大型類人猿を含めるべきだと強く主張している。その共同体では、法的に強制できる権利が認められている。彼らは特に、生存権、個体の自由の保護、虐待の禁止を訴えている。それを受けて、ニュージーランドは一九九九年、大型類人猿を用いる実験を禁じた。そして現在ではほかの国々も、同様の措置を講じようとしている。だが、権利を与えるときは、それだけではすまない。なぜなら、権利には、他者の権利を尊重するといった責任が伴うからだ。私は、飼育下における類人猿の扱いの改善や、野生での類人猿の保護につながるどんなことも支持するが、これまでの証拠を考えると、類人猿が人間の道徳的共同体の正式なメンバーになれる見込みはほとんどない。

生存権や自由、虐待からの解放を類人猿にまで拡張することはじつに結構だと思うかもしれない(それに、類人猿を殺す人間を告発してもいいと思われるだろう)。だが、その別の面についても同じく結構だと思うだろうか？　たとえば、類人猿を殺人事件の裁判にかけることに誰もやぶさかでないだろうか？　二〇〇二年、ジェーン・グドールが研究していたフロドという名前の二七歳のチンパンジーが、タンザニアで生後一四カ月のミアサ・サディキという人間の子どもを奪って殺した。裁判を求める声があったかどうか、私は覚えていない。さらに言えば、類人猿同士での権利の侵害を取り締まるべきだろうか？　レイプのかどで雄のオランウータンを告発したり、チンパンジーの子どもを殺した容疑でチンパンジーを告発したりするのは、ほとんど意味がないだろう。中世ヨーロッパでは、動物が殺人や窃盗などの道徳に反する行為によって、実際にしょっちゅう裁判にかけられた。動物たちには弁護士がつけられ、人間が同様の罪を犯したときに与えられるのと同じ刑罰を与えられた。たとえば、一八三六年にフランスのファレーズでは[84]、人間の幼い子どもを殺した容疑で一頭の雌ブタが裁判にかけられ、判決がくだされた。その後、絞首刑執行人は、そのブタを公共の広場で絞首刑にした。そのブタの子どもたちも告発されたが、協議の結果、まだ幼いという理由で釈放された。

動物が自分の選択をよく考え、自分の行動の道徳的な結果を検討できることを示す有力な証拠がなければ、彼らを本気で社会契約に縛りつけることはできない。法律によれば、動物は人ではないので、行動の責任を負わせるべきではない（これは、動物が法的な「物」と見なされるべきだということではない）。私は、動物の扱いを改善し、動物を保護し、尊重するべく、より明確な義務を人間に負わせる新しい法律があってしかるべきだと訴えたい。なぜなら、人間以外の動物を虐待するのはおかしいという道徳原則を導き出せるからだ。私たちは共感の輪をほかの生物にも広げ、彼らのニーズや好みを考慮することができる[85]。

過去数百年のあいだに人びとが権利や残酷さ、共感、大義について熟考した結果、劇的な変化が起こった。スティーヴン・ピンカーは、世界大戦における尋常でない残虐行為やルワンダでの集団虐殺を考慮に入れても、日常生活から暴力がどれほど劇的に減少したかを述べている[86]（少なくとも比率的には、暴力による死亡の数は減少している）。近年では、人びとは思いやりをより重視している。そして、自分たちの選択についてますます考察し、平和や礼節の恩恵を認識している。今では、私たちは世界的規模で協力する。そして私たちの道徳的評価が伝達され、かつてないほど迅速かつ効果的に実施される。奴隷制、拷問、レイプ、決闘、死刑は、もはやほとんどの人の日常にはないものだ。人間はひどいことを山ほどしでかすにもかかわらず、昔よりはるかに善人になったようだ。

私たちは気を遣う。私たちは権利をすべての人間だけでなく、生物へとより一般的に拡張しつつある。動物虐待は、ようやく最近になって大いに非難されるようになり、幸いにも減少している。畜産や屠《と》畜は、次第に規制されつつある。動物を対象とする研究提案は、動物倫理委員会によって審査される。それには、提案された研究の課題や方法に対して、動物を用いる手段が妥当と認められるかどうかの審査も含まれる。闘鶏からキツネ狩りまで、血を見る娯楽はだんだん廃止されつつある。野生動物は、狩猟家より観光客をますます引きつけるようになっている。ホエールウオッチングは、捕鯨よりもビッグビジネスだ。多くの人が、環境汚染から森林破壊まで、人間の行動が動物の生息地の破壊やさまざまな種の絶滅をもたらしている事実に対し、道義的な責任をますます感じつつある。自分たちの行動がどんな結果を生むのかにひとたび気づくと、私たちはそれらを考慮に入れる道徳的義務を負うようになる。私たちの自己認識や地球上の生命に対する態度は、ここ数十年で劇的に変化した。ヒトに特に近縁の野生動物が存続することを望むならば、そのような自覚や態度をさらに変えなくてはならないだろう。自分自身の道徳的な結論を引き出すことは、あなたに任せたい。あなたならできるはずだ。

10 ギャップにご注意

［人間が］成功したのは、ほかの動物と一線を画するいくつかの特徴、すなわち言語、火、農耕、書字、道具、そして大規模な協力のおかげである。[1]

——バートランド・ラッセル

バートランド・ラッセルは、彼以前あるいは以降の多くの学者と同様に、人間と動物がいくつかの特性によって区別されると自信たっぷりに断言している。人間は多くの領域で秀でているように思われるが、前記のような主張は、必ずしも徹底的な比較に基づいているわけではない。それどころか、ハードルを低く設定すると、オウムはしゃべれる、アリは農耕をする、カラスは道具を作る、ミツバチは大規模に協力する、と結論づけることができる。何のおかげで人間が比類のない成功を収めているのかを理解するには、もっと掘り下げなくてはならない。これまでの六つの章では、言語、心のなかでの時間旅行、心の理論、知能、文化、道徳性という領域で、現在ある証拠から示唆される人間と動物の違いを描写した。それぞれの領域で人間以外のさまざまな種も能力を持っているが、いろいろな点から見て人間の能力は格別だ。そして、これらの領域には共通点が多い。

六つすべての領域で、人間をほかの動物から区別する二つのおもな特徴が繰り返し出てきた。それ

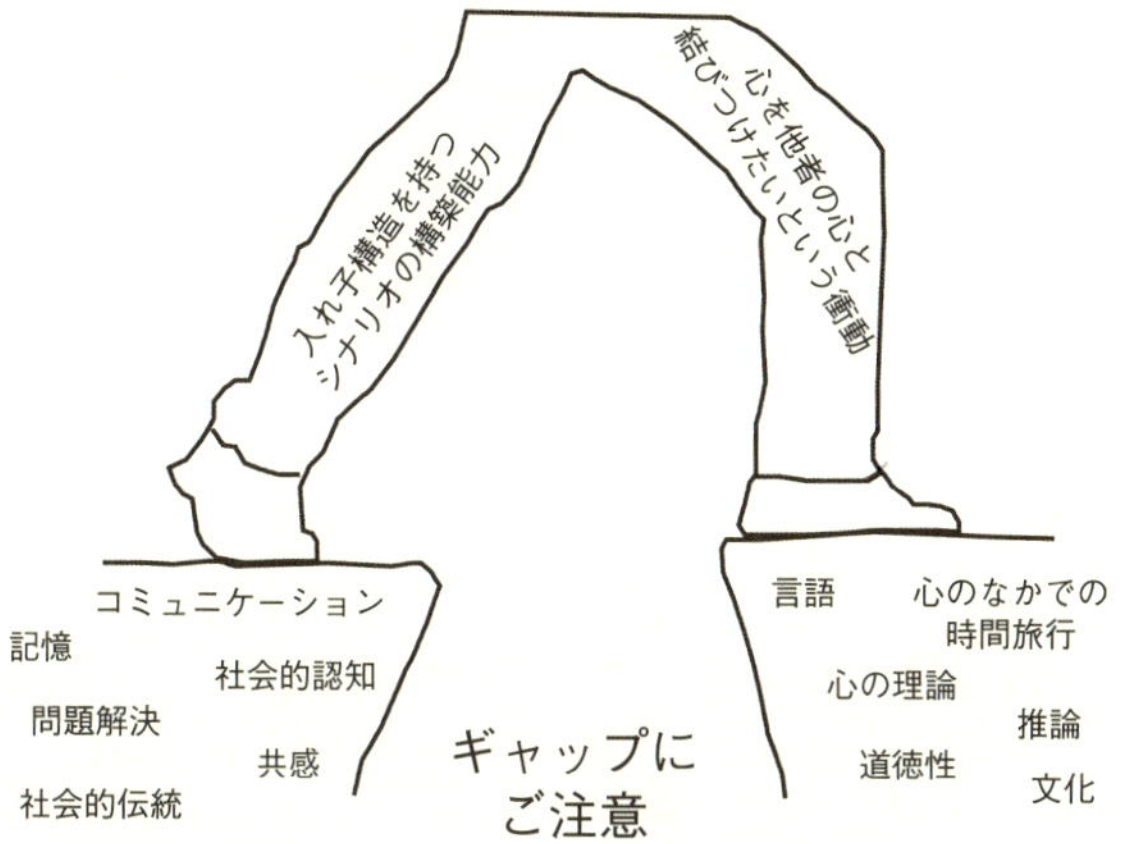

図10.1　類人猿から人間の心へのギャップをまたぐ、2つの根本的な能力の関連をごく単純に表した図。

は、さまざまな状況を想像したり考察したりすることを可能にする、入れ子構造を持つシナリオの構築能力と、心を他者の心と結びつけたいという衝動だ。主としてこれら二つの特性が、私たちの祖先に「ギャップ」を越えさせ、動物のコミュニケーションを際限なく拡張可能な人間の言語へ、記憶を心のなかでの時間旅行へ、社会的認知を心の理論へ、物理的な手がかりによる問題解決を抽象的な推論へ、社会的伝統を累積的な文化へ、共感を道徳性へと変えたように思われる(図10・1)。

人間は熱心にシナリオを構築する。私たちは話を語れるし、将来の状況を描いたり、他者の経験を想像したり、説明の候補について思案したり、教授法を計画したり、道徳的ジレンマについてじっくり考えたりすることができる。入れ子構造のあるシナリオを構築する能力というのは、単一の能力ではなく複雑な能力を指しており(前述した演劇の比喩を思い出してほしい)、それはシミュレーションや考察を可能にする種々の高度な要素が土台となっている。

シミュレーションをする基本的な能力は、人間以外の動物にもあるようだ。ラットがよく知っている迷路にいるときには、海馬のいわゆる「場所細胞」〔動物が空間内の特定の場所を通ると活動し、頭のなかに認知地図を作ることに関与する細胞〕が順番に活動することから、ラットが前もって頭のなかで迷路を通ることができ、あるルートを検討したうえで別のルートを検討してから進路を決めていることがうかがえる。[2] 場所細胞は睡眠中や休息中でも適切な順序で活動することが記録されており、[3] 迷路の配置やルートの選択肢を学ぶ神経基盤があることが示唆される。目的地への到達法を見つけるという難題が選択圧となって、心のなかで場面を構築する基盤が進化した可能性はある。本書ではさらに、大型類人猿がそのほかいくつかの関連する能力を示していることをすでに見た。大型類人猿は、ひそかにおこなわれた置き換えについて考えることや、[4] 人間が用いる記号を学んで解釈すること、手計算ではなく心のなかでの計算によって多少の問題を解くこと、複雑な社会性やいくつかの伝統を持つこと、互いに慰め合うこと、鏡で自分を認識すること、遊びやごまかしで何かの振りをする様子を見せることができる。大型類人猿は、世界についての現実に代わるシナリオを心のなかで想像する基本的な能力を持っている。[5] 特定の状況では、彼らの能力は人間の生後一八〜二四カ月の子どもの能力に匹敵する。

心のなかでシナリオを構築する能力は、人間では二歳以降に急激に発達するが、大型類人猿ではそうではない。人間の子どもは、起きているあいだのかなりの時間を費やして空想して遊ぶ。子どもたちは人形やおもちゃなどの小道具を使いながら、シナリオを思い描いて飽きもせずにそれを繰り返す。思考とは根本的に、行動や知覚を想像することであり、子どもは遊びのなかで仮説を試し、数々の可能性を検討し、（大人の）科学者にあながち似ていなくもない因果推論をすると論じられている。[6] 遊びが、練習したり、予想を立てたり、それらを試したりする機会を提供するのは間違いない。子どもはさまざまな役を引き受け、何らかの状況で起こる物語を演じる。そして徐々に、シナリオやその結果について、実演しないでも意識的に想像することを学ぶ。言い換えれば、子どもは心のなかでシミュレーションをすることを学ぶ。要するに、考えることを学ぶのだ。

やがて子どもは、ほぼ無限の種類の出来事を想像できるようになる。また、事実に反する推論をおこない始め、実際に起こったことと起こらなかったシナリオを対比する。[7] そして次第に、将来に起こるかもしれないことを考慮するようになる。人間の際限なき文章生成能力の鍵を握るのは、一つのことを別のことに再帰的に埋め込む能力だ。というのは、再帰によって、人間や物、行動といった基本要素を結合したり再結合したりして新しいシナリオを作ることができるからだ。そのような入れ子思考は、自分の考えについて考える内省能力にとっても欠かせない。入れ子思考のおかげで、自分が抱く心のなかでのシナリオについて推論できるのだ（ちょうど、絵を描いている自分の絵を描くことができるように）。

私たちは、多様なシナリオを結びつけて、より大きな物語の筋を仕立てることができる。物語は、なぜ物事が実際のようになっているのかを説明してくれるとともに、物事の今後を予測したり、それについて計画したりする機会を与えてくれる。私たちは過去の経験の関係について考察し、「もし〜ならば」の段階がいくつも埋め込まれた複雑な計画を構築できる。ヒトに最も近縁の動物でも、このような際限のない入れ子思考の能力があるとは示されていない。一説によれば、動物でこの能力が欠けている理由は、情報を再帰的に埋め込むのに必要な作業記憶がないからとのことだ。マイケル・コーバリスは、「再帰」が人間独特の能力だという考えを支持している。[8] 本書では、この説を裏づける証拠を何度も見ており、その妥当性は、建築や料理、音楽といったほかのさまざまな状況でも容易に見て取れる。あなたは自分でも再帰的な考えを用いて、さらに多くの例を思いつけるだろう。

子どもは、思考によってどのように行動を制御できるかについても学ぶ。入れ子構造を持つシナリオの構築が適応上のメリットをもたらすには、たとえば、賢明な長期的目標の名の下に今ある欲求を抑えるため、ある程度の実行制御力を獲得する必要がある。もっと一般的に言えば、自然選択は個人の夢想など歯牙にもかけなかったはずで、私たちのシナリオ構築は、生存と子孫繁栄にとってあからさまな価値があったに違いない。私たちの心は重要なのだ。例の演劇の比喩を使えば、ここで肝腎なのは、心のなかの演劇における聴衆だ。神経生物学者のバーナード・バースは、意識は放送システムだと提唱する[9]。意識は一つの一時的なメッセージを脳全体に広め、協調や制御を成し遂げるというわけだ。それによって、私たちが気づいている情報が、あらゆる下部のシステムで利用できるようになる。* 意識は結束をもたらし、複雑な神経系を一つの方向に引っ張っていくことを可能にする。それゆえ、シナリオの意識的なシミュレーションによって、私たちは複雑な計画を進めることができる。私たちが目下の衝動を抑えられる限り、心のなかでのシミュレーションや内省が行動を制御できる。かなりの割合で、私たちは自分の運命の支配者になれるのだ。

各人のシミュレーションは柔軟で威力があるが、意思決定をするにはリスクの高い方法でもあり、それによって致命的に判断を狂わされることもある。たとえば、オーストラリア北部の暑い場所にいると、川で泳ぎたい気持ちが湧いてくるかもしれない——だが、それもクロコダイルがいるという標識に気づくまでのこと。一人ひとりでは、私たちは見込みを誤ることもあれば、間違った期待を抱くこともあるし、どの選択肢に沿って進めばいいのかについて混乱することもある。心における入れ子構造のシナリオの構築は、水晶球でもなければ論理的なスーパーコンピューターでもない。柔軟なシナリオ構築が究極の生存戦略として本当に動き出すためには、よって立つべき第二の柱が必要だった。

私たちの祖先は[11]、自分と他者の心を結びつけることによって、心のなかでのシナリオの精度を大幅に高められることを見出した。人間は、たとえばクロコダイルがいる恐れがあるという標識を掲示するなどして、互いに助言を与える。想像上の劇をいわば放送して、自分だけでなく周囲の人びとにも広めることができる。私たちは、自分たちの考えを交換したり感想を述べたりする。他者に尋ねることもあれば、他者に知らせることもある。たとえば、同様の状況にいた場合にどんな感じだったかを話して、他者に情報を提供したりする。私たちは、重要か有用かどうかがわからなくても、物事に興味を持つ。人の話にどれほどの興味を示すかには個人的な差があるが、人間はおおむね自分の心を周囲の人びとの心と結びつけたいという思いに駆られる。そうすることで、予測や計画は、他者の話を聞かなかった場合よりもはるかによくなる。助言を検討したうえで決断しなさい、できれば種々の情報源からの助言を考慮しなさいというのは、一般によい助言だ。

本書では、入れ子構造を持つシナリオの構築者が、ほかのシナリオ構築者とほかにも多くのやり方で協力して恩恵を受けられることを見た。たとえば、共通する目標のために「聴衆」を募ることができる。私たちは複雑な計画を生み出し、労働を分割し、協力を誓うことができる。そして、成果を蓄積して次世代に引き継ぐことができる。こうしたことが確実にできるように、人間には自分たちの心をつなぎたいという飽くなき衝動が組み込まれているようだ。

霊長類は社会的な生物であり、社会的圧力が霊長類の知能の進化を促したことを示す証拠が増え続けている。人間は、この社会性を別の水準へと引き上げた。[12] 人間の子どもはほかの霊長類とは違い、注目や同情を引こうとして泣きじゃくる。私たちは何が間違っているのかを尋ね、物事を改善しよう

*当然ながら、演劇の比喩では、[10] 心的な演劇を見ている幽霊が脳のなかにいると言いたいのではない。それは成り立たない。なぜなら、誰がその幽霊の頭のなかでおこなわれている心的な演劇を見ているのかという疑問に問題が移し替えられるだけだからだ。一方、意識がメッセージをシステム中に広めるというバースの考えは、可能性としてはある。

とする。また、互いに目を覗き込み、心にあることを共有し、他者の心にあることを吸収する。つながりを求めるこの衝動は、他者の考えを効果的に読んだり自分の考えを表したりすることを可能にする記号や言葉の確立に不可欠だったに違いない。人間は、自分を含めた心のシナリオ構築者をつないで大きなシステムを作りたいという思いに駆られる。私たちは他者の経験から、たとえ間接的にでも、あるいは又聞きだとしても学ぶことができる。こうした衝動は最終的に、今日の携帯電話やソーシャルメディアのネットワークにつながり、私たちは世界中で考えを交換できるようになっている。

マイケル・トマセロらが示したように、私たちは共通の目標を作ってそれを達成しようとするが、ヒトに特に近縁の動物たちはそうしない[13]。人間の二歳の子どもでも、社会的学習の課題の成績やコミュニケーション、意図を読むことにかけて大型類人猿より優れている。ほかの動物は、警戒や食物について呼びかけをすることはあっても、それ以外の点では、自分の経験や知識を他者と分かち合う意欲がさほどあるようには見えない。繰り返すが、人間では六つすべての領域で協力への意欲が発揮されるし、それは重要な役割を果たしている。言語は、考えを交換する主要な手段だ。私たちは過去について語り合い、将来について計画を立てる。それに、自分がどんな考えを持っているのかについて、互いに読んだり話したりする。私たちは共同で推論をおこない、問題を解決する。周囲の世界を説明する社会的物語を作る。互いに教えたり学んだりする。そして、何が正しいのか、何が間違っているのかについて論じ合う。ここに挙げた例は、他者とつながりたいという衝動がどれほど人間に行き渡っているかを気づかせてくれる。このような衝動が乏しい人は、深刻な社会的困難を抱えている（そしておそらく、自閉症と診断される可能性がある）。他者とつながりたいという衝動は、私たちの心を形作るとともに私たちにすばらしい力を授けてくれる累積的な文化の創造に欠かせなかったのだ。

入れ子構造のあるシナリオを構築する能力のおかげで、私たちは過去の経験を役立てて他者の助言を心のなかで想像することもできる。そのようなわけであなたは、今自分がいる状況について母親なら何と言っただろうかと、自分に問いかけるかもしれない。私たちは、両親や友人、ヒーロー、あるいは神が、自分のどんなおこないを誇りに思うかに関心を持つ。たとえ、そのような人びとが、もはや生きていなくても（もしくは、この世に存在したことがないとしても）気にかけるのだ。私たちは、他者が自分のどんなことを覚えてくれるかを考えることができる。このような考えは、目先の個人的な利益を満たすという域を超えて、「より高い」名誉や勇敢さや名声の追求へと人を突き動かす重要な動機になる可能性がある。

私たちは、気高い性格や高潔な行為にあこがれることがある。人間は、迫害や公害と戦ったり、クラブや個人や動物を助けたりするなど、利他的な行為に精力を注ぐことができる。目標に挑むとき、私たちは何かしら大きなものの一部になるように思われ、そのような努力からこのうえなく深い意義が得られることがある。人間について特に注目すべきことの一つは、私たちが何らかの変化をもたらそうと努力できることだ。人間は意図的に無私無欲のおこないをしたり、噂を広めたり、不正と戦ったり、次世代を教育したり、革命を起こしたりすることもある。自分たちの心をつなげたいという衝動がなければ、そのような特性は存在しえなかっただろう。要約すれば、入れ子構造を持つシナリオ構築と、私たちのシナリオを構築する心を結びつけたいという衝動が、類人猿の特性を人間の特性へと変えたということだ。それらは強力なフィードバック・ループを生み出し、人間ならではの特性の多くをダイナミックに変えた。それらのおかげで、人間は動物が行き着けなかったところへ突き進めたのだ。

ギャップを生みだす本能

とすると、動物と人間のギャップは、ある意味では思ったよりはるかに小さいのかもしれない。過去六〇〇万年で類人猿とヒトのあいだに現れたのは、わずか二つの基本的な違いのように見える。だが別の意味では、このギャップは明らかに大きい。これら二つの特性は決定的な差を象徴しており、認知、感情、動機の面で数え切れないほどの影響を生んだのだ。子どもの遊びを見れば、これら二本の柱、つまり二本の「脚」がどのように足並みをそろえて数々の飛躍的な新しい可能性を拓いたかがわかる。子どもたちは、一緒になって想像上のシナリオを演じることがよくある。たとえば、医者と患者といった複数の役割を調整し、さまざまな出来事がどのように展開するかを演じる。子どもはこうした社会的な状況を思い描くことによって、特定の状況について知識を得たり、シナリオを作る自分たちの心とどう折り合いをつけるかを学んだりする。子どもは模倣や指導によって互いから学び、社会的に受け継がれた規則を身につけて実行する。子どもたちは、ゲームをして遊ぶのが好きだ。たとえ具体的な褒美がなくても、勝とうと必死になるものだ。

遊びが、子どもに考える訓練の機会をどのように与えるかについては、本書ですでに紹介した。子どもは、たいていは両親の励ましを受けて、自分がうまくなりたい技能を選択し始め、楽しんで練習する。第5章で見たように、シナリオを構築する心のおかげで、私たちは体を使わずに単に心のなかで練習することもでき、それによって上達することが可能だ。私たちは、実際の報酬や罰がなくても、自分で自分にフィードバックしたり、他者から受けるかもしれないフィードバックを想像したりする。将来のシナリオを作り出す能力や、専門技能を持つ他者に相談する能力によって、私たちはやがてみずから専門家になれる。人間の専門技能が多様なのは、さまざまな人が学習に打ち込んだり特定の技術の熟達に努めたりする事実によるところが大きい。オリンピックを考えてみてもわかるだろう。それぞれの専門技能の分野内でも、人は互いに大きく異なっている。一人ひとりがユニークなのだ。人間が広範な協力をおこない、労働が分割されているということは、裏を返せば、人びとが多くの相補的な技能に長けているよりも、みんなして同じことが得意なほうが、集団およびそれに属す個人の受ける恩恵が少ないということだ。多種多様な個人からなる集団は、とびきり有利だった可能性がある。おそらく、私たちの種は並外れて社会的で協力的だから、一人ひとりがまったく異なるように進化したのだろう。

遊びに加えて、子どもは物語が大好きだ。物語には、他者が学んだ教訓が含まれている。それに、まったくの架空の物語でも、役に立つ可能性のある情報を聴き手に与えてくれる。ほとんどの物語には、数々の障害を乗り越える英雄が登場するので、聴き手は課題をどうやって解決するかについて、さらにはどんな徳を追求する価値があるかについて学ぶことができる。端的に言えば、物語のおかげで、家を離れたり命にかかわる危険を冒したりせずに経験を得られるのだ。よって、物語を聴きたい、物語によって楽しみたいという欲求は、文化の伝達を強力に推進する力だと言える。

今日では、いつどこでもボタンを押すだけで、物語を見たり聴いたりすることができる。バーチャル劇場は、ほかの人びとが作ったシナリオを私たちの心に驚くべき速度で送り込む。私たちはそのような物語をただ一人で楽しむこともあるが、物語を共有することは、かつては完全な社会行事だった。最低でも、一人の人間がもう一人の人間に物語を見せたり語ったりするのだ。物語が複数の聴衆に向かって話されると、全員がその一つの同じシナリオに耳を傾ける。聴衆のメンバーたちは似たような考えや感情を抱き、似たような学習経験をする。物語は、話されるか演じられるかにかかわらず、それによって集団で価値や道徳規範、期待を一致させるのに役立つ。人間の文化や信念体系は、かなりの程度が物語によって定められる。祖先や起源についての物語は、「自分たちは何者で、どこから来たのか」という社会的アイデンティティを形作る。物語は、私たちが存在する意味や説明を提供してくれる。[*]そして、人びとのあいだに絆が生まれる。

チンパンジーは、互いに毛づくろいをして絆を結んだり平和を保ったりするが、人間の文化的集団は、精神的な経験を共有して絆を築く。人間は祭りで集まり、儀式や祝典を通じて文化的アイデンティティを再確認する。人びとは特別な衣装をまとい、伝統的な式典に参加し、演奏や演技をおこない、伝説や祖先の物語を話す。私たちは一緒に歌い踊り、ほかの人びとの演奏や演技を見て楽しむ。私たちはコンサートやパレード、ショーをおこなう。それに、誕生日や結婚、さまざまな記念、季節を祝う。だが、動物はここに挙げた事柄のどれも気にしないように見える。映画の『マダガスカル2』をはじめ、子ども向けマンガでの動物の描かれ方とは対照的に、動物はパーティーが好きではないようだ。

興味深いことに、他者を楽しませる人は、性選択で有利な傾向がある。[14]芸術家や俳優、音楽家には、人を楽しませるのではないタイプの人に比べて、パートナーが多くいることが多い。そのような利点は、創造活動に携わることを促す強い刺激となる。ほかの専門技能でも同じだが、人を楽しませる人は、能力を高めるために自分の芸の訓練を積む。そして、私たちが心のなかでのシナリオや道具や文章を作るときのように、基本的な要素を組み合わせたり組み直したりして、芸術やダンスや音楽で新しい娯楽を生み出す。

また、多くの文化では、娯楽やパーティー、式典は、瞑想や、催眠効果のある反復的なダンスのように、精神状態を変化させる物質や慣習によって、人びとの感情が煽られる。精神に作用する薬物、とりわけアルコール（もっとも、この類《たぐい》のリストには、コーヒーからコカインまでいろいろなものが連なる）は、多くの社交における強力な潤滑油だ。動物には薬物中毒になる素地があるが（だから、しばしば医薬品の研究に用いられる）、人間社会では薬物には独特の役割がある。賢者や神官、巫女、魔女、シャーマンは、英知を求めたり精霊や神や運命の世界に近づいたりするため、幻覚を見る目的で昔から薬物を用いてきた。そのような活動がどこまでさかのぼるのかも、人間の心の進化[15]にどれほど持続的な影響を及ぼしたのかも、ほとんどわからない。言うまでもなく、一部の薬物は危険であり、さまざまな問題を引き起こす恐れがある。にもかかわらず、薬物によって自分の精神状態を操るために、多くの人がどんなことでもするし、大きな危険を進んで冒しもする。社会的に是認されているかどうかはともかく、私たちの物語や儀式、それに芸の世界は薬物にあふれている。

ヒトと類人猿の違いが、そもそも知能や理性にかんするものだけではないのは明らかだ。シナリオを構築して共有する人間の能力は、心配事を振り払いたい、陶酔に浸りたい、心ゆくまで祝いごとを楽しみたい、情熱や不摂生に身を委ねたいといった欲求にとっても欠かせない。私たちの心のこうした側面が、人間の特に風変わりな行動を引き起こすこともある。古代ギリシャ神話では、ゼウスの息子ディオニュソスがこれらの傾向を象徴していたのに対し、ゼウスの息子アポロンは調和や秩序、理

＊物語によって、ある点から別の点にどうやって行き着くかが説明されることがある。そしてそれが、関連する因果関係の特定につながることもある。つまり、芝生が濡れているのは、今朝雨が降ったから、というようなことだ。逆に今度は、説明が予測に役立つ。たとえば、今雨が降っているから、川の水位が上がるだろう、など。そして、大変重要なことに、説明は制御のきっかけにもなる。物事にかかわる実際の因果関係がわからないこともよくあるが、物語によって、過去にどんなことが関係していた可能性があるのかが暗示される。多くの技術や儀式が、人間にとって重要な物事を制御するために考案されてきており、因果関係の面で成功することも（たとえば、火を起こすこと）、成功しないこともあった（たとえば、雨を降らせること）。

性を象徴していた。そのような反対の物事のせめぎ合いは、フロイトのイドと超自我から、SFドラマ『スタートレック』シリーズのドクター・マッコイとスポックの対立まで、さまざまな文化レベルで数多く取り上げられる。これらの力のバランスを取ろうとするのが、フロイトの想定では、意志を決定する自我だ。あるいは、お望みならば、カーク船長と言ってもいい。私たちの心は複雑な獣であり、ここですべてを十分に論じることができるなどと言うつもりはない。だが私は、人間の心と、ヒトに特に近縁の動物の心を隔てる基本的な要素に焦点を当てようとしてきた。

シナリオを構築する人間の互いに結ばれた心は、千変万化するバーチャルな世界を生み出してきた。人間は一緒になって、形のない考えや理想、そのほか想像上のものを共有し、合意する。たとえば、私たちは社会的な役割、制度、記号を考案し、集団でそれらに特定の権限や力を持たせる。人間のコミュニティーでは、審判員、偶像、最高経営責任者、役員、聖職者、銀行制度、国家の象徴などが重要な機能を果たし、それらは非常に複雑な協力のネットワークを制御するのにきわめて重要だ。しかし、それらの評判も威力も責任も、人間の集団思考のなかにしか存在しない。動物は、そのようなものを認識できない。単に人間が一緒になってそれらを想像し、あたかもそれらが現実にあるかのように振る舞う。私たちにとっては、それらは現実にあるのだ。

人間は、文化的な世界を発展させてきた。集団で想像した考えや概念が、私たちの現実のまさに基本構造を形作っている。子どもは成長するにつれて、この人工的な環境の選択圧にさらされる。人間の文化的進化と人間の心の進化は、切り離せないほど絡み合っている。私たちは、子どもが成長する環境や、子どもが学ぶもの、子どもが尊重し信じるものを作り上げる。生物学志向の科学者は、社会化や文化の力を過小評価することがある。だが、そうすべきではない。私たちは、心をかなりの程度まで社会的に構築する。とすると、動物と人間のギャップは心を発達させる文化的育成の産物だと結論づけたくなるかもしれないし、その理由も容易に想像できる。だが、知られている限りでは、同じ社会化をいくらおこなっても、キンギョやネコ、あるいはウマの心を人間の心に変えられないのも事実だ。人間に育てられ、そのため「文化化」[16]された大型類人猿が、動物園にいる同種の個体に比べて、いくつかの指標でわずかによい成績を収めるという証拠はある。* それでも、彼らをカフカが想像した、思索にふけるチンパンジーのような存在に変えることはできない。人間は、そのギャップを越えて文化を身につける下地が他に類を見ないほどできている。そこで、祖先たちが創造した文化的世界に私たちがどれほど生物学的に適応しているように見えるかという話題を取り上げて、この章を終えよう。

子育ての協力とおばあちゃんの知恵

どうにもならない状態でその存在の大部分を受け継ぐ、あるいは、かようにも長く嘆かわしい愚かな老齢に陥る動物はほかにいない。[18]

——ジョン・ハーシェル

人間が文化を受け入れる態勢は、それなりの犠牲を払って得られるものだ。ハーシェルが述べたように、人間は非常に弱く、子どものときや、多くの場合には高齢になったときにも養ってもらう必要がある。生まれたばかりの人間の赤ん坊は、地球上でもことのほか無防備な生物に違いない。何しろ、

＊これが、文化化された心が豊かである、あるいは動物園で飼育されている動物の心が貧弱であることを意味するのかは明らかというわけではない。[17] しかるべき比較の相手は、通常の社会的環境で育った野生の類人猿しかない。

頭を支えられるようになるまでにも何週間もかかり、歩けるようになるには一年ほどかかるのだから。それでも、生まれてからの脳の成長は、心の可塑性にとって、ひいては私たちが社会的環境から文化を受け継ぐ能力にとってきわめて重要だ。人間の脳は子宮内よりも誕生後のほうがよく成長し、ヒトに特に近縁の動物は、量で見ても比率で見てもこれに敵わない[19]（人間では、生まれたばかりの赤ん坊の脳は大人の脳のサイズの約二八パーセントしかないが、生まれたばかりのチンパンジーの脳は平均で大人の約四〇パーセントある）。

スティーヴン・ジェイ・グールドは、人間はある意味で「大人」になることをまったく避けて通ると述べている[20]。私たちは年を取っても学び続けるし、遊び好きであり続け、好奇心も衰えない。そのような性質は、ほとんどの哺乳類では若いころにしか認められない。幼いころの特性が大人になっても残ることは、「幼形成熟（ネオテニー）」と呼ばれる。少数の遺伝子変化によってそうした大きな影響がもたらされる可能性があるというのは、すごいことだ。では、メキシカン・ウォーキング・フィッシュとも呼ばれるアホロートル〔ウーパールーパー〕を考えてみよう。多くの水族館でよく飼育されているこの魚《フィッシュ》は、脚があって歩けるので、魚にしてはとても奇妙に見える。だが、脚があるのは、それが魚ではなくネオテニーの両生類だからだ。アホロートルはサンショウウオで、成長が止まり、成体への変態が起こらず幼生段階にとどまっている。チンパンジーの子どもの平たい顔は、人間の顔に似ている。だが、チンパンジーは成長すると、人間とは次第に異なってくる。グールドが、私たちはネオテニーの類人猿だと述べたのは、正しかったのかもしれない。

人類学者のバリー・ボーギンは、ヒトのみに幼少期[21]（乳幼児期）と若年期に加えて、完全に成熟するまでに二つの新しい発達段階があると主張している。哺乳類では、幼少期は母親による授乳期間として定義される。若年期は、離乳してから性的に成熟するまでの期間だ。霊長類では一般に、急速な成長を特徴とする比較的長い幼少期があり、永久臼歯が初めて生えて母親による授乳が終わる時点で幼少期は終了する。チンパンジーでは、これらの出来事は四歳ごろに起こる。

しかしヒトでは、授乳はたいてい二、三歳までに（あるいはもっと早く）終わるものの、永久歯が初めて生えるのは六歳ごろだ。この離乳から初めての永久歯が生えるまでの期間を、ボーギンは「小児期」と呼ぶ（ボーギンの提唱は、明確な生物的指標に基づいている）。ボーギンの小児期を特徴づけるのは、成長速度が緩やかになること、歯の状態が未成熟なこと、運動制御が未成熟なことで、重要なのは、食物や世話を他者に依存していることだ。小児期の脳の発達は、骨格や筋肉の発達に比べて大幅に先行し、脳の重量は七歳ごろにピークに達する。[22] ほかの霊長類では、幼少期を過ぎると、子どもは自分で食物を見つけることができ、そのために歯も生える。だが、人間の母親は授乳を終えても、まだ子どもに食物を与える必要がある（あるいは、誰かにその役割をしてもらう必要がある）。この段階に移行すると、女性は再び妊娠できるようになる。一方、チンパンジーの出産間隔は、典型的な人間の狩猟採集民の出産間隔に比べると二倍近くある。[23] そのようなことから、人間は類人猿よりずっとあとに性的成熟に達するとしても、類人猿よりはるかに頻繁に子孫をもうけることができる。

哺乳類の幼少期のあと、ヒトではボーギンの言う小児期のあとに来る段階が若年期だ。この時期の特徴は、若い個体が自分で食べていく能力を持ちながらも、性的にはまだ成熟していないことにある。ほとんどの動物では、この時期は短く、たとえばマウスではほんの数日しかないが、類人猿ではかなり長い。たとえば、ヒヒでは、離乳から生殖能力を持つまでに三、四年ある。ヒトの若年期は七歳ごろに始まり、アンドロゲンの分泌が増えて陰毛の発育や汗の組成の変化につながる。この時期は「アドレナーキ」として知られ、ゴリラやチンパンジーでも見られる。若年期は成長速度の減少を特徴とし、通常は性的成熟に達することで終わり、成熟期となる。だがヒトには、ボーギンがヒトに特有だと主張する別の段階がある。それが思春期だ。

動物の生活環では一般に、成長が最初は著しくてのちに遅くなるという特徴がある。だがヒトでは、小児期に成長速度が緩やかになった状態が何年も続いたあと、思春期に再び骨格が急激に成長するのが特徴だ。思春期は、女性では一一、一二歳ごろに始まり、男性ではそれより一、二年遅く始まることが多い。女性では思春期が遅くとも一九歳で完全に終わり、男性ではそれより二、三年あとに終わる。思春期の特徴は、探索、刺激の追求、社会的関係のさまざまな変化、それに統合失調症やうつ病などの精神疾患にかかりやすいことだ。広く知られているように、思春期の若者は社会的、経済的に成熟する過程で、確立された文化的慣行の正当性をしばしば疑う。

脳の大きさや基本的な構造は、ヒトでは若年期までに整うが、思春期の期間を通して皮質灰白質は薄くなり[24]、白質が増加する[25]*。脳のこうした変化に沿うように、思春期の若者の心は次第に行動を制御できるようになる。すなわち、意識を集中することがうまくなり、自制ができるようになり、誘惑に抗えるようになる。自己制御の実行能力は、向上の仕方が緩やかだ[26]。「画面の左側に光が現れたら右を向き、右側に現れたら左を向きなさい」といったごく単純な自己制御の課題でさえ、思春期のあいだは失敗の回数が少しずつしか減少しない。大人のレベルの制御力は、思春期が終わるころ、つまり肉体的な成長が終わるころに達成される**。

発達段階についてのボーギンの定義に同意するかしないかにかかわらず、人間の成長はほかの類人猿よりはるかに長くかかること、そして異例の成長パターンに特徴づけられることは明らかだ。こうした成長過程のおかげで、第二の遺伝システムが勢いを得て局所的な文化を伝えるのに十分な機会が与えられる。

人間のこのような成長変化を可能にした鍵は、「協同繁殖[28]」だったに違いない。つまり、母親以外に父親や叔父、叔母、祖父母、さらには集団のなかで血縁関係のないメンバーまでもが子どもを教え、保護し、子どもに食物を与えることに手を貸すのだ。狩猟採集民集団の研究では、食物を分かち合うという社会規範によって家族が恩恵を受けることが示されている。大人はしばしば、消費できる量を超える食物を意図的に獲得し、自分の集団で分配する。このような拡張された家族は、子育てを助けることが多い。

人間の子育ての構造は、核家族に限られているわけではない。たとえば、中国ヒマラヤ地方に住むモソ族には、男性が自分の子どもの育児には投資しない代わりに、姉妹や叔母の子どもの世話をするシステムがある。彼らはこの方法で、父親としての「親の投資」に伴う根本的な問題を解決するのだ。遺伝子検査がない時代には、男性は、自分の子とおぼしき子どもが本当にわが子だと確信することが決してできなかった。モソ族は、自分にとって血縁関係が薄いとはいえ血のつながりのあることが確実な親族、つまり血族の女性の子どもを支援することで、妻の不貞によって起こりうる問題を完全に回避する。人間の子育てにかんする取り決めはさまざまだが、すべてに共通するのは、集団のなかで母親以外のメンバーが子育てを助けることだ。

協同繁殖そのものは、人間だけに見られる特性ではない。*** だが、人間は子どもにきわめて多くの世

*これは、シナプスが刈り込まれ、軸索が髄鞘（ミエリン）という膜でだんだん覆われることを反映している。[27]

**しかし、白質の結合性など、思春期を過ぎても脳が成熟を続ける部分もある。特に、眼窩前頭皮質と扁桃体と側頭部を結び、社会的・情緒的処理にかかわるケーブルの鉤状束（こうじょうそく）という白質の経路は、成熟するのが驚くほど遅い。ピークに達するのは、三〇代半ばであることが見出されている。

***たとえば、マーモセット[29]は小集団で子どもを産み育て、雄も雌も含めてすべての大人が、その集団の子どもを背負い、子育てに協力する。

話をおこなう。現在のような病気の予防法や医療がまだないころ、狩猟採集民社会では、生まれた赤ん坊のうち生きて大人になるのは約五〇パーセントだった。この数値は恐ろしく低いように映るかもしれないが、ほかの動物に比べれば高い。多くの動物は子どもにまったく投資しないので、子どもの生存率は悪い。[30] たとえば、魚は何百万個もの卵を産むが、そのなかで成体にまでなるのはわずか一個だ。一方、ライオンは子どもの数が少なく、子どもにかなり投資する。そのため幸いにも、生まれた子どもの一五パーセントが成獣になる。成長するまでに時間のかかる霊長類では、ほかのほとんどの哺乳類よりも子どもへの投資がさらに多いので、生存率はライオンより高い傾向がある。チンパンジーでは約三八パーセントだ。親の投資と子どもの生存率には、密接な関係があるように見える。

一部の大型類人猿は繁殖可能な時期を過ぎても生きるが、ほとんどは一生のあいだ繁殖力を保つ。[31] チンパンジーは、一三歳ごろから繁殖できるようになり、雌では四〇歳まで生きるのは一〇パーセントに満たないが、だいたいが死ぬまで妊娠できる。一方、人間では、女性は閉経を迎えたのち、子どもを産まずに数十年生きることもよくある。人間の集団には多くの場合、生殖年齢を過ぎた高齢のメンバーがかなり混じっており、これは進化的には謎である。生殖期後の個体は、生殖可能な年齢の個体から自然資源を吸い取る。そのような現象は、高齢の個体が生殖とは違う方法で彼らの遺伝子の存続と繁殖に貢献するのでない限り、進化の観点では意味をなさない。これについては、生殖期後の高齢者が包括適応度を上げるという説明がなされている。[32] おばあさんは孫にさまざまな支援をおこない、それが孫の養育にとって非常に重要な場合もある。狩猟採集民の社会から得られた証拠によれば、おばあさんがいることによって幼い子どもの死亡率は低下するという。いくつかの集団では、生殖期後の期間の長期化と孫の数の増加に関連があることが見出された。明らかに、この新たな人生の段階は遺伝子の繁栄に役立つのだ。[33]

人間は一般に類人猿より長生きし、狩猟採集民でも七〇歳以上になるまで生きる。[34]高齢者は、若者よりも豊富な経験や知識――お望みならば「ミーム」と言ってもいい――を活用できる。高齢者は先立つ世代との生きたつながりとしての役割を果たし、それゆえ、狩猟採集や捕食、自然災害、敵といった分野で、その集団が直面しうる課題について重大な情報を持っている可能性がある。高齢者はある意味で、文字を持たない文化の図書館として機能する。要するに、彼らはその集団の「ミームプール」を保持するのに欠かせない存在なのだ（通常、「結晶性知能」[35]は年を取っても衰えないことを思いだそう）。どの人間社会にも、それぞれ尊重すべき知恵がある。そして、賢いと見なされる人たちは、概して思いやりがあり、聡明で、経験豊かで、思慮深い。彼らは人生の重要な問題へのすばらしい見識を持っているので、困難なときや、影響の大きな意志決定が必要なときに相談を受ける。これも、高齢者が子孫の繁栄に対して大いに貢献できるやり方だ。そして今度は集団の若手が高齢者を尊敬し、援助する。たとえ高齢者が最終的に、ハーシェルが嘆いたような、長引く「愚かな老齢」に至ったときでも。

強力な選択圧に

私たちは、きわめて協力的な霊長類だ。子どもは、周囲の人びとが他者の力になり他者を助けることを学ぶ。人間は、世代を越えて重要な知的技能や知識を伝える。だからこそ、知恵や技術を蓄積し、非常に長期間にわたって、ある人の心から他者の心へとそれらを伝えてくることができた。このような慣習によって、人間はジョン・トゥービーとアーヴィン・デヴォアが「認知的ニッチ[36]」と名づけたものを利用できたのだ。すなわち人間は、推論や計画や協力を通じて、植物の防御機構を突破し、抵抗する獲物を打ち負かし、捕食者や競争相手の脅威を克服する。心のなかでシナリオを構築し、有用な情報をすみやかに交換することによって、人間は新たな困難に対して柔軟に対処し、ほかの生物を出し抜いてこられた——人間以外の生き物は、自然選択というはるかに時間のかかる伝統的なプロセスだけで人間に適応するしかなかったのだ。人間はどこに移動しても、重要な情報をすばやく蓄積してほかの大型動物と張り合えた。それればかりか、人間は新天地に到達するとほどなくして、獲物となる動物の大量絶滅をたびたび引き起こした[37]という証拠まである。

以上のことから私の関心は、人間の先史時代と、動物と人間のギャップの発生に導かれる。チンパンジーとの最後の共通祖先から現生人類に至るまでの道のりには、どんな段階があったのだろう？そして、どんな力が変化をもたらしたのだろう？

11 現実の中《なか》つ国

母は亡くなると、ドイツのフレーデンにある地元の墓地に埋葬された。母はその町で生まれ、私たちきょうだいを出産した。母の葬式がおこなわれたころ、近くで考古学的な発掘調査があり、八〇基の墓が発見された。それらは三〇〇〇年以上前のものだった。このニュースを聞いて、私は故郷の町で自分より前に暮らしていた多くの世代について考えた。私の先祖たちは、ずっとこの地域に住んでいたのだろうか？　もしかすると、そうかもしれない。だが、おそらく私の家系にはもっといろいろな人が混在しており、チンギス・カンやクレオパトラといった有名な先祖たちが含まれている可能性も高い。

なぜそうなのかを説明させてもらいたい。多くの文化で、姓は男系で継承される。私の曾祖父は「ズデンドルフ」で、私の息子も同じだ。教会の記録を見ると、私たちは八世代さかのぼって「ディルク」と呼ばれた一人の先祖にたどり着ける。私がタイムマシンを持っていてディルクを訪ねたら、彼を父祖として認識できるだろうか？　だが、姓は誤解を招きかねない。言うまでもなく、誰でも父方の家族と同じように母方の家族とも近縁の関係にあるからだ。あなたには親が二人いて、祖父母が四人いて、曽祖父母が八人いる。全員の名前を知っている人もいるかもしれない。では、単純に考えるため、人がだいたい二五歳で子どもをもうけると仮定しよう。すると、あなたの家系では、あなたが生まれる一〇〇年前に一六人の高祖父母がいて、それより二五年前に三二人の高祖父母の父母がいたということになる。あなたは全員の名前を知っているだろうか？　もし八世代さかのぼると、二五六人の直系先祖が見つかるはずだ。私には、ディルク以外にも、血縁でディルクと同じ近さの先祖が二五五人いたことになる。彼らの姓が共通だったかどうかはともかく、もしもそのうちの一人でも子どもを持たなかったら、私は今ここにいまい。

それからタイムマシンでさらに四世代戻れば、四〇九六人の直系の先祖を訪問できることになる。時間をさかのぼるほど、先祖の人数はどんどん増える。同じ論理に従えば、あなたが生まれる四〇〇年前には、六万五五三六人の先祖がいたということになる。六〇〇年前に戻ると、その数はなんと一六七七万七二一六人にもなる。チンギス・カンは西暦一二二七年にこの世を去ったが、彼の時代にいた私の直系先祖は二〇億人を超えるようだ。というわけで、たとえチンギス・カンが子種をユーラシア中に広めなかったとしても、私が彼の子孫である可能性は十分にある。あなたもそうだろう。もしあなたのルーツがユーラシアにあり、この計算が正しければ。

もちろん、この計算法には深刻な欠点がある。先祖の数は倍々で増えて、最終的に無意味な数値になってしまうのだ。同じ論理に従った場合、今から二〇〇〇年ほど前のクレオパトラが生きていた時代にまで戻ると、あなたには一〇の二四乗人を超える人数（一兆掛ける一兆、あるいはもっと正確に書けば1.2×10^{24}）の祖先がいたことになる。その数は、現在の地球の人口を超えるばかりか、これまでに生きた人間の数をも上回る。なぜだろう？　それは、この計算では、先祖たちには互いに血縁関係がないと仮定しているからだ。しかし、それは間違っており、実際には血縁関係があることも珍しくない。ときには、血縁がきわめて近い場合もある。その点は、ヨーロッパ王室においてよく知られる近親婚で明らかだ。だが、自分の出身の村や自分を取り巻く環境で恋人を見つける場合などは、やや遠い血縁の者同士が結婚することも多い。それにしても、もしイエス・キリストの血統が生き残っていたら、選ばれた少数ではなく、多くの人が直属の子孫だと名乗れるだろう。記録に残っている家系図で最も古い時代から続いているのは、孔子の家系図だ。孔子が亡くなってから八〇世代以上にわたって二〇〇万人以上の子孫が収録されている。

一部の人間集団は長期間にわたって比較的孤立していたため、ほかの集団と入り交じる機会があまりなかった。オーストラリア先住民は、おそらく最も長いあいだほかの集団と隔てられていたと考えられる。[1]インドネシアやメラネシアから思いがけなく人がやって来たことはあったかもしれないが、オーストラリア先住民は、ほかの人間たちとは約二〇〇〇世代にわたり(つまり、五万年以上)隔てられてきた。したがって、彼らはいわば、最も純粋な血筋だと主張できるわけだ。そのほかのほとんどの人には、いろいろな血が入っている。

ホミニンの出会い

動物と人間のギャップの起源を理解するためには、まず私たちがどこからやって来たのかを知らなくてはならない。現代遺伝学のおかげで、今では歴史文献がなくても人びとの系統を調べることができる。DNAのほとんどは、ある世代から次の世代に移るときに混ざり合うので、子孫のあいだには確実にバリエーションが生まれる。だが、DNAのなかには組み換えられないものもあり、系統を復元するのに役立つ。たとえば、Y染色体(女性にはない)は父から息子に限って受け継がれる。また、ミトコンドリアＤＮＡは細胞体に存在し、男性の精子ではなく女性の卵子を介して次世代に伝えられる。したがって、あなたは母親や祖母と同じミトコンドリアＤＮＡを持っているし、あなたのきょうだいのミトコンドリアＤＮＡも共通している。だがたまに、こうしたＤＮＡの組み換えられない部分もランダムな突然変異によって変化することがあり、それらは遺伝子マーカーとなる。同じ地域に住む人びとは、祖先が共通するために同じ遺伝子マーカーを持っていることがある。そのような人びとの一部が移住すると、彼らの遺伝子マーカーも一緒に移動するので、彼らは移り住んだ場所にもとからいる人びとと区別される。そのようなわけで、ＤＮＡを通じて人類の移動の歴史をたどることができる。異なる地域の人びとから得られたＤＮＡを比較すれば、人びとの最も近い共通祖先がどこに住んでいたかが割り出せる。ランダムな突然変異が比較的一定の速度で起こることを踏まえると（もっとも、ＤＮＡの一部の領域は、それ以外の領域よりも突然変異が急速に起こる）、いつ共通祖先が生きていたのかも推定できる。

こうした新しい遺伝学的知識が人種差別主義者や保険会社に濫用されかねないという妥当な懸念を提起している人もいるが、遺伝学は私たちの過去の再構築に向けた新たな道を拓いている。たとえば、遺伝的多様性がアフリカの外部よりも内部で見られるという知見は、人類共通の起源について教えてくれる。たとえば、ミトコンドリアＤＮＡでは、アフリカ人以外の人はすべて二つの系統、すなわち二つの「ハプログループ」〔ミトコンドリアゲノムの型〕（ＭかＮ）に分けられ、ほかの系統はアフリカにのみ存在する。言い換えれば、スウェーデン人、日本人、オーストラリア先住民、マヤ人のＤＮＡは、アフリカ人の異なる二つのグループのＤＮＡよりもはるかに似ている。つまり、より近縁の関係にあるということだ。このようなパターンが見られる理由は、簡単に説明できる。人類がアフリカで誕生し、アフリカ人の一つの下位集団がアフリカ大陸を出て世界のほかの地域に住み着いたということだ。

世界各地の男性から集められたY染色体の解析によって、最も近い共通祖先、いうなれば「アダム」は、約六万年前にいた男性だと推定された。[2]* 現在生きているすべての人が、父系では彼の子孫である。そしてミトコンドリアDNAの解析から、私たちに最も近い女性の共通祖先、つまり「イブ」と呼べる女性が、一五〜二〇万年前にアフリカ東部で生きていたことが示唆されている。[5] とすると、ここでまず注目すべきなのは、イブが生きていたのがアダムよりずいぶん前だということだ。これだけ時間に隔たりがあるのは、男性と女性の生殖力が同等ではないからだ。女性が一生のあいだに産む子どもの数はゼロから十数人だが、男性が父親になれる子どもの数はゼロから数百人にのぼる。つまり、少数の男性が大勢の人の祖父になれるのだ。数百人の人の祖父が同じ男性である可能性はあるが、それらの人びと全員の祖母が同じであるはずはない。したがって、最も近い共通した女系祖先は、最も近い共通した男系祖先よりも家系ではるかにさかのぼったところで見つかる。ただし、だからといって、そのような時代に男性や女性が一人しか生きていなかったということではない。おそらく何万人もの人間が生きていて、その多くが子孫を残しただろう。だが、たとえ私たちのほとんどがアダムやイブの伴侶たちともつながっているとしても、この二人がただ、すべての人類の最も近い共通祖先を表していることに変わりはない。

DNAの研究は、私たちの起源の理解に対してますます影響を及ぼしており、** 化石以上に多くの知見をもたらす独立した情報源となっている。幸いにも、その研究から得られる主要な知見の多くは、

*最近のある研究によって、これに異議が申し立てられている。[3] その研究では、その日付が一四万二〇〇〇年前にまでさかのぼるとされる。ついでながら、チンギス・カンは一つの特定のY染色体系統を生み出したことが示唆されている。[4] その系統は、中央アジアの広い地域で男性の約八パーセントに存在するが、それ以外では男性のわずか〇・五パーセントにしか存在しない。

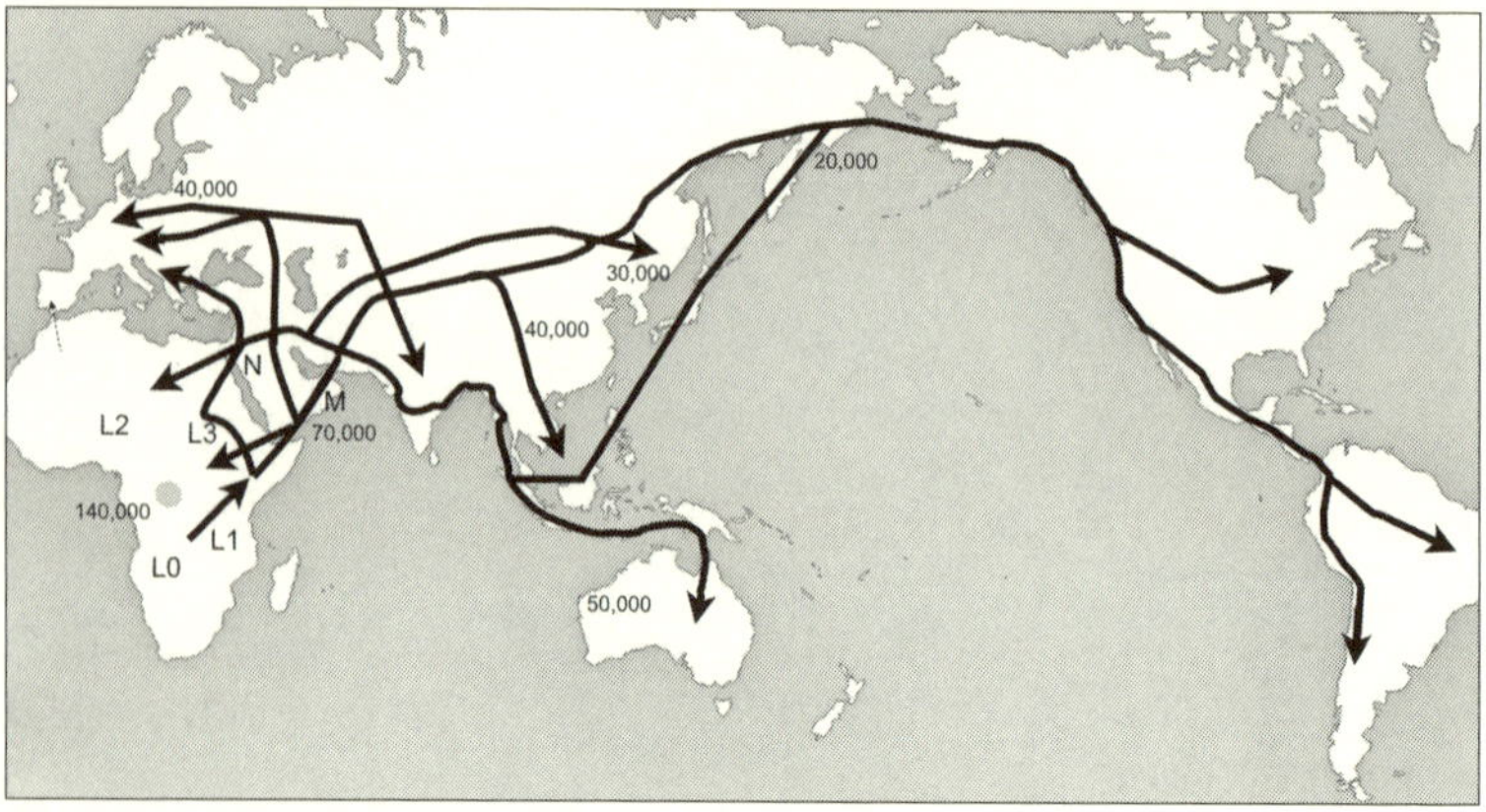

図 11.1 [7]　DNA や化石の証拠によって現在示されている人類の移動経路についての略図。

考古学的記録によってわかることと一致するようだ。解剖学的な現生人類の最古の化石は、約二〇万年前のものだ。[6] リチャード・リーキー率いる研究チームがエチオピアで発見した化石「オーモ」である。

　最初期のミトコンドリアハプログループ（L０）には、アフリカ南西部で暮らすコイサン族が含まれる。彼らの言語は、吸着音（舌打ち音）があることで知られる。このグループから、三つのアフリカの系統――L１、L２、L３――が分岐した。L３グループに属する人びとは、今から六〜八万年前にみるみる世界中に広がり、L３からアフリカ人以外のすべての人が含まれる二つのハプログループ（MとN）が生まれた（図11・1）。これらの人びとは、そのころにアフリカ大陸から出たと推定されている。彼らはアジア中に分散し、それから約一〜二万年後にはオーストラリアに到達した。彼らがヨーロッパに移住したのは、約四万年前だ。また、彼らは東アジアからアメリカ大陸に移動し、新世界中に急速に広がった。

　何千年、何万年にもわたって私たちの祖先は進出を続け、地球上のほとんどの大陸に住みつき、その土地土地の景観を大きく変えた。人類が最後に残された居住可能な広い地域にようやく落ち着いてから、まだ一〇〇〇年もたっていない。彼らが「アオテアロア」と名づけたその地が、「ニュージーランド」と呼ばれるところだ。かつてアオテアロアには人間はおらず、それどころか数種のコウモリ以外に哺乳類もいなかった。そこにマオリ族がカヌーで到達し、豊かな土地を発見した。マオリ族は、彼らが「モア」と呼ぶ一種のニワトリをアオテアロアに持ち込んだが、茂みで巨大な鳥を捕まえることができたので、ニワトリの飼育をやめた。巨大で飛べない現地のモアは、以前は哺乳類に補食されておらず、マオリ族が繁栄してモアを狩るにつれて、あれよという間に絶滅した。[8] おそらく、絶滅までに一〇〇年もかからなかったと考えられる。タンパク質が乏しくなると、マオリ族は甲殻類に依存するようになり、ときには人食いもした。このような事態の展開が異例だったわけではない。人間は、聖書で謳われるような「乳と蜜の流れる」豊かな土地に初めて出会ったときは、それらを享受し、利用した。つづいて、現地の大型動物類の大量絶滅が起こることがよくあり、場合によっては生態系が崩壊した。[9] イースター島で起こったのも、まさにそれだ。また場合によっては、物が欠乏する厳しい時代が到来することもあり、その後、人間は何とかして新しい持続可能な平衡状態を確立した。

だが、移動していた私たちの祖先の多くは、処女地を見つけたのではない。彼らが遭遇したのは、すでにほかのホミニン(ヒト亜族)によって占められている世界だった。ほかのホミニンは、その場所にはるかに早くから住み着いていた。たとえばホモ・エレクトゥスは、現生人類の出現より優に一〇〇万年以上前にアジアで暮らしていた。ネアンデルタール人はヨーロッパや西アジアにいた。デニ

＊＊今では、誰でも自分のDNAを調べてもらって家系をずっとさかのぼることができる(たとえば、次のサイトを参照。https://genographic.nationalgeographic.com)。

ソワ人はシベリアに住んでいた。そしてインドネシアでは、トールキンの小説の小人族ホビットを連想させる小柄な人びとが、フローレス島に住んでいた。これらのホミニンとの遭遇がどのように展開したかはわからないが、確かなのは、ここに挙げた古代のいとこたちが姿を消したこと、そして少なくともデニソワ人やネアンデルタール人の場合は、新参の現生人類との交雑がいくらか起こったことだ[10]。状況によっては、新参者たちはホミニンと平和的な関係を築き、以前からいる経験豊富なホミニンから現地の重要な知識を学んだと考えられる。だが、特に資源が不足していた時期など、ときには、ホミニンと競合しなくてはならなかっただろう。それで最終的に、私たちの祖先が勝利を収めた。だが、このような古代のホミニンは何者だったのだろう？　それに彼らはどこからやって来たのだろう？　ホミニンおよび彼らの心の進化について、どんなことがわかっているのだろう？

数百万年前の人類の心を探るには

一九二五年、人類学者のレイモンド・ダートが、南アフリカで類人猿とヒトの特性の入り混じった三歳の子どもの化石（タウング・チャイルド）を発見したと報告した。ダートは、この種をアウストラロピテクス・アフリカヌス[11]（南の猿人）と名づけた。やがて、さらなる化石が発見されたことから、それは失われた環《ミッシング・リンク》の発見だと称賛された。その後のさまざまな発見によって、大きな脳を持ち直立歩行をする各種のホミニンがかつて地球上を歩き回っており、ときには彼らのテリトリーが重複していたことが示された。一部は私たちの祖先で、そのほかは、ますます生い茂りつつあるホミニンの系統樹における、さまざまな別の枝だ。

これらの環《リンク》は、あくまでもこのようなホミニンが現在は絶滅しているという意味で「失われ」ている。だが同時に、化石記録も不完全で、ある種の情報もまた「失われ」ている。じつは、新たな証拠が頻繁に発掘されているが、そのような証拠には、長い年月に耐えられない物がすべて欠けているのだ。歯や石の人工物は何百万年も残りうるが、柔組織や植物性の物は早々と分解する。たとえば、竹で築かれた文明はすべて、遠い将来にはほとんど痕跡を残さないだろう。多くの情報が証拠から失われているのは疑いなく、そのほとんどは決して確かめられない。そのため古人類学者たちは、何が実際に存在するのかについて議論する。たとえば、はっきりした特徴を持つ化石一式を新種と認める学者と、すでに記述されている種の範囲内における多少の変異と見なすべきだと主張する学者のあいだで、論争が起こる。古人類学者のなかには、「分割する」傾向のある者もいれば、「まとめる」傾向のある者もいる。[12]* そのような論争はさておき、ホミニンの過去にかんする現在の全体像は込み入って複雑で、たくさんの種が認められている。そして、このパズルに欠けている重要なピースが、必死に探されているわけではない。図11・2には、過去六〇〇万年のあいだに地球上で歩き回ったと現在考えられている、ホミニンのさまざまな種を示した。これから、彼らについてさらに見ていきたい。

＊生物学でも、何をもって生物の一つの種と見なすかについて論争がある。[13] 一つの単純な経験則は、同じ種内のメンバー同士は生存能力のある子孫を作れるはずだというものだ。異なる種の個体同士は交雑しない。だが当然ながら、化石では、DNAが抽出できない限り、そのような試験は直接おこなえない。そのため、代わりに骨や歯の小さな破片の比較がたいてい議論の的になるが、当然ながら合意には達しない。新しい化石を発見した者は、「まとめる」より「分割」したいと思う。なぜなら、自分の発見した化石が新種ということになれば、その発見者として名が知られるうえ、その種に命名することもできるからだ。一方、発見した化石が、すでに記述されている種の一例だということになれば、興奮はさほどではないし、発掘を進めるための資金の獲得が困難になるかもしれない。だが、特に懐疑的な「まとめ派」も、ホミニンに多数の種がいたという点には同意している。

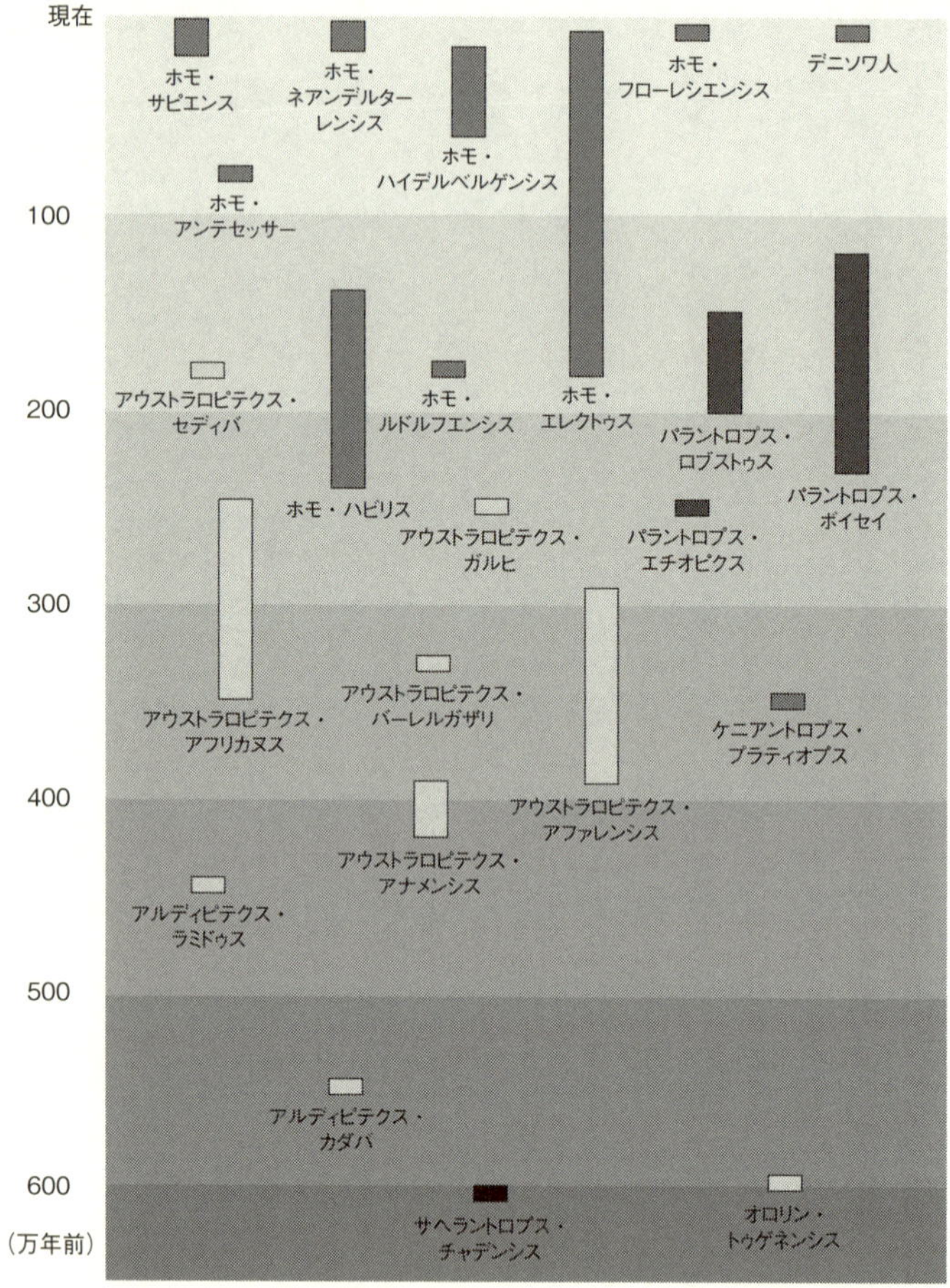

図11.2 [14]　過去600万年に生存した、現在広く認められているホミニンの種。「分割派」はさらにいくつかの種に分割する。たとえば、ホモ・エレクトゥスを、ホモ・エレクトゥス、ホモ・エルガステル、場合によってはホモ・ペキネンシス、ホモ・ゲオルギクスに分類する。一方、「まとめ派」はそれらの種をまとめる。たとえば、一部の「まとめ派」は、ネアンデルタール人をホモ・サピエンスの亜種（つまり、ホモ・サピエンス・ネアンデルターレンシス）と見なす。それぞれの種の棒（バー）は、化石の推定年代を示す。長い年代にわたるバーは、さまざまな年代の化石が複数発見されていることを示す。バーの色の濃さによって、一般的に対応づけられている別々の属を示す。

どうすれば化石に生気を吹き込み、ホミニンの心や行動の理解に乗り出せるだろうか？　一般的な出発点は、似たような環境に現存している動物と比較することだ[15]。生き延びている類人猿は以前から、私たちの祖先の生活史や外見、行動についての推測を促す刺激となってきた。人間と動物との最も近い共通祖先、すなわち進化の過程で今日あるギャップを生み出す分かれ道となったのは、「チンパンジーに似た動物」だったと単純に考えたくなる。だが、このような想定は問題をはらんでいる。たとえば、最も近い共通祖先は、チンパンジーに似ていたと想像すべきだろうか？　それとも、ボノボに似ていたと想像すべきだろうか？　チンパンジー属のこれら二つの種が、互いにきわめて異なっていることはすでに見たが、どちらもヒトにとって同じくらい近縁だ。私たちの大昔の祖先が、チンパンジーのように攻撃的で雄が支配的な類人猿だったのか、ボノボのように性欲過剰で平等主義の動物だったのかは、どうしたらわかるだろう？　だがじつは、どちらでもなかった可能性も大いにある。人類は過去六〇〇万年のあいだに劇的に変化しており、チンパンジーもボノボも、同じだけの時間をかけて彼ら独自の特徴を進化させた。したがって、単純な類推では不十分だ。

第3章で見たように、近縁の種における特性の分布状況は、共通祖先にあるはずの、それらの相同的な特性の起源を推測するために利用できる。それで、大型類人猿の最も近い共通祖先は、おそらく高度で幅広い知的能力を持っていたと考えられる。彼らは、次のようなことができた可能性が高い。知覚ですぐに捉えられる以上のことを考える。視覚的に自分を認識し、見えない置き換えについて推論する。道具を作り、他者を模倣し、自分が模倣されていることを認識する。複数の社会的伝統を維持する。消去法による推論をおこなう。このような精神的特性を思うままに操る能力を携えて、大型類人猿の最も近い共通祖先は、最終的に私たち人間の心につながる旅へと乗り出した。

その後の旅で何が起こったのかや、最も近縁の種からもヒトを大きく隔てる能力がどうやって進化したのかについての研究は、化石や遺伝学といったほかの種類の手がかりに頼らなくてはならない。私は古人類学者でも遺伝学者でもないので、私にできるのは、現在入手できる文献を注意深く読んで、この道のりの概略を説明することだけだ。

その後に起こった人類発生、すなわち私たちの祖先が、どうやって、いつ、なぜ人間になったのかについては諸説がある。一部の学者は、ホミニンの身体の役割を強調する。たとえば、狙いを定めた投擲《てき》の能力、脳の優れた冷却システム、長距離を走る能力などだ。一方、規則を守らせるための集団的処罰、一夫一婦制や協同繁殖の影響といった、社会性の変化が人間の成功を導いた原動力だと主張している学者もいる。そうかと思えば、火の制御と料理の発明、あるいは赤ん坊のおんぶ紐なり記号なりの発明といった、特定の新機軸が鍵を握っていたと見る学者もいる〔おんぶ紐ができたことにより、赤ん坊が無力な状態で長く過ごせるようになり、誕生後に脳が発達し続けられるようになったとの説がある〕。これらの要素の多くが何らかの役割を果たした可能性はあるが、私たちの祖先の歩みを決定づけるうえで、それぞれがどれほど際立った役割を果たしたのかは定かではない。ではこれから、人類の旅について現在知られている主要な事実をかいつまんで説明し、＊それらが、入れ子構造のあるシナリオの構築や他者と心を結びつけたいという衝動の出現に及ぼした影響を検討する。つかのま、親族会を開こうではないか。

二足歩行がギャップの起源かもしれない

分子レベルでの証拠によれば、ヒトと、現存する動物との最も近い共通祖先は、今から七〇〇万～六〇〇〇万年前に生きていた。最近の解析によって、人類の誕生に至る物語は、長らく思われていたよりも複雑である可能性がほのめかされている。ホミニンとチンパンジーの系統は、まず七〇〇万年前に分かれたが[16]、それから交雑が起こり、最終的に約六三〇万年前をもって永久に分かれたようだ。そのような交雑は、ゴリラの祖先など、ほかの種でもいくらか起こったらしい。チンパンジーとヒトは、チンパンジーとゴリラ、あるいはヒトとゴリラよりも近い関係にあるが、ヒトのＤＮＡの一部の断片は、チンパンジーよりゴリラのＤＮＡに近い[18]。したがって、一〇〇〇万年ほど前に初めてゴリラと分岐したあとに、いくらか交雑が起こった可能性がある。その後の人類に至る道のりも（今述べた初期の段階と同じく）、単純でも一本道でもなかった。

この時代から、意義深い化石がいくつか見つかっている。最古の標本はチャドで発見された頭蓋骨で、六〇〇万年以上前のものと推定されている。これはサヘラントロプス・チャデンシス[19]という種で、眉弓《びきゅう》が高くて犬歯が小さく、頭蓋容量は三六五ｃｃ[20]で、現代のチンパンジーと同じくらいだ。二〇〇一年には、サヘラントロプス属とは異なるホミニンの六〇〇万年前の化石を発見したという報告があった。それは直立歩行をしていたと思われるオロリン・トゥゲネンシスで[21]、「ミレニアム・マン」と名づけられた。ただし、これらの化石が人類の祖先なのか、チンパンジーの祖先なのか、両方の祖先なのかは明らかではない。また、人類とチンパンジーが共通祖先から分岐したあとの初期のホミニンと思われる化石が、二〇〇四年に報告された。それはアルディピテクス・カダバで、今から五五〇

＊人類の発生について、ある程度もっともらしい説明がとりあえずいくつかあることは、安心感を与えてくれるかもしれない。だがあいにく、もっともらしい考えは、決定的な証拠よりも容易に得られる。たとえば、水生類人猿説では[16]、私たちの祖先がかなり長期間にわたって（イルカやアザラシのように）海に、あるいは少なくとも海岸に戻ったと提唱されている。水の多い環境への適応によって、人間ならではのさまざまな特性が説明できるかもしれないが、残念ながら、ホミニンが水生生活に適応した期間があったことを示す直接的な証拠はなさそうだ。

万年以上前に生きていた。[22] アルディピテクス・カダバは、次に紹介する、今ではるかによく知られている種に先行した種のようだ。

二〇〇九年に、四四〇万年以上前のアルディピテクス・ラミドゥス[23]というホミニンのほぼ完全な骨格の化石について、くわしい報告がなされた。頭蓋容量は、まだ現代のチンパンジーと同程度（三〇〇～三五〇cc）だったが、犬歯はすでに小さく、彼らは地上では二足歩行をしていた。足の指は木に登るために、まだ幹をつかめるようになっていたが、チンパンジーとは違い、手首はしなやかだった。私たちと類人猿との共通祖先は、樹上から地面に降りると、現代のチンパンジーやゴリラのように拳を地面につけて歩くナックル・ウォークをしていたと、かつては広く思われていた。だが、アルディピテクス属がしなやかな手首を持っていたことから、ナックル・ウォークは共通祖先の特性ではなかったことが示唆される。さらに、チンパンジーとゴリラのナックル・ウォークは互いに異なっており、別々に進化した様子もある。[24] したがって、二足歩行は、地上での四足歩行からではなく、オランウータンでよく見られるような、木々を二足でよじ登る移動法に由来するのかもしれない。[25]

二足歩行の出現や、現代の類人猿とヒトの系統への分岐を説明する最も一般的な仮説は、「イースト・サイド・ストーリー」[26]と呼ばれている。この言葉は、フランスの人類学者イヴ・コパンが造ったものだ。この説では、大規模な地理的現象とそれによる気候への影響に着目している。今から約八〇〇万年前、地殻構造プレートの移動によって大地溝帯《グレート・リフト・バレー》が生まれた。現在では、その西側の縁にある峰々が、東アフリカとそれ以外を分けている。アフリカ大陸の西部では、大地溝帯の形成後も熱帯雨林の維持に欠かせない降雨があったが、東部の気候や植生は劇的に変化した。その結果、西部の類人猿は以前と変わらない生息地で暮らし続けたのに対し、東部にいた彼らのいとこたちは、森林が開けたサバンナへと転じるにつれて、ますます変化していく環境に適応しなくてはならなかった。私たちの祖先は、森林から離れて暮らしを立てるすべを見つける必要があったのだ。このシナリオに合致するように、初期のホミニンの化石は、ほぼすべてがアフリカ東部から産出している。気候変化や、草原の出現と広がりは、人類の進化史で何度も主要な役割を演じた可能性がある。

二足歩行は、類人猿がサバンナに適応するための解決策として必ずしも自明のものとは言えない。なぜならば、まず二足歩行には腰痛や痔《じ》といった深刻な副作用があるからだ。さらに、脊椎が再編成され、骨盤が狭くなる必要があったために産道の大きさが制限されて、出産は痛みと危険を伴うようになった。それを受けて、赤ん坊の頭蓋や脳の成長は、だんだん出生後へと押しやられることになったようだ。前述したように、このような成長には、赤ん坊の成熟しつつある脳が、社会的・文化的な入力によって、より効果的に形作られるという利点がある。そのようなわけで、一見すると設計の不備らしきものが、人間の心が進化するうえできわめて重要なステップだったのかもしれない。

二足歩行のせいで、人間は俊足の短距離走者にはならなかった。私たちの祖先の走る速さは、ライオンやハイエナなどのサバンナの捕食者にはとてもかなわなかっただろう。実際の話、初期のホミニンがさんざんに肉食獣の餌食になったことを示す証拠が増えてきている。彼らは、このような事態にどうやって対処したのだろう？　二足歩行による一つの利点は、両手が自由になって物を運べるようになることだ。それによって、新たな防御法が切り拓かれた可能性がある。人間の手は、物をしっかりと正確に握れるので、こん棒でなぐったり物を投げたりすることがうまくできる[27]。これらの適応を示す初期の兆しが、アルディピテクス属に認められる（そして、二〇〇万〜三〇〇万年後の初期ホモ属ではよく発達している）。初期ホミニンは、武器がなければ無防備だっただろうが、石やこん棒を用いた打撃によって、サバンナを闊歩していた種々のサーベルタイガーをはじめとする肉食動物の攻撃をかわせた可能性がある。ときには、襲われる前に石を投げることで、捕食者を十分に追い払えたかもしれない。以上のようなことから、一部の研究者は、「狩りをする者[28]」というイメージではなく「狩られる者」としての性質が、人類の進化における初期の段階を推進した可能性があると主張している。

私は、シナリオを構築する自分の心を用いてこの物語を展開し、自然選択がどのように心のなかでのシナリオ構築や先見性の増強をもたらしたのかを強調したくなる。当時、自然選択が特別な嗜好を持っており、自分の身を守る準備ができていた者に、そうでなかった者に勝るはっきりした強みを与えたと想像するのは簡単だ。肝腎なときに適切な防御態勢が整っていることは非常に重要であり、防御用に石やこん棒などの物を持つことにつながった可能性はある。だが残念ながら、ホミニンが実際にそのような防御手段を用いたのかはわからないし、彼らが武器を持った形跡は、数百万年後にしか現れない。

次々に出てくるホミニン

アルディピテクス属の化石は、エチオピアの「アファル三角形」として知られる東アフリカで産出した。その一帯では、すばらしい化石が数多く見つかっている。その筆頭は、一九七四年にドナルド・ジョハンソンらが発見したホミニンの全身に近い骨格だ。「ルーシー」という世界的に有名な名で呼ばれるその骨格には、アウストラロピテクス・アファレンシスという学名がついている[29]（図11・3）。その翌年、ジョハンソンの研究チームはさらに、同じ種に属する一三体の化石を発掘した。ルーシーを含むそれらの骨は、二〇〇万年以上にわたって繁栄したアウストラロピテクス属のものだった。

レイモンド・ダートが最初のアウストラロピテクス属を発見したとき、彼は類人猿とヒトの体における「失われた環」のみならず、両者の心における失われた環も見出したかに思われた。ヒトの一次視覚野は、ほかの霊長類よりも比較的小さい。よって、一次視覚野と、頭頂葉より前の部分とを隔てる脳の深いしわである月状溝《げつじょうこう》[30]は、類人猿ではわりと前のほうにあるが、現生人類では後ろのほうにある。ダートは、アウストラロピテクス属の一次視覚野が類人猿よりもヒトのものに似ていると報告し、アウストラロピテクス属が、脳の資源を視覚よりも情報の蓄積や関連づけに多く充てていたと結論づけた。だがあいにく、古代の脳についての推定は、頭蓋骨の内側から取られた鋳型、すなわち頭蓋内鋳型のみに基づいているため、そこからどんな情報が得られるのかについて、いつまでたっても意見の一致が見られない。*

　知られているなかで最古のアウストラロピテクス属はアウストラロピテクス・アナメンシスで、今から約四二〇万年前に生きていた。一方、アウストラロピテクス・アファレンシスは、三九〇万〜二

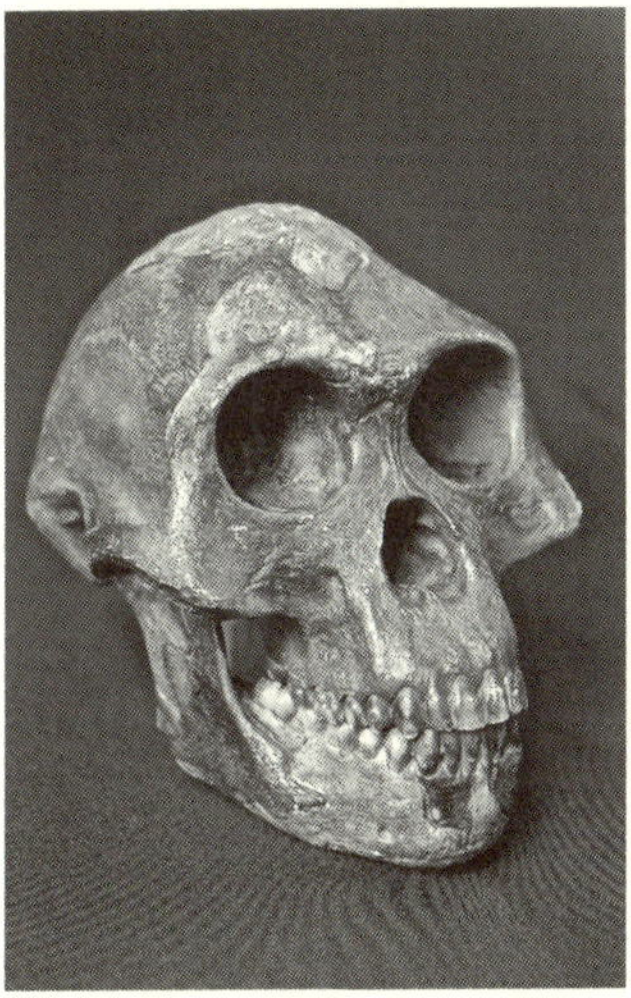

図11.3　320万年前のアウストラロピテクス・アファレンシス「ルーシー」の復元模型（頭蓋骨の復元はすべてボーン・クローンズ社（www.boneclones.com）による。サリー・クラーク撮影）。

九〇万年前にアフリカを歩き回っており、体重は三〇～四〇キロで、身長は一メートルを少し超えていた。彼らの脳容量は現代の類人猿よりもわずかに大きく、平均で四五八ｃｃだった（南アフリカにいた親類であるアウストラロピテクス・アフリカヌスの脳容量は平均で四六四ｃｃ）。アウストラロピテクス・アファレンシスの骨盤や両脚は、二足歩行に適している。彼らが二足歩行をしたかどうかをめぐる疑問は、じつに思いがけない発見によって最終決着したらしい。なんと、古人類学者のメアリー・リーキーがフリスビーをしていたときに、アウストラロピテクス属が残した足跡の化石[31]に出くわしたのだ。タンザニア北部で三七〇万年前に火山が噴火し、地面が火山灰で覆われ、その後の雨によって石膏のようなものに変わった。無数の動物がこの地表を歩いて、足跡を永久的に残した。そのなかに、直立歩行をしていたホミニンの家族の足跡があったのだ。**

　アウストラロピテクス属は直立歩行をしていただけでなく、体毛もなくなり始めていた。これを裏づける証拠の出所は、驚くべきところにある。シラミだ。この悪名高い寄生虫は、特定の宿主に限って寄生する性質があり、ぴったりの宿主がいなければ生存できない。ほとんどの霊長類が宿主となるのは、一種類のシラミだけだ。しかし、人間には三種類のシラミが寄生する。一つはアタマジラミだ。人類が体毛を失うにつれ、そのシラミは頭部で生き延びられるように進化したらしく、陰部は別の種類のシラミの居場所として残された。陰毛に寄生するケジラミは、ＤＮＡの比較によって、約三三〇万年前に私たちの祖先に移ってきたことが示唆されている。[34]人間につくケジラミに最も近い種は、ゴリラだけに寄生するシラミだ。ということで、ケジラミはゴリラの祖先からやって来たらしい。それより重要なこととして、この知見は、三三〇万年前に人間の頭髪と陰毛がすでに無毛の部分によって十分に隔てられており、二種類のシラミが同じ宿主のなかの異なる生息地に棲めたということを意味する。言い換えれば、アウストラロピテクス属は、全身が体毛に覆われていたのではなかったのだ

（ちなみに、人間に寄生する三種類めのシラミは、衣類に生息するコロモジラミだ。[35] コロモジラミが一七〇万～八三万年前にアタマジラミから分岐したことからすれば、そのころすでに人類は、かのエデンの園を去っており、いつも衣服を着ていたと考えられる）。

アウストラロピテクス・アファレンシスは、石器を使ったかもしれない。二〇一〇年に研究者らが、三三九万年前の動物の骨に、肉を切り取った跡や骨髄を得るための打撃の跡があることを報告した。[36] この結論には、議論が絶えない。だが、一部のホミニンが、その数十万年後に石の力を見出したのは間違いない。現在のところ、最古の石器は約二五〇万年前のもので、[37] さらに別の種であるアウストラロピテクス・ガルヒの化石と関連がある。[38] このアウストラロピテクス属は四五〇ｃｃの頭蓋容量を持ち、肥沃なアファル三角形で発見された。さまざまな有蹄動物の骨に残っている切断の跡から、動物を解体するのに石器が使われたことがうかがえる。

この時代には、ほかにもさまざまなホミニンが地球上にいたらしい。大地溝帯の西のチャドで発見

＊このタウング・チャイルド化石には、珍しくも頭骨内に堆積物が入って自然にできた頭蓋内鋳型が含まれているにもかかわらず、月状溝の位置をめぐる論争が続いた。ダートの結論に対し、この分野で最も影響力を持つ二人の科学者、ディーン・フォークとラルフ・ホロウェイから、それぞれ異論と擁護論が唱えられた。ホロウェイは回想録で、[32] この一件を含めたフォークとの多くの衝突について語っている。そのなかには、それぞれの支持者が、学会で同じアウストラロピテクス類の頭蓋骨の矛盾する頭蓋内鋳型（一方は、後頭辺縁静脈洞の存在を示すもので、もう一方はそうではない）を用意して対立したという一幕もあり、あまりの白熱ぶりにホロウェイは、石膏の頭蓋内鋳型が投げつけられたらどんなことになるかを考えずにはいられなかったそうだ。

＊＊奇妙なことに、アウストラロピテクス属の足は現生人類の足に機能面で似ていたが、その時代のホミニンに属する種の一部が、引き続き楽に木を登れたことを示す証拠もある。最近発見された三四〇万年前の足には依然として、アルディピテクス属の特徴に似た、対置できる親指があった。[33]

された化石はアウストラロピテクス・アファレンシスに似ているが、別の種（アウストラロピテクス・バーレルガザリ）[39]のものだと提唱されている。ミーヴ・リーキーらは、三五〇万年前の非常に平たい顔を持つ化石を発見したと報告した。彼らはそれを新しい属と見なし、ケニアントロプス・プラティオプス[40]という名を提唱した（ただし、「まとめ派」は、その化石を単につぶれたアウストラロピテクス属の骨かもしれないと考えている）。二〇一〇年には、さらに別のアウストラロピテクス属の二体の部分骨格がアフリカ南部で発見されたという報告があった。この種はアウストラロピテクス・セディバ[41]と呼ばれており、少し時代の下った一八〇万年前に生きていた。アウストラロピテクス属が正確に何種いるのかについては議論があるものの、かなりの数にのぼり、それぞれが異なる特性を持っていたのは明らかだ。近ごろ新種の発見が多いことを考えれば、まだ見つかっていない種が数種残っている可能性もある。彼らの生態学的地位は重なっていたため、資源をめぐる争いがあったに違いない。おそらく、近縁の種が異なる系統に進化し、別々の資源を利用するようになったのだろう（今日のチンパンジーとゴリラのように）。

アウストラロピテクス属は最終的に、分かれて少なくとも二つの異なる進化の道のりを歩むことになった。一部は次第に体ががっしりして頑丈な顎が発達し、木の実や繊維の多い植物などの硬い食物を噛み砕けるようになった。彼らはかつて「頑丈型」アウストラロピテクスとして知られたが、今日では別の属であるパラントロプス属として分類されるほうが一般的だ。パラントロプス属には大きな咀嚼《そしゃく》筋があり、それは頭蓋骨の頂上にある特有の矢状稜《しじょうりょう》に接着していた。そのような隆起はヒトにはないが、ゴリラをはじめ、徹底して咀嚼をおこなう動物ではよく目立つ。パラントロプス属の歯は大きく、物をすりつぶすのに向いている。資源が豊富にあった時代には、彼らはおそらく動物タンパク質を含めてさまざまな食物を食べていた。[42]そして資源の乏しい時代には、ほかの種が食べられない硬い食物に頼ることができた。

パラントロプス属では、少なくとも三つの種が広く認められている。最も早く現れたのがパラントロプス・エチオピクスで、その後、パラントロプス・ロブストゥスとパラントロプス・ボイセイが現れた。パラントロプス属の脳容量は、彼らより出現時期の早いアウストラロピテクス属と同程度か、それよりもやや大きかった。平均の脳容量は、パラントロプス・ボイセイでは四八一cc、パラントロプス・ロブストゥスでは五六三ccだ。彼らは頭を使い、石や骨製の道具を用いて塊茎を掘った。これらの道具に残っている摩耗のパターンから、パラントロプス属が、道具を用いてシロアリなどの食物を得ていたこともわかる。小枝を穴に突っ込んでシロアリを探すチンパンジーとは違い、パラントロプス属は骨でアリ塚を壊して穴を開けた。ただし、彼らは食物を得るために道具を使ったとはいえ、これまでのところ、道具類の形状を変えたことを示す証拠はない。

パラントロプス・ボイセイ（図11・4）は、かつて地球に華を添えたあらゆるホミニンのなかでも

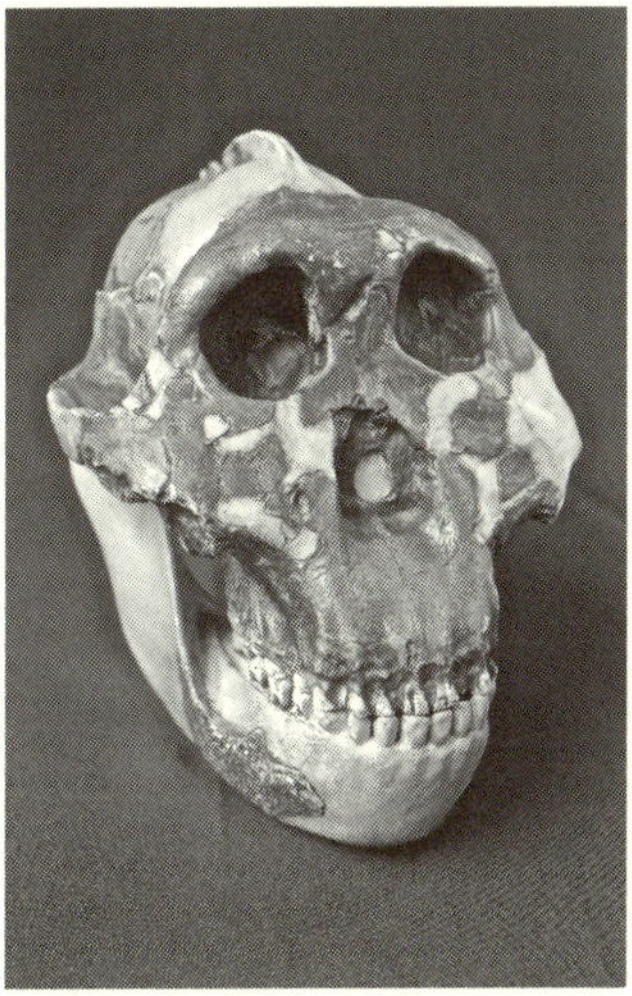
図11.4　パラントロプス・ボイセイ（骨格標本：KNM OH 5）、別名「クルミ割り人」。180万年前。

特に成功を収めた種で、一〇〇万年以上存続した。なぜ彼らが最終的に絶滅したのかは、わかっていない。一つの可能性としては、彼らの摂食適応がだんだん特殊化し、急激な気候変化によって主要な食物源が影響を被ったときに生き延びられなかったということが考えられる。約三〇〇万年前に始まった周期的な氷河作用は、次第に激しくなっていた。そうした不安定な時代には、迅速な適応力が非常に重要だっただろう。そのほか、別のホミニンが近縁のパラントロプス属の絶滅に加担した可能性もある。パラントロプス属は何十万年ものあいだ、科学的に「ヒト」と呼ばれる最初期の生物と隣り合って生きていた。

最初のヒトは器用だった

一部のアウストラロピテクス属は華奢になって、ホモ属（ヒト属）に進化した。ホモ属はアウストラロピテクス属やパラントロプス属に比べて、顔が小さめであまり突き出ておらず、消化器官が小さく、二足歩行が効率よくおこなえ、歯が小さく、脳が大きい。最近の研究から、咀嚼筋にとってきわめて重要な遺伝子の変異が約二四〇万年前に起こり、咀嚼力の低下と咀嚼筋の退化につながったことが示唆されている。[43] その研究を発表した著者らによれば、咀嚼筋は進化の面で頭蓋骨と脳の拡大に制約をかけるものだという。

ホモ属の最初期のメンバーは、ルイス・リーキーらが「器用な人」という意味のホモ・ハビリスと呼んだ種だ。[44]「器用な人」と呼ばれたのは、当時知られている最古の石器と関連があったからだ。ホモ・ハビリスの化石で最も古いのは二四〇万年前のもので、彼らの脳容量は平均で約六〇〇ccだった。ホモ・ハビリスが製作した石器は、川の丸石に手を加えたもので、タンザニアのオルドヴァイ渓谷で最初に発見されたことから「オルドワン石器」と呼ばれる。ホモ・ハビリスは、丸石から薄片をはぎ取って鋭利な石器を作った。それらは、獣皮を切ったり骨から肉を切り取ったりするのに効果を発揮した。大きな石は、骨を砕くためのハンマーとして用いられた。このようにして、ホモ・ハビリスはアンテロープやサイ、カバなどの大型動物を食べることができた。現代のチンパンジーと同様、もう少し古いホミニンの食事にも肉類は含まれていたが、石器はこうした高エネルギー食物源を得る機会をかなり増やしたただろう。だが、これはホモ・ハビリスの狩りの腕がよかったという意味ではない。彼らの食事の大部分には植物性の素材が含まれており、ほとんどの肉はおそらくあさったものだったと考えられる。少なくとも一部の化石の骨には、石器が使われる前に肉食動物が噛んだことがわかる跡があるのだ。ホモ・ハビリスは、捕食者が残した動物の死骸を腐肉食動物と奪い合ったかもしれない。彼らは死骸を何度も特定の場所に移し、石器を使って解体した。ケニアのトゥルカナから最近発見された一九五万年前の解体場所では、カメや魚、クロコダイルなどの水生動物も見つかっている。[45]これらの動物は脳の成長にきわめて重要な栄養が豊富だったので、食生活の変化が初期ホモ属の脳が大型化したことの鍵を握っていたという推測が導かれる。そして今度は認知力の向上が、高栄養の食物を安全かつ有効に確保するために利用されたかもしれない。

ホモ・ハビリスが利用した解体場所の位置から、ときには彼らがものを見つけた場所から何キロも運んだことがわかる。それに、いずれ使うことに備えて、道具を身につけて運んだ可能性もある。こん棒や石器は、接近する捕食者や侵入者を殴るのに使われたかもしれない。初期の石器は投げるのにちょうどよい大きさだったという主張や、[46]初期のホモ属の手はこん棒で殴ったり物を投げたりするのに必要な力があって正確な握り方ができたという主張がなされている。[47]言い換えれば、これらのホミニンは武装していた可能性があるということだ。

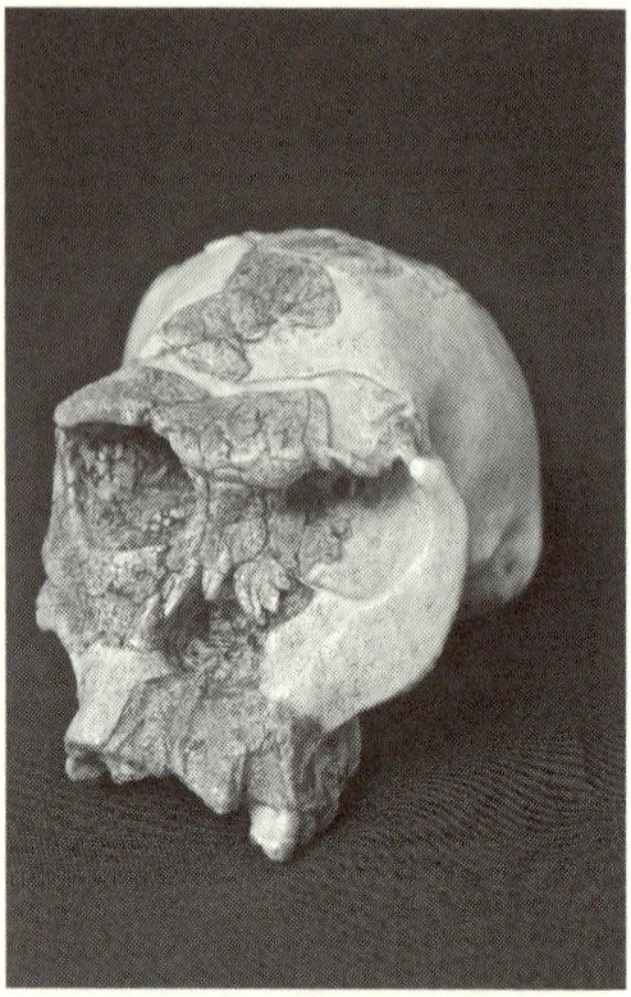

図 11.5　ホモ・ハビリス（骨格標本：OH-24）。180 万年前。

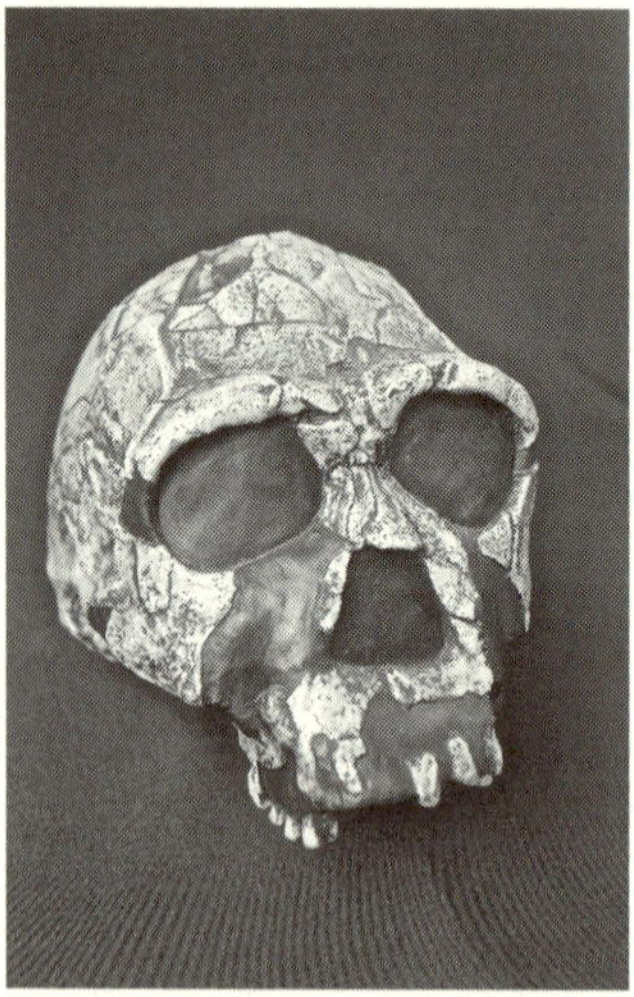

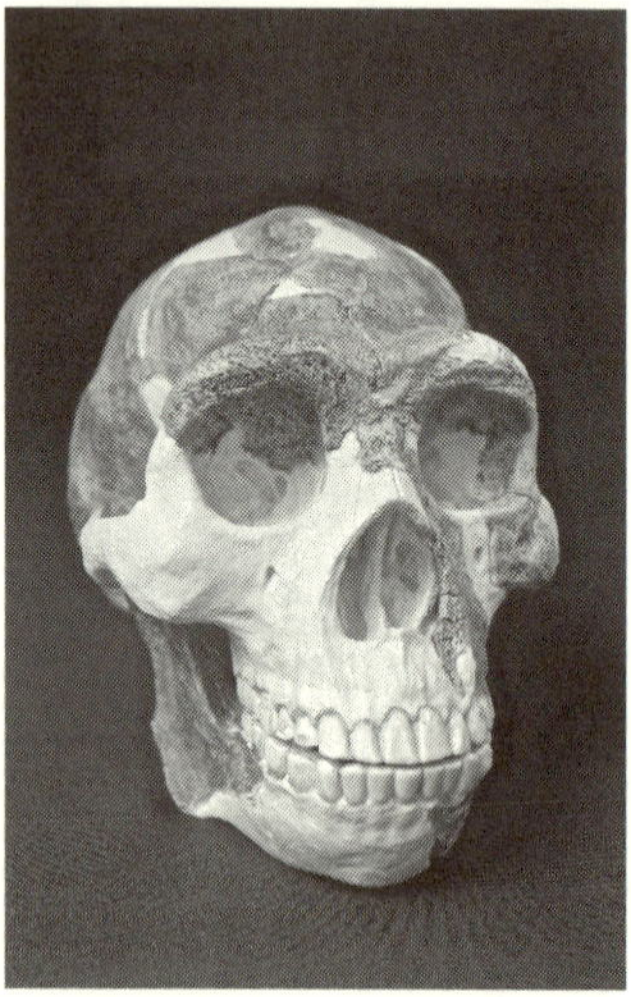

図 11.6　ホモ・エレクトゥスの 2 例。左は 160 万年前の顎のない頭蓋骨で、アフリカで発見された。右は 45 万年前の頭蓋骨で、中国で発見された（「北京原人」とも呼ばれる）*。

最終的に、ホモ属は武器を使って狩りをした。だが、狩りの慣習がいつ始まったのかは、いまだに明らかではない。武器は、ホミニンがほかの動物に捕食されたり残り物をあさったりする立場から、最上位の捕食者へとのし上がるうえで主要な役割を果たしたと考えられる。それに、武器がホミニンの集団内や集団間での争いで用いられたのは間違いない。ホモ・ハビリスが、正確に打ったり殴ったりする能力を持っていたのは明らかだ。何しろ、そうやって石器は作られたのだから。だが、いつホミニンが何らかの系統立ったやり方で狙いを定めた投擲をおこない始めたのかは定かではない（投擲武器としての議論の余地のない証拠が現れるのは、考古学的記録ではるかに遅い）。

一八〇万年前のある化石には、すでに七七五ccという、ホモ・ハビリスのほかの化石よりはるかに大きな頭蓋容量があった（図11・5）。そこで一部の科学者は、この化石は別の種名ホモ・ルドルフエンシスをつけるに値すると主張している[48]。だが、これがホモ・ハビリスの通常の範囲内での変異か、性的二形（性別差）ですらある可能性は残されている。

ホモ・ハビリスは南アフリカからエチオピアで暮らしており、一四〇万年前まで生存した。トゥルカナ湖の東岸近くで、彼らは別のホミニンの種と数十万年にわたり隣り合わせで生きていた。その種は、最終的にホモ・ハビリスよりも成功を収めたホモ・エレクトゥスだ。

＊ホモ・エレクトゥスの化石をいくつかの種に分けるべきかどうかについては、議論がある[53]。最も一般的なのは、一つにはやや薄い頭蓋骨と眉弓があまり出っ張っていないことに基づいて、アフリカとアジアの集団に分け、アフリカの集団をホモ・エルガステル、アジアの集団をホモ・エレクトゥスとするものだ。「分割派」のなかには、ホモ・エレクトゥスという名称をインドネシアの標本に限って用い、中国で発見された化石をホモ・ペキネンシス、グルジアの化石をホモ・ゲオルギクスとする者もいる。だが、これらの化石には解剖学的、地理学的な違いにもかかわらず共通点が多いので、本書では「まとめ派」の立場を取って、彼らをまとめてホモ・エレクトゥスと呼んでいる。

大成功した最初のホモ属——その心の進化

一部の学者は、ホモ属がホモ・ハビリスではなくホモ・エレクトゥスで本当に始まったと主張する。[49]ホモ・エレクトゥス（図11・6）の成人の身長は一八〇センチで、脳容量は大きく平均で一〇〇〇ccあった。それは、アウストラロピテクス属や現代の類人猿の二倍を超える。アウストラロピテクス属とは対照的に、ホモ・エレクトゥスの女性は男性よりそれほど小柄ではなかった。彼らは額が狭く、眉弓が張り出しており、おとがいはなかったが、現生人類と見た目や歩き方が似ていた。彼らの足跡は、基本的に私たちの足跡と見分けがつかない。[50]

一九八四年、リチャード・リーキーらはトゥルカナ湖の近くで、ほぼ完全にそろった一六〇万年前のホモ・エレクトゥスの骨格を発見した。それは「ナリオコトメ・ボーイ」[51]という名で知られる。その少年は、身長が一六〇センチで脳容量が約八八〇ccあり、体形は現生人類によく似ている。当初、歯の状況や体の大きさから、その少年は一二歳ごろに死亡したと考えられていた。だが、成長パターンをくわしく調べてみると、わずか八歳だったことが示された。それは、ホモ・エレクトゥスの成長が現生人類よりずっと早かったことを意味する。[52]

初期のホミニンの脳容量は、現代の類人猿のものと統計学的に差がないが、* この初期のホモ属であるホモ・エレクトゥスでは大幅な増加が見られる。大型の脳を機能させるには、多くの栄養が必要だ。ホモ・エレクトゥスは現生人類のように体が比較的大きく、消化器官は小さく、歯も小さかった。これらの特徴から、彼らの食事が高栄養なものへと根本的な変化を遂げたことが示唆される。このような変化に対する最も一般的な説明は、ホモ・エレクトゥスが肉をより多く消費した[55]というものだ。タンパク質の豊富な食物の摂取が増えたことによって、消化器官が縮小したことが説明できるし、そのような食事が脳の大型化を可能にしたかもしれない。

肉類を入手しやすくなった理由は、移動力の向上と関係があるかもしれない。腱や靭帯や骨は、安定して効率よく長距離を走れるように変化した。[56] 現生人類は、ほかの動物と比べると決して短距離走が得意ではないが、私たちには並外れた持久力がある。ハイエナや、ヌーといった移動性の有蹄動物のように（一方、ほかの霊長類はもちろん、サバンナに棲むほかのほとんどの動物とは異なり）、人間は長時間走り続けることができる。そのため、狩猟や死肉あさりという点で歴然とした優位性を得たかもしれない。どこだろうとハゲワシが集まる場所に走っていくことにより、ホモ・エレクトゥスがほかの腐肉食動物に打ち勝って食物にありつける見込みが高まった可能性もある。長距離走の妨げとなる大きな要因は、オーバーヒートだ。** 人間は、体毛が減り、全身から発汗するようになったことによって、熱をすばやく逃がせる。[58] また、類人猿では鼻呼吸が典型的だが、人間は激しい活動をするときに口呼吸で換気量を増加させる。ホモ・エレクトゥスもすでにそのような準備が整っており、獲物を追いかけて攻撃できる距離にまで近づけた可能性がある。それによって、獲物の体力を消耗させることもできたかもしれない。そのような狩猟には粘り強さが必要だし、おそらく進歩した先見性も不可欠だっただろう。それで、心のなかでのシナリオ構築力の向上や、力を合わせた狩りを支える心

＊こうした推定の基礎となる化石標本の数は少ないことも多いので、統計的な比較の威力は限られている。たとえば、ロブソンとウッドの総説によると、推定のもとになったのは、サヘラントロプス・チャデンシスでは一体、アウストラロピテクス・アフリカヌスでは八体、パラントロプス・ボイセイでは一〇体、ホモ・ハビリスでは六体、ホモ・エレクトゥスでは三六体、ホモ・ハイデルベルゲンシスでは一七体、ネアンデルタール人では二三体である。[54]

＊＊オーバーヒートは大型の脳にとっても大きな問題だと言われてきた。[57] 複雑な頭部の静脈循環機能が進化し、ホミニンの大型化する脳にとってラジエーターの役割を果たすようになったと提唱されている。

の交流が選択されたのかもしれない。現代の狩猟家は、足跡を読んでどの獲物を追いかけるかを決める。足跡を読む能力がいつ初めて出現したのかはわからないが、その能力は、あるものが別のものを象徴的に表せるという認識に向けての重大な段階だったかもしれない。

ホモ・エレクトゥスは、最上位の捕食者への道のりを大きく前進したようだ。彼らの狩猟能力がほかの大型肉食動物より高かったため、結果的に大型肉食動物の多くが絶滅したことが示唆されている。もっとも、この考えのほとんどは推測であり、狩りや死肉あさりの技術の向上がホモ・エレクトゥスの進化を後押ししたとする考えに代わる説もいろいろある。たとえば、クリステン・ホークスらは、「おばあさん効果」が根づき始め、それが決定的に有利な点だったと主張する。[59] 体重や脳重量と寿命には相関関係があると言われているので、ホモ・エレクトゥスでは脳が大型化し、大人の体重が増加したことから、彼らの寿命が長くなったことがうかがえるのである（ただし、化石で推定される高齢者の若年者に対する比は依然として低いままだ）。また、気候変動によって女性の食物探し——おそらく、塊茎の採集——が変わったことや食物を分かち合う習慣が生まれたことが、生活史や生態環境の変化につながったのかもしれないし、主要な食物は、狩猟によって得られたというより、むしろ採集された可能性もある。

リチャード・ランガムは、料理がきわめて重要な一歩だったとする説を支持している。[60] おそらく、私たちの祖先がこれまでにおこなったなかで最も賢いことは、火の制御法を見つけ出したことだろう。料理によって、消化できない食物を消化しやすい形にしたり、よくいる寄生虫を除去したり、腐敗を遅らせたりすることができる。ホモ属や動物の化石と関係のある地面の焼け跡としては、今から一六〇万年前という早い時期のものが見つかっている。だが、火が意図的に起こされたのか、それらの火が、あたり一帯を焼き尽くした野火だったのかは明らかではない。火は、ひとたび手なずけられると、料理を可能にしたばかりでなく、視界、熱、攻撃、防御といった多くの面でも進歩をもたらした。何千、何万年ものあいだキャンプファイアを囲んで過ごした夜は、人類進化の節目節目で大きな影響を持ち、伝統やコミュニケーションや革新を育んだのかもしれない。火は人類に大いなる新しい力を与えてくれた（まさにプロメテウスのように）。火によって人間は、捕食者を追い払ったり、獲物を隠れ場所から追い出したりすることができるようになった。それに、景観全体を変え、あまたの道具を鋳造できるようになった。*だが、ホモ・エレクトゥスの繁栄を説明しようとしても、火の制御技術が十分に広まっていたどころか、その技術があったという考えを裏づける証拠すらほとんどない。初期の火の使用を示す最も有力な証拠は、今から七九万年前のものだ[62]（もっとも、最近の報告では、一〇〇万年前には火が使われていたことが示唆されている）。

ホモ・エレクトゥスは、ホミニンのなかで旧世界中に広がったことが確かな最初の種だ。現在のところ、最古のホモ・エレクトゥスの化石は、トゥルカナ東部から産出した一八〇万年前のものだ。それと同じくらい古い化石が、グルジアで見つかっている。一二〇万年前には、彼らがスペインにいたことも明らかだ[63]。もっとも、彼らはまず急いで東に向かったらしい。**一六〇万年前には、ホモ・エレクトゥスは中国（「北京原人」）やインドネシア（「ジャワ原人」）にも住んでいた。彼らはこれらの新しいテリトリーをわがものにして、非常に長いあいだ存続した。かつては、ホモ・エレクトゥスが数十万年前に絶滅したと考えられていたが、新たな証拠から、少なくとも孤立した地域でごく最近まで生きていたことが示唆されている。インドネシアで発見された三体の骨格は、新しい年代決定によっ

＊一六万四〇〇〇年前から、石を火で加熱して剥片をはがしやすくしたことがわかる証拠がある[61]。また、火によって、木の先端を硬化させることや粘着剤を柔らかくすることができた。そしてやがては、セラミックや金属などの新しい強力な材料が見出された。ただし、これらの出来事が起こったのはわずか数千年前であって、何十万年も前ではない。

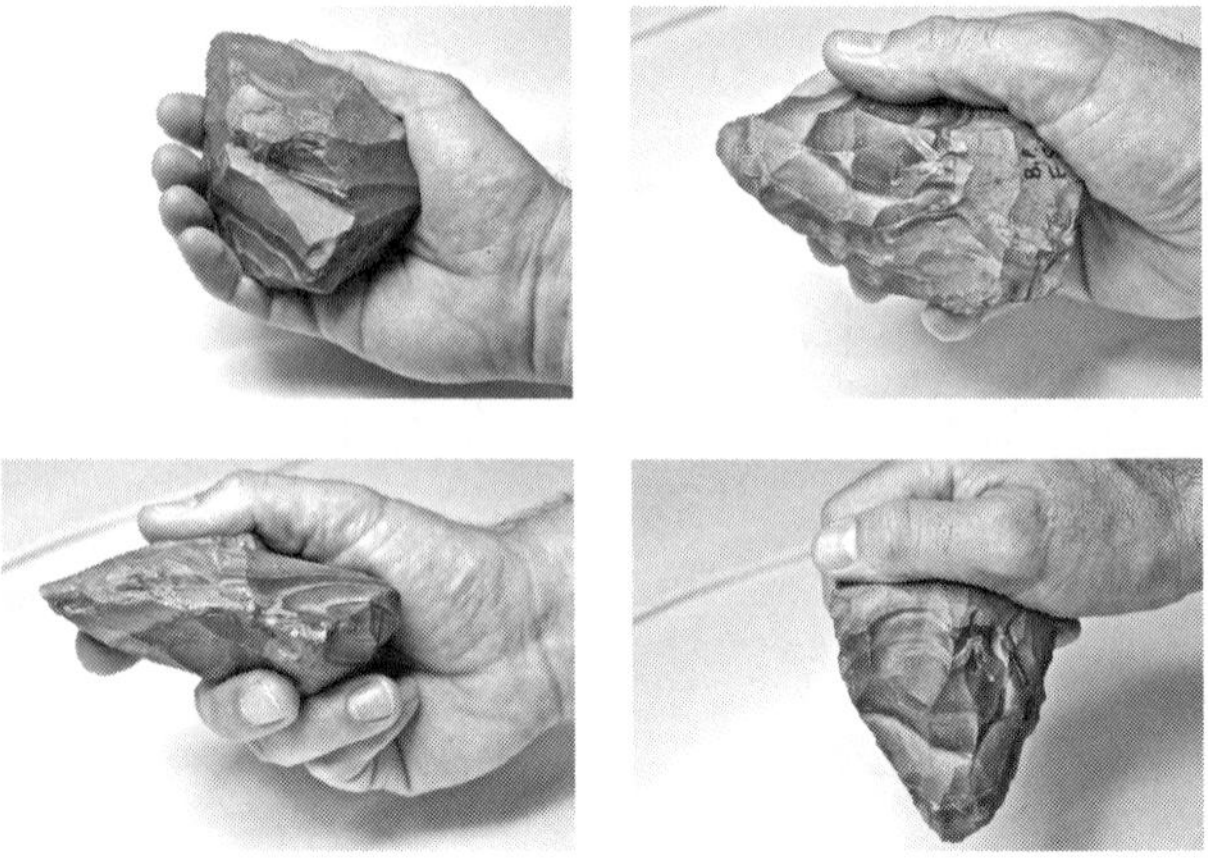

図11.7　アシュール文化の両面加工握斧。約20万年前のもので、現在のイスラエルで出土した（サリー・クラーク撮影。石器はセリ・シプトンの厚意による）。

て四～七万年前のものと推定されている。[65] また別の研究から、「ジャワ原人」の子孫がほんの二万七〇〇〇年前まで生存していた可能性が示唆されている。[66] これらの年代が正しければ、ホモ・エレクトゥスはジャワ島で一六〇万年にわたって存続していたことになる。

ホモ・エレクトゥスには、適応上の明らかな優位性がいくつかあったに違いない。彼らは、鉤《かぎ》爪や、毒、切歯といった新手の目立った生物学的武器を持っていたわけではないが、それまでの種より大きな脳を持っていた。最近おこなわれた歯の解析によると、ホモ・エレクトゥスではより初期のホミニンに比べて、歯の微小摩耗の複雑さにずっと大きなばらつきがあった。この発見から、行動が特化したのではなく一段と柔軟になったことがうかがえる。ホモ・エレクトゥスは一種類の食物に完全に絞るのではなく、肉、料理された塊茎など、さまざまな種類の食物を頼りにしたようだ。[67] これは逆に、彼らが成功したおもな要因が、特定の食事や行動ではなく知的能力の変化にあったことをほのめかしている。ホモ・エレクトゥスは、動物と人間を隔てる二つの主要なギャップ、すなわち心のなかでの際限のない内省的なシナリオ構築、および他者と心をつなげることにおいて、著しい進歩を遂げた可能性がある。

ホモ・エレクトゥスに心のなかでシナリオを構築する能力がいくらかあったことは、彼らが作った石器から明らかに見て取れる。アシュール文化の石器インダストリー〔単一集団で一定の技術によって製作された遺物全体〕は、かつて作られたなかで最も上出来の石器群だ。石器には対称的な握斧やクリーバー〔幅広い刃がある握斧の一種〕が含まれており、石の片側だけではなく両側がそぎ取られている。両面加工の握斧は滴形で、非常に融通が利く。そのような石器は、動物の解体や植物性材料の取り扱いに便利だった。それらは片手に都合よく収まるので（図11・7）、長いあいだ物をうまく切ることができる。こうした石器を作り出せたということは、計画を立て、完成品ができるまでの過程を心のなかで思い描く能力があることを意味している。石は、重さや大きさの面で適切なものが注意深く選抜され、それらを徐々に望ましい形状に変えるために正確な打撃がおこなわれた。石はまず、おおまかに加工されて石器の形が作られてから、より細かな剥離によって尖った対称的な石器が作られた。石器の製作者は、石がどのように割れたり破片になったりするかを予測するため、石の性質について多

＊＊これは、意図的な移住がおこなわれたという意味ではなく、彼らはただ住むのに適した地域に広がり続けたという可能性が高い。たとえば、気候変化によってユーラシア大陸の多くの場所が周期的に草原に変わった。また、捕食者が獲物の種についていっただけかもしれない。その後の寒冷化にともなって、ホモ・エレクトゥスの集団は退却を迫られ、これらの新しい地域で身を守ることのできた退避地〔氷河期などの厳しい気候変動期に、種が局所的に生き残った場所〕に適応したかもしれない。そして、一時的な孤立状態が局所的な変化につながった。人類の進化における退避地や気候変化の役割については、特に、この惑星をかつて歩き回っていたホミニン（多様なホモ・エレクトゥスを含む）の見た目の多様性を踏まえて、現在、白熱した議論がおこなわれている。[64]

くのことを理解する必要があった。両面加工の握斧を作るのは、難しい技だ――私の指は、それをいやというほど思い知らされた。石割りの熟練者でも、そのような石器を作るのにかなりの時間がかかる。石器作りの労力は、一回限りの使用を目的として費やされたのではない。これらの石器は、長い距離を運ばれ、繰り返し使われた。それは、石器の将来の利用価値について、ある程度の見通しが持たれていたことを意味する。

おそらく、これらの用途が広い石器類で最も興味をそそる特徴は、標準化されたやり方で作られていることだろう。デザインは、一〇〇万年を優に超える期間中、ほぼ同じだった。最も古い例は、アフリカで見つかった約一七六万年前の石器だ。[68] 図11・7で私が持っている両面加工の握斧は、それから約一五〇万年後に作られた。それは、人類の系統がかつて生み出した技術として最も長く使われたものだ。石器は次第に薄くなり、薄片もより多くはがし取られるようになったが、時が経過してもデザインにほとんど変化はなかった。[69] こうした多用途の石器は、私たちの祖先に明らかな「切れ味」――文字どおりの意味でも比喩的な意味でも――をもたらした。* 石器はしばしば燧石《すいせき》（フリント）で作られたが、現代のコンピューターのチップのような私たちが持つ驚異のパワーの一部は、フリントと同じ成分のケイ素でできているのだ。

これらの石器がきわめて長期間にわたって同じ方法で作られたことは、ホモ・エレクトゥスが石器を形作る技能を互いに学ぶことができたこと、それにその意欲があったということだ。彼らは、社会的伝統をとても忠実に維持していた。だが一方で、デザインのバリエーションがないことは、私たちの現代文化を特徴づける累積性がほとんどないことを示している。なぜホモ・エレクトゥスは、デザインをたびたび改善しなかったのだろうか？　おそらく、彼らの心には、まだその態勢が整っていなかったのだろう。トマセロが人間特有のものだと強調したラチェット（累積）効果は、まだ働いていなかったのかもしれない。とはいえ、道具の複雑さは多少とも増しているし、あまり耐久性のないタイプの発明は蓄積された可能性もある。木製や革製の道具は、痕跡が残りにくいし、コミュニケーションや協力を図るための新しい方法といった重要な発明は、まったく跡が残らないとも考えられる。

他者と心をつなぎたいという私たちの意欲は、おもに言語を通じて表現される。アシュール文化の石器の伝統からほのめかされる社会的学習を踏まえて、何人かの理論家は、ホモ・エレクトゥスがより高度なコミュニケーションシステムを発達させたと提唱している。たとえばウィリアム・カルヴィンは、ホモ・エレクトゥスが、特に両面加工の握斧を用い、次第に狙いを絞った投擲で獲物を仕留めるようになったという説をもとに主張を展開した。彼の主張によれば、片手での狙いを絞った投擲への依存によって左半球の運動系列を構築する能力の高度化が選択され、これらがその後、話す能力に改変されたという[70]。また、ホロウェイは、ホモ・ルドルフエンシスやホモ・エレクトゥスの頭蓋内鋳型から、ブローカ野のように見える変化が脳内ですでに起こっていたと主張している[71]。ブローカ野は、言語の発声にかかわる左半球の領域だ。

頭蓋内鋳型の大きさから、ホモ・エレクトゥスがすでに彼らの祖先たちとは違うやり方で互いの心を結びつけていたと推論する学者もいる。前述のように、霊長類は互いに毛づくろいをして集団の絆を深めるが、人間の集団では一般に、メンバーたちが互いに話をしたり経験を共有したりして絆を築

＊アジアに初めてうまく移動した集団は、アシュール文化の石器製作技術を持っていなかったことに注目しよう。東アジアの記録に両面加工の握斧が現れるのははるかに遅く、それらが別々に発明されたことを表しているのか、そのような技術が新しい移住者からもたらされたのかは明らかではない。ホモ・エレクトゥスの初期の移動は、ホモ・ハビリスによって長らく使われた、より原始的なオルドワン石器を伴っておこなわれた。このことから、違いを生じたのは道具それ自体ではなく、道具を採用した心であることがうかがえる。

く。ロビン・ダンバーは、絆を形成する手段としての噂話の役割を強調し、毛づくろいから噂話への転換がいつ起こった可能性があるのかを推測する方法を考案した。[72] 彼は、類人猿種の典型的な社会集団が大きいほど、脳に占める新皮質の比が大きいことを示している。ダンバーは、この関係を記述する式に絶滅した種の値を代入し、さまざまなホミニンについて、彼らが生活していた可能性のある集団の大きさを推定した。* それが正しければ、集団の大きさには過去三〇〇万年のあいだに、アウストラロピテクス属の約六〇人から、ホモ・エレクトゥスの一〇〇人強、現生人類で一五〇人というように、着実な増加が認められる（ダンバーによれば、この数値は、私たちが把握できる規模、名前を言える友人の数、葬儀や結婚式に招待する人の数、そして、それを超えると典型的な狩猟採集民の集団の分割につながる数だ）。集団の典型的な大きさが推定されたら、それぞれの種が毛づくろいに費やすかもしれない時間が予測できる（別の推定誤差が発生することは承知のうえだが）。アウストラロピテクス属は、活動している時間の二割ほどを毛づくろいに充てれば集団の絆をまだ保てたかもしれないが、ホモ・エレクトゥスは活動時間の三分の一を互いの毛づくろいに費やす必要があったと考えられる。そのような要件によって、ほかの必要な行動のために使える時間はかなり削られただろう。もしかすると、他者と心をつなぐ私たちの能力は、ホモ・エレクトゥスがもはや物理的な接触だけでは他者とうまく結びつけなくなったころに出現したのかもしれない。

心をつなげたいという衝動の高まりや、それができる能力の出現を裏づける確証はない。** だが、最近のある発見は、初期のホモ属の社会的な心に際立った変化が起こったことを示している可能性がある。グルジアのドマニシで発見された一七七万年前の頭蓋骨は、高齢の男性のもので、歯が抜けており、歯を支える骨も、歯がなくなったあとにかなり失われていた。[74] それは、その男性が食物を噛み砕けなくなってからも長いあいだ生き延びたことを意味している。集団のほかのメンバーたちが、彼のために噛み砕いてやったのかもしれない。
まだわからないことは多いが、ホモ・エレクトゥスは十分に賢かったので、旧世界中に広がり、さまざまな地域で何十万年も生き延びることができた。

入れ子思考の誕生を匂わせる石器

ホモ・エレクトゥスの子孫の一部は頑丈な体格になり、現生人類の特徴を獲得した。これらの化石は、一緒にまとめて包括的に「古代型ホモ・サピエンス」、ないし「先行現生人類」と呼ばれることもある。これらも「発見された失われた環《ミッシング・リンク》」の一群だ。今から八〇万年前以降、異なる種と思われるさまざまな人類がアフリカやアジア、ヨーロッパで共存していた。このグループに含まれる最古の種は、ホモ・アンテセッサー[75]と呼ばれるスペインのホミニンで、顔は比較的平たくて広い額をしており、

*何らかのモデルによって、現在における二つの要素の関係が確実に記述される場合、一つの要素を用いて、過去におけるもう一方の要素について推測することができる。たとえば、霊長類の大腿骨の厚みと体重のあいだに関係があれば、化石化した骨の厚みを用いて、その個体の体重を推定することができる。ただし、ダンバーの推定には問題も多い。新皮質の比率とは、新皮質の容量を脳全体の容量で割った値だ。ホミニンの頭蓋骨の脳容量を測定すれば脳全体の容量は推定できるが、このうちどれだけが新皮質なのかは依然としてはっきりしていない。さらに、集団のサイズは、気候や食物の入手可能性といった、ほかの変量によって影響を受ける可能性もある。ネアンデルタール人は非常に大きな脳を持っていたが、ほかのほとんどの証拠から、彼らが寒いヨーロッパの気候環境において、比較的小さな集団で暮らしていたことがうかがえる。

**場合によっては、どうやら重い物が何キロも運ばれたようだ。それは、協力や、おそらく共有志向性[73]があったことを示唆する。だが、これらのどれも決定的ではない。

脳容量は一〇〇〇ccをわずかに超えていた。古代型サピエンスで最初に報告された化石は、頑丈でおとがいのない顎の骨で、ドイツのハイデルベルク近郊で発見されたことから、ホモ・ハイデルベルゲンシスという名がつけられた。それ以来、古代型サピエンスの化石が中央ヨーロッパで数多く発見されており、アフリカやアジアでもいくらか見つかっている。ホモ・ハイデルベルゲンシス（図11・8）は、今から六〇万〜一五万年前に生きていた。身長は一八〇センチに達し、頑丈な体格で、非常に厚い眉弓を持ち、脳は大きくて容量が平均で一二〇〇ccあった。

ホモ・ハイデルベルゲンシスは、おそらくいろいろなやり方で協力をおこなった。スペインで発見された五〇万年前の脊椎は湾曲している。そのような状態では体があまり自由にならなかっただろうから、この四五歳の人物は他者の助けや支援を得ていたと考えられる。ホモ・ハイデルベルゲンシスは、協力して大物を仕留めたらしい[76]。石器と関連づけられる動物の骨が、この時代から無数に見つかっているが、ホモ・ハビリスが動物を解体した場所にあった骨とは異なり、それらの骨には石器によ

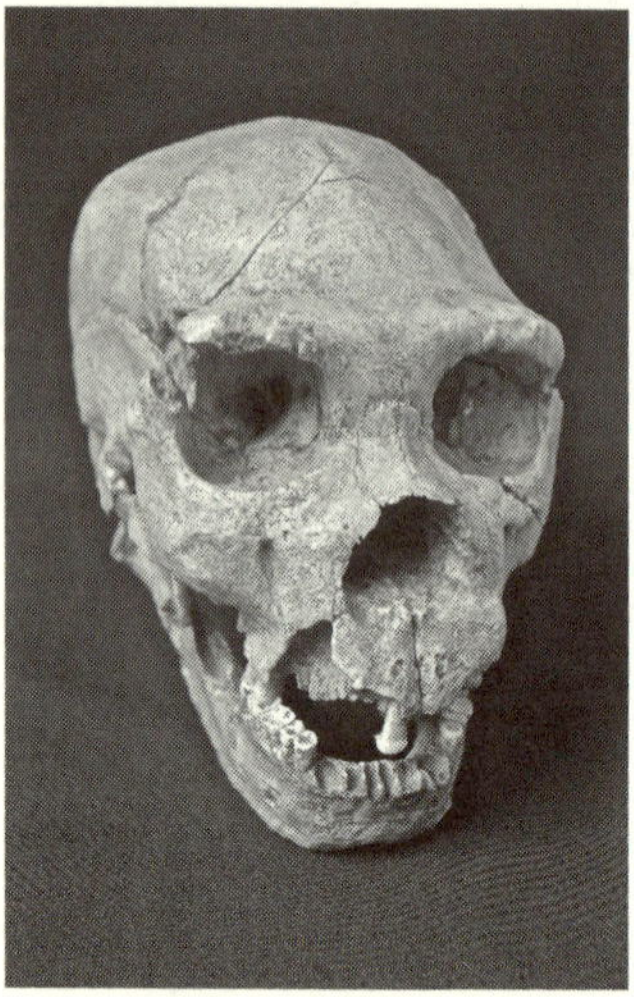

図11.8 ホモ・ハイデルベルゲンシス（骨格標本：アタプエルカ-5）。スペインで発見された35万年前の頭蓋骨。

る切り傷が先にあり、そしてそのあとに肉食動物の歯型がついているのだ。注目すべきなのは、四〇万年前の槍が、一〇頭の解体されたウマの骨や剥片石器とともにドイツのビーレフェルト近郊で発見された[77]ことだ。それは、協力によって大物の狩りがおこなわれたことを強く示している。これらの槍は、主として突くために用いられた可能性があるが、投げられたのかもしれない。槍の複製品によって、有効射程は一五メートルほどであることが示唆されている。

このような槍を作るには、石器が必要だっただろう。道具を用いてほかの道具を作ったということは、入れ子構造を持つシナリオを構築する能力がいくらかあったことを意味する。古代型サピエンスは、ほかの点でも現生人類の心に向けて大きく前進した可能性がある。灰の堆積物や黒焦げになった骨が見つかっていることから、彼らが火の制御能力を持っていたと示唆される。二〇一〇年にケニアで発見された石刃《せきじん》は五〇万年以上前のもので[78]、一つの石核〔石材の芯の部分〕から何度も刃を作り出すためにある程度の計画が立てられたこともうかがえる。

だいたい三〇万年前から、アシュール文化の両面石器はより小さな石核と剥片へと徐々に置き替わっていった[79]（ルヴァロワ技法として知られる）。このような石器を作るには、複雑な工程と中間目標の調整が必要とされる。一個の石核の形が整えられて打面が用意されてから、一つ（あるいはいくつか）の特定の小さい剥片石器を作り出すという最も重要な目標が達成されるのだ。また、両面加工の握斧ではなく石核を運ぶことで、専用の石器を現地で必要なだけ作れるようになった。新しい道具も発明された。たとえば、石の先端部に柄をつけることは、そのころに始まったようだ（もっとも、いくつかの最近の証拠によれば、その技術は早くも五〇万年前に現れた可能性がある[80]）。つまり、道具はすでにある物体から作られただけでなく、部品を加えることによっても作られたということだ。複合道具があったということは、心のなかで階層的な入れ子構造を持つシナリオを構築する能力があったことを強く示唆する。たとえば、石の先端部を用いて槍を作るには、柄や先端部を作ることと接合を別々の工程でおこなわなくてはならない。スタンリー・アンブローズやセリ・シプトンなどの考古学者は、石の先端部をつけた槍やナイフなどの複合道具が出現したことは、知的能力に劇的な変化があったことを示していると提唱する。複数の要素を異なる配置で組み合わせると、新しい道具が作り出される。それは、言葉を異なる配列で組み合わせると新しい文が作り出されることによく似ている。

言語の萌芽

古代型サピエンスは、私たち自身の種と、私たちの最も有名ないとこ――ネアンデルタール人――の両方を生んだ可能性が高い。ネアンデルタール人として最初に認められた化石は、一八五六年にドイツのネアンデル谷で発掘された。今日では、二〇〇以上の化石が報告されている[81]。ネアンデルタール人は、約一六万年前から最近の二万七〇〇〇年前まで生きていた。この時期には激しい気候変動が起こり、生存にかかわる大きな試練となったと考えられる。ネアンデルタール人は頑丈で寒さに適応していた。彼らの鼻は大きく、額は突き出ていた（図11・9）。内耳道の大きさや形状は、現生人類とは明らかに異なっていた。ネアンデルタール人のなかには、色白で赤毛の人もいた[82]。

ネアンデルタール人は小さな集団で暮らしており、洞窟に住んでいたこともあった。彼らが生きていた場所は、氷河期のヨーロッパから中東にかけての広範囲にわたる。最近発見された証拠によれば、ネアンデルタール人は、以前に考えられていたよりもはるかに東まで移動し、シベリア西部にまで達した可能性がある[83]。ネアンデルタール人は狩りをおこない、おもに肉を食べて生命を維持していた。彼らの前歯は著しくすり減っている。おそらく、歯で物をしっかりくわえたからだろう。ジブラルタルで発見された証拠から、彼らが魚やイルカ（海岸であさったのかもしれない）を含めて、[84] さまざまな食物源を利用していたことがわかる。また、骨髄を抽出するために切開された骨が見つかっているなど、一部のネアンデルタール人には食人の習慣があった様子もある。[85]

二〇一〇年、クロアチアで発見された三万八〇〇〇年前の女性のネアンデルタール人からDNAが抽出され、ゲノムの概要配列[86]が決定された。これまでに得られた証拠から、現生人類とネアンデルタール人の最も近い共通祖先は、四四万～二七万年前に生きていたことが示唆されている。のちに、一三体のネアンデルタール人から抽出されたミトコンドリアDNAの解析結果から、五万年前以前に多くの遺伝的変異があったことが示されたが、西ヨーロッパで発見されたそれよりもあとの年代の化石標本では、遺伝的変異がはるかに少なかった。[87] これは、その時期に大量絶滅が起こった結果かもしれない。そのころのヨーロッパは氷河期に見舞われていたのだ。気候が改善すると、生き延びた少数の者が再び移住していった。第1章で述べたように、古代のDNAの比較結果によって、アフリカ人以

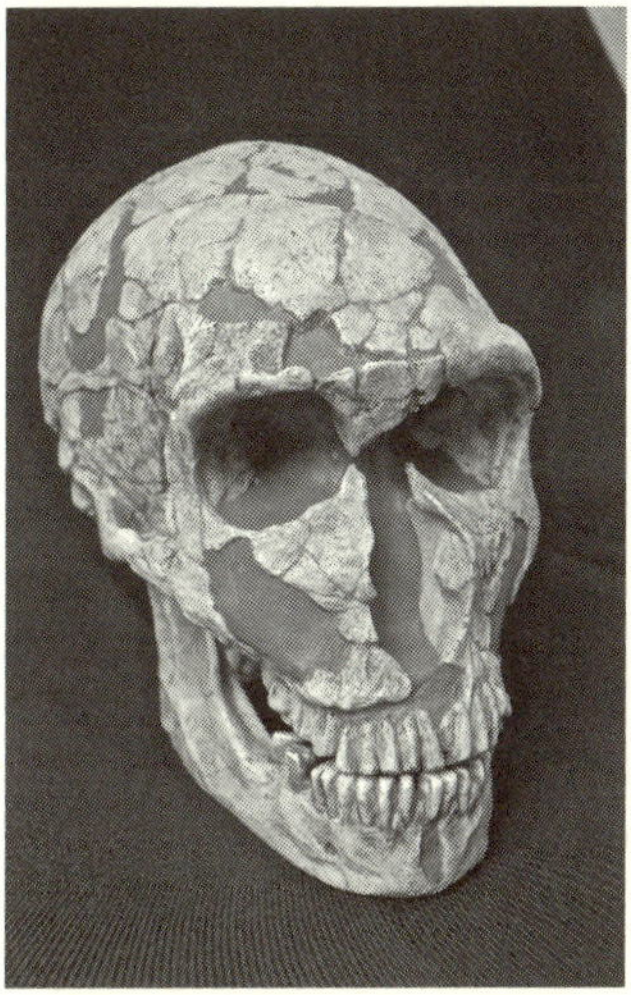

図11.9 ホモ・ネアンデルターレンシス（骨格標本：ラ・フェラシ 1）。フランスで発見された50万年前の頭蓋骨。

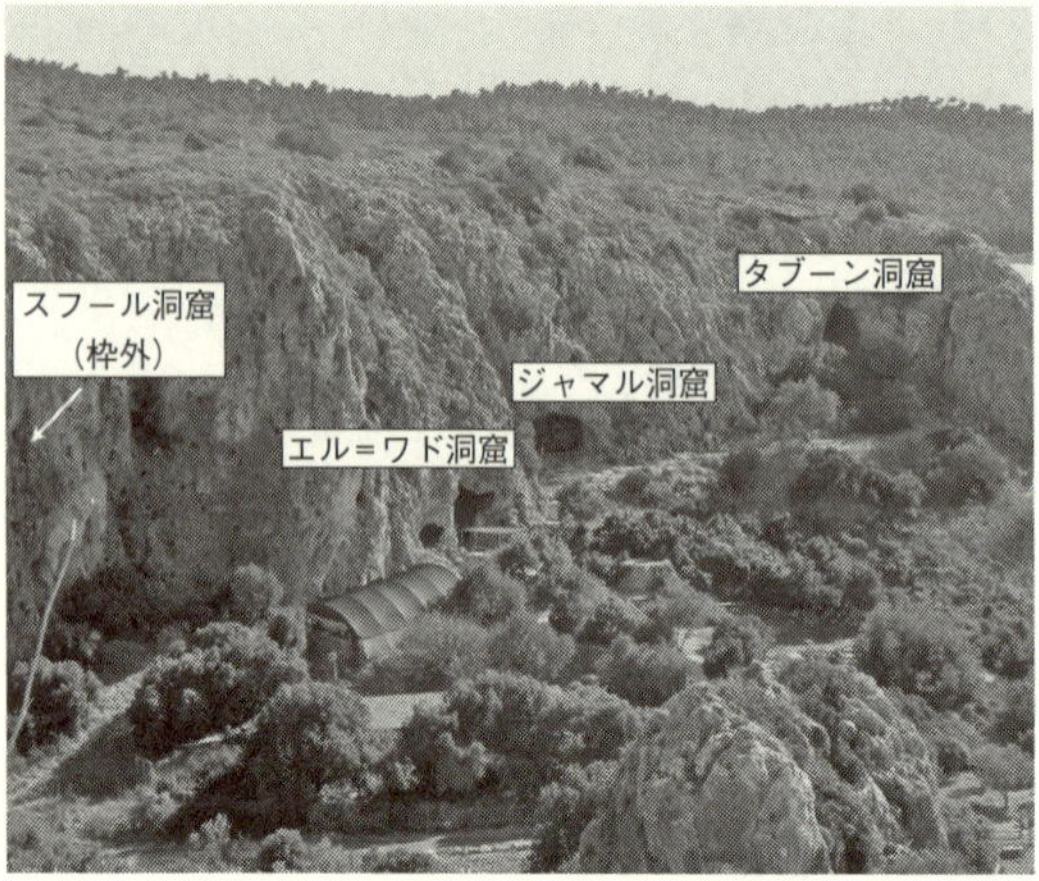

図11.10　イスラエルのハイファに近い地中海沿岸のカルメル山洞窟。洞窟は50万年以上にわたって利用され、アシュール文化から現生人類の時代までの痕跡が認められる。何千年ものあいだ、ネアンデルタール人と現生人類はここで隣り合って生きていたか、少なくともこの地域を繰り返し訪れたようだ（気候が温暖になると現生人類は北に移動し、冷涼になるとネアンデルタール人は南に広がった）。ネアンデルタール人と現生人類の交雑が起こったのは、おそらくこの地域とされる。

外の現代の人びとはネアンデルタール人の遺伝子をいくらか受け継いでいることが示されている。したがって、ある意味では、結局のところネアンデルタール人は完全に絶滅したのではない。

だが、現在ある証拠によれば、ネアンデルタール人と現生人類の交雑の程度はわずかなので、現生人類がそれまでの集団に取って代わったという一般論は、依然としておおむね正しい。ネアンデルタール人は、おそらく八万年前ごろに中東で現生人類と交雑した。それは、両者が数千年にわたり、その地域で共存していた時代のことだ（図11・10参照）。やがて現生人類は約四万年前に、ネアンデルタール人が住んでいたヨーロッパへと移住した。現生人類が西に移動するにつれてネアンデルタール人は姿を消し始め、三万年前にはスペインやポルトガルの西海岸にわずかしか残っていなかった。

ネアンデルタール人に対する従来の野蛮なイメージは、最近では改められている。彼らの脳は私たちの脳と同じくらい大きく、容量は平均で一四二六ccだ。私たちより大きな脳を持っていた者もいた。ネアンデルタール人は、外傷や関節リウマチ、骨折などでひどい障害を負っても比較的高齢まで生きたことから、彼らが病人の世話をしたこと、共感や協力、社会規範を持つ能力があったことがうかがえる[88]。さらに、ネアンデルタール人が埋葬をおこなったことを示す証拠から、個人の命が終わった先について何らかの感覚を持っていた可能性や、もしかすると霊的信仰を持っていた可能性もありそうだ[89]。ネアンデルタール人は明らかに火を使用し、衣服を着ていた。そして、年を取ったり、傷ついたり、弱ったりしていた動物だけではなく、最盛期の動物も狩った。したがって、彼らの心が、類人猿の心よりも、はるかに私たちの心に似ていたのは間違いない。

ネアンデルタール人が複合道具を作った形跡は、明確に認められている[90]。したがって、彼らは入れ子思考の能力をいくらか持っていたということだ。彼らは、私たちのような心をつなげたいという衝動や、そのために私たちが用いる方法を持っていただろうか？　歯の成長パターンからすれば、ネアンデルタール人は現生人類より早く成長した（さらに、初期の古代型サピエンスよりも成長が早かった）可能性がある[91]。それは、年少者を教育する時間が短かったことを意味するだろう。だが最近の知見から、ネアンデルタール人が人間らしい社会的信号のやり取りをいくらかおこなっていた可能性が浮上している。というのは、彼らは装身具として貝殻をときどき身につけたり[92]、黄土《オーカー》を顔料として使っていたりした可能性があるからだ。一部のネアンデルタール人は洞窟壁画を描いた、という仮定までなされている。現生人類がこれらの表象的思考の跡を残したのか、ネアンデルタール人がこうした行動を現生人類から模倣したのか、それらの行動が現生人類と関係なくネアンデルタール人で現れたのかをめぐり、考古学者は熱い議論を戦わせている[93]。いずれにせよ、ネアンデルタール人が考えを交換するための表象能力を持っていた可能性は、確かにある。

　だが、彼らは言葉を話すのに必要な肉体的能力を持っていたのだろうか？　認知科学者のフィリップ・リーバーマンは以前から、ネアンデルタール人の声道の復元に基づいて、彼らが話す能力に必要な音素を作れなかっただろうと主張している。[94]だが、六万年前のネアンデルタール人の舌骨（喉頭の前方に位置する宙に浮いた骨）が発見され、[95]この結論に異議が申し立てられることになった。なぜなら、ネアンデルタール人の舌骨は基本的に大きさや形状が現代的で、彼らの喉頭が現生人類のものとよく似ていたことが示唆されたからだ。最近発見されたより古い古代型サピエンスの舌骨から、この現代的な形状がすでに約五〇万年前に出現していた可能性がほのめかされている。[96]それとは対照的に、三三〇万年前のアウストラロピテクス・アファレンシスの舌骨は、現代の大型類人猿のものにより似ている。[97]

　最近おこなわれたＤＮＡの解析結果から、さらなる手がかりがもたらされている。ネアンデルタール人には、人間の話す能力に強く関与する遺伝子の現代的な型があることが[98]わかったのだ。*　この遺伝子は、ネアンデルタール人と現生人類に至る系統が分かれる前に現れたようなので、その起源は古いことが示唆されている。だが、言語能力の謎《パズル》は多くのピースからなっているので、ホミニンがいつ話し始めたのかはまだ明らかではない。

　さらに困った問題として、そもそも言語が、言葉を話すことから始まったのではないかもしれないということがある。つまり、話すことよりも身ぶりが先だったということもありうる。[100]ほかの霊長類に言葉を話すことを教える試みは失敗しているが、一部の類人猿は、身ぶりでコミュニケーションを取る学習に成功している。類人猿での一つの障害は、彼らの発音が、手を動かすのとは違って本質的に情緒的なものであり、自発的に制御されないことだ。マイケル・コーバリスは、身ぶりによるコミユニケーションが、おそらく最初は叙述的な指示や象徴的な物まねに基づいており、それが初期のホミニンで洗練されたという考えを支持している。言語は、身ぶりの領域で徐々に進化したのかもしれない。コーバリスの主張によれば、現生人類で初めて、身ぶり言語が音声言語に取って代わられた。これは、舌によって身ぶりが作られたとでも言えるかもしれない。身ぶり言語は、単に異なった形式を用いる言語というわけだ（そして私たちは今でも、話すときに身ぶりを交える傾向がある）。この説明が正しければ、たとえネアンデルタール人や初期のホミニンは話せなかったとしても、身ぶり言語を持っていた可能性がある。

人間らしい心の証拠

身体の構造が現代人と同じ人類の出現は、約二〇万年前にさかのぼる。歯の解析結果から、私たちの祖先は、一六万年前には現生人類の生活史[101]を持っていたことがうかがえる。だが、十分に現生人類の心だと言える有力な証拠が現れるのは、それよりはるかにあとだ。[102]たとえば、人を埋葬したことがわかる最古の明らかな証拠は、イスラエルのスフール洞窟にある一一万九〇〇〇年前の遺跡だ[103]（図11・10参照）。装飾品や民族のしるしらしきものを示す最も早い証拠は、モロッコから出土した八万二〇〇〇年前の貝殻のビーズで、摩耗の跡や黄土の痕跡がある。[104]また、それよりやや新しいビーズ（七万五〇〇〇年前）が、南アフリカのブロンボス洞窟で発見された。この洞窟では、知られている

＊イギリスのある家族のFOXP2遺伝子の変異が、深刻な発音障害と関連づけられている。[99]この遺伝子は、発声を制御するブローカ野に関係している。

限り最も初期の抽象的なデザインとおぼしきものが見つかっている。それは、黄土や骨に刻まれた幾何学的なパターンだ。投げ矢を思わせる形状をした遠くに飛ばすタイプの武器[105]や接着剤のような合成物の跡も、同じころに現れている。南アフリカでの最近の発見から、四万年前には、骨角器や毒矢などの人工物が、狩猟採集をおこなうサン族が今日でも使っているものとほぼ同じになっていたことが示されている。[106]これは、物質文化やライフスタイルの継続性を示す証拠だ。[107]

知られているなかで最も古い絵画は今から三万二〇〇〇年前のもので、フランスのショーヴェ洞窟にある。この洞窟壁画については、ヴェルナー・ヘルツォークの映画『世界最古の洞窟壁画─忘れられた夢の記憶』で描かれている。この時期以降、表象的な能力が、彫刻や版画、さらには楽器などのほかのさまざまな領域でもあらわになっている。ドイツにある先史時代のガイセンクレスターレ洞窟[108]から新しく推定された年代は議論を呼んでいるが、そこで見つかった小像やフルートはさらに早い約四万年前に作られたという。初期の芸術作品のなかで有名なのは、ドイツのホーレンシュタイン・シュターデルで見つかった小像だ。それはライオンと人間の部位で構成されており、基本的な要素を組み合わせて新しい形を作り出す創造力を示している。

それでも、初期の洞窟壁画のほとんどには、明らかに物語だとわかる絵はない。物語性を見出せるような情景を描いた最古の絵は、これまでに発見されたなかでも特にすばらしい洞窟のなかにある。一九四〇年に一八歳のマルセル・ラヴィダがベゼール川近くの丘で愛犬のロボを探していたとき、地面に開いている穴につまずいた。ラヴィダ少年は四日後に三人の友人とそこに戻り、ナイフとトーチを装備して穴のなかを進んでいった。彼らが発見したのがラスコー洞窟だ。壁は、雄ウシやウマ、雄ジカといった約九〇〇頭の動物の色彩豊かな絵で埋め尽くされていた。今から約一万七〇〇〇年前に、人間の初期の画家がトナカイの脂を染み込ませた松明を持って洞窟に入り、足場を組んで、驚くほど

図 11.11　ラスコー洞窟の「井戸の場面」と呼ばれる壁画の複製。最初の絵物語だろうか？

リアルな絵を壁に描いたのだ。「井戸」と呼ばれる洞窟の最下層には、唯一の人間や、何らかの出来事らしきものが描かれている（図11・11）。

その場面は、狩猟の失敗が描写されているという解釈もあるかもしれない。人間は仰向けに横たわっており、スイギュウがその人間に突進している。そのスイギュウは槍で攻撃されたらしく、はらわたが飛び出している。倒れた人間の横には棒があり、上に鳥がくっついている。その人間は、おそらく槍の投げ手だったのだろう。人間の反対側には三つの丸い点が二列に並び、毛に覆われたサイがいる。もしかしたら、そのサイはスイギュウの腹を裂き、人間を捕らえたのかもしれない。だが、そうでないかもしれない。この絵については、これまでにさまざまな解釈が提唱されており、なかには星、精霊、夢、画家のトランス状態に関連づけた難解な解釈もある。ほとんどの解説者が、その絵は何らかの話を物語っているという考えに同意しているが、それがどのような話なのかは、明らかとはとうてい言いがたい。

同じくらい進化していた「いとこ」たち

ラスコーから一キロも離れていないところで、ロジェ・コンスタンがかの有名な洞窟の入り口を探して自分の畑を掘った。入り口は見つからなかったが、代わりに彼は、今から七万年前の埋葬地を発見した。ネアンデルタール人が胎児の姿勢にされ、まわりにクマの骨が並べられていた。

ネアンデルタール人は、ラスコーの有名な壁画が描かれたころにはすでに絶滅していたが、最終的に滅びるまでに文化面で進化していたようだ。ミシェル・ラングレーらは、時とともにネアンデルタール人の行動が複雑になったことを示している[109]。それは解剖学的な現生人類の傾向と同じだ。現生人類の技術のほうがネアンデルタール人より優れているものもあったが、そうでもない技術や、劣っていたものすらあった[110]。以前になされた発明が数千年にわたって失われたのちに、再び現れたことを示す形跡はいくつもある。考古学的な記録によって、現生人類が徐々に高度な技術を積み上げて野蛮なネアンデルタール人の集団を追い出したとする単純化した見方には無理が出てきている[111]。気候や人口密度、争いなどの局所的な要因が、特定の文化的発明の普及や蓄積、あるいは喪失に対して大きな役割を果たした可能性がますます強まっている。

もしかすると、ネアンデルタール人以後の人類と初期のホミニンの印象的な違いの一つは、化石記録で高齢者と若者の比が変化したことかもしれない。七〇〇体以上の人体の化石化した歯が解析された結果、ホミニンで若者に対する高齢者の比が、後期アウストラロピテクス属（若者三一六体、高齢者三七体）から初期ヒト族（若者一六六体、高齢者四二体）、そしてネアンデルタール人（若者九六体、高齢者三七体）へと、だんだん増加していることがわかった[112]。一方、ネアンデルタール人以後の石器時代ヨーロッパ人では、若者に対して高齢者がずいぶん多い（若者二四体、高齢者五〇体）*。これは、生存率が上がり、文化的情報を蓄積する機会が増えたことを示している。高齢と見なされたのは、生殖成熟に達したとされる年の二倍の年齢に達した者だ。言い換えれば、そのような高齢者は祖父母だったと想像される。高齢者がかなり多く見られるようになって初めて、「おばあさん効果」が相当な影響力を持ったと考えていいだろう。

いくつかの場所では、新しい証拠から、ネアンデルタール人や解剖学的な現生人類以外のホミニンが、ごく最近までうまく生き延びたことがほのめかされている。第1章で触れたように、シベリア南部のデニソワ洞窟で発見された三万年前の化石の遺伝子解析が最近おこなわれ、それらのDNAが、現生人類にもネアンデルタール人にも属していないことが明らかになった。そのデータからは、これらのデニソワ人が、約五〇万年前に早々とアフリカを出た集団がアジアに残した子孫だということが示唆されている。その集団は、ヨーロッパのネアンデルタール人とアジアのデニソワ人に分岐したようだ。さらに、ネアンデルタール人と同じく、デニソワ人も現生人類と交雑したらしい。[114] デニソワ人は、現在のメラネシア人のDNAにいくらか寄与している。ホミニンの系統の全体像は、ますます多彩で多様なものになりつつある。**

*比較された集団が同じ時期に生存していないことを考えると、そのような比には いくつかの問題がある。[113] たとえば、高齢者の骨は若者の骨に比べて、骨塩が枯渇しているため朽ちやすいことを考えてみるといいだろう。すなわち、標本標本が古いほど、残っている高齢者の骨は少ない可能性がある。

**二〇一二年、中国の遺跡で一万四〇〇〇〜一万一〇〇〇年前の奇妙な化石が見つかったと報告された。[115] その頭蓋骨は、現生人類のものとはまるで違うように見え、眉弓が厚く、現生人類が持っているようなおとがいはないという特徴がある。彼らは大型のシカを料理したので、「アカシカ人」と名づけられた。彼らが新しい種なのか、人類の多様性の一環なのかはまだ明らかではない。

ほかにも、大きな発見としてホモ・フローレシエンシスがある。[116] ホモ・フローレシエンシスは、インドネシアのフローレス島で発見された小柄なホミニンで、身長は一メートルだ。彼らが発見された二〇〇四年には、世界の人びとは、トールキンの『指輪物語』を脚色したピーター・ジャクソンの映画『ロード・オブ・ザ・リング』を見ていた。それで、「ホビット（小人）」という名称がすぐさま定着した。さらに、『指輪物語』の架空の世界「中つ国」は、それほど突飛な考えではないという認識が持たれ始めた。先史時代で最近まで、さまざまなホミニンがこの地球を歩き回っていたのだ。『指輪物語』でホビットやオーク、エルフ、ドワーフなどの生物が登場したのと似ていなくもない。フローレス島のホビットは、脳が小さかったものの（約四〇〇ｃｃ）、高度な石器を作ったようだ。脳の大きさと行動の辻褄が合わないことから、これらの化石は、奇形あるいは病気にかかった現生人類ではないかと疑われ、論争もあった。[117] そのような論争は、ネアンデルタール人の化石が初めて発掘されたときにも起こっている。現在ある証拠によれば、ホモ・フローレシエンシスは、ホモ・ハビリスやホモ・エレクトゥス（覚えているかもしれないが、近隣のジャワ島で二万七〇〇〇年前という最近まで生きていた）に似た特性を持つホミニンだったことが示唆されている。小さなフローレス島で孤立したために、いわゆる「島嶼《とうしょ》矮小化」がもたらされたのかもしれない。その現象は、多くの動物でも観察されている。フローレス島のゾウも、やはり小さかった（一方、その島のクマネズミやトカゲは格別に大きい）。何とも謎めいた「花の島《フローレス》」だ。

たとえ、一群の化石が最終的に人間の病的状態のもので別の種の骨ではないと確認されたとしても、新しい発見がこれほど相次いでいることからすれば、この惑星にかつて住んでいたホミニンの多様性が過小評価されている可能性は高い。人類の先史時代のほとんどを通じて、直立歩行をしたいくつかの知的なホミニンが、私たち自身の祖先と隣り合わせに暮らしていた。私たちは、生き残っている最後の一種にすぎないのだ。

道徳の裏返し

ダーウィンは、道徳性*といった人間の能力の出現を群選択に訴えて説明し、こう述べた。「世界中でいつでも、ある集団が別の集団に取って代わってきた」[120]。集団間や集団内での競争によって、言語や先見性、心の理論、推論、文化、道徳性の領域における進歩にかかわる、心のなかでのシナリオ構築力の向上や、他者の心とのつながりの強化がますます選択されたのかもしれない。ある集団が協力して攻撃してきた場合、それに対する最も有効な対処法は、一般には協力して防御することだ。古代ヨーロッパでの城塞都市や要塞、マオリ族の「パ」という要塞に囲まれた集落などは、人類史の最近において、人びとがどれほど頻繁に力を合わせて防御にあたらなくてはならなかったかを示している。戦闘の計画や戦略、兵器技術、組織化や強制、虚勢や欺瞞、武勇や英雄的行為は、そのような絶えず続く衝突の脅威によって選択された可能性のある特性の一部にすぎない[121]。平和主義者の私にとって、戦争や衝突をそれほど評価するのは苦痛だが、そのような考えはきわめて妥当に見える（人類の衝突の歴史や、私たちが現在、サッカーのように、さほど暴力的でない集団間の競争に熱中することを考えてみよう）。もっとも、たいていのケースと同じく、妥当に見えることを証拠と履き違えるのは禁物ではある。

*ダーウィンはこう述べている[120]。「高い愛国心、忠誠、従順、勇気、同情の念を持っていることによって、互いに助け合ったり、集団の利益のためにみずからを犠牲にしたりする用意がつねにできている人が多くいる部族は、ほとんどのほかの部族に勝つだろう。これが自然選択だと考えられる」。だが、群選択は現在も激しい議論の的であり続けている[121]。

そのような集団間の競争は、ヒトと、ヒトに特に近縁の動物種とのあいだに現在あるギャップを作り出す根本的な役割を果たしたかもしれない。衝突や競争は、部族の入れ替わりだけでなく、ヒトに近縁のホミニンの種や亜種の絶滅ももたらした可能性がある（人間の進出をきっかけに、ほかの大型動物が絶滅することがあったように）。実際の話、ほかのホミニンとのそのような競争によって、シナリオ構築や集団のメンバー同士におけるコミュニケーションの向上が選択されたのかもしれない。

今のところ、ホミニンの種の集団虐殺があったことを裏づける直接の証拠はないので、そのような衝突による影響については推測の域にとどまっている。人間同士の暴力があったことを示す最も古い例は、現在のところ、約二五万年前のスペインの古代型サピエンスに見られるものだ。[122] いくつかの頭蓋骨に、衝撃による骨折が治った痕があり、何体かの人体は、ばらばらにされた形跡がある（おそらく、食べられたのだろう）。頭蓋骨の骨折治癒痕は、武器による攻撃を受けたしるしだと解釈されており、そのような骨折治癒痕はネアンデルタール人や旧石器時代の人類の遺跡からも報告がなされている。イラク北部で発見された五万年以上前のネアンデルタール人（シャニダール3号）の化石には、胸郭に何かで貫かれた傷があった。[123] 実験によって、その傷は遠距離からの投射物によってできた可能性が高いことが示唆されており、傷の原因が現生人類にあるという可能性が指摘されている。フランスの南西部にある洞窟では、三万年前のネアンデルタール人の子どもの顎が、現生人類の骨に交じって発見された。[124] そのネアンデルタール人の骨には、解体されたことがすぐにわかる切断の跡がある。だが、こうした示唆に富む発見がわずかながらあるとはいえ、暴力衝突がどれほどありふれていたのかや、どれほど重要だったのかは明らかではない。

人間同士の暴力を示す決定的な証拠は、一万二〇〇〇年前のスーダンの埋葬地から見つかっている。そのなかの数十体には、チャートという硬い岩石でできた尖頭器が、骨に埋まっているか骨のそばにある。それ以降の数千年のあいだには、集団墓地も数多くあるし、武器による傷が認められる例も無数にある。たとえば、エッツィことアイスマンが非業の死を遂げたことを思い出してもらえばわかるだろう。だが、そのような発見があるとはいえ、先史時代の衝突の規模がどの程度だったのかは正確に突き止められない。

過去一〇年にわたり、人類の進化にかんする証拠は、ホモ・エレクトゥスなどの古代のホミニンが世界のさまざまな地域で進化して現生人類になったとする「多地域進化説」よりも、現生人類が古代型サピエンスと出会った場合には必ず彼らに取って代わったとする「出アフリカ説」にとって有利だった。だが最近では、パラダイムシフトが起きている。[125] ネアンデルタール人やデニソワ人の新しい証拠から示されるように、それらの種と現生人類のあいだで遺伝子流動があったことが明らかになっており、今後、さらに多くの証拠が発掘される可能性も高い。また、アフリカ人のデータからは、現生人類が古代型サピエンスと交雑していたこともほのめかされている。[126] もっとも、出アフリカ説に対立する多地域進化説は、あまり期待できそうにない。なぜなら、遺伝子データによって、私たちは東アフリカにいた共通祖先の子孫であることが示されているからだ。人間のDNAはチンパンジーに比べて一様であり、地球のさまざまな場所で同時に進化したという考えから示唆されるほど多様ではない。だが、現生人類と古代型サピエンスとでいくらかの交雑が明らかに起こったことを踏まえれば、今のところは、おそらく出アフリカ説と多地域進化説の組み合わせによって、現生人類に至る複雑な道のりに最も迫れるだろう。

たとえ私たちの多くがホモ属のいとこたちの遺伝子の一部を持っているとしても、彼らの姿は、競合か吸収かほかの原因かはともかくとして、もはや見られない。今や現存する動物で私たちに最も近いのは、アフリカやアジアの赤道付近のジャングルにいる類人猿だ。現生人類は紛うかたなき勝者として最後の氷河期を切り抜け、世界中に広がった。人間は自然界のほとんどを征服し、自分たちのニーズを満たすために動物を家畜化し、植物を栽培品種化した。そして思いがけない力を振るって数々の新しい世界を創り、征服した場所で想像を絶するほど無慈悲な振る舞いをしてきた。

本章で私は、私たちの祖先が人間になるまでの驚異的な旅について、最新の知識の概略を述べようと努めてきた。また、動物と人間のギャップを生み出した可能性のある力について、確立した事実と情報に基づく推測の違いを曖昧にすることなく、妥当なシナリオを提示しようとしてきた。そしてその際、二本の「脚」――シナリオを生み出したりそれについて熟考したりする能力と、シナリオを他者に伝えたいと思う衝動――を活用した。それらの脚は、出現すると必ず人間の技能を増強し、動物の技能を超えさせたのだ。

心のなかで正確なシナリオを生み出し、それらを広く効率的に交換する人間の能力は、最近の世代で大幅に向上している。私の祖母が生きた時代、世界には電気もコンピューターも車もなく、祖母が受けた教育は、両親や学校で教えていた修道女や司祭から伝えられたカトリックの教義に限られていた。祖母には、自分の声を生まれた町の外に届かせる機会はほとんどなかった。それに引き替え、私の子どもは実質的にどこの誰の考えにもアクセスできるうえ、自分の思いや発見を地球全体に広められる世界で成長している。私たちは長い道のりを歩いてきた。そして、この先にはさらなる試練が待ち受けている。

12 どこに行くのか《クオ・ヴァディス》？

われわれは、過去の記憶によってではなく未来への責任によって賢くなる。
——ジョージ・バーナード・ショー

最大の冒険は、この先に待ち受けている。
今日や明日はこれから語られるものだ。
チャンスや変化は、すべて君が起こすもの。
人生の古い殻を壊すのは君次第だ。
——J・R・R・トールキン

人間は長らく、自分たちは特別である、すなわち、この惑星でほかの生物と区別されると考えてきた。ある意味では確かにそうだ。私たちは、純然たる数によって圧倒的な成功を収めてきた。人間の数は七〇億を超えており、バイオマスでは、ほかの野生の陸上脊椎動物をすべて合わせた量の約八倍である。[1]私たちは、石器で武装し小規模な氏族で暮らしていた、直立歩行をするいくつかのホミニンの一つとして数百万年を過ごしたのち、今や並ぶもののなき存在となり、無類の力を振るっている。私たちはわずか五〇〇世代で、石器時代からスマートフォンや宇宙探査の時代に進んだ。さらに、バイオテクノロジーやナノテクノロジー、コンピューター・テクノロジーの進展によって、数え切れないほどの新たなフロンティアが急速に拓かれている。

　このような進歩の鍵を握っているのは、心のなかでのシナリオを正確に作り出し、それを他者と効果的に共有する人間の能力を一変させた発明だ。文字を書くことである。

　現在ある証拠から、最初の手書き文字を考案したのは、（意外ではないかもしれないが）詩人や哲学者や歴史家ではなく、近東で農耕を営む社会集団の会計係だったことが示されている。[2]* 最後の氷河期の終わりに、一部の部族が、狩猟採集のライフスタイルをやめて定住型の農耕生活を選択し始めた。そのようなライフスタイルの転換は、人口の急速な増加を許容し、発展のきっかけを作った。** 望ましい性質を持つ野生植物の種子が選択的に植えられ、炭水化物を多く含む小麦や大麦などの穀物の栽培品種化につながった。穀物は貯蔵も容易だ。また、野生で群れをなすヒツジやヤギなどの動物が囲いに入れられ、選択的な間引きや繁殖によって家畜化が促進された。農耕には計画や協力、労働が必要だったが、農耕のおかげで余剰人員が生じ、一部の人びとは、食物の入手以外の活動にだんだん重点的に取り組むようになった。穀物、肉類、そのほかの物資の分配を通じて、人びとは商売、建築、売春、警備、行政管理で生計を立てられるようになった。初めて都市や神殿が造られ、次第に複雑化していく文明が、それぞれの言語、家畜、作物を伴って広がり始めた。経済活動が拡大し、早くも今から九五〇〇年前には、人間の記憶を支えるために「トークン」と呼ばれる粘土の小さな塊が用いられた。円錐や円柱など、トークンのさまざまな形が、一定量の穀物や一頭の動物といった商品のさまざまな単位を表していた。その一〇〇〇年後には、トークンで表された品物に責任を持つ人を特定する印章が使われた。この方法によって、会計の新しい世界が拓かれた。農民、神殿の管理者、商人は、借金や担保を含めて自分たちの取引状況を把握できるようになったのだ。

約五五〇〇年前にはシュメール人の会計係が、トークンを長期にわたって保管するために中空の粘土の球を用い、それにトークンを入れて封印をした。ひとたび封印されると、粘土の容器の中身は、容器を壊さないと確認できなかった。そこで利口な誰かが、トークンを容器に入れる前に、まだ乾いていない粘土の容器の外側にトークンを押しつけて型をつけることを考案した。たとえば、外側に六つの型があれば、なかにも同じ六つのトークンが入っていることを意味した。だが、ほどなくして人びとは、もはや容器にトークンを入れても意味がないことに気づいた。その後、粘土の容器は型を押しつけた粘土の板に取って代わられ、この方法がシリアやメソポタミアで広がった。会計係は次に、型を押すのではなく、絵文字の記号を描いて粘土板に添え始めた。たとえば、数をかぞえるための小さな記号や、大麦を表す穂の単純な絵などだ。記号はますます単純化され、基本的な楔形をさまざまに配列した初めての楔形文字が、五〇〇〇年以上前に現れた。やがて、筆記者たちは、会計以外の物事を記録するために文字を書き始めた。それ以降は、まさに文字どおりの有史時代である。***

文字を書くことによって、従来にない新しい形で人間は心をつなぎ、時空を超えて知識を蓄積することができるようになった。たとえば、メソポタミア文明の都市ウルで発見された初期の碑文には、王の名、称号、家系、それに王が建てた宮殿や神殿、獲得した領土が記録されている。筆記は、創世

*文字を書くことは、中国や中央アメリカ、イースター島など、ほかの地域でも発明されたようだ。これらの地域の文字は、まったく別々に発明された可能性がある。ただし、文字を書く人びととの何らかの交流によって、誰かがヒントを得たかもしれない。

**狩猟採集型の生活を続けた人びとは、だんだん片隅に追いやられた。[3] こうした昔からの生活を維持できた文化はほとんどない。そのような文化が維持されたのは、農耕民にとって少しも魅力がない地域だけだった。

神話、祈り、暦、教育、弔いの言葉を記録するために用いられた。ファラオや王たちは、書面の命令を発布したり、書簡や証明書を届けたりするために使者を送り始めた。そして最終的に郵便事業がペルシャ、ローマ、中国で登場し、一般の人びとが考えや経験を交換できるようになった。古代ギリシャの歴史家たちは、戦争の系統的な記録や重要な出来事の物語を書き始めた。ひとたび文書の形で固定されると、思想は長持ちする物体になった。

文字で書かれた教えの一部は、神から伝えられたものとして崇められるようになり、神聖な書物は、非常に強力で恒久的な影響を及ぼしてきた。今日のおもな道徳的伝統のほとんどは、約二五〇〇年前に生きていた重要な思想家に起源がある。そのころ、釈迦はインドで、孔子は中国で、ソクラテスはギリシャで、そしておそらく時期的にはやや早く、ゾロアスター（ザラスシュトラ）はペルシャで、みずからの哲学を唱えた。ゴア・ヴィダルの歴史小説『創造』[5]に登場するゾロアスターの架空の孫のように、一人の人物が長生きしてこれらの偉大な人びとのすべてと話をした可能性もありうる。だが、なぜこれらの重要な道徳的伝統は、ほぼ同時期に現れたのだろう？　その理由としては、道徳的な洞察（あるいは神とのコミュニケーション）の得られた時期が一致したというよりも、広がりゆく筆記の影響のほうが大きかったかもしれない。道徳的な教えは書かれることによって標準化され、それまでの口頭伝承による普及とは比べものにならないほど広められた。社会規範は成文法になった。たとえば、旧約聖書はいろいろな解釈ができるとしても、原典に立ち戻ることはつねに可能だ。

書かれた言葉は、批判的考察や目的意識のある議論、解説を人びとに促す。読者は、いつどんな場所でも、他者の考えを評価したり足場にしたりすることができる。たとえば、アリストテレスの著作は、彼以後の西洋哲学のほとんどに影響を及ぼした。口伝えに頼るしかなかったら、私たちはアリストテレスの考えの断片しか聞けなかったかもしれず、彼独自の考えと、語り直されたときに加えられたり削られたりしたことを区別するすべもなかったかもしれない。だが、文字で書かれることによって、書き手がこの世を去ってから何百年もの年月が過ぎたあとでも、彼らの声を「聞く」ことができる。シナリオを構築する彼らの心は、今も私たちの心と結ばれうるのだ（たとえ、その情報の流れは一方向だとしても）。私たちは故人から学ぶことができ、ある意味では、時を超えて彼らと協力して、考えを確認したり、考えの誤りを暴いたり、考えを修正したりすることができる。カール・セーガンは、こう述べている。「図書館は、かつて存在した偉大な人びとが骨を折って自然から引き出した洞察や知識に、そして地球全体とわれわれのすべての歴史から抽出された最高の教訓となる物事に、私たちを結びつけてくれる。[6] おかげで私たちは、飽きずに学ぶことができ、人類の知の総体に自分も貢献しようという気になる」

歴史のほとんどの期間において、文書は手で書き写され、絹や竹や紙に書かれたため、流通が限られており失われやすかった。書物は貴重な宝だった。アレクサンドリアの大図書館は、約二三〇〇年前にアリストテレスの弟子の一人によって初めて整えられた。それは世界の知の体系的な集約を目的としており、何十万巻もの巻物を所蔵していた。大図書館は、文化の蓄積を新たな次元に発展させたのだ。それが最終的に消滅すると、古代世界の記録された思想のほとんどが失われた。それより前に、

＊＊＊世界のほかの地域では、筆記システムは別の理由のために発明されたのかもしれない。たとえばアメリカ大陸では、時間や暦への関心が、オルメカ文化の初期の記号やのちの成熟したマヤの筆記文字にとって非常に重要だった可能性がある。中国では、最古の確実な筆記文字は、動物の骨でおこなわれた占いだが、さらに古い起源がある可能性についても議論されている。イースター島の筆記文字であるロンゴロンゴ文字については、ほとんどわかっていない。まだ解読されていないのだ。人間はさまざまな筆記文字を生み出してきたが、神経科学者のスタニスラス・ドゥアンヌは、脳における視覚情報の符号化のされ方に特殊な制約があるため、それらの文字には共通点が多いと主張している。[4]

紀元前四八年のカエサルの侵攻中に起こった火災によって、文献の多くが焼失したが、大図書館はさらに数世紀にわたって科学の中心地であり続けた。最後の有名な司書は、女性の数学者で天文学者でもあったヒュパティアで、彼女はアレクサンドリアの大主教キュリロスの部下たちによって紀元四一五年に殺された。そしてこの偉大な図書館は、暗黒時代が迫るなか、徐々に衰退した。

心にあること、つまり考えを交換したいという人間の欲求は、一段と効果的なメディアの追求を促してきた。紀元三世紀に中国で木版印刷が発明され、より迅速な複写ができるようになった。ヨーロッパ人がそれを理解したのは遅く、グーテンベルクの印刷機が一四四〇年ごろに登場して変革が起こり、大量生産が可能になった。それから一〇〇年もしないうちに、ヨーロッパでは、本の数が数万冊から数千万冊に急増したと考えられている。世界中で、従来よりも多くの読者が、文書の形になった説明や考えを入手できるようになった。一七世紀以降は新聞の印刷によって、多くの人の関心が、いわゆる「時事問題」という同じシナリオに集まった。

印刷は、人びとが自然の理解を目指す共同の取り組みに力を注ぐことに役立った。本や雑誌は知的な交流の場を作り出し、啓蒙運動のなかでそのような交流が積み重なった。それが理性の時代だ。全面的に科学をテーマとする初の雑誌『フィロソフィカル・トランザクションズ（哲学紀要）』[7]が一六六五年に創刊され、それは現在も定期的に発行されている。アイザック・ニュートンなどの研究者は、この雑誌を通じて自分の発見を報告し、一〇〇年後にはウィリアム・ハーシェルが、重大な天体観測結果をこの雑誌で世界に告げることになる。印刷がなければ、彼の息子ジョン・ハーシェルが唱えた科学的帰納法の機運は、あれほどには高まらなかっただろう。印刷のおかげで、科学者はデータを効率的に共有し、仮説を比較し、それらを系統的に試すことができた。科学的知見は急速かつ確実に広められ、人類の知識が飛躍的に積み上がった。科学者や技術者が問題を解決し、刺激的な新しい機会について互いに情報を伝えたことにより、その後、画期的な技術が無数に生まれ、今度はその一部が、考えを交換する手段に広範な影響を及ぼした。

遠く離れた人びととのコミュニケーションは、長いあいだ郵便によってまかなわれていたが、一九世紀に発見された電信によって、長距離で心と心をすぐにつなげるようになった。それと同時に、車両という輸送手段によって遠くに住む家族や友人を訪ねる新しい機会が拓け、心と心をつなげたいという欲求を頻繁に満たせるようになった。そしてこれをさらに追求するため、人間はますます多様なメディアに頼るようになった。電話やラジオ、テレビ、ファックス、電子メールは最近の技術進歩であり、それらのおかげで、時空を超えて心をつなげる私たちの能力は向上している。

インターネットや衛星ネットワークが出現したことで、実質的にあらゆる場所にいるどんな人びとの心もつなぎ合わせることが可能になっている（そうなっているはずだが、もしご自身の接続会社に不満があるなら、ここでいくら嫌みを言ってもらってもいい）。ウェブは、他者が書いたことに世界中からアクセスする機会を提供してくれる。フェイスブックやツイッターなどのソーシャルメディアは、多くの人の日常生活で重要な位置を占めており、あなたが本書を読むころには、さらに別のコミュニケーション手段ができているかもしれない。年配の世代には、こうしたコンピューターを利用する交流が、これほど人気があるのは不思議に思えるかもしれないが、それらは長い歴史的傾向の延長線上にあり、理に適っているのである。これらのメディアによって、どこにいようとも、共有したいと思うどんな考えや気まぐれについても、私たちは心をつなげて互いに知らせたいと思う欲求を一瞬で満たすことができる。

私たちは、世界的なネットワークの範囲内で経済的、政治的、知的に協力することが次第に増えている。ますます多くの人が、これらの技術を用いて話し合ったり、不平を言ったり、噂話をしたり、協同プロジェクトの調整をおこなったりする。昔だったら人知れずしぼんでしまったとも思われる多くの一風変わった考えや趣味が、どこかにいる同好の士からのインプットで花開く可能性もある。研究報告書が電子雑誌ですみやかにやり取りされ、接続すれば誰もが最新の知見を検索して読めるサイトでの交流が増えてきた結果、科学や技術は目覚ましい進展を遂げている。数世代のうちに、世界のありさまにかんする私たちの理解や、世界における私たちの位置づけは劇的に変わってきた。

現代の難題を生んだのも「ギャップ」だが、解決するのも「ギャップ」だ

デルフォイのアポロン神殿には、「汝自身を知れ」という言葉が刻まれていたと言われる。リンネがあらゆる生物を分類した有名な『自然の体系』[8]を出版したとき、彼は人間をそのなかに含めたものの、分類上の記載をしなかった。代わりに、古代の文言と同じラテン語版で、ただこのように記したのだ。「汝自身を知れ（Nosce te ipsum）」

長いあいだ、地球上における人間の比類なきとおぼしき地位は、奇跡的なものだと考えられていた。だが、過去数百年に及ぶ体系的な科学研究から得られた知識によって、人類についての異なる見方がもたらされている。最近になってようやく、この惑星に、ほかのホミニンが私たちの祖先とともに住んでいたことが見出された。そして今では、人間とほかの動物のギャップが大きい理由の一端は、私たちに最も近縁の種が絶滅したためだとわかっている。数百年、数千年、いや数百万年をも包含する全体像を構築することによって、私たちは自分たちが何者なのかにかんして、かつてとはずいぶん異なる見方を獲得し始めている。私たちの祖先はこの世界のほとんどを形作り、森林を焼き払い、湿地を干拓し、一部の動植物を家畜化・栽培品種化する一方で、ほかの種を絶滅させた。産業化に伴って、

人間の力は途方もなく高まった。そして私たちの世代で初めて、人間がこの惑星を急激に様変わりさせ、ことによると自分たちの将来の繁栄を脅かしている恐れもあるという事実に気づき始めているのかもしれない。私たちはどこから来たのか、私たちは何者なのかについて、より明確に理解して初めて、私たちはどこに向かっているのかがよく見えてくる。

神官や預言者、占い師は、将来を告げる役割に長いあいだ従事してきた。SFの世界でのさまざまな発明が技術者に刺激を与えるように、預言や神託は、先を見通す形で人びとの行動を導くことがある。それどころか極端な場合には、不吉なことを述べた預言者が、集団自殺のきっかけを作ったりユートピア構想を革命へと導いたりしたこともある。一方、科学は、説明に至るより体系的な道筋だけでなく、将来を確実に予測し、さらには将来を形作る新しい手段をもたらしている。

人間はさまざまな変化を体系的に記録し始め、それらからデータベースを得て、モデルを作成したり予測を立てたりしている[9]。過去の収穫量と、降雨や湿度などの関連する変量を計算すれば、将来の収穫量を推定できる。新しい発明の登場や、生態系への新しい種の導入の結果といった特異的な出来事は依然として予測しがたいが、連続的な変化は計算しやすい。統計的モデルによって数々の変量が結びつけられ、既知の事柄から複雑な推定がおこなえるうえ、同じ手法で人間が犯しがちな間違いを数値化することもできる。たとえば、何歳まで生きる可能性が高いか、何らかの資源がいつ使い尽くされるか、人間の活動が動植物にどんな影響を及ぼすかなど、私たちが気にかけることは、だんだん予測できるようになりつつある。環境への影響にかんする研究は、今では当たり前におこなわれている。コンピューターシミュレーションは、もし私たちが一つの道を歩み続けたらどうなるか、そして何かの要素を変更したらどんなことが起こる可能性が高いかについてのシナリオを作り出すために用いられる。私たちは、可能性、蓋然性、望ましさの観点で、異なる将来の状況を比較できる。

生態学的なマクロレベルでは、現在のモデルによって、気候や大気、海洋に重大な変化が起こることが予測されている。動物の生息地としての森林や生物多様性、石油や魚などの資源の急激な減少、それに廃棄物や汚染の蓄積は、将来に大きな影響を及ぼす地球規模の問題として、現在では広く認識されている。[10]最悪の事態を防いで持続可能な未来を創造するために、人間には何ができるだろうか？さまざまな面で限界に達しつつあると思われるときに、私たちが考えを地球規模で交換し始め、相互につながった運命を自覚しつつあるのは、結果的に何より幸いだと判明するかもしれない。

私たちの将来は、将来のシナリオをどれほど正確に作成し、世界的な問題に協力して取り組むために人の心をどれほどうまくつなげられるかにかかっている。それらこそ、人間をほかの動物から隔てる能力だ（それに、人間を窮地へと陥れた能力と言ってもいいだろう）。私たちはとてつもない難題に直面している。最終責任は人間にある。地球上にいる、ほかの生物のいずれかが、この大変な事態に飛び込んできて物事を片づけてくれそうな気配はない。私たちは、これらの問題への取り組みを目的とした戦略的な協力に乗り出せる唯一の種なのだ。

検証は終わらない

私は本書で、私たちを人間たらしめるものの本質と起源について、現在ある証拠を洗い直した。そしてこれらのデータをもとに、人間の心の独自性が二本の脚、すなわち「入れ子構造を持つシナリオを心のなかで生み出す際限のない能力」と「シナリオを構築する他者の心とつながりたいという抜きがたい欲求」によっておもに支えられていると提唱した。これらの特性は、コミュニケーションの手段、過去や将来を知ること、他者についての理解や他者との協力にかんする理解、それに人間の知能や文化や道徳性に対して劇的な影響を及ぼしてきた。私たちは、迅速で効率的な文化継承システムをうまく作り出してきた。そして人間の集団は、それを通じて新しい力を蓄積し、そのような力のおかげで最終的にこの惑星のほとんどを支配できるようになった。

もちろん、この分析は、動物と人間のギャップについての決定的な意見にはほど遠い。ハーシェルが唱えた科学的手法の生命線は、さらなる観測や実験によって仮説の検証を続けることにある。これにかんして、私が今回述べた主張には少なくとも二つの側面がある。一方では、人間以外の動物がこれらの能力を持たないとする主張について、さらに精査が必要だ。作業記憶など、これらの能力を支えるおもな要素の一部について、動物の能力と限界をより正確に突き止める必要がある。今後の研究によって、たとえばオランウータンが何らかの問題を再帰的に計算できることが示されたら、私が掲げた仮説に対する部分的な反証になるだろう。*

他方では、人間の独自性に絶対不可欠な要素でほかにも私が見落としているものがないか、さらなる検討が必要だ。本書で検討した六つの領域では、二本の脚（そして、それらの影響の相互作用）が主としてかかわっていることを見たが、ほかの領域でも同じことが言えるのかを検証するため、より体系的な研究が必要だろう。人間と動物とを隔てるものについて、あなた自身の直観的な洞察に改めて目を向けることをお勧めしたい。これら二つの要素は、あなたが人間独自のものと考える特性におい

*これは必ずしもこの分析の全面的な否定ではなく、改良につながる。理想的には、何らかの特性が人間だけにあるのではないという知見を主張する研究者が、動物と人間の違いがどこにあるのかについても提唱することが望ましい（たとえば、再帰の能力は、特殊な領域に限られているかもしれない）。欲を言えば、その新しい仮説が、従来説明されていたすべてのことに加えて新しい事実も説明するものであってほしい。

て、根源的な役割を果たすだろうか？[*]
私の推論のなかには、いずれ間違いだと証明されるものもあると思われる。現行の研究から得られている結果も、新しい証拠によって異議が申し立てられるはずだ。夢想派と懐疑派は論争を続けるだろうし、新しい中間的な見方も示されるだろう。科学の進歩が加速するにつれて、動物と人間のギャップにかんする理解はますます進むはずだ。遺伝学、神経科学、比較心理学、古人類学ではさらなる驚きが待っていると、私は確信している（科学者はいつか、ネアンデルタール人や、それ以前に存在したほかのホミニンのクローンを作るのではないかと思う）。そうは言っても、動物と人間のギャップをめぐる現在の全体像は、わずか数年前に論理的に予測されたものと比べても、さらに明確になっている。本書で私は、こうした現状のスナップショットを提供してきた。このドラマをあなたに楽しんでもらえ、シナリオを構築するあなた自身の心に、このテーマについてさらに考えを巡らせるきっかけを提供できたのならいいのだが。私の解釈のほとんどが正しい、あるいは正しくないと判明しようとも、動物と人間のギャップを扱う科学で、これらの疑問についての体系的な研究が必要だと納得してもらえたならば幸いだ。
本書では、何が人間と動物とを隔てるのかに焦点を当てたが、それによって、人間が動物と共有する数多くの特性から目をそらすべきではない。私たちの心は、大昔のやり方で結ばれている。人間の根本的な認知プロセスや情緒、欲求の多くは、人間に特有なものではない。たとえば、欲求不満の人間は逆上することがあり、それはまさにチンパンジーの振る舞いと同じだ。人は精神的安定を失い、「自制を失う」、つまり英語の慣用句を用いれば「サルのように取り乱す」こともある――もっとも、私たちはそのような感情の爆発を抑制しようとはする。人間は礼儀正しく親切な社会を支えようとして、社会規範に対する違反を罰する。そして、文化や道徳性は、攻撃的ではなく社会の規則に適合した行動を培う助けになる。それでも、私たちが霊長類の遺産を受け継いでいることは否定しようがない。

ダーウィン説曰くサルから進化した人間は、行儀はよくても、しょせんは髭を剃ったエテ公にすぎず。[11]

――ギルバート&サリヴァン

私たちの動物的な本質を思い出させるものは、人間が自然界から切り離されているという一般的な見方を打ち消すものだ。だが、そうした本質があるからといって、人間が実際に特殊だという事実が覆い隠されるわけではない。人間をほかの動物と区別する驚くべき力を軽視することも、人間が霊長

＊私は学生たちに、彼らの直観についてたびたび尋ねる。彼らの答えには、本書で取り上げた領域が含まれていることもよくあるが、そのほかのさまざまな可能性も挙がる。最近、学生たちに次のようなテーマで小論文を書いてもらった。装飾、美、芸術、祝賀会、複雑な感情、ダンス、民主主義、工学、ゲーム、強欲、もてなし、ユーモア、法の執行、数学、医学、音楽、宗教、儀式、統合失調症、性的な慎み、精神性、スポーツ、自殺、知識欲、武力衝突。これらがまったく人間に独特なものである限り、そのほとんどで、本書で述べた「二本の脚」が人間の独特さを実現するのに主要な役割を果たしていると言える。だが、たとえば美のようないくつかの領域では、それはあまり明らかではない。もちろん、美的価値にかかわるプロジェクトは、シナリオを思い描く芸術家や、何らかのメッセージを伝えたいという意欲に依存している可能性がある。だが、あるものがほかのものより美学的に好ましいという基本的な概念は、必ずしもこれらの特性に支えられているわけではない。したがって、このような領域には、何か特別なものがかかわっているのかもしれない。もっとも、ほかの動物もそのような好みを持っているという可能性もある。比較研究がもっと必要なのは明らかだ。

類であることを無視することも意味がない。そろそろ、動物と人間の似ている点も違う点も認める、よりバランスの取れた見方を確立するときだ。そのためには、長らく抱かれてきた尊大な考えの一部を手放す必要があるかもしれないが、それで人間という存在の独自性について私たちが抱く驚異の念が薄れることはまったくない。要は、汝自身を知ることだ。

遺伝学と神経学がさらにギャップを解剖する

動物と人間のギャップをより正確に分析することには、実用的な利点もある。マウスやラットなどの動物は、人間の精神機能や関連する病気の遺伝学的・神経学的基盤を理解しようとする研究で用いられることが少なくない。しかしこれは、それらの動物が人間の特性の萌芽を一部持っていて初めて意味をなす。何らかの特性がもっぱら人間にしかないとわかったら、動物モデルを用いることは、ほとんどの場合、大いに見当違いだ。動物と人間のギャップがより明確に理解されれば、動物を用いる研究がどんな場合には見込みがないのかを判断するための、よりよい枠組みが得られるだろう。それによって、実験動物の命が救われ、研究者があちこちをさまよわずにすむかもしれない。

ヒトに特に近縁の現存する動物のゲノムが解読されると、ヒトゲノムの謎の解明に役立つ可能性がある。遺伝研究のデータと、ヒト以外の霊長類の認知的特性やほかの特性にかんする情報を合わせて考えることは非常に重要だ。[12] 人間に特有だと判明する特性は、人間に特有なゲノムの側面や神経系の側面に依存している可能性が高い。動物と人間のギャップにかんする知識は、こうした特性の神経学的・遺伝学的基盤の特定に向けて探索範囲を絞り込むのに役立つ。[13]

同様に、私たちがヒトに特に近縁の動物とどんな点で共通しているのかにかんする知識も活用できる。たとえば、鏡像自己認識能力や物体の永続性の第6b段階を達成する能力が、ヒトと大型類人猿には共通してあるものの小型類人猿にはないことを考えてみよう（第3章を参照）。これらの種が近縁であることを踏まえると、大型類人猿で認められるこれらの特性は、相同性である可能性が非常に高い。すなわち私たちは、一八〇〇万～一四〇〇万年前にその特性が出現した共通祖先から、それを受け継いだと考えられる。相同性ということは必然的に、その特性が、同じように受け継いだ神経認知的・遺伝学的基盤によって生じるということを意味する。言い換えれば、その特性は、ヒトと大型類人猿が共有し、テナガザルとは共有していない基盤に依存するということだ。とすると、その特性を働かせる重大な変化が何かを突き止めるために、ヒトと大型類人猿では共通だが小型類人猿とは共通でない脳やゲノムの側面に研究の焦点を当てることができる。

進化的な観点は、心理学的な探求のさまざまな面で有用であることが次第にわかりつつある。いまだに進化心理学の教科書では、ヒトに特に近縁の動物や、絶滅したホミニンの親類たちについての議論すらほとんど扱われていないこともあるが、本書で取り上げた話題から、それらがいかに重要なのかは明らかだ。動物と人間のギャップの形成について丹念に理解することは、人間の心についての真に進化的な観点を持つために欠かせないと、私は主張する。心理学が新たな基盤の上に築かれるとしたダーウィンの予想は、おそらくいつか実現するだろう。

ギャップの未来

動物と人間のギャップそのものは、今後どうなるだろう？　可能性として、ギャップは小さくなる、大きくなる、変わらない、の三つしかないのは明らかだ。ギャップが不変だという見方は、人間はもはや進化していないという考えに由来するかもしれない。そのような考えは、相当に広く行き渡っている。それはもしかすると、文化や技術が進展するので、生物学的な進化はもはや人間には重要ではないということだろうか？　私たちは人工的な世界を創造するという絶大な力を持つようになり、人間が環境に適応するというよりも、おもに環境を人間に合わせているように見える。また、現代の医薬品によって自然選択の影響をますます免れられるようになっているし、人間は世界規模で互いに結ばれているので、もはや人間の進化が分かれうる孤立した地域はあまりない。それで、私たちの心の進化は止まったのだろうか？

ほんの少し考えただけで、このシナリオはあまり現実的ではないと思われるうえ、傲慢な匂いさえする。なぜなら、それは私たちが最終産物、つまり進化が達する極みで終点であることをほのめかすように見えるからだ。この惑星で四〇億年ものあいだ生物が変化し続けてきた末にすべてが完成の域に達し、あなたや私になっているとは信じがたい。むしろ私たちの過去を考えると、人間も進化的変化の長い鎖の一部分である可能性が高いように思える。もし人類が何とか絶滅せずに存続するならば、今から何万世代も経ったころには、子孫たちは私たちを「初期人類」として振り返るだろう。じつは、短い時間枠でも、自然選択は人間の集団に遺伝的な変化[14]をもたらすという証拠がある。さらに、自然災害によっても人的災害によっても孤立状態は簡単に作り出されるし、人類の発展によっても孤立した集団は生まれる――これは、ほかの惑星に住み着く可能性を考えれば明白だ。地球外に本当に脱出した人びとは、すぐさま孤立することになるかもしれず、地球の人びととは異なる進化の道のりを歩めるようになる。要するに、進化が私たちで止まることは、およそありそうにないということだ。

ならば、人間の心が進化する道のりはどうなるだろうか？　一部のデータによれば、過去一万年から一万五〇〇〇年のあいだに、人口密度が高くなるにつれて脳の大きさは小さくなったという。[15]脳の大きさとＩＱの関係〔16〕を踏まえると、これは人間が驚くべき技術力の多くを手にした間《かん》に知能が低下したことを反映するのかもしれない。脳が小さくなった原因として考えられるのは、栄養や気候の変化だ。それに、私たちの社会では労働の全般的な分担や社会的セーフティーネットがあるおかげで、昔ならば子孫を残さなかったと考えられるような、知能にあまり恵まれていない人が生き延びられることも可能性として挙げられる。多くの人は、私たちの祖先には必須だった狩猟採集の基本的な技能がなくても生きていく。もしかすると、テクノロジーがきつい仕事をますます肩代わりしてくれるようになるにつれて、私たちの人工的な世界は心にあまり負担をかけなくなるのかもしれない。将来には人間がゆったりとした椅子に収まり、バーチャルリアリティのなかで遊びに興じるという状況も想像できる。人間の知能が低下していて、動物と人間のギャップが今後小さくなるという可能性はあるだろうか？

人間がこうした人工的なシステムを設計したり維持したりする必要がある限り、人間の知能が大幅に低下することはあまりないと思われる。だが、現時点で自然選択が人間にどんな力を及ぼしているのかは、まったくわからない。裕福で、成功を収め、影響力を持ち、容姿に優れ、高い教育を受けた人びとは、そのほか大多数の人たちよりも、子どもを多くではなく少なくもうけるように見える。言い換えれば、これらのあたかも有利な性質に恵まれた人びとは、遺伝子を次世代にあまり残さないようだということだ。そのようなことから、人類が徐々に優位性を失って、結果的に動物と人間のギャップはいずれ小さくなると案じる人もいるかもしれない。

もちろん、人間が自分たちのサクセスストーリーをもっと急激に短縮してしまう可能性もある。人間は環境を大幅に変えているばかりか、軍拡競争によって、互いを何度も全滅させられるほどの武器が生み出されている。戦争やテロ、不運な事故によって、私たちの文明が劇的な崩壊に至ることもありうる。私たちはかつてないほど技術に依存しているだけに、もしも何らかの形で自分たちの物語を台無しにしてしまったら、再構築に苦心するかもしれない。アインシュタインは、次のように警告した。「第三次世界大戦で何が武器として使われるかはわからないが、第四次世界大戦では棒と石が使われるだろう」[17]。これまでに、無数の文明が崩壊した。[18]よくある原因としては、暴力的衝突に加えて、居住環境の破壊、土壌や水の管理の問題、哺乳類や鳥類や魚類の乱獲、新種の導入、人口過剰などが挙げられる。私たちは一つのシステムにますます結びついているうえ、地球規模でそのような問題の多くに直面しているので、現代文明も同様の原因でいつか崩壊する恐れがある。もしかすると、わびしい将来が待ち受けており、そのときには人間はほとんど生き残っておらず、ほかの生物がギャップを埋めるチャンスを得るかもしれない。

二〇一一年に公開された映画『猿の惑星—創世記』では、人間が致死性の感染症を解き放つと同時に、バイオテクノロジーを通じて類人猿の知能を高める。そのようなシナリオはあまりありそうにないが、まったく論外というわけでもない。遺伝子工学によって、人間は進化の道すじに影響を及ぼす根本的に新しい力を得ている。それに、バイオテクノロジーの進歩によって、どんな細胞も幹細胞に変え、それを用いて体の一部や丸ごとの生物を作り出せるといったような、信じられないような可能性が拓かれるだろう。いつの日か、ヒトに特に近い動物の脳の発達に手を出すことで彼らの知能を高められるようになるかもしれないという仮定も、現実離れした考えではない。人間は、ますます進化そのものに介入するようになっている。一部の人たちは、これを「神を演じる」と表現する。

人間は昔から神を演じてきた。少なくとも農耕を始めて以来、人間はダーウィン曰く「人為的選択」をおこなってきた。私たちは、人間にとって有用な動植物の繁殖を促進し、有用でない動植物の繁殖を阻止する。人為的選択は、私たち自身の種の形成にも重要だった可能性がある。こう書くと、ヒトラーによる大量虐殺や優れた人種を育成しようとする試みがまず思い浮かぶかもしれないが、優生学の概念が現れるよりもはるかに昔から、人間は自分たちの進化を社会的に導いてきた。死刑や社会集団からの追放は、社会規範を守らせることばかりでなく、怒りを爆発させやすい傾向のような望ましくない性質を淘汰する。リチャード・ランガムとブライアン・ヘアーは、人間はイヌやウマを家畜化したのと同じくらい自分たちをも家畜化してきたと主張している。[19] 家畜化された動物は、同種の野生動物に比べると攻撃性が低く協力的であるうえ、たいてい脳が小さい。したがって、この説は、近年における人間の脳の小型化や、最近の歴史を特徴づけているとスティーヴン・ピンカーが論じた[20]全体的な暴力の減少や協力の増加に沿うものだ。

私たちは、「みずからにおこなう人為的選択」とでも呼べそうな重要で新しい能力をいくつか得ている。最も明らかなのは避妊であり、それによって生殖の抑制が私たちに委ねられている。逆に、セックス以外の方法で精子を卵子に受精させることもできる。子どもの数だけでなく、性別から病気への抵抗性まで、さまざまな特徴を計画的に決められるようになっていくだろう。多くの人が、そのような干渉に疑問を抱くのは当然だ。しかし、もし遺伝子を変化させることによって、あなたの子どもを、ガンやアルツハイマー病や、あなたの家系に発生している何かしらの病気から守れるならどうだろうかと想像してほしい。病気を予防することから、子どもの知能を高めたり鼻の形を変えたりすることへは、ほんの一またぎにすぎない。次世代の遺伝的構成へのこうした直接的な干渉――単なる人為的選択ではなく「人為的変異」――は、数十、数百、あるいは数千世代先まで話を進めると、劇的な変化をもたらす可能性がある。私たちは、自分たち自身の進化を形作る力を次第に獲得しつつあり、最終的にはそれを用いて、より大いなる心の力を獲得するかもしれない。

私の予想では、動物と人間のギャップは今後広がる。じつは、すでに広がりつつある気配が漂っている。二〇世紀に人間の知能検査の成績は、一〇年ごとに平均で三パーセント向上してきた。一部の証拠によれば、脳の大きさは、過去一万年の傾向に反して、過去一五〇年でわずかに増加した可能性がある。[21] 私たちはより栄養のある食物を摂り、より刺激的な教育を受けている。それに、シナリオを構築する心を、これまで以上に精密な機械や洗練された技術で強化しており、それによって世界をますます強力な方法で測定し、モデル化し、制御することができるようになっている。インターネットなどの電子的ネットワークを通じて、私たちは何百万人もの人の心を結び、文化の蓄積を爆発的に増大させている。ほとんどの質問に対する答えは、わずか数クリックで得られる。科学の進展は加速しており、その結果として蓄積する一方の知識が、人間の知能の生物学的、電子的、化学的な向上への門戸を開くだろう。その兆しはすでに見えている。私たちはかつてないほど利口になりつつある——より賢明になることを願うばかりだ。

人間がギャップを広げうる第二の方法がある。私たちは、ヒトに特に近縁な動物の能力を低下させる、つまり溝の反対側に押しやることによって、自分たちをこの惑星でより特別な存在に見せることができるのだ。これは、何らかの手段で類人猿の知能を低下させるという意味ではない。私が言っているのは、彼らを絶滅に追い込みつつあるということだ。類人猿が絶滅したら、ほかの種がヒトにとって最も近縁となり、それによってギャップは広がる。その可能性を直視しよう。何と言っても、それは今まさに進行していることなのだ。本書で見たように、大型類人猿のすべての種が絶滅の危機に瀕している。個体数が減っている理由はおもに一つ、すなわち人間の活動だ。生息地の破壊、食肉としての野生動物の消費、ペットとしての取引など、どのようなやり方にせよ、私たちはヒトに特に近縁な動物の絶滅を引き起こしつつある。もしかすると、それは、私たちが直立歩行をしていたホミニンの親類を過去に絶滅させたことに似ているかもしれない。

もちろん、類人猿の絶滅を防ごうと必死で取り組んでいる人びともいるので、あなたが彼らに賛同することを勧めたい。だが、現在の計画では、見通しは暗い。数世代もすれば、私たちの子孫は、その世代でヒトに最も近縁の動物――つまりサル――と自分たちがあまりにも違うのを不思議に思うかもしれない。類人猿は、ネアンデルタール人やパラントロプス属の仲間入りをして、半分忘れ去られた過去の生物になってしまう可能性がある。それで私たちの子孫は、自分たちが独特に見えることに、なおさら当惑するかもしれない（そして、人間にはない尾がたいていのサルにあるという事実の意味を考えあぐねているかもしれない）。子孫たちが、動物と人間のギャップの本質と起源について、十分に理解できるように努力しようではないか。私たちは、尾のない類人猿の親類を大事に保護すべきだ。彼らのために、そして私たちの子孫たちのためにも。

人間は、自分たちの行動がもたらす長期的な結果を考慮できる。私たちはこの惑星で唯一、望ましい将来への道を描く先見性を備えた種だ。そのような道を類人猿のために計画しようではないか。[22]私たちは、人間の活動が地球に与えてきたすさまじい影響を認識し始めたところだ。そして、人間の活動が今後どんな波紋をもたらすかは次第に予測できるようになっている。したがって私たちは、今正しい決定をくだす責任を負っているのだ。人類は、差し迫った惨事に協力して対処し、自分たち、およびギャップの反対側にいるいとこたちの未来を守る驚くべき能力を秘めている。希望が持てる理由はいくつもある。歴史は、暴力や残虐な振る舞いにあふれているだけではなく、勇気ある行動や親切、思慮深さにも満ちている。私たちは、過去に多くの障害を克服してきた。それに、将来を見据え、団結して荒海をくぐり抜け、新たなフロンティアに向かって舵を取る態勢は、かつてないほど整っている。

謝辞

　本書が現実のものとなるまでに、長い時間がかかった。本書は、さまざまな分野からの最近の研究結果を数多く集めたものだ。また、本書で私は個人的な発見の旅も重ねている。私はティーンエイジャーのころから、人間が実際のように、なぜ変わった生き物なのかと不思議に思ってきた。そして私の研究の多くは、究極的にはそれに関連する疑問に突き動かされている。私は、一般向けに提示できる筋道の通った全体像の作成に取りかかれると思えるまで、より大きな謎の一部と見なせる情報のかけらを集め続けた。本書を完成させるまでには、思ったより時間がかかった。それに結果的には、想像していた以上に自分にかんする話を語ることになった。どうか、私のわがままを大目に見てほしい。

　本書の執筆には、多くの人の努力が注がれた。まず何より、私の相談相手であり、原稿のチェックもしてくれた精力的なクリスティーン・ダジョンに感謝したい。彼女は科学の名においてサメとともに海に潜り、サメの遺伝学を研究するために組織サンプルを採取し、サメの食物を研究するため彼らに嘔吐させる。クリスの励まし、支え、熱意、そして愛情にありがとうと言いたい。クリスは私の一番の親友であると同時に、私たちのすばらしい子どもたち、ティモとニーナの母親でもある。子どもたちは、多くの実験に飽きもせず参加してくれた。それに、計り知れないほどのインスピレーションや喜びの源だ。

　私のすばらしい師マイケル・C・コーバリスは、私が修士号、博士号を取得する過程や、その後おこなったいくつかの共同研究で私を指導してくれた。コーバリスは学究肌の紳士、知的な面でかけがえのない恩師、模範的な科学者であり、彼にはいくら感謝してもしきれない。それと、本書のプロジェクトを立ち上げたころから、今は亡き両親のハインツ・ズデンドルフとハンニ・ズデンドルフ、そしてバーバラ・ガーディング、パム・オリヴァー、リチャード・オーケット、シェイン・カーター、オーウェン・スウィートマン、ポーラ・ナイティンゲール、マット・ドナルドソン、ティナ・フォスター、デイヴ・リカードが支えてくれたことに触れておきたい。また、私の考えについて、ニュージーランド、ドイツ、オーストラリアで話し合ってくれた多くのほかの人びとにも感謝している。アンジェラ・ディーンとダリル・アイルズには、第10章のタイトル「ギャップにご注意」を提案してくれたこと、リチャード・ホームズのすばらしい本『驚異の時代』を贈ってくれたことにお礼を言いたい。ジャレド・ダイアモンドの『銃・病原菌・鉄』やティム・フラナリーの『未来を食い物にする者』をはじめ、私にインスピレーションを与えてくれた本はいろいろあり、ここですべてを挙げることはできない。そこで代わりに、参考にさせてもらったすべての本の著者たちに、参考文献の完全版〔http://psy.uq.edu.aj/gap でダウンロード可能〕で感謝の意を伝えたい。動物と人間のギャップにかんする本書での見方を構築できたのは、ひとえに彼らの心からあふれ出たものを利用できたからだ。

私は二〇〇三年にクイーンズランド大学で、このプロジェクトを一般向けの科学書にしようとする試みに取りかかった。そのとき、同僚のオットマー・リップ、ジョン・マクリーン、マーク・ニールセン、ヴァージニア・スローター、ヴァレリー・ストーンから受けた支援に感謝したい。なかでもヴァレリーには、二〇〇四年にこの本を書き始めようとした際に力になってくれたことに深く感謝している。また、ここ何年ものあいだに、「学習と認知」「人間の行動への進化的アプローチ」「認知に対する進化的・比較的見地」の講義を受講した多くの学生たちにも感謝したい。彼らのおかげで、私の考えは明確になるとともに、私は教育への情熱を掻き立てられている。修士、博士の優等学位を取得した多くの優秀な大学院生たちと仕事ができて光栄だ。特に、私が指導した博士課程の学生たち、ジェイニー・バスビー、デイヴィッド・バトラー、エマ・コリアー＝ベーカー、ジョー・デイヴィス、ジャニン・オーステンブルーク、ジョナサン・レッドショウの貢献を挙げておきたい。

オーストラリア研究会議には、本書で紹介した多くの研究プロジェクトを支援してくれたことに感謝している。クイーンズランド大学初期認知発達センターのおかげで、同僚たちや私は、赤ん坊や子どもの心を研究することができている。特に、管理者としてのサリー・クラーク、そして長年にわたり、私たちの研究のために時間を割いてくれている多くの親御さんや子どもたちに心より感謝したい。多くのオーストラリアや国際的な動物学研究所は、私たちが人間以外の霊長類を試験することを長年にわたり許可してくれている。そのなかで、アルマパーク動物園、それからロックハンプトン、パース、アデレードの動物園による支援を特筆しておく必要がある。この一〇年間、チンパンジーのキャシーとオッキーは大いに協力してくれている。グレアム・ストローンと、ロックハンプトン動物園のすべての支援者には、新しい柵を造ってくれたこと、雌の仲間を連れてきてくれたことにお礼を言いたい。

二〇一〇年の後半に、私はオークランド大学で長期休暇を取り、とうとう本書（原書名『The Gap』）の執筆に本気で取りかかった。マイケル・コーバリス、ラッセル・グレイ、ニキ・ハーレには、温かいもてなしと支援に厚い感謝を送りたい。この時期、執筆は大きく前進した。だが運悪くも、二〇一一年一月にブリスベーンに戻ったところ、私たちは家の浸水被害に対処しなくてはならなかった。私たちが落ち着きを取り戻し、生活を再建するまでのあいだ、すべてのことが保留となった。私たちが立ち直れるように助けてくれ、数カ月以内に本書の執筆に再び集中できるように支えてくれた隣人たち、友人たち、それに無数の見知らぬ人びとに心より感謝している。

そのころには、私はピーター・トーラックのサイエンス・ファクトリー著作権エージェンシーと契約していた。そして、彼の大きな支えのおかげですみやかに出版契約を獲得し、いよいよ厳しい締め切りと向き合うことになった。彼とベーシック・ブックス社の編集者たち、T・J・ケラハー、ティッセ・

タカギ、メリッサ・ヴェロネージ、それからトリオ・ブックワークス社のベス・ライトには、優れた仕事ぶりと、このプロジェクトの達成に向けて打ち込んでくれたことに深い謝意を表したい。

友人や専門家が、時間を割いて不完全な原稿を読んで有益なコメントをしてくれたことをありがたく思っている。ただし、私の意見に対しては、彼らのなかで誰も責任（あるいは罪）を負っていない。エマ・コリアー＝ベーカー、マイケル・コーバリス、クリス・ダジョン、フィリップ・ジェラン、コリン・グローヴズ、ニキ・ハーレ、ビル・フォン・ヒッペル、レイチェル・マッケンジー、ジョン・マクリーン、ヴァージニア・スローター、ピーター・トーラック、ジェイソン・タンジェンには、いくつかの章について意見を述べてくれたことにお礼を言いたい。また、マイケル・ボルター、マット・ドナルドソン、アンディ・ドン、クレア・ハーヴィ、マーク・ハウザー、アンドルー・ヒル、サイモン・レイク、ミシェル・ラングレー、クリス・ムーア、マーク・ニールセン、マイク・ノード、キャンディ・ピーターソン、セリ・シプトン、アレックス・テイラーには、個々の章に思慮深い意見を寄せてくれたことに感謝している。

大事なことを言い残したが、私が情熱を傾けるもう一つのもののサポーターたちにも感謝したい。彼らのおかげで、本書を執筆するあいだじゅう精神的に健全でいられ、多少ともバランスを保てた。つまり、私は所属するサッカーのクラブのおかげで、多くの楽しみとコミュニティーを得られている。具体的には、FCフレーデン、ボルシア・メンヘングラートバッハ、ブリスベーン・ロアー、ブリスベーン・オリンピックFC（スパルタ&シャークス）、ウエスト・エンド・パーティザンズだ。私たちはゲームの美しさにかける熱い思いを通じて絆を結び、ボールを蹴るといったささやかな行為のために血と汗と涙を流すことをいとわない。私たち人間は、確かに風変わりな心を持っている。あなたも自分の心を謳歌してほしい。

訳者あとがき

四〇億年ほど前に地球上で生命が発生してから、さまざまな生物種が現れては消えていった。それは連続したプロセスであり、人類もそうした長い進化の歩みのなかで誕生した生物種の一つだ。にもかかわらず、人間はほかの動物とはかけ離れているように見える。動物と人間の違いは何かと訊かれたら、人間は二足歩行をする、言葉を話す、火を使う、道具を作るなど、いくつかの答えがすぐに浮かぶかもしれない。しかし、人間がこの地球で、よくも悪くも、ほかの動物にはない強大な力を振るっているのはなぜだろうか?

それは「私たちの並外れた力が、筋肉や骨ではなく心に由来するからだ」と著者は述べる。この、動物と人間の心の違いを丹念に探ったのが本書だ。原著のタイトル『ザ・ギャップ——人間をほかの動物から隔てるものについての科学（*The GAP: The Science Of What Separates Us From Other Animals*）』は、ずばりそれを表している。

著者は、言語、先見性、心の読み取り、知能、文化、道徳性という人間に特有とされる六つの代表的な領域で、動物と人間の能力を詳細に比較、分析していく。そして、どの領域にも共通して認められる人間の心の特性として、次の二つを挙げる。入れ子構造を持ったシナリオの構築能力と、心を他者と結びつけたいという衝動だ。人間は「今ここ」にとらわれずに想像力を働かせるとともに、自分の思いや考えをほかの人びとと共有しないではいられない。それらが原動力となり、人間は協力しながら複雑な文化や社会を構築し継承してこられたということだ。著者はギャップを記述していくなかで、二つの特性がどのように中心的な役割を果たすのかを浮かび上がらせる。

「ギャップ」という言葉からは、動物と人間の違いが強調されるような印象を受けるかもしれないが、本書では、「人間の優位性を守るのでも人間の傲慢さを砕くのでもなく、科学的な答えを見出すことに集中しよう」という姿勢が貫かれている。そして著者は、人間と動物の共通点や違いについての科学的な合意が確立されれば、心の特性の遺伝的・神経学的基盤の解明だけでなく動物福祉の向上にもつながると述べる。

本書では、動物の能力を見極めるための実験が数多く取り上げられている。当然そのような実験には、動物が相手ゆえの難しさもあるわけだが、本書からは、著者を含めた研究者たちが凝らす創意工夫や彼らの奮闘ぶりも垣間見える。動物での比較実験から得られる知見は、進化の系統樹に当てはめることによって、人間の心的特性が進化の過程でいつごろ芽生えたのかを推測する手がかりにもなる。そのような推定によれば、たとえば鏡に映った像を自分と認識する能力は、なんと一八〇〇〜一四〇〇万年前に現れたという。

人間の心的特性を明らかにするためには、心の基本的な要素が子どもでどのように発達するのかについての検討が参考になることから、本書では子どもたちを対象とした実験の描写も多い。そのなかで、第9章の「マシュマロ実験」に触れておこう。この実験では子どもたちが、たとえば一個のマシュマロをすぐにもらうか、あとでもっと多くもらうかを選ぶ。これは、先の大きな楽しみを得るために目の前の誘惑に抗えるかどうかを調べる実験だが、まだ自制心の発達していない四歳くらいまでの子どもには、一個めのマシュマロに手を出さないでいるのはかなり難しいらしい。じつは、これと同じ趣旨の実験が動物でもおこなわれており、サルは数秒、大型類人猿は数分（チンパンジーは八分）までなら、褒美をもらうのを先延ばしにできるとのことだ。余談だが、そのくだりを読んだときに、訳者はふと「朝三暮四」を思い出した。朝三暮四の論理はマシュマロ実験とまったく同じというわけではないが、目先の利益に釣られるか否かという点で通じるところもあるだろう。この故事を子どものころに初めて聞いたときにはサルのことを笑ったが、マシュマロ実験を知り、サルに悪かったと思った（考えてみれば、諺や慣用句に登場する動物はほぼ笑われ役で、サルも例外ではない。猿芝居しかり、猿の尻笑い、猿まね、猿知恵しかり）。

子どもに関連してつけ加えれば、著者には幼い子どもが二人いる。その実体験が随所に織り込まれていることも、本書の持ち味の一つだ。子どもたちの心の成長にかんする出来事が心理学者ならではの視点で切り取られており、身近で具体的な例がとてもわかりやすい。

さて、著者は本書の最後で、動物と人間とのギャップが今後どうなるかに目を向ける。そこで心配になるのが類人猿たちの現状だ。ニホンウナギが絶滅危惧種に指定されたという話題は記憶に新しいところだが、ヒトに最も近い親類たち、すなわち大型類人猿（オランウータン、ゴリラ、チンパンジー、ボノボ）のすべて、それに小型類人猿（テナガザル類）の多くが絶滅危惧種である。私たちが、現存する唯一の人類種として、ほかの動物たちといかに末永く共存していくかという大きな課題について考えるためにも、気になるギャップの未来、そして気がかりな類人猿たちの今後にかんする著者の見解に耳を傾けていただければと思う。

著者のトーマス・ズデンドルフはドイツで生まれ育った心理学者で、現在はクイーンズランド大学の教授を務めている。本書は一般向けの初の書籍で、アメリカの『パブリッシャーズ・ウィークリー』誌から二〇一三年秋の科学書トップテンの一冊に選ばれている。また、イギリスの公共放送局ＢＢＣは、本書を「五つ星&編集者推薦」として挙げている。なお本書の記述から、著者が相当なサッカー好きであることがわかるだろう――二〇一四年ＦＩＦＡワールドカップで著者の母国ドイツが優勝したことに、ここで改めて拍手を送りたい。

最後になるが、本書の翻訳では、数々のご教示とご配慮をいただいた白揚社の筧貴行氏、そして原稿に的確なご指摘をくださった阿部明子氏に深くお礼を申しあげる。また、今回も本文中に出てきたドイツ語にかんして助けてくれた夫をはじめ、家族や友人たちに心から感謝したい。

紅葉前線の南下を楽しみに待ちながら

寺町朋子

二〇一四年一一月

7181-7188.
Wilkins, J., et al. (2012). Evidence for early hafted hunting technology. *Science*, 338, 942-946.
Williams, J. M. G., et al. (1996). The specificity of autobiographical memory and imageability of the future. *Memory and Cognition*, 24, 116-125.
Williams, J. H. G., et al. (2001). Imitation, mirror neurons and autism. *Neuroscience and Biobehavioral Reviews*, 25, 287-295.
Wilson, M. A., & McNaughton, B. L. (1994). Reactivation of hippocampal ensemble memories during sleep. *Science*, 265, 676-679.
Wimmer, H., & Perner, J. (1983). Beliefs about beliefs: Representation and constraining function of wrong beliefs in young children's understanding of deception. *Cognition*, 13, 103-128.
Wise, S. M. (2000). *Rattling the cage: Toward legal rights for animals*. Cambridge, MA: Perseus Books.
Wood, B, & Collard, M. (1999). Anthropology: The human genus. *Science*, 284, 65-71.
Wrangham, R. (2009). *Catching fire: How cooking made us human*. New York: Basic Books. 『火の賜物』（リチャード・ランガム著、依田卓巳訳、NTT出版）
Wrangham, R., & Peterson, D. (1996). *Demonic males*. London: Bloomsbury. 『男の凶暴性はどこからきたか』（リチャード・ランガム、デイル・ピーターソン著、山下篤子訳、三田出版会）
Wu, X., et al. (2011). A new brain endocast of Homo erectus from Hulu Cave, Nanjing, China. *American Journal of Physical Anthropology*, 145, 452-460.
Wynne, C. D. L. (2001). *Animal cognition*. New York: Palgrave.
Wynne, C. D. L. (2004). Fair refusal by capuchin monkeys. *Nature*, 428, 140.
Yamamoto, S., et al. (2009). Chimpanzees help each other upon request. *PLOS One*, 4, e7416.
Yocom, A. M., & Boysen, S. T. (2011). Comprehension of functional support by enculturated chimpanzees Pan troglodytes. *Current Zoology*, 57, 429-440.
Yokoyama, Y, et al. (2008). Gamma-ray spectrometric dating of late Homo erecrus skulls from Ngandong and Sambungmacan, Central Java, Indonesia. *Journal of Human Evolution*, 55, 274-277.
Young, R. W. (2003). Evolution of the human hand: The role of throwing and clubbing. *Journal of Anatomy*, 202, 165-174.
Zahn-Waxler, C., et al. (1979). Child rearing and children's prosocial imitations towards victims of distress. *Child Development*, 50, 319-330.
Zerjal, T, et al. (2003). The genetic legacy of the Mongols. *American Journal of Human Genetics*, 72, 717-721.
Zilhao, J., et al. (2010). Symbolic use of marine shells and mineral pigments by Iberian Neandertals. *Proceedings of the National Academy of Sciences of the United States of America*, 107, 1023-1028.
Zimbardo, P. G., & Boyd, J. N. (1999). Putting time in perspective: A valid, reliable individual-differences metric. *Journal of Personality and Social Psychology*, 77, 1271-1288.
Zimmer, C. (2003). How the mind reads other minds. *Science*, 300, 1079-1080.

leolithic of Europe. In J. J. Hublin & M. P. Richard (Eds.), *Evolution of hominin diets: Integrating approaches to the study of palaeolithic subsistence* (pp. 59-85). Dordrecht: Springer.

Visalberghi, E., & Limongelli, L. (1994). Lack of comprehension of cause-effect relations in tool-using capuchin monkeys (Cebus apella). *Journal of Comparative Psychology*, 108, 15-22.

von Hippel, W., & Trivers, R. (2011). The evolution and psychology of self-deception. *Behavioral and Brain Sciences*, 34, 1-56.

von Rohr, C. R., et al. (2011). Evolutionary precursors of social norms in chimpanzees: A new approach. *Biology & Philosophy*, 26, 1-30.

Wadley, L. (2010). Compound-adhesive manufacture as a behavioral proxy for complex cognition in the Middle Stone Age. *Current Anthropology*, 51, S111-S119.

Walker, M. L., & Herndon, J. G. (2008). Menopause in nonhuman primates? *Biology of Reproduction*, 79, 398-406.

Warneken, F., & Tomasello, M. (2009). Varieties of altruism in children and chimpanzees. *Trends in Cognitive Sciences*, 13, 397-402.

Warneken, F, et al. (2006). Cooperative activities in young children and chimpanzees. *Child Development*, 77, 640-663.

Wearing, D. (2005). *Forever today: A memoir of love and amnesia*. New York: Doubleday. 『七秒しか記憶がもたない男』（デボラ・ウェアリング著、匝瑳玲子訳、ランダムハウス講談社）

Wellman, H. M., & Liu, D. (2004). Scaling of theory-of-mind tasks. *Child Development*, 75, 523-541.

Wellman, H. M., et al. (2001). Meta-analysis of theory-of-mind development: The truth about false belief. *Child Development*, 72, 655-684.

White, T. D, et al. (2009). Ardipithecus ramidus and the paleobiology of early hominids. *Science*, 326, 75-86.

Whitehead, A. N. (1956). *Dialogues of Alfred North Whitehead, as recorded by Lucien Price*. New York: New American Library. 『ホワイトヘッドの対話』（ホワイトヘッド著、ルシアン・プライス編、岡田雅勝・藤本隆志訳、みすず書房）

Whiten, A. (2005). The second inheritance system of chimpanzees and humans. *Nature*, 437, 52-55.

Whiten, A., & Byrne, R. W. (1988). Tactical deception in primates. *Behavioral and Brain Sciences*, 11, 233-273.

Whiten, A., & Ham, R. (1992). On the nature and evolution of imitation in the animal kingdom: Reappraisal of a century of research. In R J. B. Slater, J. S. Rosenblatt, C. Beer, & M. Milinski (Eds.), *Advances in the study of behavior* (pp. 239-283). San Diego: Academic Press.

Whiten, A., & McGrew, W. C. (2001). Is this the first portrayal of tool use by a chimp? *Nature*, 409, 12.

Whiten, A., & Mesoudi, A. (2008). Establishing an experimental science of culture: animal social diffusion experiments. *Philosophical Transactions of the Royal Society B-Biological Sciences*, 363, 3477-3488.

Whiten, A., & Suddendorf, T. (2007). Great ape cognition and the evolutionary roots of human imagination. In I. Roth (Ed.), *Imaginative minds* (pp. 31-60). Oxford: Oxford University Press.

Whiten, A., et al. (1996). Imitative learning of artificial fruit processing in children (Homo sapiens) and chimpanzees (Pan troglodytes). *Journal of Comparative Psychology*, 110, 3-14.

Whiten, A., et al. (1999). Cultures in chimpanzees. *Nature*, 399, 682-685.

Whiten, A., et al. (2005). Conformity to cultural norms of tool use in chimpanzees. *Nature*, 437, 737-740.

Wilcox, S., & Jackson, R. (2002). Jumping spider tricksters: Deceit, predation, and cooperation. In M. Bekoff et al. (Eds.), *The cognitive animal: Empirical and theoretical perspectives on animal cognition* (pp. 27-45). Cambridge, MA: MIT Press.

Wildman, D. E, et al. (2003). Implications of natural selection in shaping 99.4% nonsynchronous DNA identity between humans and chimpanzees: Enlarging genus Homo. *Proceedings of the National Academy of Sciences of the United States of America*, 100,

Tinbergen, N. (1963). On aims and methods of ethology. *Zeitschrift für Tierpsychologie*, 20, 410-433.
Tolman, E. C. (1948). Cognitive maps in rats and men. *Psychological Review*, 55, 189-208.
Tomasello, M. (1999). The human adaptation for culture. *Annual Review of Anthropology*, 28, 509-529.
Tomasello, M. (2009). *Why we cooperate*. Cambridge, MA: MIT Press. 『ヒトはなぜ協力するのか』(マイケル・トマセロ著、橋彌和秀訳、勁草書房)
Tomasello, M., & Call, J. (1997). *Primate cognition*. New York: Oxford University Press.
Tomasello, M, & Carpenter, M. (2005). The emergence of social cognition in three young chimpanzees. *Monographs of the Society for Research in Child Development*, 70, 1-132.
Tomasello, M, et al. (1993a). Cultural learning. *Behavioral and Brain Sciences*, 16, 495-552.
Tomasello, M, et al. (1993b). Imitative learning of actions on objects by children, chimpanzees, and enculturated chimpanzees. *Child Development*, 64,1688-1705.
Tomasello, M, et al. (1999). Chimpanzees, Pan troglodytes, follow gaze direction geometrically. *Animal Behaviour*, 58, 769-777.
Tomasello, M, et al. (2005). Understanding and sharing intentions: The origins of cultural cognition. *Behavioral and Brain Sciences*, 28, 675-691.
Tooby, J., & DeVore, I. (1987). The reconstruction of hominid behavioral evolution through strategic modelling. In W. Kinzey (Ed.), *The evolution of human behavior: Primate models* (pp. 183-238). Albany: State University of New York Press.
Toups, M. A., et al. (2011). Origin of clothing lice indicates early clothing use by anatomically modern humans in Africa. *Molecular Biology and Evolution*, 28, 29-32.
Trinkaus, E. (1995). Neanderthal mortality patterns. *Journal of Archaeological Science*, 22, 121-142.
Trivers, R. L. (1971). Evolution of reciprocal altruism. *Quarterly Review of Biology*, 46, 35-57.
Tulving, E. (1985). Memory and consciousness. *Canadian Psychology*, 26, 1-12.
Tulving, E. (2005). Episodic memory and autonoesis: Uniquely human? In H. S. Terrace & J. Metcalfe (Eds.), *The missing link in cognition* (pp. 3-56). Oxford: Oxford University Press.
Turney, C. S. M, et al. (2008). Late-surviving megafauna in Tasmania, Australia, implicate human involvement in their extinction. *Proceedings of the National Academy of Sciences of the United States of America*, 105, 12150-12153.
Tversky, A., & Kahneman, D. (1974). Judgment under uncertainty: Heuristics and biases. *Science*, 185, 1124-1131.
Twain, M. (1906). What is man? 以下から抽出。http://www.gutenberg.org/ebooks/70
Ueno, A., & Matsuzawa, T. (2004). Food transfer between chimpanzee mothers and their infants. *Primates*, 45, 231-239.
Ujhelyi, M, et al. (2000). Observations on the behavior of gibbons (Hylobates leucogenys, H. gabriellae, and H. lar) in the presence of mirrors. *Journal of Comparative Psychology*, 114, 253-262.
Ungar, P. S., & Sponheimer, M. (2011). The diets of early hominins. *Science*, 334, 190-193.
Utami, S. S., et al. (2002). Male bimaturism and reproductive success in Sumatran orangutans. *Behavioral Ecology*, 13, 643-652.
van Baaren, R. B, et al. (2004). Mimicry and prosocial behavior. *Psychological Science*, 15, 71-74.
van der Vaart, E., et al. (2012). Corvid re-caching without 'theory of mind' : A model. *PLOS One*, 7, e32904.
van Schaik, C. P., et al. (2003). Orangutan cultures and the evolution of material culture. *Science*, 299, 102-105.
van Wolkenten, M., et al. (2007). Inequity responses of monkeys modified by effort. *Proceedings of the National Academy of Sciences of the United States of America*, 104, 18854-18859.
Varki, A., et al. (1998). Great ape phenome project? *Science*, 282, 239-240. Vidal, G. (1981). *Creation*. New York: Doubleday.
Villa, P., & Lenoir, M. (2009). Hunting and Hunting Weapons of the Lower and Middle Pa-

el and the shaping of the human mind. *Philosophical Transactions of the Royal Society B-Biological Sciences*, 364, 1317-1324.
Suddendorf, T, et al. (2011). Children's capacity to remember a novel problem and to secure its future solution. *Developmental Science*, 14, 26-33.
Suddendorf, T, et al. (2012). If I could talk to the animals. *Metascience*, 21, 253-267.
Suddendorf, T, et al. (2013). Is newborn imitation developmentally homologous to later social-cognitive skills? *Developmental Psychobiology*, 55, 52-58.
Surbeck, M, & Hohmann, G. (2008). Primate hunting by bonobos at LuiKotale, Salonga National Park. *Current Biology*, 18, R906-R907.
Suwa, G., et al. (2009). The Ardipithecus ramidus skull and its implications for hominid origins. *Science*, 326, 68el-68e7.
Svetlova, M, et al. (2010). Toddlers' prosocial behavior: From instrumental to empathicto altruistic helping. *Child Development*, 81, 1814-1827.
Swartz, K. B, et al. (1999). Comparative aspects of mirror self-recognition in great apes. In S. T. Parker, R.W. Mitchell, & M.L. Boccia (Eds.), *The mentalities of gorillas and orangutans* (pp. 283-294). Cambridge: Cambridge University Press.
Swisher, C. C., et al. (1996). Latest Homo erectus of Java: Potential contemporaneity with Homo sapiens in southeast Asia. *Science*, 274, 1870-1874.
Szagun, G. (1978). On the frequency of use of tenses in English and German children's spontaneous speech. *Child Development*, 49, 898-901.
Tardif, S. D. (1997). The bioenergetics of parental behavior and the evolution of alloparental care in marmosets and tamarins: In N. G. Solomon & J. A. French (Eds.), *Cooperative breeding in mammals* (pp. 11-33). Cambridge: Cambridge University Press.
Taylor, A. H, et al. (2007). Spontaneous metatool use by New Caledonian crows. *Current Biology*, 17, 1504-1507.
Taylor, A. H, et al. (2009). Do New Caledonian crows solve physical problems through causal reasoning? *Proceedings of the Royal Society B-Biological Sciences*, 276, 247-254.
Taylor, A. H., et al. (2010). An investigation into the cognition behind spontaneous string pulling in New Caledonian crows. *PLOS One*, 5, e9345.
Taylor, A. H., et al. (2011). New Caledonian Crows learn the functional properties of novel tool types. *PLOS One*, 6, e26887.
Taylor, A. H, et al. (2012). New Caledonian crows reason about hidden causal agents. *Proceedings of the National Academy of Sciences of the United States of America*, 109, 16389-16391.
Taylor, M, et al. (1994). Children's understanding of knowledge acquisition: The tendency for children to report that they have always known what they have just learned. *Child Development*, 65, 1581-1604.
Taylor, T. (2010). *The artificial ape: How technology changed the course of human evolution.* New York: Palgrave Macmillan.
Tedeschi, J. T. (1981). *Impression management theory and social psychological research.* New York: Academic Press.
Tennie, C., et al. (2004). Imitation versus emulation in great apes. *Folia Primatologica*, 75, 728.
Terrace, H. S. (1979). *Nim*. New York: Knopf. 『ニム』(ハーバート・S. テラス著、中野尚彦訳、思索社)
Thieme, H. (1997). Lower Palaeolithic hunting spears from Germany. *Nature*, 385, 807-810.
Thompson-Cannino, J., et al. (2009). *Picking cotton: Our memoir of injustice and redemption.* New York: St. Martin's Press.
Thomson, R., et al. (2000). Recent common ancestry of human Y chromosomes: Evidence from DNA sequence data. *Proceedings of the National Academy of Sciences of the United States of America*, 97, 7360-7365.
Thorpe, I. J. N. (2003). Anthropology, archaeology, and the origin of warfare. *World Archaeology*, 35, 145-165.
Thorpe, S. K. S., et al. (2007). Origin of human bipedalism as an adaptation for locomotion on flexible branches. *Science*, 316, 1328-1331.

self-awareness? *Journal of Experimental Child Psychology*, 72, 157-176.
Suddendorf, T. (1999b). The rise of the metamind. In M. C. Corballis & S. E. G. Lea (Eds.), *The descent of mind: Psychological perspectives on hominid evolution* (pp. 218-260). London: Oxford University Press.
Suddendorf, T. (2003). Early representational insight: Twenty-four-month-olds can use a photo to find an object in the world. *Child Development*, 74, 896-904.
Suddendorf, T. (2004). How primatology can inform us about the evolution of the human mind. *Australian Psychologist*, 39, 180-187.
Suddendorf, T. (2006). Foresight and evolution of the human mind. *Science*, 312, 1006-1007.
Suddendorf, T. (2008). Explaining human cognitive autapomorphies. *Behavioral and Brain Sciences*, 31, 147-148.
Suddendorf, T. (2010a). *Episodic memory versus episodic foresight: Similarities and differences*. Wiley Interdisciplinary Reviews Cognitive Science, 1, 99-107.
Suddendorf, T. (2010b). Linking yesterday and tomorrow: Preschoolers' ability to report temporally displaced events. *British Journal of Developmental Psychology*, 28, 491-498.
Suddendorf, T. (2011). Evolution, lies and foresight biases. *Behavioral and Brain Sciences*, 34, 38-39.
Suddendorf, T, & Busby, J. (2003). Mental time travel in animals? *Trends in Cognitive Sciences*, 7, 391-396.
Suddendorf, T., & Busby, J. (2005). Making decisions with the future in mind: Developmental and comparative identification of mental time travel. *Learning and Motivation*, 36, 110-125.
Suddendorf, T, & Butler, D. L. (2013). The nature of visual self-recognition. *Trends in Cognitive Sciences*, 17, 121-127.
Suddendorf, T, & Collier-Baker, E. (2009). The evolution of primate visual self-recognition: evidence of absence in lesser apes. *Proceedings of the Royal Society B-Biological Sciences*, 276, 1671-1677.
Suddendorf, T, & Corballis, M. C. (1997). Mental time travel and the evolution of the human mind. *Genetic Social and General Psychology Monographs*, 123, 133-167.
Suddendorf, T, & Corballis, M. C. (2007). The evolution of foresight: What is mental time travel and is it unique to humans? *Behavioral and Brain Sciences*, 30, 299-313+335-351.
Suddendorf, T, & Corballis, M. C. (2008a). Episodic memory and mental time travel. In E. Dere et al. (Eds.), *Handbook of Episodic Memory* (Vol. 18, pp. 31-42) Amsterdam: Elsevier.
Suddendorf, T., & Corballis, M. C. (2008b). New evidence for animal foresight? *Animal Behaviour*, 75, el-e3.
Suddendorf, T., & Corballis, M. C. (2010). Behavioural evidence for mental time travel in nonhuman animals. *Behavioural Brain Research*, 215, 292-298.
Suddendorf, T, & Dong, A. (2013). On the evolution of imagination and design. In M. Taylor (Ed.), *Oxford handbook of the development of imagination* (pp. 453-467). Oxford: Oxford University Press.
Suddendorf, T., & Fletcher-Flinn, C. M. (1999). Children's divergent thinking improves when they understand false beliefs. *Creativity Research Journal*, 12,115-128.
Suddendorf, T, & Moore, C. (2011). Introduction to the special issue: The development of episodic foresight. *Cognitive Development*, 26, 295-298.
Suddendorf, T., & Whiten, A. (2001). Mental evolution and development: Evidence for secondary representation in children, great apes and other animals. *Psychological Bulletin*, 127, 629-650.
Suddendorf, T, & Whiten, A. (2003). Reinterpreting the mentality of apes. In K. Sterelny & J. Fitness (Eds.), *From mating to mentality: Evaluating evolutionary psychology* (pp. 173-196). New York: Psychology Press.
Suddendorf, T., et al. (2007). Visual self-recognition in mirrors and live videos: Evidence for a developmental asynchrony. *Cognitive Development*, 22,185-196.
Suddendorf, T, et al. (2009a). How great is great ape foresight? *Animal Cognition*, 12, 751-754.
Suddendorf, T, et al. (2009b). Mental time trav-

tionality in the Acheulean. *Cambridge Archaeological Journal*, 20, 197-210.

Shweder, R. A., et al. (1987). Cultural and moral development. In J. Kagan & S. Lamb (Eds.), *The emergence of morality in young children* (pp. 1-83). Chicago: University of Chicago Press.

Silberberg, A., & Kearns, D. (2009). Memory for the order of briefly presented numerals in humans as a function of practice. *Animal Cognition*, 12, 405-407.

Silk, J. B. (2010). Fellow feeling. *American Scientist*, 98, 158-160.

Silk, J. B, et al. (2005). Chimpanzees are indifferent to the welfare of unrelated group members. *Nature*, 437, 1357-1359.

Singer, P. (2002). *One world: The ethics of globalization*. New Haven, CT: Yale University Press.『グローバリゼーションの倫理学』（ピーター・シンガー著、山内友三郎・樫則章監訳、昭和堂）

Skinner, B. F. (1957). *Verbal behavior*. New York: Appleton-Century-Crofts.

Sleator, R. D. (2010). The human superorganism: Of microbes and men. *Medical Hypotheses*, 74, 214-215.

Slobodchikoff, C. N, et al. (2009). Prairie dog alarm calls encode labels about predator colors. *Animal Cognition*, 12, 435-439.

Smil, V. (2002). *The earth's biosphere*. Cambridge, MA: MIT Press.

Smith, J. D, et al. (1995). The uncertain response in the bottlenosed dolphin (Tusiops truncatus). *Journal of Experimental Psychology-General*, 124, 391-408.

Smith, J. D, et al. (2012). The highs and lows of theoretical interpretation in animal-metacognition research. *Philosophical Transactions of the Royal Society B-Biological Sciences*, 367, 1297-1309.

Smith, J. N, et al. (2008). Songs of male humpback whales, Megaptera novaeangliae, are involved in intersexual interactions. *Animal Behaviour*, 76, 467-477.

Smith, T. M., et al. (2007). Earliest evidence of modern human life history in North African early Homo sapiens. *Proceedings of the National Academy of Sciences of the United States of America*, 104, 6128-6133.

Soares, P., et al. (2009). Correcting for purifying selection: An improved human mitochondrial molecular clock. *American Journal of Human Genetics*, 84, 740-759.

Stamp Dawkins, M. (2012). What do animals want? *The Edge*. 以下から抽出。http://edge.org/conversation/what-do-animals-want

Stanford, C., et al. (2013). *Biological Anthropology* (3rd ed.). Boston: Pearson.

Staudinger, U. M, & Gluck, J. (2011). Psychological wisdom research: Commonalities and differences in a growing field. *Annual Review of Psychology*, 62, 215-241.

Stedman, H. H, et al. (2004). Myosin gene mutation correlates with anatomical changes in the human lineage. *Nature*, 428, 415-418.

Sterelny, K. (2003). *Thought in a hostile world: The evolution of human cognition*. Maiden, MA: Blackwell.

Sterelny, K. (2010). Moral nativism: A sceptical response. *Mind and Language*, 25, 279-297.

Sternberg, R. J. (1999). Successful intelligence: Finding a balance. *Trends in Cognitive Sciences*, 3, 436-442.

Stevens, J. R., & Hauser, M. D. (2004). Why be nice? Psychological constraints on the evolution of cooperation. *Trends in Cognitive Sciences*, 8, 60-65.

Stewart, J. R., & Stringer, C. B. (2012). Human evolution out of Africa: The role of refugia and climate change. *Science*, 335, 1317-1321.

Stone, R. (2011). Last-ditch effort to save embattled ape. *Science*, 331, 390.

Stout, D. (2011). Stone toolmaking and the evolution of human culture and cognition. Philosophical *Transactions of the Royal Society B-Biological Sciences*, 366, 1050-1059.

Stringer, C. B, et al. (2008). Neanderthal exploitation of marine mammals in Gibraltar. Proceedings of the *National Academy of Sciences of the United States of America*, 105, 14319-14324.

Strum, S. C. (2008). Perspectives on de Waal's Primates and philosophers: How morality evolved. *Current Anthropology*, 49, 701-702.

Suddendorf, T. (1999a). Children's understanding of the relation between delayed video representation and current reality: A test for

Roth, G., & Dicke, U. (2005). Evolution of the brain and intelligence. *Trends in Cognitive Sciences*, 9, 250-257.
Ruffman, T, et al. (1998). Older (but not younger) siblings facilitate false belief understanding. *Developmental Psychology*, 34, 161-174.
Russell, B. (1954). *Human society in ethics and politics*. New York: Allan and Unwin. 『ヒューマン・ソサエティ』(B. ラッセル著、勝部真長・長谷川鉱平訳、玉川大学出版部)
Russell, B. (2009). *The basic writings of Bertrand Russell*. New York: Routledge.
Russon, A. E, & Galdikas, B. M. (1993). Imitation in free-ranging rehabilitant orangutans (Pongo pygmaeus). *Journal of Comparative Psychology*, 107, 147-161.
Ruxton, G. D., & Wilkinson, D. M. (2011). Avoidance of overheating and selection for both hair loss and bipedality in hominins. *Proceedings of the National Academy of Sciences of the United States of America*, 108, 20965-20969.
Sagan, C. (1980). *Cosmos*. New York: Random House. 邦訳は『COSMOS』(カール・セーガン著、木村繁訳、朝日新聞出版)がある。
Salovey, P., & Mayer, J. D. (1990). Emotional intelligence. Imagination, *Cognition and Personality*, 9, 185-211.
Savage-Rumbaugh, E. S. (1986). *Ape language*. New York: Columbia University Press. 『チンパンジーの言語研究』(S.S. ランバウ著、小島哲也訳、ミネルヴァ書房)
Savage-Rumbaugh, E. S., et al. (1980). Do apes use language? *American Scientist*, 68, 49-61.
Savage-Rumbaugh, E. S., et al. (1993). Language comprehension in ape and child. *Monographs of the Society for Research in Child Development*, 58, 1-222.
Scally, A., et al. (2012). Insights into hominid evolution from the gorilla genome sequence. *Nature*, 483, 169-175.
Scarf, D, et al. (2012). Social evaluation or simple association? *PLOS One*, 7, e42698.
Schacter, D. L. (1999). The seven sins of memory: Insights from psychology and cognitive neuroscience. *American Psychologist*, 54, 182-203.
Schacter, D. L, et al. (2007). Remembering the past to imagine the future: The prospective brain. *Nature Reviews Neuroscience*, 8, 657-661.
Schmandt-Besserat, D. (1992). *Before writing*. Austin: University of Texas Press.
Schusterman, R. J., & Gisiner, R. (1988). Artificial language comprehension in dolphins and sea lions: Essential cognitive skills. *Psychological Record*, 38, 311-348.
Schwarz, E. (1929). The occurrence of the chimpanzee south of the Congo River. *Revue de Zoologie et de Botanique Africaines*, 16, 425-426.
Sear, R., & Mace, R. (2008). Who keeps children alive? A review of the effects of kin on child survival. *Evolution and Human Behavior*, 29, 1-18.
Seed, A. M, et al. (2009). Chimpanzees solve the trap problem when the confound of tool-use is removed. *Journal of Experimental Psychology —Animal Behavior Processes*, 35, 23-34.
Semaw, S. (2000). The world's oldest stone artefacts from Gona, Ethiopia: Their implications for understanding stone technology and patterns of human evolution between 2.6-1.5 million years ago. *Journal of Archaeological Science*, 27, 1197-1214.
Senut, B., et al. (2001). First hominid from the Miocene (Lukeino Formation, Kenya). *Comptes Rendus de l'Academie des Sciences Serie Ii Fascicule A-Sciences de la Terre et des Planetes*, 332, 137-144.
Seyfarth, R. M., & Cheney, D. L. (2012). The evolutionary origins of friendship. *Annual Review of Psychology*, 63, 153-177.
Shahaeian, A., et al. (2011). Culture and the sequence of steps in theory of mind development. *Developmental Psychology*, 47, 1239-1247.
Shermer, M. (1997). *Why people believe weird things*. New York: W. H. Freeman. 『なぜ人はニセ科学を信じるのか』(マイクル・シャーマー著、岡田靖史訳、早川書房)
Shettleworth, S. J. (2010). Clever animals and killjoy explanations in comparative psychology. *Trends in Cognitive Sciences*, 14, 477-481.
Shipton, C. (2010). Imitation and shared inten-

ioral and Brain Sciences, 1, 515-526.
Preuss, T. M. (2000). What's human about the human brain? In M. S. Gazzaniga (Ed.), *The new cognitive neurosciences* (pp. 1219-1234). Cambridge, MA: MIT Press.
Preuss, T. M, et al. (1999). Distinctive compartmental organization of human primary visual cortex. *Proceedings of the National Academy of Sciences of the United States of America*, 96, 11601-11606.
Priel, B, & Deschonen, S. (1986). Self-recognition: A study of a population without mirrors. *Journal of Experimental Child Psychology*, 41, 237-250.
Prior, H, et al. (2008). Mirror-induced behavior in the magpie (Pica pica): Evidence of self-recognition. *PLOS Biology*, 6, 1642-1650.
Proffitt, D. (2006). Embodied perception and the economy of action. *Perspectives on Psychological Science*, 1, 110-122.
Pruetz, J. D, & Bertolani, P. (2007). Savanna chimpanzees, Pan troglodytes verus, hunt with tools. *Current Biology*, 17, 412-417.
Radick, G. (2007). *The simian tongue*. Chicago: University of Chicago Press.
Rafetseder, E.R., et al. (2010). Counterfactual reasoning: Developing a sense of "nearest possible world." *Child Development*, 81, 376-389.
Ramirez Rozzi, F. V., & Bermudez De Castro, J. M. (2004). Surprisingly rapid growth in Neanderthals. *Nature*, 428, 936-939.
Ramirez Rozzi, F. V., et al. (2009). Cutmarked human remains bearing Neandertal features and modern human remains associated with the Aurignacian at Les Rois. *Journal of Anthropological Sciences = Rivista di antropologia : JASS / Istituto italiano di antropologia*, 87, 153-185.
Range, F, et al. (2009). The absence of reward induces inequity aversion in dogs. *Proceedings of the National Academy of Sciences of the United States of America*, 106, 340-345.
Ranlet, P. (2000). The British, the Indians, and smallpox: What actually happened at Fort Pitt in 1763? *Pennsylvania History*, 67, 427-441.
Read, D. W. (2008). Working memory: A cognitive limit to non-human primate recursive thinking prior to hominid evolution. *Evolutionary Psychology*, 6, 676-714.
Reader, S. M, & Laland, K. N. (Eds.). (2003). *Animal innovation*. Oxford: Oxford University Press.
Reed, D. L, et al. (2007). Pair of lice lost or parasites regained: The evolutionary history of anthropoid primate lice. *BMC Biology*, 5:7.
Reich, D., et al. (2011). Denisova admixture and the first modern human dispersals into Southeast Asia and Oceania. *American Journal of Human Genetics*, 89, 516-528.
Reiss, D., & Marino, L. (2001). Mirror self-recognition in the bottlenose dolphin: A case of cognitive convergence. *Proceedings of the National Academy of Sciences of the United States of America*, 98, 5937-5942.
Rendell, L., & Whitehead, H. (2001). Culture in whales and dolphins. *Behavioral and Brain Sciences*, 24, 309-324.
Rice, G. E, & Gainer, P. (1962). "Altruism" in the albino rat. *Journal of Comparative and Physiological Psychology*, 55, 123-125.
Ridley, M. (1997). *The origins of virtue: Human instincts and the evolution of cooperation*. New York: Viking. 『徳の起源』(マット・リドレー著、岸由二監修、古川奈々子訳、翔泳社)
Rizzolatti, G., et al. (1996). Premotor cortex and the recognition of motor actions. *Cognitive Brain Research*, 3, 131-141.
Roberts, W. A. (2002). Are animals stuck in time? *Psychological Bulletin*, 128, 473-489.
Robson, S. L., & Wood, B. (2008). Hominin life history: Reconstruction and evolution. *Journal of Anatomy*, 212, 394-425.
Roediger, H. L., & McDermott, K. B. (2011). Remember when? *Science*, 333, 47-48.
Roma, P. G., et al. (2006). Capuchin monkeys, inequity aversion, and the frustration effect. *Journal of Comparative Psychology*, 120, 67-73.
Roma, P. G., et al. (2007). Mark tests for self-recognition in Capuchin monkeys (Cebus paella) trained to touch marks. *American Journal of Primatology*, 69, 989-1000.
Rosati, A. G., et al. (2007). The evolutionary origins of human patience: Temporal preferences in chimpanzees, bonobos, and human adults. *Current Biology*, 17, 1663-1668.

淳夫訳、どうぶつ社)
Patterson, N, et al. (2006). Genetic evidence for complex speciation of humans and chimpanzees. *Nature*, 441, 1103-1108.
Paukner, A., et al. (2009). Capuchin monkeys display affiliation toward humans who imitate them. *Science*, 325, 880-883.
Paus, T, et al. (1999). Structural maturation of neural pathways in children and adolescents: In vivo study. *Science*, 283, 1908-1911.
Penn, D. C., & Povinelli, D. J. (2007). On the lack of evidence that non-human animals possess anything remotely resembling a 'theory of mind.' Philosophical *Transactions of the Royal Society B-Biological Sciences*, 362, 731-744.
Penn, D. C., et al. (2008). Darwin's mistake: Explaining the discontinuity between human and nonhuman minds. *Behavioral and Brain Sciences*, 31, 109-178.
Pepperberg, I. M. (1987). Acquisition of the same different concept by an African grey parrot. *Animal Learning & Behavior*, 15, 423-432.
Perner, J. (1991). *Understanding the representational mind*. Cambridge, MA: MIT Press.『発達する〈心の理論〉』(ジョセフ・パーナー著、小島康次・佐藤淳・松田真幸訳、ブレーン出版)
Peterson, C. C., & Siegal, M. (2000). Insights into theory of mind from deafness and autism. *Mind and Language*, 15, 123-145.
Peterson, C. C., et al. (2000). Factors influencing the development of a theory of mind in blind children. *British Journal of Developmental Psychology*, 18, 431-447.
Pinker, S. (1994). *The language instinct*. London: Penguin.『言語を生みだす本能』(スティーブン・ピンカー著、椋田直子訳、日本放送出版協会)
Pinker, S. (1997). *How the mind works*. London: Penguin.『心の仕組み』(スティーブン・ピンカー著、椋田直子訳、筑摩書房)
Pinker, S. (2010). The cognitive niche: Coevolution of intelligence, sociality, and language. *Proceedings of the National Academy of Sciences of the United States of America*, 107, 8993-8999.
Pinker, S. (2011a). *The better angels of our nature: Why violence has declined*. New York: Penguin.
Pinker, S. (2011b). Representations and decision rules in the theory of self-deception. *Behavioral and Brain Sciences*, 34, 35-37.
Plotnik, J. M, et al. (2006). Self-recognition in an Asian elephant. *Proceedings of the National Academy of Sciences of the United States of America*, 103, 17053-17057.
Posada, S., & Colell, M. (2007). Another gorilla recognizes himself in a mirror. *American Journal of Primatology*, 69, 576-583.
Povinelli, D. J. (2000). *Folk physics for apes*. Oxford: Oxford University Press.
Povinelli, D. J., & Eddy, T. J. (1996). What young chimpanzees know about seeing. *Monographs of the Society for Research in Child Development*, 61, 1-198.
Povinelli, D. J., et al. (1990). Inferences about guessing and knowing by chimpanzees (Pan troglodytes). *Journal of Comparative Psychology*, 104, 203-210.
Povinelli, D. J., et al. (1992). Comprehension of role reversal in chimpanzees: Evidence of empathy? *Animal Behaviour*, 43, 633-640.
Povinelli, D. J., et al. (1996). Self-recognition in young children using delayed versus live feedback: Evidence for a developmental asynchrony. *Child Development*, 67, 1540-1554.
Povinelli, D. J., et al. (1997). Exploitation of pointing as a referential gesture in young children, but not adolescent chimpanzees. *Cognitive Development*, 12, 327-365.
Povinelli, D. J., et al. (2000). Toward a science of other minds: Escaping the argument by analogy. *Cognitive Science*, 24, 509-542.
Premack, D. (2007). Human and animal cognition: Continuity and discontinuity. *Proceedings of the National Academy of Sciences of the United States of America*, 104, 13861-13867.
Premack, D. (2012). Why humans are unique: Three theories. *Perspectives on Psychological Science*, 5, 22-32.
Premack, D., & Premack, A. (1983). *The mind of an ape*. New York: Norton.
Premack, D., & Woodruff, G. (1978). Does the chimpanzee have a theory of mind? *Behav-*

edge. In J. G. Snodgrass & R. L. Thompson (Eds.), *The Self Across Psychology* (Vol. 818, pp. 19-33). New York: New York Academy of Sciences.

Neisser, U., et al. (1996). Intelligence: Knowns and unknowns. *American Psychologist*, 51, 77-101.

Nelson, K. D., & Fivush, R. (2004). The emergence of autobiographical memory: A social cultural developmental theory. *Psychological Review*, 111, 486-511.

Nesse, R. M, & Berridge, K. C. (1997). Psychoactive drug use in evolutionary perspective. *Science*, 278, 63-66.

Nielsen, M. (2006). Copying actions and copying outcomes: Social learning through the second year. *Developmental Psychology*, 42, 555-565.

Nielsen, M., & Dissanayake, C. (2004). Pretend play, mirror self-recognition and imitation: A longitudinal investigation through the second year. *Infant Behavior and Development*, 27, 342-365.

Nielsen, M., & Tomaselli, K. (2010). Overimitation in Kalahari bushman children and the origins of human cultural cognition. *Psychological Science*, 21, 729-736.

Nielsen, M, et al. (2005). Imitation recognition in a captive chimpanzee (Pan troglodytes). *Animal Cognition*, 8, 31-36.

Nielsen, M, et al. (2006). Mirror self-recognition beyond the face. *Child Development*, 77, 176-185.

Nimchinsky, E. A., et al. (1999). A neuronal morphologic type unique to humans and great apes. *Proceedings of the National Academy of Sciences of the United States of America*, 96, 5268-5273.

Noack, R. A. (2012). Solving the "human problem" : The frontal feedback model. *Consciousness and Cognition*, 21, 1043-1067.

Noad, M. J., et al. (2000). Cultural revolution in whale songs. *Nature*, 408, 537.

O'Connell, J. F., et al. (1999). Grandmothering and the evolution of Homo erectus. *Journal of Human Evolution*, 36, 461-485.

O'Neill, D. K., et al. (1992). Young children's understanding of the role that sensory experiences play in knowledge acquisition. *Child Development*, 63, 474-490.

Oberauer, K., et al. (2005). Working memory and intelligence: Their correlation and their relation. *Psychological Bulletin*, 131, 61-65.

Oberauer, K., et al. (2008). Which working memory functions predict intelligence? *Intelligence*, 36, 641-652.

Okuda, J., et al. (2003). Thinking of the future and past: The roles of the frontal pole and the medial temporal lobes. *NeuroImage*, 19, 1369-1380.

Onishi, K. H., & Baillargeon, R. (2005). Do 15-month-old infants understand false beliefs? *Science*, 308, 255-258.

Ostrom, E. (2009). Beyond markets and states: Polycentric governance of complex economic systems. *Nobel Prize Lectures*. 以下から抽出。http://www.nobelprize.org/nobel_prizes/economics/laureates/2009/ostrom-lecture.html

Osvath, M. (2009). Spontaneous planning for future stone throwing by a male chimpanzee. *Current Biology*, 19, R190-R191.

Osvath, M, & Osvath, H. (2008). Chimpanzee (Pan troglodytes) and orangutan (Pongo abelii) forethought: Self-control and pre-experience in the face of future tool use. *Animal Cognition*, 11, 661-674.

Oxnard, C., et al. (2010). Post-cranial skeletons of hypothyroid cretins show a similar anatomical mosaic as Homo floresiensis. *PLOS One*, 5, el3018.

Parker, C. E. (1974a). The antecedents of man the manipulator. *Journal of Human Evolution*, 3, 493-500.

Parker, C. E. (1974b). Behavioral diversity in ten species of nonhuman primates. *Journal of Comparative and Physiological Psychology*, 5, 930-937.

Parr, L. A. (2001). Cognitive and physiological markers of emotional awareness in chimpanzees (Pan troglodytes). *Animal Cognition*, 4, 223-229.

Patterson, F. (1991). Self-awareness in the gorilla Koko. *Gorilla*, 14, 2-5.

Patterson, F, & Linden, E. (1981). *The education of Koko*. New York: Holt, Rinehart, & Winston.『ココ、お話しよう』(フランシーヌ・パターソン、ユージン・リンデン著、都守

panzee sites and the origins of percussive stone technology. *Proceedings of the National Academy of Sciences of the United States of America*, 104, 3043-3048.

Mesoudi, A., et al. (2006). Towards a unified science of cultural evolution. *Behavioral and Brain Sciences*, 29, 329-347.

Mikhail, J. (2007). Universal moral grammar: Theory, evidence and the future. *Trends in Cognitive Sciences*, 11, 143-152.

Miles, H. L., et al. (1996). Simon says: The development of imitation in an enculturated orangutan. In A. E. Russon, S.T. Parker, & K. A. Bard (Eds.), *Reaching into thought: The minds of the great apes* (pp. 278-299). Cambridge: Cambridge University Press.

Miles, L. (1994). The cognitive foundations for references in a single orangutan. In S. T. Parker & K. R. Gibson (Eds.), *'Language' and intelligence in monkeys and apes* (pp. 511-539). Cambridge: Cambridge University Press. Miller, G. A. (2003). The cognitive revolution. *Trends in Cognitive Sciences*, 7, 141-144.

Miller, G. E (1998). How mate choice shaped human nature: A review of sexual selection and human evolution. *Handbook of Evolutionary Psychology*, 87-129.

Milot, E., et al. (2011). Evidence for evolution in response to natural selection in a contemporary human population. *Proceedings of the National Academy of Sciences of the United States of America*, 108, 17040-17045.

Mischel, W., et al. (1989). Delay of gratification in children. *Science*, 244, 933-938.

Mitchell, A., et al. (2009). Adaptive prediction of environmental changes by microorganisms. *Nature*, 460, 220-224.

Mitchell, R. W., & Anderson, J. R. (1993). Discrimination-learning of scratching, but failure to obtain imitation and self-recognition in a long-tailed macaque. *Primates*, 34, 301-309.

Moore, C. (2006). *The development of common sense psychology*. Mahwah, NJ: Lawrence Erlbaum Associates.

Moore, C. (2013). Homology through development of triadic interaction and language. *Developmental Psychobiology*, 55, 59-66.

Morete, M. E., et al. (2003). A novel behavior observed in humpback whales on wintering grounds at Abrolhos Bank (Brazil). *Marine Mammal Science*, 19, 694-707.

Morgan, E. (1982). *The aquatic ape: A theory of human evolution*. London: Souvenir. 『人は海辺で進化した』(エレイン・モーガン著、望月弘子訳、どうぶつ社)

Mulcahy, N. J., & Call, J. (2006a). Apes save tools for future use. *Science*, 312, 1038-1040.

Mulcahy, N. J., & Call, J. (2006b). How great apes perform on a modified trap-tube task. *Animal Cognition*, 9, 193-199.

Mulcahy, N. J., & Call, J. (2009). The performance of bonobos (Pan paniscus), chimpanzees (Pan troglodytes), and orangutans (Pongo pygmaeus) in two versions of an object-choice task. *Journal of Comparative Psychology*, 123, 304-309.

Mulcahy, N. J., & Suddendorf, T. (2011). An obedient orangutan (Pongo abelii) performs perfectly in peripheral object-choice tasks but fails the standard centrally presented versions. *Journal of Comparative Psychology*, 125, 112-115.

Mulcahy, N. J., et al. (2005). Gorillas (Gorilla gorilla) and orangutans (Pongo pygmaeus) encode relevant problem features in a tool-using task. *Journal of Comparative Psychology*, 119, 23-32.

Mulcahy, N. J., et al. (2013). Orangutans (Pongo pygmaeus and Pongo abelii) understand connectivity in the skewered grape tool task. *Journal of Comparative Psychology*, 127, 109-113.

Murray, C. M, et al. (2007). New case of intragroup infanticide in the chimpanzees of Gombe National Park. *International Journal of Primatology*, 28, 23-37.

Myowa-Yamakoshi, M., et al. (2004). Imitation in neonatal chimpanzees (Pan troglodytes). *Developmental Science*, 7, 437-442.

Naqshbandi, M, & Roberts, W. A. (2006). Anticipation of future events in squirrel monkeys (Saimiri sciureus) and rats (Rattus norvegicus): Tests of the Bischof-Kohler hypothesis. *Journal of Comparative Psychology*, 120, 345-357.

Neisser, U. (1997). The roots of self-knowl-

zee (Pan troglodytes). *Language & Communication*, 28, 213-224.

Lyn, H., et al. (2011). Nonhuman primates do declare! A comparison of declarative symbol and gesture use in two children, two bonobos, and a chimpanzee. *Language & Communication*, 31, 63-74.

Madsen, E. A., et al. (2007). Kinship and altruism: A cross-cultural experimental study. *British Journal of Psychology*, 98, 339-359.

Mahajan, N, et al. (2011). The evolution of intergroup bias: Perceptions and attitudes in rhesus macaques. *Journal of Personality and Social Psychology*, 100, 387-405.

Martinez, I., et al. (2008). Human hyoid bones from the middle Pleistocene site of the Sima de los Huesos (Sierra de Atapuerca, Spain). *Journal of Human Evolution*, 54, 118-124.

Mäthger, L. M, et al. (2009). Do cephalopods communicate using polarized light reflections from their skin? *Journal of Experimental Biology*, 212, 2133-2140.

Matsuzawa, T. (2009). Symbolic representation of number in chimpanzees. *Current Opinion in Neurobiology*, 19, 92-98.

Maynard, A. E. (2002). Cultural teaching: The development of teaching skills in Maya sibling interactions. *Child Development*, 73, 9 69-982.

McAuliffe, K. (2010, September). The incredible shrinking brain. *Discover Magazine*, 31, 54-59.

McDaniel, M. A. (2005). Big-brained people are smarter: A meta-analysis of the relationship between in vivo brain volume and intelligence. *Intelligence*, 33, 337-346.

McDougall, I., et al. (2005). Stratigraphic placement and age of modern humans from Kibish, Ethiopia. *Nature*, 433, 733-736.

McGuigan, F., & Salmon, K. (2004). The time to talk: The influence of the timing of adult-child talk on children's event memory. *Child Development*, 75, 669-686.

McHenry, H. M., & Coffing, K. (2000). Australopithecus to Homo: Transformations in body and mind. *Annual Review of Anthropology*, 29, 125-146.

McIlwain, D. (2003). Bypassing empathy: A Machiavellian theory of mind and sneaky power. In B. Repacholi & V. P. Slaughter (Eds.), *Individual differences in theory of mind* (pp. 39-66). New York: Psychology Press.

McPherron, S. P., et al. (2010). Evidence for stone-tool-assisted consumption of animal tissues before 3.39 million years ago at Dikika, Ethiopia. *Nature*, 466, 857-860.

Mealey, L. (1995). The sociobiology of sociopathy: An integrated evolutionary model. Behavioral and Brain *Sciences*, 18, 523-541.

Melis, A. P., et al. (2006a). Chimpanzees recruit the best collaborators. *Science*, 311, 1297-1300.

Melis, A. P., et al. (2006b). Engineering cooperation in chimpanzees: Tolerance constraints on cooperation. *Animal Behaviour*, 72, 275-286.

Melis, A. P., et al. (2008). Do chimpanzees reciprocate received favours? *Animal Behaviour*, 76, 951-962.

Mellars, P. (2006). Going east: New genetic and archaeological perspectives on the modern human colonization of Eurasia. *Science*, 313, 796-800.

Meltzoff, A. N. (1988). Infant imitation and memory: Nine-month-olds and immediate and deferred tests. *Child Development*, 59, 217-225.

Meltzoff, A. N. (1995). Understanding the intentions of others: Re-enactment of intended acts by 18-month-old children. *Developmental Psychology*, 31, 838-850.

Meltzoff, A. N., & Moore, M. K. (1977). Imitation of facial and manual gestures by human neonates. *Science*, 198, 75-78.

Mendes, N., & Huber, L. (2004). Object-permanence in common marmosets (Callithrix jacchus). *Journal of Comparative Psychology*, 118, 103-112.

Mendes, N, et al. (2007). Raising the level: Orangutans use water as a tool. *Biology Letters*, 3, 453-455.

Menzel, E. (2005). Progress in the study of chimpanzee recall and episodic memory. In H. S. Terrace & J. Metcalfe (Eds.), *The missing link in cognition* (pp. 188-224). Oxford: Oxford University Press.

Mercader, J., et al. (2007). 4,300-year-old chim-

1453-1455.
Lancaster, J. B, & Lancaster, C. S. (1983). Parental investment: The hominid adaptation. In D. J. Ortner (Ed.), *How humans adapt: A biocultural odyssey*. Washington: Smithsonian Institution.
Langdon, J. H. (2006). Has an aquatic diet been necessary for hominin brain evolution and functional development? *British Journal of Nutrition*, 96, 7-17.
Langley, M. C., et al. (2008). Behavioural complexity in Eurasian Neanderthal populations: A chronological examination of the archaeological evidence. *Cambridge Archaeological Journal*, 18, 289-307.
Larick, R., & Ciochon, R. L. (1996). The African emergence and early Asian dispersals of the genus Homo. *American Scientist*, 84, 538-551.
Lea, S. E. G. (2001). Anticipation and memory as criteria for special welfare consideration. *Animal Welfare*, 10, S195-208.
Leakey, L. S. B, et al. (1964). A new species of the genus Homo from Olduvai gorge. *Nature*, 202, 7-9.
Leakey, M. D, & Hay, R. L. (1979). Pliocene footprints in the Laetolil beds at Laetoli, Northern Tanzania. *Nature*, 278, 317-323.
Leakey, M. G., et al. (2001). New hominin genus from eastern Africa shows diverse middle Pliocene lineages. *Nature*, 410, 433-440.
Leaver, L. A., et al. (2007). Audience effects on food caching in grey squirrels (Sciurus carolinensis): Evidence for pilferage avoidance strategies. *Animal Cognition*, 10, 23-27.
Lebel, C., et al. (2012). Diffusion tensor imaging of white matter tract evolution over the lifespan. *NeuroImage*, 60, 340-352.
Lepre, C. J., et al. (2011). An earlier origin for the Acheulian. *Nature*, 477, 82-85.
Leslie, A. M. (1987). Pretense and representation in infancy: The origins of "theory of mind." *Psychological Review*, 94, 412-426.
Lethmate, J., & Diicker, G. (1973). Untersuchungen zum Selbsterkennen im Spiegel bei Orang-Utans und einigen anderen Affenarten [Investigations into self-recognition in orangutans and some other apes]. Zeitschrift für *Tierpsychologie*, 33, 248-269.
Levinson, S. C., & Gray, R. D. (2012). Tools from evolutionary biology shed new light on the diversification of languages. Trends in Cognitive *Sciences*, 16, 167-173.
Lewis, M., & Ramsay, D. (2004). Development of self-recognition, personal pronoun use, and pretend play during the 2nd year. *Child Development*, 75, 1821-1831.
Lewis, M, et al. (1989). Self development and self-conscious emotions. *Child Development*, 60, 146-156.
Lieberman, P. (1991). *Uniquely human: The evolution of speech, thought and selfless behavior*. Cambridge, MA: Harvard University Press.
Lindsay, W. L. (1880). *Mind in the lower animals, in health and disease*. New York: Appleton and Co.
Linnaeus, C. (1758). *Systema naturae* (10th edition). Stockholm: Laurentii Sylvii. 『自然の体系』の初版は『リンネと博物学』(千葉県立中央博物館編、文一総合出版)に収録。
Liszkowski, U., et al. (2004). Twelve-month-olds point to share attention and interest. *Developmental Science*, 7, 297-307.
Liszkowski, U., et al. (2009). Prelinguistic infants, but not chimpanzees, communicate about absent entities. *Psychological Science*, 20, 654-660.
Locke, J. L, & Bogin, B. (2006). Language and life history: A new perspective on the development and evolution of human language. *Behavioral and Brain Sciences*, 29, 259-280.
Loftus, E. F. (1992). When a lie becomes memory's truth: Memory distortion after exposure to misinformation. *Current Directions in Psychological Science*, 1, 121-123.
Lombard, M. (2012). Thinking through the Middle Stone Age of sub-Saharan Africa. *Quaternary International*, 270, 140-155.
Lordkipanidze, D., et al. (2005). The earliest toothless hominin skull. *Nature*, 434, 717-718.
Luna, B, et al. (2004). Maturation of cognitive processes from late childhood to adulthood. *Child Development*, 75, 1357-1372.
Lyn, H, et al. (2008). Precursors of morality in the use of the symbols "good" and "bad" in two bonobos (Pan paniscus) and a chimpan-

ward of the animal at a decision point. *Journal of Neuroscience*, 27, 12176-12189.

Johnson, C. R., & McBrearty, S. (2010). 500,000 year old blades from the Kapthurin Formation, Kenya. *Journal of Human Evolution*, 58, 193-200.

Johnson, M. A. (April 18, 2005). The culture of Einstein: Achievements in science gave him a platform to address the world. *NBC News*. 以下から抽出。http://www.msnbc.msn.cOm/id/7406337/#.UD2tYUQuKHk

Jones, B. W., & Nishiguchi, M. K. (2004). Counterillumination in the Hawaiian bobtail squid, Euprymna scolopes Berry (Mollusca: Cephalopoda). *Marine Biology*, 144, 1151-1155.

Kaertner, J., et al. (2012). The development of mirror self-recognition in different sociocultural contexts. *Monographs of the Society for Research in Child Development*, 77, 1-101.

Kafka, F. (2009). A report for an academy. (I. Johnston, Trans.). 以下から抽出。http://records.viu.ca/~johnstoi/kafka/reportforacademy.htm

Kaminski, J., et al. (2004). Word learning in a domestic dog: Evidence for "fast mapping." *Science*, 5677, 1682-1683.

Kaminski, J., et al. (2008). Chimpanzees know what others know, but not what they believe. *Cognition*, 109, 224-234.

Kana, R. K., et al. (2011). A systems level analysis of the mirror neuron hypothesis and imitation impairments in autism spectrum disorders. *Neuroscience and Biobehavioral Reviews*, 35, 894-902.

Karlsson, M. P., & Frank, L. M. (2009). Awake replay of remote experiences in the hippocampus. *Nature Neuroscience*, 12, 913-918.

Kawai, M. (1965). Newly-acquired pre-cultural behaviour of the natural troop of Japanese monkeys on Koshima Islets. *Primates*, 6, 1-30.

Kawai, N., & Matsuzawa, T. (2000). Numerical memory span in a chimpanzee. *Nature*, 403, 39-40.

Keeley, L. H. (1996). *War before civilization*. London: Oxford University Press.

Kivell, T. L., & Schmitt, D. (2009). Independent evolution of knuckle-walking in African apes shows that humans did not evolve from a knuckle-walking ancestor. *Proceedings of the National Academy of Sciences of the United States of America*, 106, 14241-14246.

Klein, S. B., et al. (2002). Memory and temporal experience: The effects of episodic memory loss on an amnesic patient's ability to remember the past and imagine the future. *Social Cognition*, 20, 353-379.

Kohlberg, L. (1963). Development of children's orientation toward a moral order. *VitaHumana*, 6, 11-33.

Köhler, W. (1917/1925). *The mentality of apes*. London: Routledge & Kegan Paul.

Korsgaard, C. (2006). Morality and the distinctiveness of human action. In F. B. M. de Waal (Ed.), *Primates and philosophers: How morality evolved* (pp. 98-119). Princeton: Princeton University Press.

Krachun, C., et al. (2009a). Can chimpanzees (Pan troglodytes) discriminate appearance from reality? *Cognition*, 112, 435-450.

Krachun, C., et al. (2009b). A competitive nonverbal false belief task for children and apes. *Developmental Science*, 12, 521-535.

Krause, J., et al. (2007a). The derived FOXP2 variant of modern humans was shared with Neandertals. *Current Biology*, 17, 1908-1912.

Krause, J., et al. (2007b). Neanderthals in central Asia and Siberia. *Nature*, 449, 902-904.

Krause, J., et al. (2010). The complete mitochondrial DNA genome of an unknown hominin from southern Siberia. *Nature*, 464, 894-897.

Kuhlmeier, V. A., & Boysen, S. T. (2002). Chimpanzees (Pan troglodytes) recognize spatial and object correspondences between a scale model and its referent. *Psychological Science*, 13, 60-63.

Kundera, M. (1992). *Immortality*. (P. Kussi, Trans.). New York: HarperCollins.

Lahdenpera, M, et al. (2004). Fitness benefits of prolonged post-reproductive lifespan in women. *Nature*, 428, 178-181.

Lalueza-Fox, C., et al. (2007). A melanocortin 1 receptor allele suggests varying pigmentation among Neanderthals. *Science*, 318,

exclusion in great apes, lesser apes, and spider monkeys. *Journal of Comparative Psychology*, 125, 91-103.

Hill, K, et al. (2009). The emergence of human uniqueness: Characters underlying behavioral modernity. *Evolutionary Anthropology*, 18, 187-200.

Hoffer, E. (1973). *Reflections on the human condition*. New York: Harper & Row.『魂の錬金術』(E. ホッファー著、中本義彦訳、作品社)

Hofreiter, M., et al. (2010). Hofreiter, M., et al. (2010). Vertebrate DNA in fecal samples from bonobos and gorillas: Evidence for meat consumption or artefact? *PLOS One*, 5, e9419.

Holdaway, R. N, & Jacomb, C. (2000). Rapid extinction of the moas (Aves: dinorinthiformes): Model, test, and implications. *Science*, 287, 2250-2254.

Holden, C. (2005). Time's up on time travel. *Science*, 308, 1110.

Holloway, R. L. (2008). The human brain evolving: A personal retrospective. *Annual Review of Anthropology*, 37, 1-19.

Holmes, R. (2008). *The age of wonder: How the romantic generation discovered the beauty and terror of science*. London: Harper Press.

Holzhaider, J. C., et al. (2010). The development of pandanus tool manufacture in wild New Caledonian crows. *Behaviour*, 147, 553-586.

Hoppitt, W. J. E, et al. (2008). Lessons from animal teaching. *Trends in Ecology & Evolution*, 23, 486-493.

Horner, V., & Whiten, A. (2005). Causal knowledge and imitation/emulation switching in chimpanzees (Pan troglodytes) and children (Homo sapiens). *Animal Cognition*, 8, 164-181.

Horner, V., et al. (2010). Prestige affects cultural learning in chimpanzees. *PLOS One*, 5, el0625.

Horner, V., et al. (2011). Spontaneous prosocial choice by chimpanzees. *Proceedings of the National Academy of Sciences of the United States of America*, 108, 13847-13851.

Hudson, J. A. (2006). The development of future time concepts through mother-child conversation. *Merrill-Palmer Quarterly*, 52, 70-95.

Huffman, M. A. (1997). Current evidence for self-medication in primates: A multidisciplinary perspective. In *Yearbook of Physical Anthropology* (Vol. 40, pp. 1-30). Wilmington, DE: Wiley-Liss.

Humphrey, N. (1976). The social function of intellect. In P. P. G. Bateson & R. A. Hinde (Eds.), *Growing points in ethology* (pp. 303-313). Cambridge: Cambridge University Press.

Hunt, G., & Gray, R. (2003). Diversification and cumulative evolution in New Caledonian crow tool manufacture. *Proceedings of the Royal Society B-Biological Sciences*, 270, 867-874.

Huttenlocher, P. R. (1990). Morphometric study of human cerebral cortex development. *Neuropsychologia*, 28, 517-527.

Huxley, A. (1956). *Adonis and the alphabet*. London: Chatto & Windus.

Hyatt, C. W. (1998). Responses of gibbons (Hylobates lar) to their mirror images. *American Journal of Primatology*, 45, 307-311.

Inoue, S., & Matsuzawa, T. (2007). Working memory of numerals in chimpanzees. *Current Biology*, 17, R1004-R1005.

Isanski, B, & West, C. (2010). The body of knowledge: Understanding embodied cognition. *Observer*, 23, 13-18.

Jackendoff, R., & Pinker, S. (2005). The nature of the language faculty and its implications for evolution of language. *Cognition*, 97, 211-225.

James, W. (1890). *The principles of psychology*. London: Macmillan.『現代思想新書 第6』(W. ジェームス著、松浦孝作訳、三笠書房)

Jantz, R. L. (2001). Cranial change in Americans: 1850-1975. *Journal of Forensic Sciences*, 46, 784-787.

Jerison, H. J. (1973). *The evolution of the brain and intelligence*. New York: Academic Press.

Johanson, D. C. (2004). Lucy, thirty years later: An expanded view of Australopithecus afarensis. *Journal of Anthropological Research*, 60, 465-486.

Johnson, A., & Redish, A. D. (2007). Neural ensembles in CA3 transiently encode paths for-

Hammer, M. F., et al. (2011). Genetic evidence for archaic admixture in Africa. *Proceedings of the National Academy of Sciences of the United States of America*, 108, 15123-15128.
Hare, B., & Tomasello, M. (2004). Chimpanzees are more skillful in competitive than in cooperative cognitive tasks. *Animal Behaviour*, 68, 571-581.
Hare, B, et al. (2000). Chimpanzees know what conspecifics do and do not see. *Animal Behaviour*, 59, 771-785.
Hare, B., et al. (2001). Do chimpanzees know what conspecifics know? *Animal Behaviour*, 61, 139-151.
Hare, B, et al. (2006). Chimpanzees deceive a human competitor by hiding. *Cognition*, 101, 495-514.
Hare, B, et al. (2012). The self-domestication hypothesis: Evolution of bonobo psychology is due to selection against aggression. *Animal Behaviour*, 83, 573-585.
Harré, N. (2011). *Psychology for a better world*. Auckland: Department of Psychology.
Harman, O. S. (2010). *The price of altruism: George Price and the search for the origins of kindness*. New York: Norton. 『親切な進化生物学者』（オレン・ハーマン著、垂水雄二訳、みすず書房）
Harris, P. L, et al. (1996). Children's use of counterfactual thinking in causal reasoning. *Cognition*, 61, 233-259.
Hart, D, & Sussman, R. W. (2005). *Man the hunted: Primates, predators, and human evolution*. Boulder: Westview Press. 『ヒトは食べられて進化した』（ドナ・ハート、ロバート・W. サスマン著、伊藤伸子訳、化学同人）
Haun, D. B. M, & Call, J. (2008). Imitation recognition in great apes. *Current Biology*, 18, R288-R290.
Hauser, M. D. (1996). *The evolution of communication*. Cambridge, MA: MIT Press.
Hauser, M. D, & Marler, P. (1993). Food associated calls in rhesus macaques (Macaca mulatto). *Behavioral Ecology*, 4, 206-212.
Hauser, M. D, et al. (2002). The faculty of language: What is it, who has it, and how did it evolve? *Science*, 298, 1569-1579.
Hawkes, K. (2003). Grandmothers and the evolution of human longevity. *American Journal of Human Biology*, 15, 380-400.
Hayes, C. (1951). *The ape in our house*. New York: Harper.
Hayes, K. J., & Hayes, C. (1952). Imitation in a home-raised chimpanzee. *Journal of Comparative and Physiological Psychology*, 45, 450-459.
Hazlitt, W. (1805). *Essay on the principles of human action and some remarks on the systems of Hartley and Helvetius*. London: J. Johnson.
Heinrich, B. (1995). An experimental investigation of insight in common ravens (Corvus corax). *Auk*, 112, 994-1003.
Henrich, J., et al. (2006). Costly punishment across human societies. *Science*, 312,1767-1770.
Herculano-Houzel, S. (2009). The human brain in numbers: A linearly scaled-up primate brain. *Frontiers in Human Neuroscience*, 3, 1-11.
Herman, L. (2002). Vocal, social and self-imitation by bottlenosed dolphins. In Dautenhahn, K, & Nehaniv, C. (Eds.), *Imitation in Animals and Artifacts*. (pp. 63-108). Cambridge, MA: MIT Press.
Herman, L. M, et al. (1993). Representational and conceptual skills of dolphins. In H. L. Roitblat, L. M. Herman, & P. E. Nachtigall (Eds.), *Language and communication: Comparative perspectives* (pp. 403-442). Hillsdale, NJ: Erlbaum.
Herrmann, E., et al. (2007). Humans have evolved specialized skills of social cognition: The cultural intelligence hypothesis. *Science*, 317, 1360-1366.
Herschel, J. (1830). *A preliminary discourse on the study of natural philosophy*. London: Longman et al.
Hewstone, M, et al. (2002). Intergroup bias. *Annual Review of Psychology*, 53, 575-604.
Heyes, C. M. (1994). Reflections on self-recognition in primates. *Animal Behaviour*, 47, 909-919.
Heyes, C. M. (1998). Theory of mind in nonhuman primates. *Behavioral and Brain Sciences*, 21, 101-134.
Hill, A., et al. (2011). Inferential reasoning by

杉山幸丸・松沢哲郎監訳、ミネルヴァ書房）がある。
Gopnik, A. (1993). How we know our minds: The illusion of first person knowledge of intentionality. *Behavioural and Brain Sciences*, 16, 1-14.
Gopnik, A. (2012). Scientific thinking in young children: Theoretical advances, empirical research, and policy implications. *Science*, 337, 1623-1627.
Gopnik, A., & Astington, J. W. (1988). Children's understanding of representational change and its relation to the understanding of false belief and the appearance-reality distinction. *Child Development*, 59, 26-37.
Gordon, A. C. L, & Olson, D. R. (1998). The relation between acquisition of a theory of mind and the capacity to hold in mind. *Journal of Experimental Child Psychology*, 68, 70-83.
Gordon, R. (1996). 'Radical' simulationism. In P. Carruthers & P. K. Smith (Eds.), *Theories of theories of mind* (pp. 11-21). Cambridge: Cambridge University Press.
Goren-Inbar, N., et al. (2004). Evidence of hominin control of fire at Gesher Benot Ya'aqov, Israel. *Science*, 304, 725-727.
Gottfredson, L. S. (1997). Why g matters: The complexity of everyday life. *Intelligence*, 24, 79-132.
Gould, S. J. (1978). *Ontogeny and phylogeny*. Boston, MA: Belknap.『個体発生と系統発生』（スティーヴン・J. グールド著、仁木帝都・渡辺政隆訳、工作舎）
Gould, S. J., & Eldredge, N. (1977). Punctuated equilibria: The tempo and mode of evolution reconsidered. *Paleobiology*, 3, 115-151.
Graves, R. R., et al. (2010). Just how strapping was KNM-WT 15000? *Journal of Human Evolution*, 59, 542-554.
Green, R. E, et al. (2010). A draft sequence of the Neandertal genome. *Science*, 328, 710-722.
Grice, H. P. (1989). *Studies in the way of words*. Cambridge, MA: Harvard University Press.『論理と会話』（ポール・グライス著、清塚邦彦訳、勁草書房）
Groves, C. P. (1989). *A theory of human and primate evolution*. Oxford: Clarendon Press.
Groves, C. P. (2012a). Speciation in hominin evolution. In S. C. Reynolds & A. Gallagher (Eds.), *African genesis: Perspectives on hominin evolution*, (pp. 45-62). Cambridge: Cambridge University Press.
Groves, C. P. (2012b). Species concept in primates. American *Journal of Primatology*, 74, 687-691.
Grun, R, et al. (2005). U-series and ESR analyses of bones and teeth relating to the human burials from Skhul. *Journal of Human Evolution*, 49, 316-334.
Guinet, C., & Bouvier, J. (1995). Development of intentional stranding hunting techniques in killer whale (Ornicus orca) calves at Crozet Archipelago. *Canadian Journal of Zoology*, 73, 27-33.
Gupta, A. S., et al. (2010). Hippocampal replay is not a simple function of experience. *Neuron*, 65, 695-705.
Gurven, M, & Kaplan, H. (2007). Longevity among hunter-gatherers: A cross-cultural examination. *Population and Development Review*, 33, 321-365.
Haidt, J. (2007). The new synthesis in moral psychology. *Science*, 316, 998-1002.
Haile-Selassie, Y. (2001). Late Miocene hominids from the Middle Awash, Ethiopia. *Nature*, 412, 178-181.
Haile-Selassie, Y., et al. (2012). A new hominin foot from Ethiopia shows multiple Pliocene bipedal adaptations. *Nature*, 483, 565-569.
Halford, G. S., et al. (1998). Processing capacity defined by relational complexity: Implications for comparative, developmental and cognitive psychology. *Behavioral and Brain Sciences*, 21, 803-864.
Halford, G. S., et al. (2007). Separating cognitive capacity from knowledge: A new hypothesis. *Trends in Cognitive Sciences*, 11, 236-242.
Hamann, K, et al. (2011). Collaboration encourages equal sharing in children but not in chimpanzees. *Nature*, 476, 328-331.
Hamilton, W. D. (1964). The genetical evolution of social behaviour. *Journal of Theoretical Biology*, 7, 1-52.
Hamlin, J. K, et al. (2007). Social evaluation by preverbal infants. *Nature*, 450, 557-559.

Houghton Mifflin.『霧のなかのゴリラ』(ダイアン・フォッシー著、羽田節子・山下恵子訳、平凡社)
Foster, D. J., & Wilson, M. A. (2006). Reverse replay of behavioural sequences in hippocampal place cells during the awake state. *Nature*, 440, 680-683.
Fouts, R. (1997). *Next of kin*. New York: William Morrow.『限りなく人類に近い隣人が教えてくれたこと』(ロジャー・ファウツ、スティーヴン・タケル・ミルズ著、高崎浩幸・和美訳、角川書店)
Friedman, W. J. (2005). Developmental and cognitive perspectives on humans' sense of the times of past and future events. *Learning and Motivation*, 36, 145-158.
Frith, U., & Frith, C. (2010). The social brain: allowing humans to boldly go where no other species has been. *Philosophical Transactions of the Royal Society B*, 365, 165-175.
Gagnon, S., & Dore, F. Y. (1994). Cross-sectional study of object permanence in domestic puppies {Canis familiaris). *Journal of Comparative Psychology*, 108, 220-232.
Galdikas, B. M. F. (1980). Living with the great orange apes. *National Geographic*, 157, 830-853.
Gallup, G. G. (1970). Chimpanzees: Self recognition. *Science*, 167, 86-87.
Gallup, G. G. (1998). Self-awareness and the evolution of social intelligence. *Behavioural Processes*, 42, 239-247.
Garcia, J., & Koelling, R. (1966). Relation of cue to consequence in avoidance learning. *Psychonomic Science*, 4, 123-124.
Garcia, J., et al. (1966). Learning with prolonged delay of reinforcement. *Psychonomic Science*, 5, 121-122.
Gardner, H. (1993). *Multiple intelligences: The theory in practice*. New York: Basic Books.『多元的知能の世界』(ハワード・ガードナー著、黒上晴夫監訳、日本文教出版)
Gardner, R. A., & Gardner, B. T. (1969). Teaching sign language to a chimpanzee. *Science*, 165, 664-672.
Garland, E. C., et al. (2011). Dynamic horizontal cultural transmission of humpback whale song at the ocean basin scale. *Current Biology*, 21, 687-691.
Garrod, S., et al. (2007). Foundations of representation: Where might graphical symbol systems come from? *Cognitive Science*, 31, 961-987.
Geissmann, T. (2002). Taxonomy and evolution of gibbons. *Primatology and Anthropology*, 11, 28-31.
Gentner, T. Q, et al. (2006). Recursive syntactic pattern learning by songbirds. *Nature*, 440, 1204-1207.
Gergely, G., et al. (2002). Rational imitation in preverbal infants. *Nature*, 415, 755.
Gerrans, P. (2007). Mental time travel, somatic markers and "myopia for the future." *Synthese*, 159, 459-474.
Gibbons, A. (2008). The birth of childhood. *Science*, 322, 1040-1043.
Gibbons, A. (2011). African data bolster new view of modern human origins. *Science*, 334, 167.
Gilbert, D. T. (2006). *Stumbling on happiness*. New York: A. A. Knopf.『幸せはいつもちょっと先にある』(ダニエル・ギルバート著、熊谷淳子訳、早川書房)
Gilbert, D. T, & Wilson, T. D. (2007). Prospection: Experiencing the future. *Science*, 317, 1351-1354.
Gilbert, W. S., & Sullivan, A. S. (2010). *The complete plays of Gilbert and Sullivan*. Rockville, MD: Wildside Press.
Gilby, I. C. (2006). Meat sharing among the Gombe chimpanzees: Harassment and reciprocal exchange. *Animal Behaviour*, 71, 953-963.
Gillan, D. J., et al. (1981). Reasoning in the chimpanzee. *Journal of Experimental Psychology-Animal Behavior Processes*, 7, 1-17.
Glickman, S., & Sroges, R. (1966). Curiosity in zoo animals. *Behaviour*, 26, 151-187.
Gomes, C. M., & Boesch, C. (2009). Wild chimpanzees exchange meat for sex on a long-term basis. *PLOS One*, 4, e5116.
Goodall, J. (1964). Tool using and aimed throwing in community of free living chimpanzees. *Nature*, 201, 1264-1266.
Goodall, J. (1986). The chimpanzees of Gombe: Patterns of behavior. Cambridge, MA: Harvard University Press. 邦訳は『野生チンパンジーの世界』(ジェーン・グドール著、

quacks like a duck...." *Learning and Motivation*, 36, 190-207.
Einstein, A. (1950). Arms can bring no security. *Bulletin of the Atomic Scientist*, 6, 71.
Elston, G. N, et al. (2006). Specializations of the granular prefrontal cortex of primates: Implications for cognitive processing. *Anatomical Record Part A; Discoveries in Molecular Cellular and Evolutionary Biology, 288A*, 26-35.
Emery, N. J. (2000). The eyes have it: The neuroethology, function and evolution of social gaze. *Neuroscience and Biobehavioral Reviews*, 24, 581-604.
Emery, N. J., & Clayton, N. S. (2004). The mentality of crows: Convergent evolution of intelligence in corvids and apes. *Science*, 306, 1903-1907.
Enard, W., et al. (2002). Molecular evolution of FOXP2, a gene involved in speech and language. *Nature*, 418, 869-872.
Epstein, R, et al. (1981). "Self-awareness" in the pigeon. *Science*, 212, 695-696.
Evans, N, & Levinson, S. C. (2009). The myth of language universals: Language diversity and its importance for cognitive science. *Behavioral and Brain Sciences*, 32, 429-448.
Evans, T. A., & Beran, M. J. (2007). Chimpanzees use self-distraction to cope with impulsivity. *Biology Letters*, 3, 599-602.
Everett, D. L. (2005). Cultural constraints on grammar and cognition in Piraha: Another look at the design features of human language. *Current Anthropology*, 46, 621-646.
Fabre, J. H. (1915). *The hunting wasps*. New York: Dodd, Mead, and Company.
Falk, D. (1990). Brain evolution in Homo: The radiator theory. *Behavioral and Brain Sciences*, 13, 333-343.
Fedor, A., et al. (2008). Object permanence tests on gibbons (Hylobatidae). *Journal of Comparative Psychology*, 122, 403-417.
Fehr, E., & Fischbacher, U. (2003). The nature of human altruism. *Nature*, 425, 785-791.
Fehr, E., & Gachter, S. (2002). Altruistic punishment in humans. *Nature*, 415, 137-140.
Fehr, E, & Fischbacher, U. (2004). Social norms and human cooperation. *Trends in Cognitive Sciences*, 8, 185-190.
Fehr, E., et al. (2008). Egalitarianism in young children. *Nature*, 454, 1079-1083.
Feldman, R. (2012). Oxytocin and social affiliation in humans. *Hormones and Behavior*, 61, 380-391.
Feldman, R, et al. (2006). Microregulatory patterns of family interactions: Cultural pathways to toddlers' self-regulation. *Journal of Family Psychology*, 20, 614-623.
Ferrari, P. E, et al. (2006). Neonatal imitation in rhesus macaques. *PLOS Biology*, 4, 1501-1508.
Fiorito, G., & Scotto, P. (1992). Observational learning in octopus vulgaris. *Science*, 256, 545-547.
Fitch, W. T. (2000). The evolution of speech: A comparative review. *Trends in Cognitive Sciences*, 4, 258-265.
Fitch, W. T, & Hauser, M. D. (2004). Computational constraints on syntactic processing in a nonhuman primate. *Science*, 303, 377-380.
Fivush, T, et al. (2006). Elaborating on elaborations: Role of maternal reminiscing style in cognitive and socioemotional development. *Child Development*, 77, 1568-1588.
Flannery, T. (1994). *The future eaters: An ecological history of the Australian lands and people*. New York: Grove Press.
Flavell, J. H. (1963). T*he developmental psychology of Jean Piaget*. New York: D. van No strand.
Flavell, J. H, et al. (1983). Development of the appearance-reality distinction. *Cognitive Psychology*, 15, 95-120.
Flemming, T. M., et al. (2008). What meaning means for same and different: Analogical reasoning in humans (Homo sapiens), chimpanzees (Pan troglodytes), and rhesus monkeys (Macaca mulatto). *Journal of Comparative Psychology*, 122, 176-185.
Flombaum, J. I., & Santos, L. R. (2005). Rhesus monkeys attribute perceptions to others. *Current Biology*, 15, 1-20.
Flynn, J. R. (2000). IQ gains, WISC subtests and fluid g: g theory and the relevance of Spearman's hypothesis to race. In G. R. Bock et al. (Eds.), *The nature of intelligence* (pp. 202-227). New York: Wiley.
Fossey, D. (1983). *Gorillas in the mist*. Boston:

Derevianko, A. P. (2012). *Recent discoveries in the Altai: Issues on the evolution of homo sapiens*. Novosibirsk: RAS Press.

de Saint-Exupéry, A. (1943). *The little prince* (I. Testot-Ferry, Trans.). London: Bibliophile Books.『星の王子さま』（アントワーヌ・ド・サン＝テグジュペリ著）

DeSilva, J., & Lesnik, J. (2006). Chimpanzee neonatal brain size: Implications for brain growth in Homo erectus. *Journal of Human Evolution*, 51, 207-212.

Dettwyler, K. A. (1991). Can paleopathology provide evidence for compassion? *American Journal of Physical Anthropology*, 84, 375-384.

deWaal, F. B. M. (1982). *Chimpanzee politics*. London: Jonathan Cape.『チンパンジーの政治学』（フランス・ドゥ・ヴァール著、西田利貞訳、産経新聞出版）

de Waal, F. B. M. (1986). Deception in the natural communication of chimpanzees. In R. W. Mitchell & N. S. Thompson (Eds.), *Deception: Perspectives on human and non-human deceit* (pp. 221-244). Albany: State University of New York Press.

deWaal, F. B. M. (1989). Food sharing and reciprocal obligations among chimpanzees. *Journal of Human Evolution*, 18, 433-459.

deWaal, F. B. M. (1996). *Good natured*. Cambridge, MA: Harvard University Press.『利己的なサル、他人を思いやるサル』（フランス・ドゥ・ヴァール著、西田利貞・藤井留美訳、草思社）

deWaal, F. B. M. (2005). How animals do business. *Scientific American*, 292, 72-80.

de Waal, F. B. M. (2006). *Primates and philosophers: How morality evolved*. Princeton: Princeton University Press.

deWaal, F. B. M, & Aureli, F. (1996). Consolation, reconciliation, and a possible cognitive difference between macaque and chimpanzee. In A. E. Russon, K. A. Bard, & S. T. Parker (Eds.), *Reaching into thought: The minds of the great apes* (pp. 80-110). Cambridge: Cambridge University Press.

de Waal, F. B. M, et al. (2008). Comparing social skills of children and apes. *Science*, 319, 569.

Diamond, J. (1997). *Guns, germs, and steel: A short history of everybody for the last 13,000 years*. New York: Simon and Schuster.『銃・病原菌・鉄』（ジャレド・ダイアモンド著、倉骨彰訳、草思社）

Diamond, J. (2005). *Collapse: How societies choose to fail or succeed*. New York: Viking Press.『文明崩壊』（ジャレド・ダイアモンド著、楡井浩一訳、草思社）

Diamond, J. (2010). The benefits of multilingualism. *Science*, 330, 332-333.

Dindo, M, et al. (2011). Observational learning in orangutan cultural transmission chains. *Biology Letters*, 7, 181-183.

Dominguez-Rodrigo, M., et al. (2012). Experimental study of cut marks made with rocks unmodified by human flaking and its bearing on claims of 3.4-million-year-old butchery evidence from Dikika, Ethiopia. *Journal of Archaeological Science*, 39, 205-214.

Dufour, V., & Sterck, E. H. M. (2008). Chimpanzees fail to plan in an exchange task but succeed in a tool-using procedure. *Behavioural Processes*, 79, 19-27.

Dufour, V., et al. (2007). Chimpanzee (Pan troglodytes) anticipation of food return: Coping with waiting time in an exchange task. *Journal of Comparative Psychology*, 121, 145-155.

Dunbar, R. I. M. (1992). Neocortex size as a constraint on group size in primates. *Journal of Human Evolution*, 20, 469-493.

Dunbar, R. I. M. (1996). *Grooming, gossip, and the evolution of language*. London: Faber.『ことばの起源』（ロビン・ダンバー著、松浦俊輔・服部清美訳、青土社）

Dunbar, R. I. M. (2007). Why are humans not just great apes? In C. Pasternak (Ed.), *What makes us human?* (pp. 37-48). Oxford: Oneworld.

Dunbar, R. I. M. (2010). The social role of touch in humans and primates: Behavioural function and neurobiological mechanisms. *Neuroscience and Biobehavioral Reviews*, 34, 260-268.

Dunn, M, et al. (2011). Evolved structure of language shows lineage-specific trends in word-order universals. *Nature*, 473, 79-82.

Eichenbaum, H., et al. (2005). Episodic recollection in animals: "If it walks like a duck and

D'Argembeau, A., & Van der Linden, M. (2008). Remembering pride and shame: Self-enhancement and the phenomenology of autobiographical memory. *Memory*, 16, 538-547.
D'Argembeau, A., et al. (2008). Remembering the past and imagining the future in schizophrenia. *Journal of Abnormal Psychology*, 117, 247-251.
d'Errico, F, & Stringer, C. B. (2011). Evolution, revolution or saltation scenario for the emergence of modern cultures? *Philosophical Transactions of the Royal Society B-Biological Sciences*, 366, 1060-1069.
Dalen, L, et al. (2012). Partial turnover in Neandertals: Continuity in the East and population replacement in the West. *Molecular Biology and Evolution*, 29, 1893-1897.
Daly, M., & Wilson, M. A. (1988). Evolutionary social psychology and family homicide. *Science*, 242, 519-524.
Dart, R. A. (1925). Australopithecus africanus: The man-ape of South Africa. *Nature*, 115, 195-199.
Darwin, C. (1859). *On the origin of species*. Cambridge, MA: Harvard University Press. 『種の起源』（チャールズ・ダーウィン著、渡辺政隆訳、光文社）など。
Darwin, C. (1871). *The descent of man, and selection in relation to sex (2003 ed.)*. London: Gibson Square Books. 邦訳は『人間の進化と性淘汰』（チャールズ・ダーウィン著、長谷川眞理子訳、文一総合出版）がある。
Darwin, C. (1873). *The expressions of the emotions in man and animal*. London: Murray.『人及び動物の表情について』（チャールズ・ダーウィン著、浜中浜太郎訳、岩波書店）
Darwin, C. (1877). A biographical sketch of an infant. *Mind*, 2, 285-294.
Dawkins, R. (1976). *The selfish gene*. Oxford: Oxford University Press.『利己的な遺伝子』（リチャード・ドーキンス著、日高敏隆・岸由二・羽田節子・垂水雄二訳、紀伊國屋書店）
Dawkins, R. (2000). An open letter to Prince Charles. 以下から抽出。http://www.edge.org/3rd_culture/prince/prince_index.html
Deacon, T. (1997). *The symbolic species: The co-evolution of language and the brain*. New York: W.W. Norton.『ヒトはいかにして人となったか』（テレンス・W. ディーコン著、金子隆芳訳、新曜社）
Dean, L. G., et al. (2012). Identification of the social and cognitive processes underlying human cumulative culture. *Science*, 335, 1114-1118.
Deaner, R. O., et al. (2007). Overall brain size, and not encephalization quotient, best predicts cognitive ability across non-human primates. *Brain Behavior and Evolution*, 70, 115-124.
Deary, I., et al. (2010). The neuroscience of human intelligence differences. *Nature Reviews Neuroscience*, 11, 201-211.
deCastro, J. M. B., et al. (1997). A hominid from the lower Pleistocene of Atapuerca, Spain: Possible ancestor to Neanderthals and modern humans. *Science*, 276, 1392-1395.
Defleur, A., et al. (1999). Neanderthal cannibalism at Moula-Guercy, Ardeche, France. *Science*, 286, 128-131.
Dehaene, S. (2009). *Reading in the brain*. New York: Penguin Books.
Del Cul, A., et al. (2009). Causal role of prefrontal cortex in the threshold for access to consciousness. *Brain*, 132, 2531-2540.
DeLoache, J. S., & Burns, N. M. (1994). Early understanding of the representational function of pictures. *Cognition*, 52, 83-110.
Denault, L. K, & McFarlane, D. A. (1995). Reciprocal altruism between male vampire bats, Desmodus rotundus. *Animal Behaviour*, 49, 855-856.
Dennett, D. C. (1987). *The Intentional Stance*. Cambridge, Mass: Bradford Books, MIT Press.『「志向姿勢」の哲学』（ダニエル・C. デネット著、若島正・河田学訳、白揚社）
Dennett, D. C. (1995). *Darwin's dangerous idea*. New York: Simon & Schuster.『ダーウィンの危険な思想』（ダニエル・C. デネット著、山口泰司監訳・石川幹人ほか訳、青土社）
Dennett, D. C., & Kinsbourne, M. (1992). Time and the observer: the where and when of consciousness in the brain. *Behavioral and Brain Sciences*, 15, 183-201.
Dere, E., et al. (2008). *Animal episodic memory*. In E. Dere et al. (Eds.), Handbook of episodic memory (pp. 155-184). Amsterdam: Elsevier.

Churchill, S. E, et al. (2009). Shanidar 3 Neandertal rib puncture wound and paleolithic weaponry. *Journal of Human Evolution*, 57, 163-178.

Ciochon, R. L. (1996). Dated co-occurrence of Homo erectus and Gigantopithecus from Tham Khuyen Cave, Vietnam. *Proceedings of the National Academy of Sciences of the United States of America*, 93, 3016-3020.

Clayton, N. S., & Dickinson, A. (1998). Episodic-like memory during cache recovery by scrub jays. *Nature*, 395, 272-278.

Clayton, N. S., et al. (2001). Elements of episodic-like memory in animals. *Philosophical Transactions: Royal Society of London, B*, 356, 1483-1491.

Clayton, N. S., et al. (2007). Social cognition by food-caching corvids: The western scrub-jay as a natural psychologist. *Philosophical Transactions of the Royal Society B-Biological Sciences*, 362, 507-522.

Clements, W. A., & Perner, J. (1994). Implicit understanding of belief. *Cognitive Development*, 9, 377-395.

Collier-Baker, E, & Suddendorf, T. (2006). Do chimpanzees (Pan troglodytes) and 2-year-old children (Homo Sapiens) understand double invisible displacement? *Journal of Comparative Psychology*, 120, 89-97.

Collier-Baker, E, et al. (2004). Do dogs (Cams familians) understand invisible displacement? *Journal of Comparative Psychology*, 118, 421-433.

Collier-Baker, E, et al. (2005). Do chimpanzees (Pan troglodytes) understand single invisible displacement? *Animal Cognition*, 9, 55-61.

Coppens, Y. (1994). East side story: The origin of humankind. *Scientific American*, 2 70, 62-69.

Corballis, M. C. (2003). *From hand to mouth: The origins of language*. New York: Princeton University Press.『言葉は身振りから進化した』(マイケル・コーバリス著、大久保街亜訳、勁草書房)

Corballis, M. C. (2007a). Recursion, language, and starlings. *Cognitive Science*, 31, 697-704.

Corballis, M. C. (2007b). The uniqueness of human recursive thinking. *American Scientist*, 95, 242-250.

Corballis, M. C. (2011). *The recursive mind: The origins of human language, thought, and civilization*. Princeton, NJ: Princeton University Press.

Corballis, M. C., & Suddendorf, T. (2010). *The evolution of concepts: A timely look*. In D. Marshal et al. (Eds.), The making of human concepts (pp. 365-389). Oxford: Oxford University Press.

Corbey, R. (2005). *The metaphysics of apes*. Cambridge: Cambridge University Press.

Correia, S. P. C., et al. (2007). Western scrub-jays anticipate future needs independently of their current motivational state. *Current Biobgy*, 17, 85 6-861.

Cosmides, L, et al. (2005). Detecting cheaters. *Trends in Cognitive Sciences*, 9, 505-506.

Cowan, N. (2001). The magical number 4 in short-term memory: A reconsideration of mental storage capacity. *Behavioral and Brain Sciences*, 24, 87-114.

Crespi, B, & Badcock, C. (2008). Psychosis and autism as diametrical disorders of the social brain. *Behavioral and Brain Sciences*, 31, 241-261.

Cruciani, F., et al. (2011). A revised root for the human Y chromosomal phylogenetic tree: The origin of patrilineal diversity in Africa. *The American Journal of Human Genetics*, 88, 814-818.

Csibra, G., et al. (1999). Goal attribution without agency cues: The perception of 'pure reason' in infancy. *Cognition*, 72, 237-267.

Curnoe, D., et al. (2012). Human remains from the Pleistocene-Holocene transition of Southwest China suggest a complex evolutionary history for East Asians. *PLOS One*, 7, e31918.

Custance, D. M, et al. (1995). Can young chimpanzees imitate arbitrary actions? Hayes and Hayes (1952) revisited. *Behaviour*, 132, 839-858.

D'Argembeau, A., & Van der Linden, M. (2004). Phenomenal characteristics associated with projecting oneself back into the past and forward into the future: Influence of valence and temporal distance. *Consciousness and Cognition*, 13, 844-858.

The new science of the mind. Boston: Allyn and Bacon.
Butler, D. L., et al. (2012). Mirror, mirror on the wall, how does my brain recognize my image at all? *PLOS One*, 7, e31452.
Byrne, R. W., & Russon, A. E. (1998). Learning by imitation: A hierarchical approach. *Behavioral and Brain Sciences*, 21, 667-721.
Byrne, R. W, & Tanner, J. (2006). Gestural imitation by a gorilla. *International Journal of Psychology and Psychological Therapy*, 6, 215-231.
Cabana, T, et al. (1993). Prenatal and postnatal growth and allometry of stature, head circumference, and brain weight in Quebec children. *American Journal of Human Biology*, 5, 93-99.
Call, J. (2001a). Chimpanzee social cognition. *Trends in Cognitive Sciences*, 5, 388-393.
Call, J. (2001b). Object permanence in orangutans (Pongo pygmaeus), chimpanzees (Pan troglodytes), and children (Homo sapiens). *Journal of Comparative Psychology*, 115, 159-171.
Call, J. (2004). Inferences about the location of food in the great apes (Panpansicus, Pan troglodytes, Gorilla gorilla, and Pongo pygmaeus). *Journal of Comparative Psychology*, 118, 232-241.
Call, J. (2006). Inferences by exclusion in the great apes: The effect of age and species. *Animal Cognition*, 9, 393-403.
Call, J., & Tomasello, M. (1998). Distinguishing intentional from accidental actions in orangutans (Pongo pygmaeus), chimpanzees (Pan troglodytes) and human children (Homo sapiens). *Journal of Comparative Psychology*, 112, 192-206.
Call, J., et al. (1998). Chimpanzee gaze following in an object choice task. *Animal Cognition*, 1, 89-99.
Call, J., et al. (2004). 'Unwilling' versus 'unable' : Chimpanzees' understanding of human intentional action. *Developmental Science*, 7, 488-498.
Calvin, W. H. (1982). Did throwing stones shape hominid brain evolution? *Ethology and Sociobiology*, 3, 115-124.
Cann, R. L., et al. (1987). Mitochondrial DNA and human evolution. *Nature*, 325, 31-36.
Cannell, A. (2002). Throwing behaviour and the mass distribution of geological hand samples, hand grenades and Olduvian manuports. *Journal of Archaeological Science*, 29, 335-339.
Carbonell, E., et al. (2008). The first hominin of Europe. *Nature*, 452, 465-469.
Carroll, L. (1871). *Through the looking glass*. London: Macmillan.『鏡の国のアリス』(ルイス・キャロル著)
Casey, B. J., et al. (2011). Behavioral and neural correlates of delay of gratification 40 years later. *Proceedings of the National Academy of Sciences of the United States of America*, 108, 14998-15003.
Caspari, R, & Lee, S. H. (2004). Older age becomes common late in human evolution. *Proceedings of the National Academy of Sciences of the United States of America*, 101, 10895-10900.
Cavalieri, P., & Singer, P. (1995). *The great ape project: Equality beyond humanity*. New York: St. Martin's Griffin.『大型類人猿の権利宣言』(パオラ・カヴァリエリ、ピーター・シンガー編、山内友三郎・西田利貞監訳、昭和堂)
Chahl, J. S., et al. (2004). Landing strategies in honeybees and applications to uninhabited airborne vehicles. *The International Journal of Robotics Research*, 23, 101-110.
Chartrand, T. L, & Bargh, J. A. (1999). The Chameleon effect: The perception-behavior link and social interaction. *Journal of Personality and Social Psychology*, 76, 893-910.
Cheke, L. G., & Clayton, N. S. (2012). Eurasian jays [Garrulus glandarius) overcome their current desires to anticipate two distinct future needs and plan for them appropriately. *Biology Letters*, 8, 171-175.
Cheney, D. L., & Seyfarth, R. M. (1980). Vocal recognition in free-ranging vervet monkeys. *Animal Behaviour*, 28, 362-376.
Cheney, D. L, & Seyfarth, R. M. (1990). *How monkeys see the world*. Chicago: University of Chicago Press.
Churchill, S. E, & Rhodes, J. A. (2009). *The evolution of the human capacity for "killing at a distance."* Dordrecht: Springer.

Bouzouggar, A., et al. (2007). 82,000-year-old shell beads from North Africa and implications for the origins of modern human behavior. *Proceedings of the National Academy of Sciences of the United States of America*, 104, 9964-9969.

Bowles, S. (2009). Did warfare among ancestral hunter-gatherers affect the evolution of human social behaviors? *Science*, 324, 1293-1298.

Boyd, R., et al. (2011). The cultural niche: Why social learning is essential for human adaptation. *Proceedings of the National Academy of Sciences of the United States of America*, 108, 10918-10925.

Boysen, S. T, & Hallberg, K. I. (2000). Primate numerical competence: Contributions toward understanding nonhuman cognition. *Cognitive Science*, 24, 423-444.

Bramble, D. M., & Lieberman, D. E. (2004). Endurance running and the evolution of Homo. *Nature*, 432, 345-352.

Brauer, J., et al. (2009). Are apes inequity averse? New data on the token-exchange paradigm. *American Journal of Primatology*, 71, 175-181.

Braun, D. R., et al. (2010). Early hominin diet included diverse terrestrial and aquatic animals 1.95 Ma in East Turkana, Kenya. *Proceedings of the National Academy of Sciences of the United States of America*, 107, 10002-10007.

Breuer, T, et al. (2005). First observation of tool use in wild gorillas. PLOS Biology, 3, 2041-2043.

Brody, H. (2000). *The other side of Eden: Hunters, farmers and the shaping of the world.* London: Faber & Faber.『エデンの彼方』(ヒュー・ブロディ著、池央耿訳、草思社)

Brosnan, S. F, & de Waal, F. B. M. (2003). Monkeys reject unequal pay. *Nature*, 425, 297-299.

Brosnan, S. F, et al. (2005). Tolerance for inequity may increase with social closeness in chimpanzees. *Proceedings of the Royal Society B-Biological Sciences*, 272, 253-258.

Brown, F., et al. (1985). Early Homo erectus skeleton from West Lake Turkana, Kenya. *Nature*, 316, 788-792.

Brown, K. S., et al. (2009). Fire as an engineering tool of early modern humans. *Science*, 325, 859-862.

Brown, P. (2012). LB1 and LB6 Homo floresiensis are not modern human (Homo sapiens) cretins. *Journal of Human Evolution*, 62, 201-224.

Brown, P., et al. (2004). A new small-bodied hominin from the Late Pleistocene of Flores, Indonesia. *Nature*, 431, 1055-1061.

Browning, R. (1896). *The poetical works.* London: Smith, Elder & Co.

Brüne, M., & Brüne-Cohrs, U. (2006). Theory of mind-evolution, ontogeny, brain mechanisms and psychopathology. *Neuroscience and Biobehavioral Reviews*, 30, 437-455.

Brünet, M, et al. (1996). Australopithecus bahrelghazali, a new species of early hominid from Koro Toro region, Chad. *Comptes Rendus De L Academie Des Sciences Serie Ii Fascicule a—Sciences De La Terre Et Des Planetes*, 322, 907-913.

Brunet, M., et al. (2002). A new hominid from the Upper Miocene of Chad, Central Africa. *Nature*, 418, 145-151.

Burkart, J. M, et al. (2007). Other-regarding preferences in a non-human primate: Common marmosets provision food altruistically. *Proceedings of the National Academy of Sciences of the United States of America*, 104, 19762-19766.

Busby, J., & Suddendorf, T. (2005). Recalling yesterday and predicting tomorrow. *Cognitive Development*, 20, 362-372.

Busby Grant, J., & Suddendorf, T. (2009). Preschoolers begin to differentiate the times of events from throughout the lifespan. *European Journal of Developmental Psychology*, 6, 746-762.

Busby Grant, J., & Suddendorf, T. (2010). Young children's ability to distinguish past and future changes in physical and mental states. *British Journal of Developmental Psychology*, 28, 853-870.

Busby Grant, J., & Suddendorf, T. (2011). Production of temporal terms by 3-, 4-, and 5-year-old children. *Early Childhood Research Quarterly*, 26, 87-95.

Buss, D. M. (1999). *Evolutionary Psychology:*

Press.
Baron-Cohen, S. (1995). *Mindblindness: An essay on autism and theory of mind*. Cambridge, Mass.: Bradford/MIT Press.『自閉症とマインド・ブラインドネス』(サイモン・バロン＝コーエン著、長野敬・長畑正道・今野義孝訳、青土社)
Baron-Cohen, S. (2002). The extreme male brain theory of autism. *Trends in Cognitive Sciences*, 6, 248-254.
Baron-Cohen, S., et al. (1999). Recognition of faux pas by normally developing children and children with Asperger syndrome or high-functioning autism. *Journal of Autism and Developmental Disorders*, 29, 407-418.
Bartal, I. B.-A., et al. (2011). Empathy and pro-social behavior in rats. *Science*, 334, 1427-1430.
Bartlett, F. C. (1932). *Remembering: A study in experimental and social psychology*. Cambridge: Cambridge University Press.『想起の心理学』(F.C.バートレット著、宇津木保・辻正三訳、誠信書房)
Bateson, P. (1991). Assessment of pain in animals. *Animal Behaviour*, 42, 827-839.
Batki, A., et al. (2000). Is there an innate gaze module? Evidence from human neonates. *Infant Behavior and Development*, 23, 223-229.
Bauer, P. (2007). *Remembering the times of our lives: memory in infancy and beyond*. Mahwah, NJ: Laurence Erlbaum Associates.
Beirne, P. (1994). The law is an ass: Reading E. P. Evans' "The medieval prosecution and capital punishment of animals." *Society and Animals*, 2, 27-46.
Bekoff, M, & Pierce, J. (2009). *Wild justice: The moral lives of animals*. Chicago: University of Chicago Press.
Bennett, M. R., et al. (2009). Early hominin foot morphology based on 1.5-million-year-old footprints from Ileret, Kenya. *Science*, 323, 1197-1201.
Bentley-Condit, V. K., & Smith, E. O. (2010). Animal tool use: current definitions and an updated comprehensive catalog. *Behaviour*, 147, 185-221.
Berger, L. R, et al. (2010). Australopithecus sediba: A new species of Homo-like Australopith from South Africa. *Science*, 328, 195-204.
Berna, F., et al. (2012). Microstratigraphic evidence of in situ fire in the Acheulean strata of Wonderwerk Cave, Northern Cape province, South Africa. *Proceedings of the National Academy of Sciences of the United States of America*, 109, E1215-E1220.
Berwick, R. C., et al. (2013). Evolution, brain, and the nature of language. *Trends in Cognitive Sciences*, 17, 89-98.
Bird, C. D, & Emery, N. J. (2009). Rooks use stones to raise the water level to reach a floating worm. *Current Biology*, 19, 1410-1414.
Bischof, N. (1985). *Das Ratzel Odipus [The Oedipus riddle]*, Munich: Piper.『エディプスの謎』(ノルベルト・ビショッフ著、藤代幸一・工藤康弘訳、法政大学出版局)
Bischof-Kohler, D. (1985). Zur Phylogenese menschlicher Motivation [On the phylogeny of human motivation]. In L. H. Eckensberger & E. D. Lantermann (Eds.), *Emotion und Reflexivität* (pp. 3-47). Vienna: Urban & Schwarzenberg.
Blair, R. J. R. (2001). Neurocognitive models of aggression, the antisocial personality disorders, and psychopathy. *Journal of Neurology Neurosurgery and Psychiatry*, 71, 727-731.
Boesch, C. (1990). Tool use and tool making in wild chimpanzees. *Folia Primatologica*, 54, 86-99.
Boesch, C. (1991). Teaching among wild chimpanzees. *Animal Behaviour*, 41, 530-532.
Boesch, C. (1994). Chimpanzees-red colobus monkeys: A predator-prey system. Animal Behaviour, 47, 1135-1148.
Boesch, C., & Boesch, H. (1984). Mental map in wild chimpanzees: An analysis of hammer transports for nut cracking. *Primates*, 25, 160-170.
Bogin, B. (1999). Evolutionary perspective on human growth. *Annual Review of Anthropology*, 28, 109-153.
Boring, E. G. (1923). Intelligence as the test tests it. *New Republic*, 35, 35-37.
Borjeson, L, et al. (2006). Scenario types and techniques: Towards a user's guide. *Futures*, 38, 723-739.

参考文献

Adams, D. (1979). *The hitchhiker's guide to the galaxy*. London: Pan.『銀河ヒッチハイク・ガイド』(ダグラス・アダムス著、安原和見訳、河出書房新社)

Addis, D. R, et al. (2007). Remembering the past and imagining the future: Common and distinct neural substrates during event construction and elaboration. *Neuropsychologia*, 45, 1363-1377.

Addis, D. R, et al. (2008). Age-related changes in the episodic simulation of future events. *Psychological Science*, 19, 33-41.

Alemseged, Z., et al. (2006). A juvenile early hominin skeleton from Dikika Ethiopia. *Nature*, 443, 296-301.

Alexander, R. D. (1989). Evolution of the human psyche. In P. Mellars & C. Stringer (Eds.). *The human revolution: behavioral and biological perspectives on the origins of modern humans* (pp. 455-513). Princeton, NJ: Princeton University Press.

Alloway, T. P., et al. (2006). Verbal and visuospatial short-term and working memory in children: Are they separable? *Child Development*, 77, 1698-1716.

Ambrose, S. H. (2001). Paleolithic technology and human evolution. *Science*, 291, 1748-1753.

Anderson, J. R., & Gallup, G. G. (2011). Which primates recognize themselves in mirrors. *PLOS Biology*, 9, 1-3.

Apperly, I. A., & Butterfill, S. A. (2009). Do humans have two systems to track beliefs and belief-like states? *Psychological Review*, 116, 953-970.

Arensburg, B, et al. (1990). A reappraisal of the anatomical basis for speech in middle paleolithic hominids. *American Journal of Physical Anthropology*, 83, 137-146.

Asfaw, B, et al. (1999). Australopithecus garhi: A new species of early hominid from Ethiopia. *Science*, 284, 629-635.

Astington, J. W, & Jenkins, J. M. (1999). A longitudinal study of the relation between language and theory-of-mind development. *Developmental Psychology*, 35, 1311-1320.

Axelrod, R., & Hamilton, W. D. (1981). The evolution of cooperation. *Science*, 211, 1390-1396.

Azevedo, F. A. C., et al. (2009). Equal numbers of neuronal and nonneuronal cells make the human brain an isometrically scaled-up primate brain. *Journal of Comparative Neurology*, 513, 532-541.

Baars, B. J. (2005). Global workspace theory of consciousness: Toward a cognitive neuroscience of human experience, *Progress in Brain Research* (Vol. 150, pp. 45-53).

Baddeley, A. (1992). Working memory. *Science*, 255, 556-559.

Baddeley, A. (2000). The episodic buffer: a new component of working memory? *Trends in Cognitive Sciences*, 4, 417-423.

Baillargeon, R. (1987). Object permanence in 3 1/2-month-old and 4 1/2-month-old infants. *Developmental Psychology*, 23, 655-664.

Baiter, M. (2010). Did working memory spark creative culture? *Science*, 328, 160-163.

Baiter, M. (2012a). Did Neandertals truly bury their dead? *Science*, 337, 1443-1444.

Baiter, M. (2012b). Early dates for artistic Europeans. *Science*, 336, 1086-1087.

Baiter, M. (2012c). Ice age tools hint at 40,000 years of bushman culture. *Science*, 337, 512.

Baiter, M. (2012d). 'Killjoys' challenge claims of clever animals. *Science*, 335, 1036-1037.

Bar, M. (2011). *Predictions in the brain: Using our past to generate a future*. Oxford: Oxford University Press.

Bard, K. A. (1994). Evolutionary roots of intuitive parenting: Maternal competence in chimpanzees. *Early Development and Parenting*, 3, 19-28.

Bard, K. A. (2003). Are humans the only primates that cry? *Scientific American*, June 16.

Bard, K. A., et al. (2006). Self-awareness in human and chimpanzee infants: What is measured and what is meant by the mark and mirror test. *Infancy*, 9, 191-219.

Barkow, J. H, et al. (Eds.). (1992). *The adapted mind: Evolutionary psychology and the generation of culture*. Oxford: Oxford University

[11] Gilbert & Sullivan, 2010.
[12] Varki et al., 1998.
[13] Suddendorf & Butler, 2013.
[14] Milot et al., 2011.
[15] McAuliffe, 2010.
[16] McDaniel, 2005.
[17] Johnson, 2005.
[18] Diamond, 2005.
[19] e.g., Hare et al., 2012.
[20] Pinker, 2011a.
[21] Jantz, 2001.
[22] 大型類人猿保全パートナーシップ（GRASP）のウェブサイトを参照。http://www.un-grasp.org.

[49] Wood & Collard, 1999.
[50] Bennett et al., 2009.
[51] Brown et al., 1985.
[52] Graves et al., 2010.
[53] e.g., Groves, 2012a.
[54] Robson & Wood, 2008.
[55] Stanford et al., 2013.
[56] Bramble & Lieberman, 2004.
[57] Falk, 1990.
[58] Ruxton & Wilkinson, 2011.
[59] O'Connell et al., 1999.
[60] Wrangham, 2009.
[61] Brown et al., 2009.
[62] Goren-Inbar et al., 2004; Berna et al., 2012.
[63] Carbonell et al., 2008.
[64] Stewart & Stringer, 2012.
[65] Yokoyama et al., 2008.
[66] Swisher et al., 1996.
[67] Ungar & Sponheimer, 2011.
[68] Lepre et al., 2011.
[69] Stout, 2011.
[70] Calvin, 1982.
[71] Wu et al., 2011.
[72] Dunbar, 1992, 1996.
[73] Shipton, 2010.
[74] Lordkipanidze et al., 2005.
[75] deCastro et al., 1997.
[76] Villa & Lenoir, 2009.
[77] Thieme, 1997; 次も参照。Churchill & Rhodes, 2009.
[78] Johnson & McBrearty, 2010.
[79] Ambrose, 2001; Lombard, 2012.
[80] Wilkins et al., 2012.
[81] Stanford et al., 2013; Trinkaus, 1995.
[82] Lalueza-Fox et al., 2007.
[83] Krause et al., 2007b.
[84] Stringer et al., 2008.
[85] Defleur et al., 1999.
[86] Green et al., 2010.
[87] Dalen et al., 2012.
[88] Dettwyler, 1991.
[89] Langley et al., 2008; but see Balter, 2012a.
[90] Langley et al., 2008.
[91] Ramirez Rozzi & Bermudez De Castro, 2004.
[92] Zilhao et al., 2010.
[93] Balter, 2012b.
[94] Lieberman, 1991.
[95] Arensburg et al., 1990.
[96] Martinez et al., 2008.
[97] Alemseged et al., 2006.
[98] Krause et al., 2007a.
[99] Enard et al., 2002.
[100] Corballis, 2003.
[101] Smith et al., 2007.
[102] e.g., d'Errico & Stringer, 2011; Lombard, 2012.
[103] Grun et al., 2005.
[104] Bouzouggar et al., 2007.
[105] Churchill & Rhodes, 2009.
[106] Wadley, 2010.
[107] Balter, 2012c.
[108] Balter, 2012b.
[109] Langley et al., 2008.
[110] d'Errico & Stringer, 2011.
[111] Lombard, 2012.
[112] Caspari & Lee, 2004.
[113] O'Connell et al., 1999.
[114] Reich et al., 2011.
[115] Curnoe et al., 2012.
[116] Brown et al., 2004.
[117] e.g., Brown, 2012; Oxnard et al., 2010.
[118] Darwin, 1871, p. 132.
[119] たとえば次を参照。http://edge.org/conversation/the-false-allure-of-group-selection#edn9.
[120] Darwin, 1871, p. 132.
[121] e.g., Bowles, 2009.
[122] Keeley, 1996; Thorpe, 2003.
[123] Churchill et al., 2009.
[124] Ramirez Rozzi et al., 2009.
[125] Gibbons, 2011.
[126] Hammer et al., 2011.

第12章　どこに行くのか？

[1] Smil, 2002.
[2] Schmandt-Besserat, 1992.
[3] Brody, 2000.
[4] Dehaene, 2009.
[5] Vidal, 1981.
[6] Sagan, 1980, p. 282.
[7] 次を参照。http://royalsocietypublishing.org/journals/.
[8] Linnaeus, 1758.
[9] e.g., Borjeson et al., 2006.
[10] Diamond, 2005; Singer, 2002.

[2] Johnson & Redish, 2007.
[3] Wilson & McNaughton, 1994; Karlsson & Frank, 2009.
[4] Gupta et al., 2010.
[5] Suddendorf & Whiten, 2001.
[6] Gopnik, 2012.
[7] Harris et al., 1996; Rafetseder et al., 2010.
[8] Corballis, 2011.
[9] Baars, 2005.
[10] 次を参照。Dennett & Kinsbourne, 1992.
[11] Gilbert, 2006.
[12] Frith & Frith, 2010.
[13] Tomasello, 2009.
[14] Miller, 1998.
[15] Nesse & Berridge, 1997.
[16] Tomasello et al., 1993b.
[17] de Waal et al., 2008.
[18] Herschel, 1830, pp. 1–2.
[19] DeSilva & Lesnik, 2006.
[20] Gould, 1978.
[21] Bogin, 1999; Locke & Bogin, 2006.
[22] Cabana et al., 1993.
[23] Hill et al., 2009.
[24] Huttenlocher, 1990.
[25] Paus et al., 1999.
[26] Luna et al., 2004.
[27] e.g., Lebel et al., 2012.
[28] Hill et al., 2009.
[29] Tardif, 1997.
[30] Lancaster & Lancaster, 1983.
[31] Walker & Herndon, 2008.
[32] Hawkes, 2003; だが次を参照。Hill et al., 2009.
[33] Lahdenpera et al., 2004; Sear & Mace, 2008.
[34] Gurven & Kaplan, 2007.
[35] Staudinger & Gluck, 2011.
[36] Pinker, 2010; Tooby & DeVore, 1987.
[37] e.g., Holdaway & Jacomb, 2000; Turney et al., 2008.

第11章　現実の中つ国

[1] Flannery, 1994.
[2] Thomson et al., 2000.
[3] Cruciani et al., 2011.
[4] Zerjal et al., 2003.
[5] Cann et al., 1987.
[6] McDougall et al., 2005.
[7] Derevianko, 2012; Mellars, 2006; Soares et al., 2009; Stanford et al., 2013.
[8] Holdaway & Jacomb, 2000.
[9] Diamond, 2005.
[10] Green et al., 2010; Reich et al., 2011.
[11] Dart, 1925.
[12] Robson & Wood, 2008.
[13] Groves, 2012b.
[14] Groves, 2012a; Robson & Wood, 2008; Stanford et al., 2013.
[15] Suddendorf, 2004.
[16] Morgan, 1982; 批判については次を参照。Langdon, 2006.
[17] Patterson et al., 2006.
[18] Scally et al., 2012.
[19] Brunet et al., 2002.
[20] 特に記載していない限り、ホミニンの頭蓋容量は本章を通じて以下の文献に基づいている。Robson & Wood, 2008.
[21] Senut et al., 2001.
[22] Haile-Selassie, 2001.
[23] White et al., 2009. 頭蓋容量については次を参照。Suwa et al., 2009.
[24] Kivell & Schmitt, 2009.
[25] Thorpe et al., 2007.
[26] Coppens, 1994.
[27] Young, 2003.
[28] Hart & Sussman, 2005.
[29] Johanson, 2004.
[30] Dart, 1925.
[31] Holloway, 2008.
[32] Leakey & Hay, 1979.
[33] Haile-Selassie et al., 2012.
[34] Reed et al., 2007.
[35] Toups et al., 2011.
[36] McPherron et al., 2010; だが次を参照。Dominguez-Rodrigo et al., 2012.
[37] Semaw, 2000; Dominguez-Rodrigo et al., 2005.
[38] Asfaw et al., 1999.
[39] Brunet et al., 1996.
[40] Leakey et al., 2001.
[41] Berger et al., 2010.
[42] Ungar & Sponheimer, 2011.
[43] Stedman et al., 2004.
[44] Leakey et al., 1964.
[45] Braun et al., 2010.
[46] Cannell, 2002.
[47] Young, 2003.
[48] McHenry & Coffing, 2000.

auschwitz/6.2.7B.htm.
[3] Whitehead, 1956, p. 145.
[4] de Waal, 2006.
[5] e.g., McIlwain, 2003.
[6] e.g., Tomasello, 2009.
[7] 188 clear signs of sympathy: Zahn-Waxler et al., 1979.
[8] Svetlova et al., 2010.
[9] e.g., Fehr et al., 2008.
[10] Pinker, 2011a.
[11] de Waal, 2006.
[12] Einstein, 1950, p. 71.
[13] Haidt, 2007; Mikhail, 2007.
[14] Axelrod & Hamilton, 1981.
[15] e.g. Fehr & Gachter, 2002.
[16] Fehr & Fischbacher, 2003; Henrich et al., 2006.
[17] Hill et al., 2009.
[18] Fehr & Fischbacher, 2004.
[19] e.g., Harre, 2011.
[20] Hewstone et al., 2002.
[21] Hill et al., 2009.
[22] Shweder et al., 1987.
[23] Pinker, 2011a.
[24] Darwin, 1871, pp. 122–123.
[25] 次を参照。 http://www.un.org/en/documents/udhr/.
[26] de Waal, 2006.
[27] Kohlberg, 1963.
[28] Mikhail, 2007.
[29] e.g., Haidt, 2007.
[30] Trivers, 1971.
[31] 懐疑的な反応については次を参照。Sterelny, 2010.
[32] Gilbert & Wilson, 2007.
[33] Suddendorf, 2011.
[34] Mischel et al., 1989.
[35] Casey et al., 2011.
[36] Darwin, 1871, p.123.
[37] von Hippel & Trivers, 2011.
[38] D'Argembeau & Van der Linden, 2008.
[39] Pinker, 2011b.
[40] Suddendorf, 2011.
[41] Twain, 1906, p. vi.
[42] Goodall, 1986.
[43] Goodall, 1986, p. 351.
[44] Murray et al., 2007.
[45] de Waal, 1996; Goodall, 1986.
[46] de Waal & Aureli, 1996.
[47] Parr, 2001.
[48] Bartal et al., 2011; Rice & Gainer, 1962.
[49] Silk, 2010.
[50] Fouts, 1997.
[51] de Waal, 1996.
[52] Yamamoto et al., 2009.
[53] Melis et al., 2008.
[54] Warneken & Tomasello, 2009.
[55] Ueno & Matsuzawa, 2004.
[56] Gomes & Boesch, 2009.
[57] Gilby, 2006.
[58] Silk et al., 2005.
[59] Horner et al., 2011.
[60] e.g., Burkart et al., 2007.
[61] Melis et al., 2006b.
[62] Hamann et al., 2011.
[63] Cheney & Seyfarth, 1990; Hauser & Marler, 1993.
[64] Bekoff & Pierce, 2009, p.7.
[65] Mahajan et al., 2011.
[66] Tomasello, 2009.
[67] Strum, 2008; 次も参照。von Rohr et al., 2011.
[68] 次の文献で、霊長類の公平性がレベル1の道徳性の一部として論じられている。Brosnan & de Waal, 2003. De Waal (2006).
[69] Roma et al., 2006; Wynne, 2004; だが次を参照。van Wolkenten et al., 2007.
[70] Brosnan et al., 2005; Range et al., 2009; だが次を参照。Brauer et al., 2009.
[71] Darwin, 1873.
[72] de Waal, 1996; Goodall, 1986.
[73] de Waal, 2006.
[74] Hauser & Marler, 1993.
[75] von Rohr et al., 2011.
[76] Darwin, 1871, p. 610.
[77] Bekoff & Pierce, 2009; de Waal, 2006.
[78] Korsgaard, 2006.
[79] Lyn et al., 2008.
[80] Wise, 2000.
[81] Dufour et al., 2007; Rosati et al., 2007.
[82] Evans & Beran, 2007.
[83] Cavalieri & Singer, 1995.
[84] Beirne, 1994.
[85] e.g., Stamp Dawkins, 2012.
[86] Pinker, 2011a.

第10章 ギャップにご注意

[1] Russell, 1954, p. 1.

[63] Inoue & Matsuzawa, 2007.
[64] Silberberg & Kearns, 2009.
[65] Read, 2008.
[66] Balter, 2010.
[67] Cheney & Seyfarth, 1990; Premack, 2007.
[68] Sterelny, 2003.
[69] Glickman & Sroges, 1966.
[70] Whiten & Suddendorf, 2007.
[71] Reader & Laland, 2003.
[72] Parker, 1974a, 1974b.

第8章　新しい遺産

[1] Dennett, 1995, p. 331.
[2] e.g., Evans & Levinson, 2009.
[3] e.g., de Waal, 2005.
[4] Sleator, 2010.
[5] Hamilton, 1964.
[6] Madsen et al., 2007.
[7] Daly & Wilson, 1988.
[8] Trivers, 1971.
[9] e.g., Harman, 2010; Ridley, 1997.
[10] Tinbergen, 1963.
[11] Mealey, 1995.
[12] Dawkins, 1976.
[13] e.g., Cosmides et al., 2005.
[14] Haidt, 2007.
[15] Tomasello, 1999, p. 526.
[16] e.g., Boyd et al., 2011; Dennett, 1995; Sterelny, 2003.
[17] Whiten, 2005.
[18] Dawkins, 1976.
[19] Mesoudi et al., 2006; Sterelny, 2003.
[20] Sterelny, 2003.
[21] Flannery, 1994; Taylor, 2010.
[22] Meltzoff & Moore, 1977; だが次を参照。Suddendorf et al., 2013.
[23] Meltzoff, 1988.
[24] Gergely et al., 2002.
[25] Nielsen, 2006.
[26] Williams et al., 2001.
[27] e.g., Kana et al., 2011.
[28] Chartrand & Bargh, 1999.
[29] van Baaren et al., 2004.
[30] Feldman, 2012.
[31] Maynard, 2002.
[32] Tomasello et al., 1993a.
[33] Corballis & Suddendorf, 2010.
[34] Ostrom, 2009.
[35] Stevens & Hauser, 2004.
[36] Denault & McFarlane, 1995.
[37] de Waal, 1989.
[38] Melis et al., 2006a.
[39] Horner et al., 2010.
[40] Kawai, 1965.
[41] Shermer, 1997.
[42] Whiten & Mesoudi, 2008.
[43] Whiten et al., 2005.
[44] Dindo et al., 2011.
[45] Whiten et al., 1999.
[46] van Schaik et al., 2003.
[47] Rendell & Whitehead, 2001.
[48] Holzhaider et al., 2010; Hunt & Gray, 2003.
[49] Whiten & Ham, 1992.
[50] Fiorito & Scotto, 1992.
[51] Byrne & Russon, 1998.
[52] e.g., Tennie et al., 2004.
[53] Ferrari et al., 2006; Myowa-Yamakoshi et al., 2004.
54] Rizzolatti et al., 1996.
[55] Noad et al., 2000.
[56] Garland et al., 2011.
[57] Morete et al., 2003.
[58] Herman, 2002.
[59] Byrne & Russon, 1998; Russon & Galdikas, 1993.
[60] Nielsen et al., 2005.
[61] Haun & Call, 2008.
[62] Hayes & Hayes, 1952.
[63] Byrne & Tanner, 2006; Custance et al., 1995; Miles et al., 1996.
[64] Mitchell & Anderson, 1993.
[65] Paukner et al., 2009.
[66] Whiten et al., 1996.
[67] Whiten, 2005.
[68] Horner & Whiten, 2005.
[69] e.g., Boyd et al., 2011.
[70] Nielsen & Tomaselli, 2010.
[71] Hoppitt et al., 2008.
[72] Guinet & Bouvier, 1995.
[73] Boesch, 1991.
[74] Dean et al., 2012.

第9章　善と悪

[1] Darwin, 1871, p. 97.
[2] Johann Kremers Tagebuch in Auszügen, http://auschwitz-ag.org/unternehmen_

[44] de Waal, 1986.
[45] Povinelli et al., 2000.
[46] Suddendorf & Whiten, 2003.
[47] e.g., Tomasello et al., 1999; Call et al., 1998.
[48] Emery, 2000.
[49] Hare et al., 2000.
[50] Flombaum & Santos, 2005.
[51] Hare et al., 2001.
[52] Tomasello & Carpenter, 2005.
[53] Call & Tomasello, 1998.
[54] Call et al., 2004.
[55] Krachun et al., 2009a.
[56] Hare et al., 2006.
[57] Leaver et al., 2007.
[58] Clayton et al., 2007. 懐疑的な批判については次を参照。van der Vaart et al., 2012.
[59] Kaminski et al., 2008; Krachun et al., 2009b.
[60] Heyes, 1998; Penn & Povinelli, 2007.
[61] Call, 2001a.
[62] Herrmann et al., 2007; Tomasello et al., 2005.
[63] Warneken et al., 2006.
[64] Hare & Tomasello, 2004; Liszkowski et al., 2009.
[65] Mulcahy & Call, 2009; Mulcahy & Suddendorf, 2011.
[66] Povinelli et al., 1997.
[67] Lyn et al., 2011.
[68] Herrmann et al., 2007.
[69] de Waal et al., 2008.
[70] Penn & Povinelli, 2007.

第７章　より賢い類人猿

[1] Hoffer, 1973, p. 19.
[2] Chahl et al., 2004.
[3] Neisser et al., 1996.
[4] Boring, 1923.
[5] Gottfredson, 1997.
[6] Flynn, 2000.
[7] Deary et al., 2010; Neisser et al., 1996.
[8] Sternberg, 1999.
[9] Gardner, 1993.
[10] Salovey & Mayer, 1990.
[11] Pinker, 1997, p. 62.
[12] James, 1890.
[13] Russell, 2009, p. 45.
[14] Tversky & Kahneman, 1974.
[15] Miller, 2003.
[16] Cowan, 2001.
[17] Baddeley, 1992, 2000.
[18] Suddendorf & Corballis, 2007.
[19] Read, 2008.
[20] Oberauer et al., 2005; Oberauer et al., 2008.
[21] Alloway et al., 2006.
[22] Halford et al., 2007; Halford et al., 1998.
[23] Oberauer et al., 2008.
[24] Gordon & Olsen, 1998.
[25] Balter, 2010.
[26] Gerrans, 2007.
[27] Sternberg, 1999.
[28] Darwin, 1871, p. 45.
[29] Corballis, 2011.
[30] Suddendorf & Fletcher-Flinn, 1999.
[31] e.g., Suddendorf & Dong, 2013.
[32] Bentley-Condit & Smith, 2010.
[33] Wilcox & Jackson, 2002.
[34] Suddendorf, 1999b.
[35] Smith et al., 1995.
[36] Smith et al., 2012.
[37] Köhler, 1917/1925.
[38] Mulcahy et al., 2005.
[39] Bentley-Condit & Smith, 2010.
[40] Taylor et al., 2007.
[41] Emery & Clayton, 2004.
[42] Heinrich, 1995.
[43] Taylor et al., 2010.
[44] Povinelli, 2000.
[45] Mulcahy et al., 2013.
[46] e.g., Yocom & Boysen, 2011.
[47] Mendes et al., 2007.
[48] Bird & Emery, 2009.
[49] Taylor et al., 2011.
[50] Visalberghi & Limongelli, 1994.
[51] Povinelli, 2000.
[52] Penn et al., 2008.
[53] Seed et al., 2009.
[54] Taylor et al., 2009.
[55] Taylor et al., 2012.
[56] Gillan et al., 1981.
[57] Penn et al., 2008.
[58] Flemming et al., 2008.
[59] Call, 2006.
[60] Call, 2004.
[61] Hill et al., 2011.
[62] e.g., Kawai & Matsuzawa, 2000.

立つ可能性がある。Roediger & McDermott, 2011.
[29] Szagun, 1978.
[30] Gilbert, 2006.
[31] 両親と子どもの会話と子どもの記憶については、次を参照。e.g., Fivush et al., 2006. 将来の時間概念については次を参照。Hudson 2006.
[32] e.g., Busby Grant & Suddendorf, 2011; Nelson & Fivush, 2004.
[33] e.g., Bauer, 2007; Nelson & Fivush, 2004.
[34] Taylor et al., 1994.
[35] Busby Grant & Suddendorf, 2010.
[36] Suddendorf et al., 2011.
[37] e.g., Friedman, 2005; 次も参照。Busby Grant & Suddendorf, 2009.
[38] Browning, 1896, p. 425.
[39] Roberts, 2002.
[40] Menzel, 2005.
[41] e.g., Foster & Wilson, 2006; Tolman, 1948.
[42] e.g., Clayton & Dickinson, 1998; Clayton et al., 2001.
[43] 総説については次を参照。Dere et al., 2008; Suddendorf & Corballis, 2008a.
[44] Eichenbaum et al., 2005.
[45] Suddendorf & Busby, 2003.
[46] Suddendorf & Corballis, 2010.
[47] Dawkins, 2000.
[48] Mitchell et al., 2009.
[49] Fabre, 1915.
[50] Garcia et al., 1966.
[51] Garcia & Koelling, 1966.
[52] Mulcahy et al., 2005.
[53] Boesch & Boesch, 1984.
[54] Bischof, 1985; Bischof-Köhler, 1985.
[55] Roberts, 2002.
[56] Correia et al., 2007; 次も参照。Cheke & Clayton, 2012.
[57] Naqshbandi & Roberts, 2006. For a killjoy critique, see Suddendorf & Corballis, 2008b.
[58] Dufour et al., 2007.
[59] Mulcahy & Call, 2006a. この証拠への批判については次を参照。Suddendorf, 2006.
[60] Osvath & Osvath, 2008. 懐疑的な批判については次を参照。Suddendorf et al., 2009a.
[61] Dufour & Sterck, 2008.
[62] Osvath, 2009.

第6章　心を読む者

[1] Zimmer, 2003, p. 1079.
[2] Dennett, 1987.
[3] Gopnik, 1993.
[4] Gordon, 1996.
[5] Suddendorf & Corballis, 1997.
[6] e.g., Moore, 2006.
[7] Batki et al., 2000.
[8] Peterson et al., 2000.
[9] Feldman et al., 2006.
[10] Moore, 2013.
[11] Liszkowski et al., 2004.
[12] e.g., Tomasello et al., 2005.
[13] e.g., Dennett, 1987; Perner, 1991.
[14] Suddendorf & Corballis, 1997.
[15] Hazlitt, 1805, p. 1.
[16] Baron-Cohen, 2002; Crespi & Badcock, 2008.
[17] e.g., Baron-Cohen, 1995; Brüne & Brüne-Cohrs, 2006.
[18] Penn & Povinelli, 2007.
[19] Premack & Woodruff, 1978.
[20] Wimmer & Perner, 1983.
[21] Wellman et al., 2001.
[22] Ruffman et al., 1998.
[23] Astington & Jenkins, 1999.
[24] Peterson & Siegal, 2000.
[25] Gopnik & Astington, 1988.
[26] O'Neill et al., 1992.
[27] Flavell et al., 1983.
[28] e.g., Suddendorf, 2011.
[29] Dunbar, 2007.
[30] Baron-Cohen et al., 1999.
[31] Tedeschi, 1981.
[32] Csibra et al., 1999.
[33] Meltzoff, 1995.
[34] Clements & Perner, 1994; Onishi & Baillargeon, 2005.
[35] Apperly & Butterfill, 2009.
[36] Shahaeian et al., 2011; Wellman & Liu, 2004.
[37] Bard, 1994.
[38] 人間は霊長類で唯一、涙を流す。Bard, 2003.
[39] e.g., Goodall, 1986.
[40] Whiten & Byrne, 1988.
[41] Jerison, 1973.
[42] Povinelli et al., 1990, 1992.
[43] e.g., Povinelli & Eddy, 1996.

[4] Hauser, 1996.
[5] e.g., Perner, 1991.
[6] e.g., DeLoache & Burns, 1994.
[7] Suddendorf, 2003.
[8] e.g., Perner, 1991.
[9] Garrod et al., 2007.
[10] Diamond, 2010.
[11] e.g., Corballis, 2003.
[12] e.g., Corballis, 2011; Hauser et al., 2002.
[13] チョムスキーの近年の理論化や、彼が現在「併合」と呼んでいる基本的な操作については、次を参照。Berwick et al., 2013.
[14] Hauser et al., 2002. 批判については次を参照。Jackendoff & Pinker, 2005. 再帰にかんする議論については次を参照。Corballis, 2011.
[15] Skinner, 1957.
[16] Pinker, 1994.
[17] Berwick et al., 2013.
[18] Evans & Levinson, 2009; Everett, 2005.
[19] Corballis, 2011.
[20] Levinson & Gray, 2012.
[21] Dunn et al., 2011.
[22] de Saint-Exupéry, 1943.
[23] Grice, 1989.
[24] Suddendorf, 2008.
[25] Suddendorf et al., 2009b.
[26] Corballis, 2011; Radick, 2007.
[27] 次の文献で引用されている。Radick, 2007, p. 31.
[28] Radick, 2007; Suddendorf et al., 2012.
[29] Gould & Eldredge, 1977.
[30] e.g., Corballis, 2003.
[31] Cheney & Seyfarth, 1990.
[32] Premack, 2007.
[33] Hauser, 1996.
[34] Garland et al., 2011; Noad et al., 2000.
[35] Smith et al., 2008.
[36] Slobodchikoff et al., 2009.
[37] Mäthger et al., 2009.
[38] Kafka, 1917.
[39] Premack, 2007.
[40] Pepperberg, 1987.
[41] Herman et al., 1993.
[42] Schusterman & Gisiner, 1988.
[43] Kaminski et al., 2004.
[44] Washoe (Gardner & Gardner, 1969); Koko (Patterson & Linden, 1981); Chantek (Miles, 1994); Sarah (Premack & Premack, 1983); Kanzi (Savage-Rumbaugh et al., 1993).
[45] Terrace, 1979.
[46] e.g., Savage-Rumbaugh et al., 1980; Fouts, 1997.
[47] Kuhlmeier & Boysen, 2002.
[48] Matsuzawa, 2009.
[49] Lyn et al., 2011.
[50] Patterson, 1991.
[51] Fitch & Hauser, 2004.
[52] Savage-Rumbaugh et al., 1993.
[53] Gentner et al. 2006. だが次も参照。Corballis, 2007a.
[54] Pinker, 1994.
[55] Boysen & Hallberg, 2000. 次も参照。Matsuzawa, 2009.

第5章　時間旅行者

[1] Russell, 1954, p. 179.
[2] Holden, 2005.
[3] Bischof, 1985.
[4] Suddendorf & Corballis, 1997.
[5] Carroll, 1871.
[6] Wearing, 2005.
[7] Tulving, 1985, 2005.
[8] Suddendorf & Busby, 2005; Tulving, 2005.
[9] Thompson-Cannino et al., 2009.
[10] Loftus, 1992; Schacter, 1999.
[11] Bartlett, 1932.
[12] D'Argembeau & Van der Linden, 2008
[13] Bar, 2011; Suddendorf & Corballis, 2007.
[14] Schacter et al., 2007; Suddendorf & Corballis, 1997, 2007.
[15] Klein et al., 2002; Tulving, 1985
[16] Busby & Suddendorf, 2005; Suddendorf, 2010b.
[17] D'Argembeau & Van der Linden, 2004.
[18] Addis et al., 2008.
[19] Williams et al., 1996; D'Argembeau et al., 2008.
[20] Addis et al., 2007; Okuda et al., 2003
[21] Suddendorf, 2010a.
[22] Gilbert & Wilson, 2007; Suddendorf & Corballis, 2007.
[23] Suddendorf & Corballis, 2007.
[24] Suddendorf, 2006.
[25] Zimbardo & Boyd, 1999.
[26] "Beautiful Boy (Darling Boy)."
[27] Suddendorf & Corballis, 2007
[28] 社会的想起は記憶の正確さに対してプラスの効果もマイナスの効果もあるが、両方とも役に

[43] Azevedo et al., 2009.
[44] Adams, 1979.
[45] Jerison, 1973; Roth & Dicke, 2005.
[46] Deaner et al., 2007.
[47] Whiten & Suddendorf, 2007.
[48] Preuss, 2000.
[49] Herculano-Houzel, 2009.
[50] Holloway, 2008.
[51] Noack, 2012.
[52] Preuss et al., 1999.
[53] Elston et al., 2006.
[54] Nimchinsky et al., 1999.

第3章　心と心の比較

[1] Balter, 2012d.
[2] e.g., Lea, 2001; Wise, 2000.
[3] Darwin, 1871, p. 126.
[4] Lindsay, 1880.
[5] e.g., Wynne, 2001.
[6] Shettleworth, 2010.
[7] Suddendorf & Corballis, 1997.
[8] Collier-Baker et al., 2004; Suddendorf & Corballis, 2008b.
[9] Nielsen et al., 2005.
[10] Hamlin et al., 2007.
[11] Scarf et al., 2012.
[12] James, 1890.
[13] Darwin, 1871.
[14] e.g., Leslie, 1987.
[15] Wrangham & Peterson, 1996.
[16] Whiten & Byrne, 1988.
[17] Savage-Rumbaugh, 1986.
[18] Patterson & Linden, 1981.
[19] Hayes, 1951.
[20] Leslie, 1987.
[21] Whiten & Suddendorf, 2007.
[22] Flavell, 1963.
[23] Baillargeon, 1987.
[24] Call, 2001b; Collier-Baker et al., 2005.
[25] e.g., Gagnon & Doré, 1994.
[26] Collier-Baker et al., 2004.
[27] Mendes & Huber, 2004; Fedor et al., 2008.
[28] Call, 2001b; Collier-Baker & Suddendorf, 2006.
[29] e.g., Call, 2004, 2006; Hill et al., 2011.
[30] e.g., Suddendorf & Butler, 2013.
[31] Darwin, 1877.
[32] Gallup, 1970.
[33] 総説については次を参照。Swartz et al., 1999; Tomasello & Call, 1997.
[34] e.g., Posada & Colell, 2007.
[35] e.g., Nielsen & Dissanayake, 2004.
[36] Kaertner et al., 2012.
[37] Priel & Deschonen, 1986.
[38] Bard et al., 2006.
[39] Anderson & Gallup, 2011.
[40] Epstein et al., 1981.
[41] Roma et al., 2007.
[42] Reiss & Marino, 2001; http://www.pnas.org/content/suppl/2001/05/02/101086398.DC1/0863Movie2.mov.
[43] カササギについては次を参照。Prior et al. 2008 and http://www.youtube.com/watch?v=4mD8velB83w。ゾウについては次を参照。Plotnik et al., 2006 and http://www.pnas.org/content/suppl/2006/10/26/0608062103.DC1/08062Movie3.mov.
[44] Anderson & Gallup, 2011; Suddendorf & Butler, 2013.
[45] Swartz et al., 1999.
[46] Jones & Nishiguchi, 2004.
[47] e.g. Gallup, 1998.
[48] Lewis et al., 1989.
[49] Lewis & Ramsay, 2004.
[50] Heyes, 1994.
[51] Neisser, 1997.
[52] Perner, 1991.
[53] Nielsen et al., 2006.
[54] Suddendorf et al., 2007.
[55] Povinelli et al., 1996; Suddendorf, 1999a.
[56] Butler et al., 2012.
[57] e.g., Lewis & Ramsay, 2004; Nielsen & Dissanayake, 2004.
[58] Suddendorf & Whiten, 2001.
[59] Hyatt, 1998; Lethmate & Dücker, 1973; Ujhelyi et al., 2000.
[60] Suddendorf & Collier-Baker, 2009; http://rspb.royalsocietypublishing.org/content/suppl/2009/02/24/rspb.2008.1754.DC1/rspb20081754supp04.mpg.
[61] Suddendorf & Butler, 2013.

第4章　話す類人猿たち

[1] Huxley, 1956, p. 83.
[2] Corbey, 2005.
[3] Corballis, 2003; Deacon, 1997; Hauser et al., 2002; Pinker, 1994.

原　註

第1章　最後の人類

[1] Holmes, 2008.
[2] Herschel, 1830.
[3] この引用の背後にある暗い歴史については、Quote Investigator (February 9, 2011): http://quoteinvestigator.com/2011/02/09/darwinism-hope-pray を参照。
[4] Darwin, 1859.
[5] Darwin, 1871.
[6] Wildman et al., 2003.
[7] 遺伝的証拠については次の文献を参照。Patterson et al., 2006; for relevant fossil evidence, see Brunet, et al., 2002; Haile-Selassie, 2001; and Senut et al., 2001.
[8] e.g., Isanski & West, 2010.
[9] Proffitt, 2006.
[10] Kundera, 1992.
[11] James, 1890.
[12] Bateson, 1991.
[13] Darwin, 1859, p. 335.
[14] e.g., Barkow et al., 1992.
[15] e.g., Buss, 1999.
[16] e.g., Köhler, 1917/1925.
[17] Gould & Eldredge, 1977.
[18] Brown et al., 2004.
[19] Larick & Ciochon, 1996.
[20] Berger et al., 2010.
[21] Ciochon, 1996.
[22] Alexander, 1989.
[23] Diamond, 1997; 次も参照。Flannery, 1994.
[24] Ranlet, 2000.
[25] Pinker, 2011a.
[26] Bowles, 2009; Keeley, 1996.
[27] Goodall 1986.
[28] Green et al., 2010.
[29] Krause et al., 2010.

第2章　生き残っている親類たち

[1] Groves, 1989.
[2] Humphrey, 1976.
[3] Köhler, 1917/1925, p. 293.
[4] e.g., Dunbar, 2010.
[5] Cheney & Seyfarth, 1980.
[6] de Waal, 1982; Goodall, 1986.
[7] Dunbar, 1992.
[8] e.g., Groves, 1989; Stanford et al., 2013.
[9] Bogin, 1999.
[10] Corbey, 2005.
[11] Linnaeus, 1758.
[12] e.g., Stanford et al., 2013.
[13] Geissmann, 2002. テナガザルについての詳細は次を参照。http://www.gibbons.de
[14] Fitch, 2000.
[15] 類人猿の推定個体数はすべて、国際自然保護連合（IUCN）が作成している、絶滅の恐れのある種のレッドリスト2012年版（http://www.iucnredlist.org）に基づいている。国際連合環境計画の大型類人猿保全パートナーシップ（http://www.unep.org/grasp）も参照。
[16] Stone, 2011.
[17] Fossey, 1983; Galdikas, 1980; Goodall, 1986.
[18] Utami et al., 2002.
[19] van Schaik et al., 2003.
[20] Russon & Galdikas, 1993.
[21] Scally et al., 2012.
[22] Fossey, 1983.
[23] Hofreiter et al., 2010.
[24] e.g., Byrne & Russon, 1998.
[25] Breuer et al., 2005.
[26]「野生生物保護学会が『猿の惑星』を発見」。野生生物保護学会プレスリリース、2008年8月5日。http://archive.wcs.org/gorilladiscovery/press-release.html
[27] e.g., Goodall, 1986.
[28] de Waal, 1982.
[29] Goodall, 1986.
[30] Boesch, 1994.
[31] Pruetz & Bertolani, 2007.
[32] Huffman, 1997.
[33] e.g., Whiten et al., 1999.
[34] Goodall, 1964.
[35] Whiten & McGrew, 2001.
[36] Boesch, 1990.
[37] Mercader et al., 2007.
[38] Schwarz, 1929.
[39] Surbeck & Hohmann, 2008; Hofreiter et al., 2010.
[40] de Waal, 1996.
[41] McDaniel, 2005.
[42] さまざまな種の絶対的および相対的な脳の重量については、次を参照。Jerison, 1973; Roth & Dicke, 2005.

ISBN 978-4-8269-0177-2

現実《げんじつ》を生《い》きるサル　空想《くうそう》を語《かた》るヒト

二〇一五年一月五日　第一版第一刷発行

著　者　トーマス・ズデンドルフ
訳　者　寺町《てらまち》朋子《ともこ》
発行者　中村　浩
発行所　株式会社　白揚社　©2015 in Japan by Hakuyosha
〒101-0062　東京都千代田区神田駿河台1-7
電話03-5281-9772　振替00130-1-25400
装　幀　尾崎文彦（株式会社トンプウ）
印刷・製本　中央精版印刷株式会社

クリストファー・ボーム著　斉藤隆央訳

モラルの起源

道徳、良心、利他行動はどのように進化したのか

なぜ人間にだけモラルが生まれたのか？　気鋭の進化人類学者が進化論、動物行動学、考古学、霊長類のフィールドワーク、狩猟採集民の民族誌など、さまざまな知見を駆使し、エレガントで斬新な新理論を提唱する。　四六判　４８８ページ　本体価格３６００円

デボラ・ブラム著　藤澤隆史・藤澤玲子訳

愛を科学で測った男

異端の心理学者ハリー・ハーロウとサル実験の真実

「代理母実験」をはじめ、物議をかもす数々の実験で愛の本質を追究し、心理学に革命をもたらした天才科学者ハリー・ハーロウ。その破天荒な人生をピュリッツァー賞受賞のサイエンスライターが魅力溢れる筆致で描く。　四六判　４３２ページ　本体価格３０００円

クライブ・フィンレイソン著　上原直子訳

そして最後にヒトが残った

ネアンデルタール人と私たちの50万年史

滅び去ったもう一つの人類、ネアンデルタール人。その研究の第一人者が、私たちと同等の能力をもった彼らがどのように繁栄を勝ち取り、やがて絶滅していったかを、数々の新しい知見とともにひも解く壮大な人類の物語。　四六判　３６８ページ　本体価格２６００円

D・P・バラシュ&J・E・リプトン著　越智典子訳

女性の曲線美はなぜ生まれたか

進化論で読む女性の体

生物学、進化論、心理学の観点から、さまざまな仮説を一つひとつ検証し、女性に関する未解明の5つの謎（月経、排卵、乳房、オーガズム、閉経）に迫る、知的興奮とスリル溢れる至高のサイエンス・ノンフィクション。　四六判　３２０ページ　本体価格２８００円

ダグラス・ケンリック著　山形浩生・森本正史訳

野蛮な進化心理学

殺人とセックスが解き明かす人間行動の謎

性や暴力といった刺激的なトピックから、偏見、記憶、芸術、宗教、経済、政治、果ては人はいかに生きるべきかといった高尚なテーマまで、今もっとも注目を集める研究分野＝進化心理学の知見を総動員して徹底的に解説。　四六判　３４０ページ　本体価格２４００円

経済情勢により、価格に多少の変更があることもありますのでご了承ください。
表示の価格に別途消費税がかかります。